Android 7

应用程序开发教程

李波 编著

U0286485

清华大学出版社
北京

内 容 简 介

Android 系统是目前最为流行的智能手机操作系统之一，面向 Android 系统的应用开发是目前的技术热点。本书针对 Android SDK 7，结合全新的 Android Studio 开发环境，对 Android 应用编程基础知识进行讲解，易于读者理论联系实践，尽快掌握 Android 系统编程知识。

本书分为 14 章，使用 Java 开发语言，内容主要包括 Android 系统的发展历史、系统架构、应用程序框架、界面开发、网络访问、多媒体应用程序开发、数据存储等。本书每一章都给出实例，使读者进一步巩固所学的知识，提高综合实战能力。

本书既适合熟悉 Java 编程的 Android 初学者和具有一定 Android 编程经验的用户，也可供广大计算机工作者和软件开发者参考。

图书在版编目（CIP）数据

Android 7 应用程序开发教程/李波编著.—北京：清华大学出版社，2019（2022.7 重印）
ISBN 978-7-302-51755-9

Ⅰ.①A… Ⅱ.①李… Ⅲ.①移动终端－应用程序－程序设计－教材 Ⅳ.①TN929.53

中国版本图书馆 CIP 数据核字（2018）第 271432 号

责任编辑：夏毓彦
封面设计：王 翔
责任校对：闫秀华
责任印制：丛怀宇

出版发行：清华大学出版社
   网 址：http://www.tup.com.cn，http://www.wqbook.com
   地 址：北京清华大学学研大厦 A 座   邮 编：100084
   社 总 机：010-83470000   邮 购：010-62786544
   投稿与读者服务：010-62776969，c-service@tup.tsinghua.edu.cn
   质 量 反 馈：010-62772015，zhiliang@tup.tsinghua.edu.cn

印 装 者：涿州市京南印刷厂
经 销：全国新华书店
开 本：190mm×260mm   印 张：30.25   字 数：774 千字
版 次：2019 年 2 月第 1 版   印 次：2022 年 7 月第 3 次印刷
定 价：89.00 元

产品编号：075968-01

前　言

自 2007 年 5 月 Android 开源手机平台问世以来，已经经历了 10 多年的发展。这期间，基于 Android 平台的智能手机迅速占领市场，成为当前最受欢迎的手机操作系统之一。随之而来的是基于 Android 操作系统的应用程序需求多元化，Android 开发技术成为市场求职的新宠。

为了帮助国内开发人员快速掌握 Android 开发技术，获取更好的就业机会，笔者基于 Google 公司 2016 年 5 月发布的 Android SDK 7.0（API Level 24）编写了本书，希望能够帮助广大读者在 Android 开发的道路上入门并且获得提高。本书在编写时综合考虑了自学和教学两方面因素。本书不仅适合高校教学，还适合学生自学，同时也适合有一定开发经验的程序员作为参考书使用。

本书内容

本书共分为 14 章，由浅入深地讲解了 Android 开发的各个方面。本书在讲解过程中穿插大量实例，希望借此帮助读者更好地理解 Android 开发的过程，并获得提高。

本书的前 3 章为基础内容，系统地介绍了 Android 系统的诞生和发展的过程、Android 的系统框架、Android 开发环境的搭建以及 Android 应用程序的基本组件，并且着重讲解了 Android 系统中人机交互的基本组件 Activity 的基本知识。

第 4 章讲解了 Android 开发过程中界面开发相关的知识，包括在用户界面设计过程中常用的布局和组件、Android N 的多窗口和通知分组等新特性以及 Android 处理人机交互事件的方法。

第 5 章讲解了 Intent 的基本知识，并利用 Intent 实现了电话和短信应用程序开发功能。

第 6 章主要讲解了 Android 系统下的多媒体开发技术，实现了音频和视频的播放。通过 Service 和 BroadcastReceiver 实现了后台音频播放的相关功能，通过 Android 提供的硬件编程 API 实现了自己的录像和拍照应用程序。

第 7 章讲解了 Android 系统提供的 4 种数据存储方式，分别为 SharedPreferences、文件存储、数据库存储和 ContentProvider。活用这些数据存储方式，实现数据持久化，是应用程序开发过程中不可回避的问题。

第 8 章讲解了网络编程的相关知识，包括 HTTP 编程、Socket 编程、Bluetooth 编程和 WIFI 编程等。

第 9 章解决了利用 Google 提供的 Google Map API 开发自己的位置服务应用的方法。

第 10 章讲解了 Android SDK 提供的绘图 API，包括 2D 绘图和 3D 绘图两个方面。绘图技术是动画制作和游戏开发的重要技术。

第 11 章讲解了 Android 系统应用程序开发的国际化和本地化技术，借助于该技术，可以使开发人员开发的应用程序不需要做任何修改就可以在全球任意地区正常运行。

第 12 章讲解了 Android 7 提供的文本服务，主要介绍如何使用系统提供的剪贴板功能。

第 13 章讲解了 Android 7 的企业应用开发技术，包括设备管理 API、文本语音 API、TV 应用开发和可穿戴技术几部分。

第 14 章讲解了应用程序发布的相关知识，包括应用程序签名的策略、签名文件的生成、如何对应用程序签名以及如何发布到 Google Play Store。正确地发布自己开发的应用程序是利用 Android 技术赚取第一桶金的前提条件。

由于本书篇幅有限，不可能将 Android SDK 7 的相关知识全部讲解，读者可以参阅 Android SDK 文档获取更多信息。

配套示例源代码下载

为了方便读者学习，本书中使用的相关示例源代码可以用微信扫描下面的二维码获取：

如果下载有问题，请联系 booksaga@163.com，邮件主题写"Android 7 应用程序开发教程"。

致谢

本书由李波主编，王博、孙宪丽、关颖、杨弘平、曾祥萍、代钦、衣云龙、吕海华、祝世东、夏炎、王玮、王晓强、郭胜龙、林宏刚等也参与了本书的编写，王祥凤、史江萍、李丰鹏、孙士洁参与了本书的整理校对工作。在此，对在本书的编写过程中提供帮助和支持的朋友表示感谢。由于编者水平有限，编写时间仓促，书中难免有疏漏之处，恳请各位读者批评指正。相关指导意见请发送至 introductionandroid@gmail.com，在此编者表示衷心的感谢。

编者
2018 年 10 月

目　　录

第**1**章

Android 系统概述

1.1 智 能 手 机

1.1.1 什么是智能手机

　　智能手机（Smart Phone）是指"像个人电脑一样具有独立的操作系统，可以由用户自行安装软件、游戏等第三方服务商提供的程序，通过此类程序来不断对手机的功能进行扩充，并可以通过移动通信网络来实现无线网络接入"的这样一类手机的总称。

　　"智能手机"这个说法主要是针对"功能手机（Feature Phone）"而言的，本身并不意味着这个手机有多"智能"；从另一个角度来讲，所谓的"智能手机"就是一台可以像电脑那样随意安装和卸载应用软件的手机，而"功能手机"则不能。Java 的出现使后来的"功能手机"具备了安装 Java 应用程序的功能，但是 Java 应用程序的操作友好性、运行效率及对系统资源的使用情况都比"智能手机"差了很多。

　　智能手机具有五大特点：

　　（1）具备无线接入互联网的能力，即需要支持GSM网络下的GPRS或者CDMA网络的CDMA 1X或3G（WCDMA、CDMA-EVDO、TD-SCDMA）网络，甚至是4G（HSPA+、FDD-LTE、TDD-LTE）网络。

　　（2）具有 PDA 的功能，包括 PIM（个人信息管理）、日程记事、任务安排、多媒体应用、浏览网页。

　　（3）具有开放性的操作系统，可以安装更多的应用程序，使智能手机的功能可以得到无限扩展。

　　（4）人性化，可以根据个人需要扩展机器功能。

（5）功能强大，扩展性强，第三方软件支持多。

智能手机比传统的手机具有更多的综合性处理能力，与传统手机外观和操作方式类似，但是传统手机使用的是生产厂商自行开发的封闭式操作系统，所能实现的功能非常有限，不具备智能手机的扩展性。

1.1.2　智能手机操作系统

智能手机是一种在手机内安装了相应开放式操作系统的手机，随着通信技术的发展，尤其是第三代移动通信技术（3G）的逐步成熟，市场上对功能更强、扩展性能更好的智能手机的需求量增长迅猛。具备独立的操作系统是智能手机最重要的特征。智能手机操作系统是一种运算能力及功能比传统功能手机系统更强的手机系统。智能手机操作系统领域也是各大手机厂商争夺的焦点。目前，主流的智能手机操作系统主要有 Symbian OS、Windows Phone、iOS、Palm OS、BlackBerry OS 和 Android 六种。

各系统的特点如下。

1. Symbian OS

塞班操作系统（Symbian OS）最初是由 Symbian 公司（诺基亚、索尼爱立信、摩托罗拉、西门子等几家大型移动通信设备商共同出资组建的一个合资公司，专门研发手机操作系统）开发的，其前身是 Psion 公司推出的 EPOC（Electronic Piece of Cheese）操作系统，是专门用于智能手机和移动设备的 32 位抢占式、多任务操作系统。其内核与 GUI（Graphical User Interface，图形用户界面，又称图形用户接口）分开，功耗低、占用内存少。

Symbian 操作系统在智能移动终端上拥有强大的应用程序以及通信能力，这都要归功于它有一个非常健全的、核心强大的对象导向系统、企业用标准通信传输协议以及完美的 Sun Java 语言。Symbian 认为无线通信装置除了要提供声音沟通的功能外，同时也应具有其他种类的沟通方式，如触笔、键盘等。在硬件设计上，它可以提供许多不同风格的外形，比如提供真实或虚拟的键盘，在软件功能上可以容纳许多功能，包括和他人分享信息，浏览网页，发送、接收电子邮件和传真，以及个人生活行程管理，等等。此外，Symbian 操作系统在扩展性方面为制造商预留了多种接口，而且 EPOC 操作系统还可以细分成三种类型：Pearl、Quartz 和 Crystal，分别对应普通手机、智能手机和 Hand Held PC 场合的应用。

塞班操作系统为第三方开发商提供一个标准和开放的平台环境。使得第三方应用程序的设计者能够基于该平台开发自己的应用软件。这种方式带来的不足之处是，由于第三方厂商的用户接口程序是不同的，造成了软件不能通用，扩展性较差。这使得塞班操作系统在办公软件和多媒体录放软件上没有开发出足够多的软件供用户使用。

多年来，Symbian 系统一直占据智能系统的市场霸主地位，系统能力和易用性方面均很出色，但是在 Android 系统出现后，Symbian 系统的市场占有率急剧下降。

2. Windows Phone

Windows Phone最早叫Windows Mobile（简称WM），是微软针对移动设备而开发的操作系统。该操作系统的设计初衷是尽量接近桌面版本的Windows，微软按照电脑操作系统的模式来设计

WM，应用软件以Microsoft Win32 API为基础。2010年10月，Windows Phone操作系统正式发布后，Windows Mobile系列正式退出手机系统市场。

微软公司正式发布了智能手机操作系统 Windows Phone，同时将谷歌的 Android 和苹果的 iOS 列为主要竞争对手。2011 年 2 月，诺基亚与微软达成全球战略同盟并深度合作共同研发。2012 年 3 月 21 日，Windows Phone 7.5 登陆中国。6 月 21 日，微软正式发布最新手机操作系统 Windows Phone 8，Windows Phone 8 采用和 Windows 8 相同的内核。

Windows Phone 具有桌面定制、图标拖曳、滑动控制等一系列前卫的操作体验，其主屏幕通过提供类似仪表盘的体验来显示新的电子邮件、短信、未接来电、日历约会等，让人们对重要信息保持时刻更新。它还包括一个增强的触摸屏界面，更方便手指操作，以及一个最新版本的 IE Mobile 浏览器，该浏览器在一项由微软赞助的第三方调查研究中，和参与调研的其他手机浏览器相比，可以执行指定任务的比例高达 48%。很容易看出微软在用户操作体验上所做出的努力，而史蒂夫·鲍尔默也表示："全新的 Windows 手机把网络、个人电脑和手机的优势集于一身，让人们可以随时随地享受到想要的体验。"

3. iOS

iOS 在 2011 年 6 月前叫 iPhone OS，是苹果公司为其移动设备开发的操作系统，最初是设计给 iPhone 和 iPod Touch 使用的。与 Mac OS X 操作系统一样，它也是以 Darwin 为基础的。2011 年 6 月之后，iOS 的版本为 5 和 6，通常称为 iOS 5 和 iOS 6。

苹果推出其第一款智能手机 iPhone 后获得了巨大的成功。iOS 继承了 Mac OS X 在个人电脑上界面美观的优势，多点触摸技术的加入为 iPhone 在智能手机领域获得了可观的市场份额。iOS 采用 Quartz 图形框架，能够通过显卡硬件加速实现复杂的图形显示。然而 iOS 是一个不开放的平台，用户不能设计和加载任何第三方的应用程序。这使得 iOS 的扩展性受到很大的限制。

4. Palm OS

Palm OS 是 Palm 公司开发的专用于 PDA 上的一种操作系统，这是 PDA 上的霸主，一度占据了 90%的 PDA 市场的份额。虽然其并不是专门针对手机设计的，但是 Palm OS 的优秀性和对移动设备的支持同样使其能够成为一个优秀的手机操作系统。

Palm 操作系统是多任务的，但每次只允许一个应用程序的打开，多个应用程序不能同时运行，这使得其运行速度很快，具有较好的实用性，但不适应需要多应用程序运行的场合。

5. BlackBerry OS

BlackBerry OS 是 RIM 公司（Research In Motion）专用的操作系统。"黑莓"（BlackBerry）移动邮件设备基于双向寻呼技术。该设备与 RIM 公司的服务器相结合，依赖于特定的服务器软件和终端，兼容现有的无线数据链路，实现了遍及北美、随时随地收发电子邮件的梦想。这种装置并不以奇妙的图片和彩色屏幕夺人耳目，甚至不带发声器。黑莓是目前在美国、加拿大地区相当流行的无线收发电子邮件的软件，它将软件客户端结合在移动电话、PDA 及其他通信终端上，用户可以通过其无线装置来安全地访问电子邮件、企业数据、Web 以及进行企业内部的语音通话。

BlackBerry OS具有多任务处理能力，并支持特定的输入装置，如滚轮、轨迹球、触摸板以及触摸屏等。BlackBerry平台最著名的莫过于它处理邮件的能力。该平台通过MIDP 1.0以及MIDP 2.0的子集，在与BlackBerry Enterprise Server连接时，以无线的方式激活并与Microsoft Exchange、Lotus

Domino或Novell GroupWise同步邮件、任务、日程、备忘录和联系人。该操作系统还支持WAP 1.2。

6. Android

Android 是一种以 Linux 为基础的开放源码操作系统，主要应用于便携设备。Linux 操作系统的嵌入式版本是为各种资源受限的嵌入式终端产品设计的。开放的源码和免费供人使用的特点使得Linux 的应用开发人员非常丰富。而越来越多的智能手机开发商也倾向于研发 Linux 智能手机，以此来降低手机成本。相比于其他智能手机操作系统，Linux 独有的优势包括以下 4 个方面：

（1）Linux 操作系统几乎能运行在所有主流的处理器上，如 X86、PowerPC、ARM 等。

（2）Linux 作为一个多用户多任务的操作系统，符合 POSIX 便携式计算机环境操作系统接口标准。

（3）Linux 支持和鼓励差异，具有良好的开放性，使得用户可以构筑适合自己的系统。

（4）Linux 是无任何附加条件的开放平台，对硬件平台具有更好的适应性，可移植性强，允许定制用户界面和服务，支持多种格式的可执行文件等。

Android 操作系统最初由 Andy Rubin 开发，最初主要支持手机。2005 年，由 Google 收购注资，并组建开放手机联盟开发改良，逐渐扩展到平板电脑及其他领域。它采用 Linux 2.6.x 版本内核，采用自己的 GUI 架构和应用程序接口，并采用 Java 语言来开发应用程序。它拥有 Linux 操作系统的开放性、对硬件支持好等优点，并且界面美观，这使得它受到市场的普遍欢迎。Android 的主要竞争对手是苹果公司的 iOS 以及 RIM 的 BlackBerry OS。2011 年第一季度，Android 在全球的市场份额首次超过塞班系统，跃居全球第一。

Android 的特点是开放源代码，它的 SDK 开放给任何开发商，所有开发商都可以随意更改界面。

1.2　什么是 Android

1.2.1　Android 的历史

Android 一词最早出现于法国作家利尔亚当（Auguste Villiers de l'Isle-Adam）在 1886 年发表的科幻小说《未来夏娃》（L'ève future）中，将外表像人的机器起名为 Android。

Android 本意指"机器人"，是一个全身绿色的机器人，绿色也是 Android 的标志。Android 最初由现任 Google 工程副总裁安迪•罗宾（Andy Rubin）开发于 2003 年，于 2005 年被 Google 收购。

Android 是基于 Linux 内核的软件平台和操作系统，是 Google 在 2007 年 11 月 5 日公布的手机系统平台，早期由 Google 开发，后由开放手机联盟（Open Handset Alliance）开发。它采用了软件堆层（Software Stack，又名以软件叠层）的架构，主要分为三部分。底层以 Linux 内核工作为基础，只提供基本功能；其他的应用软件则由各公司自行开发，以 Java 作为编写程序的一部分。Android 在未公开之前常被传闻为 Google 电话或 gPhone。大多传闻认为 Google 开发的是自己的手机电话产品，而不是一套软件平台。

1.2.2　Android 的发展

2003 年 10 月，Android 公司在加州 Palo Alto 市成立，联合创始人为 Andy Rubin、Rich Miner、Nick Sear 与 Chris White。

2005 年 8 月，Google 收购了成立仅 22 个月的高科技企业 Android 公司。

2007 年 11 月 5 日，Google 公司正式向外界展示 Android 操作系统。Google 与 34 家手机制造商、软件开发商、电信运营商和芯片制造商共同创建开放手持设备联盟。

2008 年 5 月 28 日，Patrick Brady 于 Google I/O 大会上提出 Android HAL 架构图，8 月 18 日，Android 获得美国联邦通信委员会的批准。

Android 软件一经推出，版本升级非常快，几乎每隔半年就有一个新的版本发布。2008 年 9 月发布 Android 第一版 Android 1.1。后从 Android 1.5 版本开始，Android 用甜点作为它们系统版本代号的命名方法。

2009 年 4 月 30 日，官方 1.5 版本 Cupcake（纸杯蛋糕）正式发布。

2009 年 9 月 15 日，Android 1.6 Donut（甜甜圈）版本发布。

2009 年 10 月 26 日，Android 2.0/2.0.1/2.1 Eclair（松饼）版本发布。

2010年5月20日，Android 2.2/2.2.1 Froyo（冻酸奶）版本发布。

2010年12月7日，Android 2.3 Gingerbread（姜饼）版本发布。

2011年2月2日，　Android 3.0 Honeycomb（蜂巢）版本发布。

2011年5月11日，　Android 3.1 Honeycomb（蜂巢）版本发布。

2011 年 7 月 13 日，Android 3.2 Honeycomb（蜂巢）版本发布。

2011 年 10 月 19 日，　Android 4.0 Ice Cream Sandwich（冰激凌三明治）版本在香港正式发布。2011 年 12 月 20 日，谷歌发布了 Android 4.0 操作系统的最新版本 4.0.3，称其对 Android 系统做出了多处改进，并修复了一些缺陷。

2012 年 6 月 28 日，谷歌在 2012 年的 I/O 开发者大会上发布了 Android 4.1 操作系统，Android 4.1 Jelly Bean（果冻豆）是继"冰激凌三明治"之后的下一版 Android 系统。

2012 年 10 月底，Google 在网上以在线的形式发布了全新的 Android 4.2 系统，以及新一代的 Nexus 系列手机 LG Nexus 4 和平板电脑 Nexus 10。Android 4.2 新系统界面改动不大，代号还称为 Jelly Bean，新增了系统全景拍照以及无线同步输出等实用的小功能，并在系统层面做了更多的优化。

2013 年 7 月 25 日，发布 Android 4.3。

2013 年 11 月，Android 4.4 发布，代号为 KitKat。

2014 年 10 月 16 日，发布 Android 7.0 版本，代号为 Nougat，第一次全面支持 ART，并支持平板和可穿戴设备的开发。

2015 年 3 月，Google 发布了 Android 5.1 版本，主要目的是修复 Android 7.0 版本的 Bug，因此其版本号仍然为 Nougat。

2015 年 5 月 8 日，Google 在 Google I/O 2015 大会上发布了 Android 6.0 版本，版本号为 Marshmallow。

2016 年 5 月 18 日，Google 在 Google I/O 2016 大会上发布了 Android 7.0 版本，版本号为 Android Nougat，又称为 Android N。

本书的编写就是基于 Android 7.0 版本进行的。

1.2.3 Android 的优点

Android 的优点主要包括以下 6 项。

1. Android 性价比高

消费者选择产品，价格是必然要考虑的一个因素，iPhone 虽好，但是价格让一般人望而却步。苹果就像是宝马、奔驰，虽然大家都认为它很好，但是一般人消费不起，只有看的份儿。而 Android 如同大众，满大街跑的都是，甚至有一些型号是可以与宝马、奔驰相媲美的。

虽然 Android 平台的手机廉价，但是其性能却一点也不低廉，触摸效果并不比苹果差到哪里去。Android 平台简单实用，无论是功能还是外观设计，都可以与苹果一决高下。在数量众多的 Android 手机中，消费者总是会找到一款满意的 Android 手机取代价格高昂的 iPhone。

2. 应用程序发展迅速

智能手机玩的就是应用，虽然现在 Android 的应用还无法与苹果相竞争，但是随着 Android 的推广与普及，应用程序的数量增长迅速，Android 应用在可预见的未来是有能力与苹果相竞争的。而来自 Android 应用商店最大的优势是，不对应用程序进行严格的审查。在这一点上优于苹果。

3. 智能手机厂家助力

现在，世界上很多智能手机厂家都加入了 Android 阵营，并推出了一系列的 Android 智能机。摩托罗拉、三星、HTC、LG 等厂家都与谷歌建立了 Android 平台技术联盟。厂商加盟的越多，手机终端就会越多，其市场潜力就越大。

4. 运营商鼎力支持

在国内，三大运营商铆足了劲推广 Android 智能机。联通的"0 元购机"、电信的千元 3G、移动的索爱 A8i 定制机都显示了运营商对 Android 智能机的期望。

在美国，T-Mobile USA、Sprint、AT&T 和 Verizon 都推出了 Android 手机。此外，KDDI（日本）、NTTDoCoMo（日本）、TelecomItalia（意大利电信）、T-Mobile（德国）、Telefónica（西班牙）等众多运营商都是 Android 的支持者，有这么多的运营商支持 Android，自然会占据巨大的市场份额。

5. 机型多，硬件配置优

自从 Google 推出 Android 系统以来，各大厂家纷纷推出自己的 Android 平台手机，HTC、索尼爱立信、魅族、摩托罗拉、夏普、LG、三星、联想等都推出了各自的 Android 手机，机型多样，数不胜数。

6. 系统开源利于创新

Android 是开源的，允许第三方修改，这在很大程度上容许厂家根据自己的硬件更改版本，从而能够更好地适应硬件，与之形成良好的结合。开源能够提供更好的安全性能，也给开发人员提供了一个更大的创新空间，从而使 Android 版本升级更快。

1.3　Android 系统架构

图 1.1 是 Android 操作系统的架构，架构包括 4 层，由上到下依次是应用程序层、应用程序框架层、核心类库和 Linux 内核。其中，核心类库中包含系统库及 Android 运行环境。

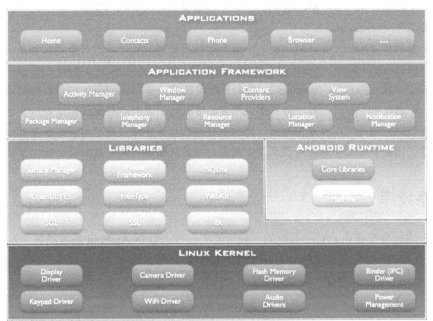

图 1.1　Android 操作系统的架构

1.3.1　应用程序层

Android 装配了一个核心应用程序集合，包括 E-mail 客户端、SMS 短消息程序、日历、地图、浏览器、联系人管理程序和其他程序，所有应用程序都是用 Java 编程语言编写的。用户开发的 Android 应用程序和 Android 的核心应用程序是同一层次的，它们都是基于 Android 的系统 API 构建的。

1.3.2　应用程序框架层

应用程序的体系结构旨在简化组件的重用，任何应用程序都能发布它的功能且任何其他应用程序都可以使用这些功能（需要服从框架执行的安全限制），这一机制允许用户替换组件。开发者完全可以访问核心应用程序所使用的 API 框架。通过提供开放的开发平台，Android 使开发者能够编制极其丰富和新颖的应用程序。开发者可以自由地利用设备硬件优势访问位置信息、运行后台服务、设置闹钟、向状态栏添加通知等。

所有的应用程序都是由一系列的服务和系统组成的，主要包括以下几种：

- 视图（Views）。这里的视图指的是丰富的、可扩展的视图集合，可用于构建一个应用程序，包括列表（Lists）、网格（Grids）、文本框（TextBoxes）、按钮（Buttons），甚至是内嵌的 Web 浏览器。
- 内容管理器（Content Providers）。内容管理器使得应用程序可以访问另一个应用程序的数据（如联系人数据库）或者共享自己的数据。
- 资源管理器（Resource Manager）。资源管理器提供访问非代码资源，如本地字符串、图形和分层文件（layout files）。
- 通知管理器（Notification Manager）。通知管理器使得所有的应用程序都能够在状态栏显示通知信息。
- 活动管理器（Activity Manager）。在大多数情况下，每个 Android 应用程序都运行在自己的 Linux 进程中。当应用程序的某些代码需要运行时，这个进程就被创建并一直运行下去，直到系统认为该进程不再有用为止，然后系统将回收该进程占用的内存以便分配给其他的应用程序。活动管理器管理应用程序生命周期，并且提供通用的导航回退功能。

1.3.3　系统库

Android 本地框架是由 C/C++实现的，包含 C/C++库，以供 Android 系统的各个组件使用。这些功能通过 Android 的应用程序框架为开发者提供服务。

这里只介绍 C/C++库中的一些核心库：

- 系统 C 库。标准 C 系统库（libc）的 BSD 衍生，调整为基于嵌入式 Linux 设备。
- 媒体库。基于 PacketVideo 的 OpenCORE，这些库支持播放和录制许多流行的音频和视频格式，以及静态图像文件，包括 MPEG4、H.264、MP3、AAC、AMR、JPG、PNG。
- 界面管理。管理访问显示子系统，并且为多个应用程序提供 2D 和 3D 图层的无缝融合。
- LibWebCore。新式的 Web 浏览器引擎，支持 Android 浏览器和内嵌的 Web 视图。
- SGL。一个内置的 2D 图形引擎。
- 3D 库。基于 OpenGL ES 1.0 APIs 实现，该库可以使用硬件 3D 加速或包含高度优化的 3D 软件光栅。
- FreeType。位图和矢量字体显示渲染。
- SQLite。SQLite 是一个所有应用程序都可以使用的强大且轻量级的关系数据库引擎。

1.3.4　Android 运行环境

Android 包含一个核心库的集合，该核心库提供了 Java 编程语言核心库的大多数功能。几乎每一个 Android 应用程序都在自己的进程中运行，都拥有一个独立的 Dalvik 虚拟机实例。

Dalvik 是 Google 公司自己设计的用于 Android 平台的 Java 虚拟机。Dalvik 虚拟机是 Google 等厂商合作开发的 Android 移动设备平台的核心组成部分之一。它可以支持已转换为.dex（Dalvik Executable）格式的 Java 应用程序的运行，.dex 格式是专为 Dalvik 设计的一种压缩格式，适合内存和处理器速度有限的系统。Dalvik 经过优化，允许在有限的内存中同时运行多个虚拟机的实例，并且每一个 Dalvik 应用作为一个独立的 Linux 进程执行。Dalvik 虚拟机依赖 Linux 内核提供基本功能，如线程和底层内存管理。

1.3.5　Linux 内核

Android 基于 Linux 提供核心系统服务，例如安全、内存管理、进程管理、网络堆栈、驱动模型。除了标准的 Linux 内核外，Android 还增加了内核的驱动程序，如 Binder（IPC）驱动、显示驱动、输入设备驱动、音频系统驱动、摄像头驱动、WiFi 驱动、蓝牙驱动、电源管理。

Linux 内核也作为硬件和软件之间的抽象层，它隐藏具体硬件细节而为上层提供统一的服务。分层的好处就是使用下层提供的服务为上层提供统一的服务，屏蔽本层及以下层的差异，当本层及以下层发生了变化时，不会影响到上层，可以说是高内聚、低耦合。

1.4　Android 7 新特性介绍

Android 7.0 Nougat 是迄今为止规模最大的 Android 版本。该版本为用户推出了各种崭新的功能，为开发者提供了数千个新的 API。不仅如此，它还将 Android 扩展得更广，小到手机、平板电脑和穿戴式设备，大到电视和汽车。

本节主要介绍 Android 7 新增的几个特性。

1.4.1　分屏显示

在运行 Android 7 的手机和平板电脑上，用户可以并排运行两个应用，或者处于分屏模式时，一个应用位于另一个应用之上。用户可以通过拖动两个应用之间的分隔线来调整应用所占屏幕的大小，如图 1.2 所示。

1.4.2　全新的通知设计

Android 7 对通知栏功能进行了进一步的丰富，使之速度更快且更加易于使用。可以实现通知栏内容分组、通知样式自定义、通知直接回复等功能，如图 1.3 所示。此外，借助于模板，开发者只需编写少量的代码便可以实现相关功能。

图 1.2　分屏显示

图 1.3　通知直接回复功能

1.4.3　基于配置文件的 JIT/AOT 编译

在 Android N 系统中，添加了 Just in Time（JIT）编译器支持，可以在应用运行时对 ART 进行代码分析，持续提升 Android 应用的性能。JIT 编译器对 Android 运行组件 Ahead of Time（AOT）编译器进行了补充，有助于提升运行时性能，节省存储空间，加快应用更新和系统更新速度。

基于配置文件的 JIT/AOT 编译可以让 Android N 系统的运行组件依据应用的实际情况对应用进行 JIT/AOT 编译，有助于降低 RAM 使用，降低耗电量，并且能够大幅度提升应用的安装速度。

1.4.4　优化的低电耗模式

Android 6.0 推出了低电耗模式，即设备处于空闲状态时，通过推迟应用的 CPU 和网络活动以实现省电目的的系统模式，例如设备放在桌上或抽屉里时。Android N 将低能耗模式更加推进了一步，只要屏幕关闭了一段时间，且设备未插入电源，低电耗模式就会对应用使用熟悉的 CPU 和网络限制。这意味着用户即使将设备放入口袋里也可以省电。

1.4.5　Project Svelte：后台优化

Android N 系统持续改善了 Project Svelte ，以最大程度地减少 Android 设备中一系列系统和应用使用的 RAM。

此外，在 Android N 中，删除了三个常用的隐式广播：CONNECTIVITY_ACTION、ACTION_NEW_PICTURE 和 ACTION_NEW_VIDEO。因为这些广播可能会一次唤醒多个应用的后台进程，同时会耗尽内存和电池。

1.4.6　Data Saver

在移动设备的整个生命周期，蜂窝数据计划的成本通常会超出设备本身的成本。对于许多用户而言，蜂窝数据是他们想要节省的昂贵资源。

Android N 推出了 Data Saver 系统服务（见图 1.4），有助于减少应用使用的蜂窝数据，无论是在漫游、账单周期即将结束，还是使用少量的预付费数据包。Data Saver 让用户可以控制应用使用蜂窝数据的方式，同时让开发者打开 Data Saver 时可以提供更多有效的服务。

此外，Android N 扩展了 ConnectivityManager，以便为应用检索用户的 Data Saver 首选项并监控首选项变更。所有应用均应检查用户是否已启用 Data Saver 并努力限制前台和后台的流量消耗。

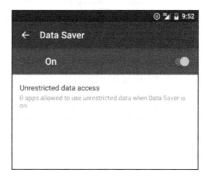

图 1.4　Data Saver

1.4.7　Quick Settings Tile API

快速设置贴片通常用于直接从通知栏显示关键设置和操作，如图 1.5 所示。在 Android N 中，扩展了快速设置贴片的范围，使其使用更加方便。

Android N 为快速设置贴片添加了更多空间，用户可以通过向左或向右滑动跨分页的显示区域访问它们。用户可以控制显示哪些快速设置贴片，并且可以通过拖放贴片来添加或移动贴片位置。

Android N 为开发者提供了新的 API，以定义自己的快速设置贴片，进而使用户能够轻松访问应用中的关键控件和操作。

图 1.5　快速设置贴片

1.4.8　号码屏蔽和来电过滤

Android 7.0 对号码屏蔽和来电过滤功能提供了平台级别的支持，并提供了相关的 API。系统会形成一个号码屏蔽列表，系统默认的短信应用、系统应用和服务提供商开发的应用可以访问该列表，而其他应用不具有访问该列表的权限。

来电过滤功能除了会拒绝来电呼入之外，还可以将来电记录到系统日志，并且不向用户发送来电通知。借助号码屏蔽列表还可以完成短信屏蔽、跨设备使用该列表、多应用共用该列表等功能。

1.4.9　OpenGL ES 3.2 API 支持

Android 7.0 支持 Khronos OpenGL ES 3.1，因此开发者可以在受支持的设备上为游戏和其他应用采用最高性能的 2D 和 3D 图形功能。

OpenGL ES 3.2 增加了计算着色器、模板纹理、加速的视觉效果、优化 ETC2/EAC 纹理压缩、高级纹理渲染、标准化纹理尺寸以及渲染缓冲区格式等功能，针对 HDR 的浮点帧缓冲和延迟着色进行了优化，并通过强大的缓冲区访问控制减少了 WebGL 开销。

Android 7.0 还支持 Android 扩展程序包（AEP），这是一组 OpenGL ES 扩展程序，可让开发者使用镶嵌图案着色器、几何图形着色器、ASTC 纹理压缩、按样本插入和着色以及其他高级渲染功能。有了 AEP，开发者就可以通过一系列 GPU 运用高性能图形。

1.4.10　密钥认证

Android 7.0 使用硬件支持的密钥库，可更安全地在 Android 设备上创建、存储和使用加密密钥。它们可保护 Linux 内核免受潜在的 Android 漏洞的攻击，也可防止别人从已取得 root 权限的设备提取密钥，以此提高 Android N 系统的安全性。

1.5　小　　结

本章介绍了智能手机的概念及其流行的操作系统，并对当前最流行的 Android 操作系统进行了详细介绍，从其产生、发展过程中得出其优势所在。

本章重点介绍了 Android 操作系统的系统构架，从应用程序层、应用程序框架层、核心类库和 Linux 内核 4 部分进行了详细的介绍，并介绍了 Android 7.0 的新特性。

1.6　习　　题

1. 了解 Android 系统的发展过程。
2. Android 系统架构分为哪几层？
3. 系统库中的核心库有哪些？它们的作用分别是什么？

第2章

搭建 Android 开发环境

2.1 系 统 需 求

支持 Android 开发的系统如下，读者可以选择自己喜欢的系统平台。

- Windows XP（32 位）、Vista（32 位或 64 位）、Windows 7（32 位或 64 位）、Windows 10（32位或 64 位）。
- Mac OS X 10.5.8 或以后版本（x86）。
- Linux Ubuntu。

2.2 软 件 安 装

2.2.1 JDK 的安装

JDK 的安装步骤说明如下：

步骤 01 下载 JDK。通过 Android 系统架构可以知道，要进行开发需要下载并安装 Java 的开发环境。首先需要下载免费 JDK 软件包。Android SDK 需要 JDK 7 以上版本，JDK 包含一整套开发工具。由于 Sun 公司已经被 Oracle 公司收购，因此需要到 Oracle 公司的网站下载，下载地址是：http://www.oracle.com/technetwork/java/javase/ downloads/index.html，值得注意的是，必须下载完整的JDK 开发包，不可以只安装 JRE 运行版本，下载界面如图 2.1 所示。目前最新版本是 JDK 10，但是为了更好的稳定性，建议使用 JDK 8。

图 2.1　Java JDK 下载界面

步骤 02　安装 JDK。双击下载的可执行文件，接受许可后就可以安装了。安装过程比较简单，就不再展开描述了。

步骤 03　配置 Java 环境变量。为了使用 Java 工具进行编译、运行，需要配置 Java 环境变量，采用相对路径的方法，需要设置的三个环境变量：JAVA_HOME、CLASSPATH 和 PATH。假设将 JDK 安装到了 C:\JAVA\JDK8\路径下，则右击"我的电脑"｜"属性"｜"高级"｜"环境变量"。

- 配置 JAVA_HOME：JAVA_HOME="C:\JAVA\JDK8\"。
- 配置 CLASSPATH：CLASSPATH=".;%JAVA_HOME%\jre\lib\rt.jar;"。
- 配置 PATH：PATH="%JAVA_HOME%\bin;"。

2.2.2　Android Studio

开发 Android 应用程序需要下载相关的 Android SDK。到 http://developer.Android.com/sdk/index.html 开发网页，如图 2.2 所示，根据自己的操作系统下载 Android SDK 软件开发包。本书下载的是 Android 7.0 版本（API Level 24）。本书使用官方推荐的 Android Studio 进行开发，版本号是 2.2.3，Gradle 版本是 2.3.3。

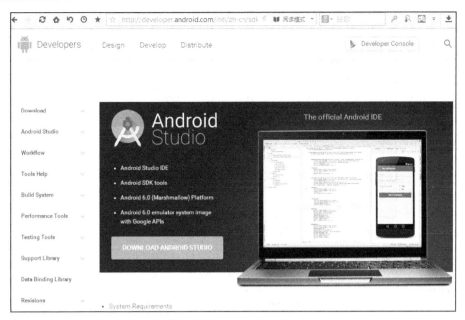

图 2.2　Android SDK 下载页

下载完成后，双击即可安装。Android Studio 包含开发 Android 应用所需要的文件、运行环境及相关工具，如图 2.3 所示。

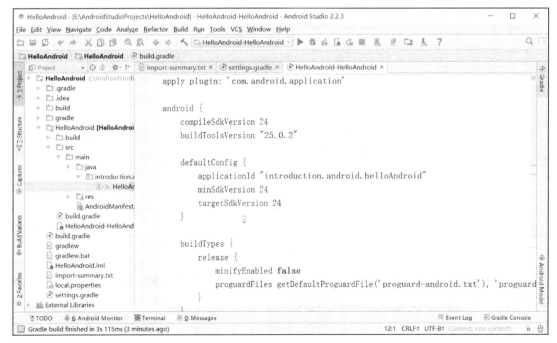

图 2.3　Android Studio 运行界面

Android Studio 的"Tools"菜单下包含一个"Android"菜单项，如图 2.4 所示，单击其中的子菜单"SDK Manager"会启动 SDK 管理器。通过 SDK 管理器可以查看本机已经安装的 Android SDK 版本，如图 2.5 所示。

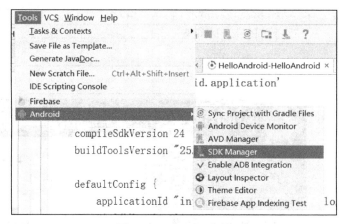

图 2.4　Android 子菜单

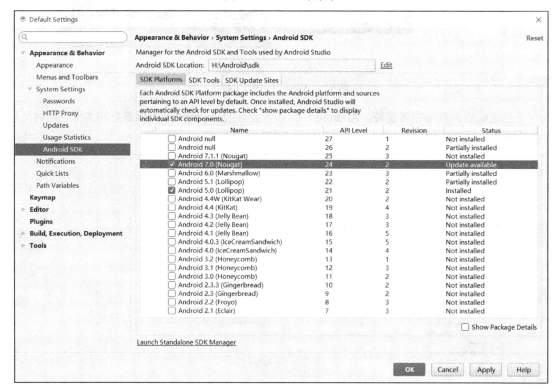

图 2.5　SDK Manager

单击"Launch Standalone SDK Manager"会启动独立的 SDK 管理器，如图 2.6 所示，可完成对 SDK 的文档、工具等进行相应的安装和更新工作。

图 2.6　独立的 SDK 管理器

2.2.3　创建 AVD

在 Android Studio 中单击 Tools|Android| AVD Manager 命令，启动 Android 虚拟设备管理器，如图 2.7 所示。单击"Create Virtual Device"按钮，出现新建虚拟设备界面，如图 2.8 所示。总体而言，界面分为左中右三部分，左侧为 TV、Wear、Phone、Tablet 四个类别，说明 Android 7 对电视、可穿戴设备、手机和平板的开发都提供了支持；中间一列为针对左侧的某个类别已经建立好的虚拟设备的配置文件，可基于配置文件直接创建虚拟设备；右侧为配置文件的图形化描述，包括屏幕尺寸、现实精细度等。

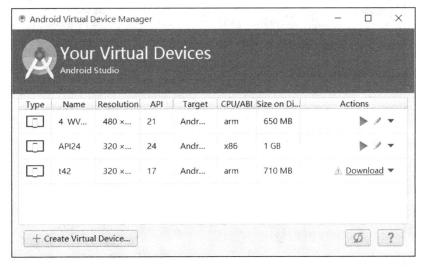

图 2.7　AVD 管理器

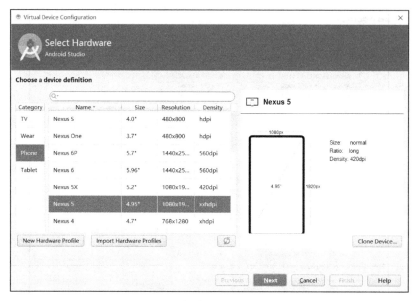

图 2.8　新建虚拟设备界面

例如，要基于 Nexus S 配置文件创建虚拟手机，其分辨率为 480×800，现实效果为 hdpi，需要在左侧单击"Phone"，在中间选择"Nexus S"配置文件，然后单击"Next"按钮，出现系统映像选择界面，如图 2.9 所示，选择系统映像文件，决定虚拟手机的 Android 系统版本、系统架构以及 API 等级。Android 7 支持 x86 架构、x86_64 架构、armeabi 架构以及 arm64 架构，可根据需要进行选择。选择 Nougat，API Level 为 24，架构为 x86，单击"Next"按钮，进入虚拟设备参数配置界面，如图 2.10 所示，为虚拟手机设备起一个名字，并可对虚拟设备的分辨率、Android 系统版本、横屏还是竖屏、3D 绘图使用硬件加速还是软件加速等信息进行配置。最后单击"Finish"按钮，完成虚拟手机设备的创建。创建的虚拟设备会出现在 AVD 管理器中，单击运行即可启动，如图 2.11 所示。

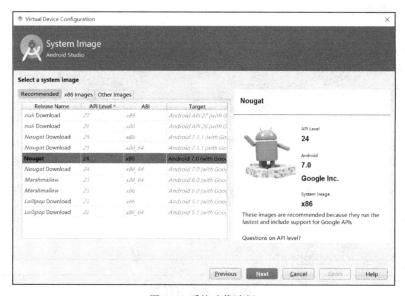

图 2.9　系统映像选择

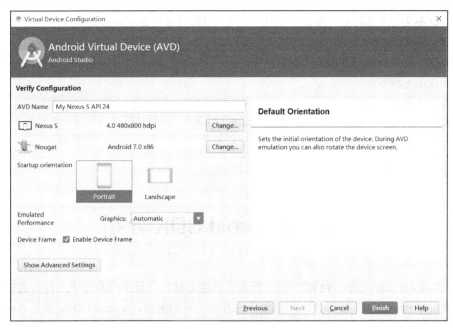

图 2.10　虚拟设备参数配置

图 2.11　新创建的 AVD

2.2.4　AVD 与真机的区别

AVD 提供了近乎真实手机的虚拟环境，以便于程序员进行调试。但是 AVD 毕竟不是真机，有些功能目前 AVD 尚不能模拟，比如：

- AVD 不支持真实的电话接听和呼叫，但是可以通过控制台模拟电话呼叫。
- AVD 不支持 USB 连接。
- AVD 不支持相机/视频捕捉（输入）。
- AVD 不支持耳机。
- AVD 不支持蓝牙。
- AVD 不能在运行时确认 SD 卡的插入和弹出状态。
- AVD 不能确定电池的电量多少和充电状态。
- AVD 不能确定连接状态。

2.3　Android SDK 介绍

SDK（Software Development Kit）软件开发工具包是软件开发工程师用于为特定的软件包、软件框架、硬件平台、操作系统等建立应用软件的开发工具的集合。Android SDK 就是 Android 专属的软件开发工具包。

2.3.1　Android SDK 目录结构

Android SDK 解压即可完成安装，其中包含的文件、文件夹如图 2.12 所示。

图 2.12　　Android SDK 目录结构图

（1）add-ons

该目录中存放 Android 的扩展库，比如 Google Maps，但若未选择安装 Google API，则该目录为空。

（2）docs

该目录是 developer.Android.com 的开发文档，包含 SDK 平台、工具、ADT 等的介绍，开发指南，API 文档，相关资源等。

（3）extras

该目录用于存放 Android 附加支持文件，主要包含 Android 的 support 支持包、Google 的几个工具和驱动、Intel 的 IntelHaxm。

（4）platforms

该目录用于存放 Android SDK Platforms 平台相关文件，包括字体、res 资源、模板等。

（5）platform-tools

该目录包含各个平台工具，其中主要包含以下几部分。

- api 目录。api-versions.xml 文件，用于指明所需类的属性、方法、接口等。
- lib 目录。lib 目录中只有 dx.jar 文件，为平台工具启动 dx.bat 时加载并使用 jar 包里的类。
- aapt.exe。主要作用是把开发的应用打包成 APK 安装文件，如果用 Eclipse 开发，就不用通过命令窗口输入命令+参数实现打包。
- adb.exe。ADB 即 Android Debug Bridge 调试桥，可以通过它连接 Android 手机（或模拟器）与 PC 端，可以在 PC 端上控制手机的操作。如果用 Eclipse 开发，一般情况下 ADB 会自动启动，之后我们可以通过 DDMS 来调试 Android 程序。
- aidl.exe。AIDL 全称是 Android Interface Definition Language，是 Android 内部进程通信接口的描述语言，用于生成可以在 Android 设备进行进程间通信（Inter-Process Communication，IPC）的代码。
- dexdump.exe。使用 dexdump 可以反编译.dex 文件，例如.dex 文件里包含 3 个类，反编译后也会出现 3 个.class 文件，通过这些文件可以大概了解原始的 Java 代码。
- dx.bat。其功能是将.class 字节码文件转成 Android 字节码.dex 文件。
- fastboot.exe。通过 Fastboot 可以进行重启系统、重写内核、查看连接设备、写分区、清空分区等操作。
- Android llvm-rs-cc.exe。Renderscript 采用 LLVM 低阶虚拟机，llvm-rs-cc.exe 的主要作用是对 Renderscript 的处理。
- NOTICE.txt 和 source.properties。NOTICE.txt 只是给出一些提示的信息；source.properties 是资源属性信息文件，主要显示该资源生成时间、系统类型、资源 URL 地址等。

（6）samples

samples 是 Android SDK 自带的默认示例工程，里面的 apidemos 强烈推荐初学者学习。

（7）system-images

该目录存放系统用到的所有图片。

（8）temp

该目录存放系统中的临时文件。

（9）tools

作为 SDK 根目录下的 tools 文件夹，这里包含重要的工具，比如 ddms 用于启动 Android 调试工具，如 logcat、屏幕截图和文件管理器；而 draw9patch 则是绘制 Android 平台的可缩放 PNG 图片的工具；sqlite3 可以在 PC 上操作 SQLite 数据库；而 monkeyrunner 则是一个不错的压力测试应用，模拟用户随机按钮；mksdcard 是模拟器 SD 映像的创建工具；emulator 是 Android 模拟器主程序，不过从 Android 1.5 开始，需要输入合适的参数才能启动模拟器；traceview 是 Android 平台上重要的调试工具。

2.3.2 Android.jar

作为一个 Java 项目，通常情况下都会引入要用到的工具类，也就是 JAR 包，在 Android 开发中，绝大部分开发用的工具包都被封装到一个名叫 Android.jar 的文件里了。在 Eclipse 中展开来看，可以看到 J2SE 中的包、Apache 项目中的包，还有 Android 自身的包文件。Android 的包文件主要包括以下内容。

- Android.app：提供高层的程序模型和基本的运行环境。
- Android.content：包含各种对设备上的数据进行访问和发布的类。
- Android.database：通过内容提供者浏览和操作数据库。
- Android.graphics：底层的图形库。
- Android.location：定位和相关服务的类。
- Android.media：提供一些类管理多种音频、视频的媒体接口。
- Android.net：提供帮助网络访问的类，超过通常的 java.net.*接口。
- Android.os：提供系统服务、消息传输、IPC 机制。
- Android.openg：提供 OpenGL 的工具。
- Android.provider：提供类，访问 Android 的内容提供者。
- Android.telephony：提供与拨打电话相关的 API 交互。
- Android.view：提供基础的用户界面接口框架。
- Android.util：涉及工具性的方法，例如时间日期的操作。
- Android.webkit：默认浏览器操作接口。
- Android.widget：包含各种 UI 元素（大部分是可见的）在应用程序的屏幕中使用。

2.3.3 Android API 核心包

SDK 中集成了很多开发应用的 API，它们通过 Android SDK 来编写应用程序的基础，这里从最底层到最高层列出核心包并加以说明。

- Android.util：包含一些底层辅助类，例如特定的容器类、XML 辅助工具类等。
- Android.os：提供基本的操作服务，如消息传递和进程间通信 IPC。
- Android.graphics：作为图形渲染包，提供图形渲染功能。
- Android.text Android.text.method Android.text.style Android.text.util：提供一套丰富的文本处理工具，支持富文本、输入模式等。
- Android.database：包含底层 API 处理数据库，方便操作数据库表和数据。
- Android.content：提供各种服务访问手机设备上的其他应用的数据和资料的接口。
- Android.view：核心用户界面框架。
- Android.widget：提供标准用户界面元素，如 List（列表）、Buttons（按钮）、Layout manager

（布局管理器）等，是组成界面的基本元素。

- Android.app：提供高层应用程序模型，实现使用 Activity。
- Android.provider：提供方便调用系统提供的 content providers 接口。
- Android.telephony：提供 API 和手机设备的通话接口。
- Android.webikit：包含一系列基于 Web 内容工作的 API。

2.3.4　Android API 扩展包

核心的 Android API 在每部手机上都可以使用，但仍然有一些 API 接口有各自特别的适用范围，这就是所谓的"可选 API"。这些 API 之所以是"可选的"，主要是因为一个手持设备并不一定要完全支持这类 API，甚至可以完全不支持。

- Location-Based Services（定位服务）。Android 操作系统支持 GPS API-LBS，可以通过集成 GPS 芯片来接收卫星信号，通过 GPS 全球定位系统中至少 3 颗卫星和原子钟来获取当前手机的坐标数据，通过转换就可以成为地图上的具体位置，这一误差在手机上可以缩小到 10 米。在谷歌开发手机联盟中可以看到著名的 SiRF star。所以未来 gPhone 手机上市时集成 GPS 后的价格不会很贵。同时，谷歌正在研制基于基站式的定位技术-MyLocation，可以更快速地定位，与前者 GPS 定位需要花费大约 1 分钟相比，基站定位更快。
- Media APIs（多媒体接口）。Android 平台上集成了很多影音解码器以及相关的多媒体 API，通过这些可选 API，厂商可以让手机支持 MP3、MP4、高清晰视频播放处理等。
- 3D Graphics with OpenGL（3D 图形处理 OpenGL），可选 API。Android 平台上的游戏娱乐功能，如支持 3D 游戏或应用场景就需要用到 3D 技术，手机生产厂商根据手机的屏幕以及定位集成不同等级的 3D 加速图形芯片来加强 gPhone 手机的娱乐性，有来自高通的消息称，最新的显示芯片在 gPhone 上将会轻松超过索尼 PS3。
- Low-Level Hardware Access（低级硬件访问）。这个功能主要用于控制手机的底层方面操作，设计底层硬件操作将主要由各个手机硬件生产厂商来定制，支持不同设备的操作管理，如蓝牙（Bluetooth）以及 WIFI 无线网络支持等。

2.4　创建第一个 Android 应用程序

2.4.1　创建 HelloWorld 工程

启动 Android Studio，依次选择 File | New | New Project，将会出现如图 2.13 所示的界面。在 Application name 中输入项目名称"HelloWorld"，在 Company Domain 中输入"android.introduction"，系统会自动生成包名为"introduction.Android.helloWorld"，Project Location 指定工程文件存放的位置。单击"Next"按钮，出现如图 2.14 所示的界面，用于选择应用运行的系统版本。选择运行平台为"Android 7.0"，再次单击"Next"按钮，进入创建 Activity 界面，如图 2.15 所示。该界面

可以添加多种 Activity 的模板，本次添加一个基本的 Activity 即可，选择"Basic Activity"，单击"Next"按钮，进入如图 2.16 所示的界面，指定 Activity 的相关信息，例如 Activity 的名字、布局文件的名字、菜单资源的名字以及 Activity 上显示的标题。此处使用默认设置，不做更改。设置完成后，单击"Finish"按钮完成工程的创建。

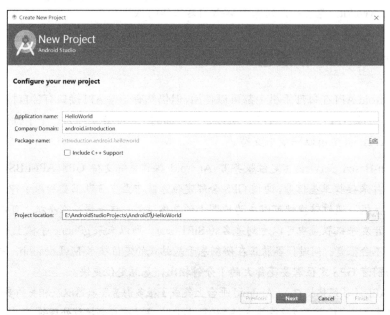

图 2.13　创建 HelloWorld 工程

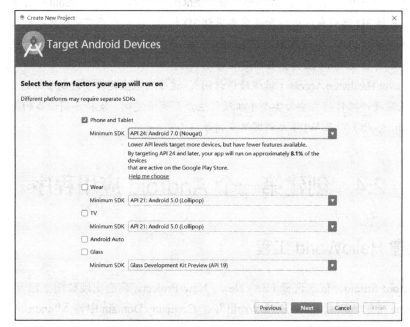

图 2.14　选择应用系统平台

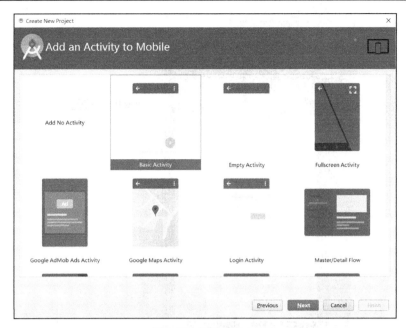

图 2.15　创建 Activity

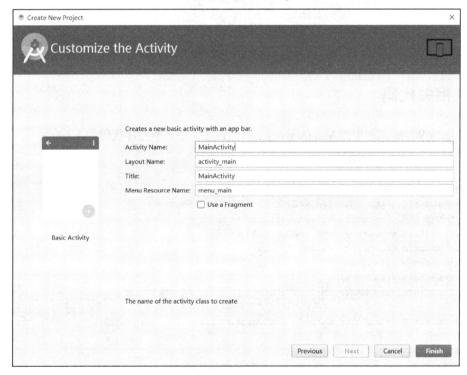

图 2.16　指定 Activity 的相关信息

　　Android Studio 会根据刚才指定的相关信息生成相关模板代码，用户无须编写任何一行代码，该工程就可以运行。按 Shift+F10 快捷键，选择要运行的 AVD，可查看运行效果，如图 2.17 所示。

图 2.17　运行效果（效果图颜色可在下载资源中查看）

2.4.2　相关代码

双击 HelloWorld 工程中的 MainActivity.java，该文件中已有程序代码如下：

```
package introduction.android.helloworld;

import android.os.Bundle;
import android.support.design.widget.FloatingActionButton;
import android.support.design.widget.Snackbar;
import android.support.v7.app.AppCompatActivity;
import android.support.v7.widget.Toolbar;
import android.view.View;
import android.view.Menu;
import android.view.MenuItem;

public class MainActivity extends AppCompatActivity {

    @Override
    protected void onCreate(Bundle savedInstanceState) {
        super.onCreate(savedInstanceState);
        setContentView(R.layout.activity_main);
        Toolbar toolbar = (Toolbar) findViewById(R.id.toolbar);
        setSupportActionBar(toolbar);

        FloatingActionButton fab = (FloatingActionButton) findViewById(R.id.fab);
        fab.setOnClickListener(new View.OnClickListener() {
```

```
            @Override
            public void onClick(View view) {
                Snackbar.make(view, "Replace with your own action", Snackbar.LENGTH_LONG)
                    .setAction("Action", null).show();
            }
        });
    }

    @Override
    public boolean onCreateOptionsMenu(Menu menu) {
        // Inflate the menu; this adds items to the action bar if it is present.
        getMenuInflater().inflate(R.menu.menu_main, menu);
        return true;
    }

    @Override
    public boolean onOptionsItemSelected(MenuItem item) {
        // Handle action bar item clicks here. The action bar will
        // automatically handle clicks on the Home/Up button, so long
        // as you specify a parent activity in AndroidManifest.xml.
        int id = item.getItemId();

        //noinspection SimplifiableIfStatement
        if (id == R.id.action_settings) {
            return true;
        }

        return super.onOptionsItemSelected(item);
    }
}
```

MainActivity.java 中的代码比较简单，表明类 MainActivity 继承了 AppCompatActivity 类，并重写了 onCreate()方法。

AppCompatActivity 类是 Android Studio 中默认的构建自定义 Activity 的模板类，与 Eclipse+ADT 环境中默认使用的 Activity 相比，AppCompatActivity 提供了对工具栏 ToolBar 的支持，相关代码如下：

```
Toolbar toolbar = (Toolbar) findViewById(R.id.toolbar);
        setSupportActionBar(toolbar);
```

在 MainActivity 的 onCreate()方法体中调用了父类的 onCreate()方法，然后调用 setContentView()方法显示视图界面。Android 工程中使用 XML 文件来设计视图界面，R.layout.activity_main 是 Android 工程中默认的布局文件的名字，即 activity_main.xml。

Activity_main.xml 的内容如下：

```
<?xml version="1.0" encoding="utf-8"?>
    <android.support.design.widget.CoordinatorLayout
xmlns:android="http://schemas.android.com/apk/res/android"
        xmlns:app="http://schemas.android.com/apk/res-auto"
        xmlns:tools="http://schemas.android.com/tools"
        android:layout_width="match_parent"
        android:layout_height="match_parent"
        android:fitsSystemWindows="true"
```

```
    tools:context="introduction.android.helloworld.MainActivity">

    <android.support.design.widget.FloatingActionButton
        android:id="@+id/fab"
        android:layout_width="wrap_content"
        android:layout_height="wrap_content"
        android:layout_gravity="bottom|end"
        android:layout_margin="@dimen/fab_margin"
        app:srcCompat="@android:drawable/ic_dialog_email" />

    <android.support.design.widget.AppBarLayout
        android:layout_width="match_parent"
        android:layout_height="wrap_content"
        android:theme="@style/AppTheme.AppBarOverlay">

        <android.support.v7.widget.Toolbar
            android:id="@+id/toolbar"
            android:layout_width="match_parent"
            android:layout_height="?attr/actionBarSize"
            android:background="?attr/colorPrimary"
            app:popupTheme="@style/AppTheme.PopupOverlay" />

    </android.support.design.widget.AppBarLayout>

    <include layout="@layout/content_main" />

</android.support.design.widget.CoordinatorLayout>
```

CoordinatorLayout 布局是 support v7 系统新增的布局，具有便于调度协调子布局的特点。该布局可看作是增强版的 FrameLayout，通常与 ToolBar 和 FloatingActionButton 合用。

ToolBar 是图 2.17 中显示 HelloWorld 的蓝色工具栏，具有承载系统菜单的功能。布局相关代码如下：

```
<android.support.design.widget.AppBarLayout
    android:layout_width="match_parent"
    android:layout_height="wrap_content"
    android:theme="@style/AppTheme.AppBarOverlay">

    <android.support.v7.widget.Toolbar
        android:id="@+id/toolbar"
        android:layout_width="match_parent"
        android:layout_height="?attr/actionBarSize"
        android:background="?attr/colorPrimary"
        app:popupTheme="@style/AppTheme.PopupOverlay" />
</android.support.design.widget.AppBarLayout>
```

FloatingActionButton 是图 2.17 中右下侧的邮箱图标的按钮，布局相关代码如下：

```
<android.support.design.widget.FloatingActionButton
    android:id="@+id/fab"
    android:layout_width="wrap_content"
    android:layout_height="wrap_content"
    android:layout_gravity="bottom|end"
    android:layout_margin="@dimen/fab_margin"
    app:srcCompat="@android:drawable/ic_dialog_email" />
```

在 MainActivity.java 中，FloatingActionButton 的事件处理代码为：

```
FloatingActionButton fab = (FloatingActionButton) findViewById(R.id.fab);
    fab.setOnClickListener(new View.OnClickListener() {
        @Override
        public void onClick(View view) {
            Snackbar.make(view, "Replace with your own action", Snackbar.LENGTH_LONG)
                    .setAction("Action", null).show();
        }
});
```

该代码实现的功能是，当点击按钮时，显示"Replace with your own action"。

```
<include layout="@layout/content_main" />
```

这行代码将 content_main.xml 的布局嵌入 activity_main 布局中。content_main.xml 的代码为：

```
<?xml version="1.0" encoding="utf-8"?>
<RelativeLayout xmlns:android="http://schemas.android.com/apk/res/android"
    xmlns:app="http://schemas.android.com/apk/res-auto"
    xmlns:tools="http://schemas.android.com/tools"
    android:id="@+id/content_main"
    android:layout_width="match_parent"
    android:layout_height="match_parent"
    android:paddingBottom="@dimen/activity_vertical_margin"
    android:paddingLeft="@dimen/activity_horizontal_margin"
    android:paddingRight="@dimen/activity_horizontal_margin"
    android:paddingTop="@dimen/activity_vertical_margin"
    app:layout_behavior="@string/appbar_scrolling_view_behavior"
    tools:context="introduction.android.helloworld.MainActivity"
    tools:showIn="@layout/activity_main">

    <TextView
        android:layout_width="wrap_content"
        android:layout_height="wrap_content"
        android:text="Hello World!" />
</RelativeLayout>
```

该文件中的代码表示当前的布局文件使用 LinearLayout 布局，该布局中仅有一个 TextView 组件用于显示信息，显示的内容为"Hello World！"。

Android Studio 鼓励用户将所有组件放置到 content_main.xml 中，而对 activity_main 中的代码尽量不做修改。

为了简化代码，降低阅读难度，在本书的范例程序代码中，除非需要用到工具栏和悬浮按钮，都会将.java 文件和.xml 文件中的 ToolBar 和 FloatingActionButton 的相关代码移除掉，并且直接使用单个布局文件搭建界面，避免使用 include 将一个布局嵌入另一个布局中。

2.4.3　工程文件结构解析

没有书写一句程序代码，一个 Android 应用便创建成功了，但是这只是一个简单的 Android 应用，要创建更多的 Android 应用，还要详细地了解 Android 应用程序结构。

Android Studio 的 Project 工程文件结构如图 2.18 所示。

主要目录的作用如下。

- .gradle 目录：Gradle 在构建工程的过程中生成的文件。
- .idea 目录：Android Studio 生成的工程配置文件，类似 Eclipse 的 project.properties。
- build 目录：相当于 Eclipse 工程的 bin 目录，用于存放生成的文件，包括 APK。
- gradle 目录：用于存放 Gradle 构建工具系统的 JAR 和 Wrapper 等，以及配置文件。
- External Libraries：工程依赖的 LIB 文件，如 SDK 等。
- app 目录：Android Studio 创建工程中的一个 Module，是程序开发者的主要工作目录。app 目录下的结构如图 2.19 所示。

图 2.18　Android Studio 工程文件结构

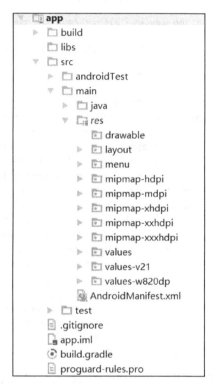

图 2.19　app 目录结构

下面分别介绍各个目录或文件的作用。

- src。该目录（文件夹）中包含应用程序的所有源代码。在 src 文件夹中可以创建若干 Java 包，在包中可以创建应用的处理逻辑以及应用的 Activity，MainActivity.java 就是在创建项目的时候创建的一个 Activity，在 Activity 中可以编写控制 View 的逻辑。
- build。该目录（文件夹）的 source 包中有一个 "R.java" 文件。R 类中包含 4 个静态内部类：attr、drawable、layout 和 string，分别代表属性、图片资源、布局文件及字符串的声明。R.java 文件是资源索引类，由 Eclipse 自动生成，开发者不用去修改和维护里面的内容，但是这个文件却非常有用，它和 res 文件夹紧密相连，对 res 下资源的操作都会导致 R.java 文件的重新编译。R.java 中定义的常量类也可以间接帮助 Activity 完成对资源的应用。Android 这样设计的好处是使得复杂的资源通过专门的类来管理而让程序中的代码变得整齐、强壮，并且减少程序出错和 bug 的产生。

- assets。该目录（文件夹）中通常放置一些原始资源文件，它会在 Android 打包的时候原封不动地一起打包，安装时会直接解压到对应的 assets 目录中。这里通常放置一些项目中用到的多媒体资源等。
- res。目录（文件夹）中放置的是 Android 要用到的各种程序资源。其中，常见的子文件夹有 drawable、layout、values 等。其中，drawable 目录放置应用到的图片资源；layout 目录放置一些与 UI 相关的布局文件，都是以 XML 文件方式保存；values 目录中放置的是一些字符串、数组、颜色、样式和动画等资源，values 目录中的每一个文件都会转化成 R.java 中的一个静态类，文件中的每一个资源都会转化成 R.java 中对应静态类的静态整型常量，这样 Activity 中通过一个解析器就可以获取对应的资源。
- AndroidManifest.xml。这个文件是整个项目的配置资源，里面配置的内容包括当前应用程序所在的包、应用程序中的 Activity、应用程序的访问权限等。

2.5   调 试 程 序

2.5.1   设置断点

设置断点检查每个变量的运行输出更适合一些大型项目的排错或状态检测，是 Java 开发中不可缺少的调试方法。

设置断点的方法有两种：

（1）双击 Android Studio 代码编辑区左边的区域。
（2）在需要添加或者移除断点的代码处接 Ctrl+F8 快捷键。

2.5.2   调试

通过单击工具栏上的按钮，或者在项目上右击，然后选择 Debug …菜单命令，或者按 Shift+F9 快捷键，启动程序的调试模式，如图 2.20 所示。

当程序运行到设置的断点时就会停下，这时可以按照下面的功能键按需求进行调试：

- 快捷键 F8 单步执行程序。
- 快捷键 F7 单步执行程序，遇到方法时进入。
- 快捷键 Alt+F9 运行到光标处。

在调试界面，变量的值会出现在 Variables 窗口中，这样就可以查看运行至断点时变量当前的值，可在 Watches 界面添加想观测的变量或者对象的值。

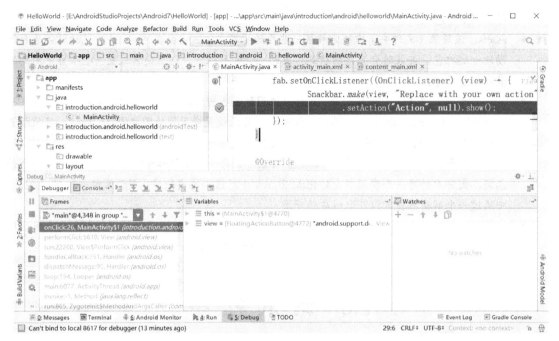

图 2.20　调试界面

2.6　小　　结

本章主要介绍了 Android 开发环境的搭建，并以 HelloWorld 为例讲解了 Android 工程的创建过程。Android 工程文件结构主要包括 src、gen、res、Android 目录以及 AndroidManifest.xml 文件，开发者应该熟知每个工程目录的作用。还介绍了 Android Studio 开发平台的基本调试方法，希望读者在日后的学习中能够熟悉应用程序的调试方法。此外，本章还介绍了 Android SDK 的目录结构及其核心包和扩展包。

2.7　习　　题

1. 尝试创建自己的第一个 Android 工程。
2. 请简要介绍 Android 工程中各目录的作用。
3. 谈谈你对 Android SDK 的认识。

第3章

Android 应用程序结构

Android 作为一个移动设备的开发平台，其软件层次结构包含操作系统（OS）、中间件（MiddleWare）和应用程序（Application）。其中，Android 的应用程序通常涉及用户界面和用户交互，这类程序是用户实实在在能感受到的，目前 Android 本身提供了桌面、联系人、电话和浏览器等众多的核心应用，同时还允许开发者使用应用程序框架层的 API 实现自己的程序。

3.1 应用程序基本组成

Android 系统没有使用常见的应用程序入口点的方法（例如 main() 方法），应用程序是由组件组成的，组件可以调用相互独立的基本功能模块，根据完成的功能不同，Android 划分了 4 类核心组件，即 Activity、Service、BroadcastReceiver 和 ContentProvider，各组件之间的消息传递通过 Intent 完成。

3.1.1 Activity

Activity 是 Android 应用程序核心组件中最基本的一种，是用户和应用程序交互的窗口。在 Android 应用程序中，一个 Activity 通常对应一个单独的视图。一个 Android 应用程序是由一个或多个 Activity 组成的，这些 Activity 相当于 Web 应用程序中的网页，用于显示信息，并且相互之间可以进行跳转。和网页跳转不同的是，Activity 之间的跳转可以有返回值。

当新打开一个视图时，之前的那个视图会被置为暂停状态，并且压入历史堆栈中，用户可以通过回退操作返回以前打开过的视图。Activity 是由 Android 系统进行维护的，它有自己的生命周期，即"产生、运行、销毁"，但是在这个过程中会调用许多方法，如创建 onCreate()、激活 onStart()、恢复 onResume()、暂停 onPause()、停止 onStop()、销毁 onDestroy() 和重启 onRestart() 等。

3.1.2 Service

Service 是一种类似于 Activity 但是没有视图的程序，它没有用户界面，可以在后台运行很长时间，相当于操作系统中的一个服务。Android 定义了两种类型的 Service，即本地 Service 和远程 Service。本地 Service 是只能由承载该 Service 的应用程序访问的组件，而远程 Service 是供在设备上运行的其他应用程序远程访问的 Service。

通过 Context.startService(Intent service)可以启动一个 Service，通过 Context. bindService()可以绑定一个 Service。

3.1.3 BroadcastReceiver

BroadcastReceiver 的意思是"广播接收者"，顾名思义，它用来接收来自系统和其他应用程序的广播，并做出回应。在 Android 系统中，当有特定事件发生时就会产生相应的广播。广播体现在方方面面，例如，当开机过程完成后，系统会产生一条广播，接收到这条广播就能实现开机启动服务的功能；当网络状态改变时，系统会产生一条广播，接收到这条广播就能及时地做出提示和保存数据等操作；当电池电量改变时，系统会产生一条广播，接收到这条广播就能在电量低时告知用户及时保存进度等。

BroadcastReceiver 不能生成 UI，通过 NotificationManager 来通知用户有事件发生，对于用户来说是隐式的。BroadcastReceiver 的注册方式有两种，一种是在 AndroidManifest. xml 中进行静态注册；另一种是在运行时的代码中使用 Context.registerReceiver()进行动态注册。只要注册了 BroadcastReceiver，即使对应的事件广播来临时应用程序并未启动，系统也会自动启动该应用程序对事件进行处理。另外，用户还可以通过 Context.sendBroadcast()将自己的 Intent 对象广播给其他的应用程序。

3.1.4 ContentProvider

文件、数据库等数据在 Android 系统内是私有的，仅允许被特定应用程序直接使用。在两个程序之间，数据的交换或共享由 ContentProvider 实现。

ContentProvider 类实现了一组标准方法的接口，从而能够让其他的应用保存或读取 ContentProvider 提供的各种数据类型。

3.1.5 Intent

Intent 并不是 Android 应用程序四大核心组件之一，但是其重要性无可替代，因此在这里我们做一下简单介绍。

Android 应用程序核心组件中的三大核心组件——Activity、Service、BroadcastReceiver，通过消息机制被启动激活，而所使用的消息就是 Intent。Intent 是对即将要进行的操作的抽象描述，承担了 Android 应用程序三大核心组件相互之间的通信功能。

3.2　Activity

Activity 是 Android 组件中最基本也是最为常见的组件。Activity 是用户接口程序，原则上它会提供给用户一个交互式的接口功能，几乎所有的 Activity 都要和用户打交道，也有人把它比喻成 Android 的管理员。需要在屏幕上显示什么、用户在屏幕上做什么、处理用户的不同操作等都由 Activity 来管理和调度。

Activity 提供用户与 Android 系统交互的接口，用户通过 Activity 来完成自己的目的，例如打电话、拍照、发送 E-mail、查看地图等。每个 Activity 都提供一个用户界面窗口，一般情况下，该界面窗口会填满整个屏幕，但是也可以比屏幕小，或者浮在其他的窗口之上。

一个 Android 应用程序通常由多个 Activity 组成，但是其中只有一个为主 Activity，其作用相当于 Java 应用程序中的 main 函数，当应用程序启动时，作为应用程序的入口首先呈现给用户。Android 应用程序中的多个 Activity 可以直接相互调用以完成不同工作。当新的 Activity 被启动的时候，之前的 Activity 会停止，但是不会被销毁，而是被压入"后退栈（Back Stack）"的栈顶，新启动的 Activity 获得焦点，显示给用户。"后退栈"遵循"后入先出"的原则。当新启动的 Activity 被使用完毕，用户单击"Back"按钮时，当前的 Activity 会被销毁，而原先的 Activity 会被从"后退栈"的栈顶弹出并且激活。

当 Activity 状态发生改变时，都会通过状态回调函数通知 Android 系统。而程序编写人员可以通过这些回调函数对 Activity 进行进一步的控制。

下面对 Activity 生命周期及其涉及的回调函数进行简单介绍。

3.2.1　Activity 的生命周期

从本质上讲，Activity 在生命周期中共存在三个状态，分别如下。

- 运行态：运行态指 Activity 运行于屏幕的最上层并且获得了用户焦点。
- 暂停态：暂停态是指当前 Activity 依然存在，但是没有获得用户焦点。在其之上有其他的 Activity 处于运行态，但是由于处于运行态的 Activity 没有遮挡住整个屏幕，当前 Activity 有一部分视图可以被用户看见。处于暂停态的 Activity 保留了自己所使用的内存和用户信息，但是在系统极度缺乏资源的情况下，有可能会被杀死以释放资源。
- 停止态：停止态是指当前 Activity 完全被处于运行态的 Activity 遮挡住，其用户界面完全不能被用户看见。处于停止态的 Activity 依然存活，也保留了自己所使用的内存和用户信息，但是一旦系统缺乏资源，停止态的 Activity 就会被杀死以释放资源。

Activity 在生命周期中从一种状态到另一种状态时会激发相应的回调方法，这些回调方法包括：

- onCreate（Bundle savedInstanceState）。创建 Activity 时调用。设置在该方法中，还以 Bundle 的形式提供对以前储存的任何状态的访问。其中参数 savedInstanceState 对象是用于保存 Activity 的对象的状态。
- onStart()。Activity 变为在屏幕上对用户可见时调用。
- onResume()。Activity 开始与用户交互时调用（无论是启动还是重启一个活动，该方法总是被调用）。

- onPause()。当 Android 系统要激活其他 Activity 时，该方法被调用，暂停或收回 CPU 和其他资源时调用。
- onStop()。Activity 被停止并转为不可见阶段时调用。
- onRestart()。重新启动已经停止的 Activity 时调用。
- onDestroy()。Activity 被完全从系统内存中移除时调用，该方法被调用可能是因为有人直接调用 finish()方法或者系统决定停止该活动以释放资源。

上面 7 个生命周期方法分别在 4 个阶段按着一定的顺序进行调用，这 4 个阶段如下：

- 启动 Activity。在这个阶段依次执行 3 个生命周期方法：onCreate、onStart 和 onResume。
- Activity 失去焦点。如果在 Activity 获得焦点的情况下进入其他的 Activity 或应用程序，这时当前的 Activity 会失去焦点。在这一阶段，会依次执行 onPause 和 onStop 方法。
- Activity 重获焦点。如果 Activity 重新获得焦点，会依次执行 3 个生命周期方法：onRestart、onStart 和 onResume。
- 关闭 Activity。当 Activity 被关闭时，系统会依次执行 3 个生命周期方法：onPause、onStop 和 onDestroy。

Activity 生命周期中方法的调用过程如图 3.1 所示。

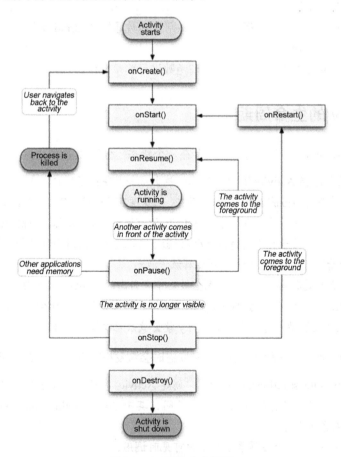

图 3.1　Activity 生命周期

通过图 3.1，可以很直观地了解到 Activity 的整个生命周期。Activity 的生命周期表现在三个层面，如图 3.2 所示。

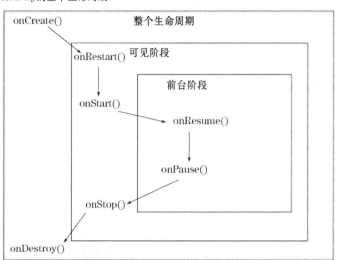

Activity的整个生命周期

图 3.2　Activity 的整个生命周期

通过图 3.2 可以更清楚地了解 Activity 的运行机制。如果 Activity 离开可见阶段，长时间失去焦点，就很可能被系统销毁以释放资源。当然，即使该 Activity 被销毁掉，用户对该 Activity 所做的更改也会被保存在 Bundle 对象中，当用户需要重新显示该 Activity 时，Android 系统会根据之前保存的用户更改信息将该 Activity 重建。

3.2.2　Activity 的创建

在一个 Android 工程中，创建 Activity 的步骤如下：

步骤 01　新建类。创建一个 Activity，必须创建 Android.app.Activity（或者它的一个已经存在的子类）的一个子类，并重写 onCreate()方法。

步骤 02　关联布局 XML 文件。在新建的 Activity 中设置其布局方式，需要在 res/layout 目录中新建一个 XML 布局文件，可以通过 setContentView()来指定 Activity 的用户界面的布局文件。

步骤 03　注册。在 AndroidManifest.xml 文件中对建立的 Activity 进行注册，即在<application>标签下添加<activity>标签。例如，注册 ExampleActivity 的代码如下：

```
<application ...>
    <activity Android:name=".ExampleActivity" />
    ...
</application ...>
```

对于主 Activity，要为其添加<intent-filter>标签，代码如下：

```
<activity Android:name=".ExampleActivity" Android:icon="@drawable/app_icon">
  <intent-filter>
      <action Android:name="Android.intent.action.MAIN" />
```

```
        <category Android:name="Android.intent.category.LAUNCHER" />
    </intent-filter>
</activity>
```

其中，<action Android:name="Android.intent.action.MAIN" />表示该 Activity 作为主 Activity 出现，而<category Android:name="Android.intent.category.LAUNCHER" />表示该 Activity 会被显示在最上层的启动列表中。

3.2.3　启动 Activity

在 Android 系统中，除了主 Activity 由系统启动外，其他 Activity 都要由应用程序来启动。

（1）通常情况下，通过 startActivity()方法来启动 Activity，而要启动的 Activity 的信息由 Intent 对象来传递，例如：

```
Intent intent=new Intent (this, AnotherActivity.class);
startActivity (intent);
```

表示通过当前的 Activity 启动名为 AnotherActivity 的 Activity。

有时，用户不需要知道要启动的 Activity 的名字，而可以仅制定要完成的行为，由 Android 系统来为用户挑选合适的 Activity，例如：

```
Intent intent=new Intent (Intent.ACTION_SEND);
intent.putExtra (Intent.EXTRA_EMAIL, recipientArray);
startActivity (intent);
```

其中，Intent.EXTRA_EMAIL 放置的是 recipientArray 中存储的要发送的 E-mail 的目标地址。该 Intent 对象被 startActivity()启动后，Android 系统会启动相应的 E-mail 处理应用程序，并将 Intent.EXTRA_EMAIL 中的内容放置到邮件的目标地址中。

（2）有时，当需要从启动的 Activity 获取返回值的时候，需要使用 startActivityForResult()方法代替 startActivity()方法，并实现 onActivityResult()方法来获取返回值。

例如，在发送短信的时候，用户需要从联系人列表中获取联系人的信息，然后返回到短信发送界面，代码如下：

```
Intent intent=new Intent (Intent.ACTION_PICK, Contacts.CONTENT_URI);
startActivityForResult (intent, PICK_CONTACT_REQUEST);
```

当用户选择了联系人后，相关信息会被存储到 Intent 对象中，并返回到 onActivityResult()方法中。

3.2.4　关闭 Activity

关闭 Activity 使用 finish()方法。关闭之前启动的其他 Activity 可以使用 finishActivity()方法。

需要注意的是，虽然 Android SDK 提供了关闭 Activity 的方法，但是通常情况下，程序员不应该使用这些方法去强制关闭 Activity。因为 Android 系统在为用户维护 Activity 的生命周期，并且提供了完备的资源回收机制和资源重建机制，可以动态地回收和重建 Activity，因此 Activity 应用交由 Android 系统来管理，除非已确定用户不再需要当前的 Activity，并且不允许用户回退到当前 Activity。

3.2.5　Activity 数据传递

Activity 数据传递共有三种：

- 通过 Intent 传递一些简单的数据。
- 通过 Bundle 传递相对复杂的数据或者对象。
- 通过 startActivityForResult 可以更方便地进行来回传递，当然前两种方法也可以来回传递。

假设由 Activity1 向 Activity2 传递数据，利用三种方式实现的实例代码如下。

（1）利用 Intent 传递数据。

在传递数据的 Activity1 中：

```
Intent intent=new Intent (Activity1.this,Activity2.class);
intent.putExtra ("author","leebo");//在 Intent 中加入键值对数据，键为 "author"，值为 "leebo"
Activity1.this.startActivity (intent);
```

在取出数据的 Activity2 中：

```
Intent intent=getIntent();//获得传过来的 Intent
String value=intent.getStringExtra ("author");
//根据键名 author 取出对应键值为 "leebo"
```

（2）利用 Bundle 传递数据。

在传递数据的 Activity1 中：

```
Intent intent=new Intent (Activity1.this,Activity2.class);
Bundle myBundle=new Bundle();
myBundle.putString ("author","leebo");
intent.putExtras (myBundle);
Activity1.this.startActivity (intent);
```

在取出数据的 Activity2 中：

```
Intent intent=getIntent();
Bundle myBundle=intent.getExtras();
String value=myBundle.getString ("author"); //根据键名 author 取出对应键值为 "leebo"
```

（3）利用 startActivityForResult()传递数据。

startActivityForResult()方法不但可以把数据从 Activity1 传递给 Activity2，还可以把数据从 Activity2 传回给 Activity1。

在 Activity1 中：

```
final int REQUEST_CODE=1;
Intent intent=new Intent (Activity1.this,Activity2.class);
Bundle mybundle=new Bundle();
mybundle.putString ("author", "leebo");//把数据传过去
intent.putExtras (mybundle);
startActivityForResult (intent, REQUEST_CODE);
```

重载 onActivityResult 方法，用来接收传过来的数据（接收 b 中传过来的数据）：

```
protected void onActivityResult (int requestCode, int resultCode,Intent intent){
    if (requestCode==this.REQUEST_CODE){
```

```
    switch (resultCode) {
    case RESULT_OK:
      Bundle b=intent.getExtras();
      String str=b.getString ("Result"); //获取 Result 中的值, 为 "from Activity2"
       break;
    default:
        break;
    }
    }
}
```

在 Activity2 中:

```
Intent intent=getIntent();
Bundle myBundle=getIntent().getExtras();
String author=getBundle.getString ("author");
Intent intent=new Intent();
Bundle bundle=new Bundle();
bundle.putString ("Result","from Activity2");
intent.putExtras (bundle);
Activity02.this.setResult (RESULT_OK,intent);//通过 intent 将数据返回给 Activity1, RESULT_ OK
是结果码:
finish();//结束当前的 Activity
```

本质上, 这三种数据传递方式都是通过 Intent 来完成的。

3.3 资　　源

在 Android 层次结构中, 资源扮演着重要的角色。Android 支持字符串、位图以及其他很多种类型的资源。每一种资源的语法、格式以及存放的位置都会根据其类型的不同而不同。一般来讲, 共有三种类型的资源文件: XML 文件、位图文件 (图像) 和 RAW 文件 (声音等)。

Android 工程目录中, 用于存放资源文件的文件夹有两个, 分别为 res 和 assets。其中, res 文件夹不支持深度子目录, 其中的资源最终将被打包到编译后的 Java 文件中, 可以直接通过 R 资源类访问, 利用率较高; 而 assets 中存放的资源是用于打包到应用程序中的静态文件, 这些文件不会被编译, 最终会直接部署到目标设备中, 可以使用任意深度的子目录进行存储。assets 文件夹中的文件不能直接通过 R 资源类读取, 只能使用流的形式读取, 其利用率相对较低。

Android 的资源编译器 AAPT (Android Asset Packaging Tool) 会依照资源所在的子目录及其格式对其进行编译。

3.4 Manifest 文件

每一个 Android 项目都包含一个清单 (Manifest) 文件 AndroidManifest.xml, 它是 XML 格式的 Android 程序声明文件, 包含 Android 系统运行程序前所必须掌握的重要信息, 这些信息包含应用程序名称、图标、包名称、模块组成、授权和 SDK 最低版本等，而且每个 Android 程序必须在根目录下包含一个 AndroidManifest.xml。

例如，Manifest 文件可以使用如下代码声明一个 Activity：

```xml
<?xml version="1.0" encoding="utf-8"?>
<manifest ... >
    <application android:icon="@drawable/app_icon.png" ... >
        <activity android:name="com.example.project.ExampleActivity"
                android:label="@string/example_label" ... >
        </activity>
        ...
    </application>
</manifest>
```

AndroidManifest.xml 中可包含的所有标签元素如以下代码所示，其中除了<manifest>和<application>标签是必需的，其他所有标签都可按情况添加。

```xml
<?xml version="1.0" encoding="utf-8"?>
<manifest>
    <uses-permission />
    <permission />
    <permission-tree />
    <permission-group />
    <instrumentation />
    <uses-sdk />
    <uses-configuration />
    <uses-feature />
    <supports-screens />
    <compatible-screens />
    <supports-gl-texture />
    <application>
        <activity>
            <intent-filter>
                <action />
                <category />
                <data />
            </intent-filter>
            <meta-data />
        </activity>
        <activity-alias>
            <intent-filter>. . .</intent-filter>
            <meta-data />
        </activity-alias>
        <service>
            <intent-filter>. . .</intent-filter>
            <meta-data/>
        </service>
        <receiver>
            <intent-filter>. . .</intent-filter>
            <meta-data />
        </receiver>
        <provider>
            <grant-uri-permission />
            <meta-data />
```

```
        </provider>
        <uses-library />
    </application>
</manifest>
```

在此，仅对几种常见的标签进行简单介绍。

（1）manifest 标签

manifest 标签是 AndroidManifest.xml 文件的根标签，该标签用于设置与项目相关的一些属性，比如用于唯一标识应用程序的 package 属性，用于记录应用程序版本的 Android:versionName 属性，等等。其中的 xmlns:Android 属性必须被定义为"http://schemas. Android.com/apk/res/Android"。

（2）application 标签

manifest 标签仅能包含一个 application 标签，它使用各种属性来指定应用程序的各种元数据（包括标题、图标和主题）。它还可以作为一个包含活动（Activity）、服务（Service）、内容提供器（Provider）和广播接收器（Broadcast Receiver）标签的容器，用来指定应用程序组件。

- activity 标签。应用程序显示的每一个 Activity 都要求有一个 activity 标签，并使用 Android:name 属性来指定类的名称。这必须包含核心的启动 Activity 和其他所有可以显示的屏幕或者对话框。启动任何一个没有在清单中定义的 Activity 时都会抛出一个运行时异常。每一个 Activity 节点都允许使用 intent-filter 子标签来指定哪个 Intent 启动该活动。

- service 标签。和 activity 标签一样，应用程序中使用的每一个 Service 类都要创建一个新的 service 标签。（Service 标签也支持使用 intent-filter 子标签来允许后面的运行时绑定。）

- provider 标签。provider 标签用来说明应用程序中的每一个内容提供器。内容提供器是用来管理数据库访问以及程序内和程序间共享的。

- receiver 标签。通过添加 receiver 标签，可以注册一个广播接收器，而不用事先启动应用程序。广播接收器就像全局事件监听器一样，一旦注册了之后，无论何时，只要与它相匹配的 Intent 被应用程序广播出来，它就会立即执行。通过在声明中注册一个广播接收器，可以使这个进程实现完全自动化。如果一个匹配的 Intent 被广播了，应用程序就会自动启动，并且你注册的广播接收器也会开始运行。

（3）uses-permission 标签

作为安全模型的一部分，uses-permission 标签声明了那些自己定义的权限，而这些权限是应用程序正常执行所必需的。在安装程序时，设定的所有权限将会告诉用户，由他们来决定同意与否。对很多本地 Android 服务来说，权限都是必需的，特别是那些需要付费或者有安全问题的服务（例如拨号、接收 SMS 或者使用基于位置的服务）。第三方应用程序，包括你自己的应用程序，也可以在提供对共享的程序组件进行访问之前指定权限。

（4）permission 标签

在可以限制访问某个应用程序组件之前，需要在清单中定义一个 permission。可以使用 permission 标签来创建这些权限定义。然后，应用程序组件就可以通过添加 Android: permission 属性来要求这些权限。其他的应用程序需要在它们的清单中包含 uses-permission 标签（并且通过授权），之后才能使用这些受保护的组件。在 permission 标签内，可以详细指定允许的访问权限的级别（normal、dangerous、signature 和 signatureOrSystem）、一个 label 属性和一个外部资源，这个外部资源应该包含对授予这种权限的风险的描述。

（5）instrumentation 标签

instrumentation 类提供一个框架，用来在应用程序运行时在活动或者服务上运行测试。它们提供了一些方法来监控应用程序及其与系统资源的交互。对于为自己的应用程序所创建的每一个测试类，都需要创建一个新的节点。

3.5　App Widgets

App Widgets 是指能够嵌入其他应用程序中的小组件，并且能够周期性地进行更新。App Widgets 并不是 Android 应用程序的核心组件，但却是应用程序开发不可或缺的部分。我们可以通过 App Widgets 使我们的 UI 界面更多样化，也可以通过 App Widget Provider 发布我们自己开发的 App Widgets 组件。一个能够用于容纳 App Widgets 组件的应用程序组件被称为 App Widgets Host（App Widgets 宿主），例如图 3.3 所示的音乐播放程序。

图 3.3　App Widgets Host

Android 7.0 中涉及部分 App Widgets 类的使用方法会在第 4 章进行详细介绍，本节主要对使用 App Widget Provider 发布自己的 App Widget 组件的方法进行简单介绍。

3.5.1　基础知识

为了创建一个自己的 App Widget，需要完成以下工作。

1. AppWidgetProviderInfo 元数据

定义在 XML 文件中的用于描述 App Widget 的元数据对象，比如 App Widget 的布局、更新频率以及相关的 AppWidgetProvider 类。

2. 实现 AppWidgetProvider 类

在 AppWidgetProvider 类中定义了一系列方法，这些方法允许开发者以编程的方式和自己的 App Widget 进行交互，这种交互基于广播事件。当 App Widget 的状态发生改变，例如更新、启用、禁用和删除的时候，你都会接收到相应的广播通知。

3. 视图布局

在 XML 文件中为 App Widget 定义初始布局。

4. 实现 App Widget 配置 Activity

这是一个可选的 Activity，当用户添加 App Widget 时该 Activity 会被启动，并允许用户在创建

App Widget 时修改相关设置。

下面进行详细介绍。

3.5.2　在 Manifest 文件中声明 App Widget

首先，在 AndroidManifest.xml 文件中对 AppWidgetProvider 类进行声明。相关代码如下：

```
<receiver android:name="ExampleAppWidgetProvider" >
<intent-filter>
    <action android:name="android.appwidget.action.APPWIDGET_UPDATE" />
</intent-filter>
<meta-data android:name="android.appwidget.provider"
        android:resource="@xml/example_appwidget_info" />
</receiver>
```

<receiver> 元素必须要指定 android:name 属性，它指定了 App Widget 使用的 AppWidgetProvider 的名字。

<intent-filter> 元素必须包括一个含有 android:name 属性的<action>元素。该元素指定 AppWidgetProvider 接受 ACTION_APPWIDGET_UPDATE 广播。这是唯一一个必须被显式声明的广播。当有必要的时候，AppWidgetManager 会自动发送所有其他 App Widget 广播给 AppWidgetProvider。

<meta-data> 元素指定了 AppWidgetProviderInfo 资源并需要以下属性。

- android:name: 指定元数据名称。
- android:resource: 指定 AppWidgetProviderInfo 资源路径。

3.5.3　增加 AppWidgetProviderInfo 元数据

AppWidgetProviderInfo 用于定义 App Widget 的一系列基本特性，例如最小布局的尺寸、初始的布局资源、刷新频率以及创建时要加载的配置 Activity 等。使用<appwidget-provider>元素标签在 XML 中定义 AppWidgetProviderInfo 对象并保存到项目的 res/xml/目录下，例如：

```
<appwidget-provider xmlns:android="http://schemas.android.com/apk/res/android"
    android:minWidth="294dp" <!-- density-independent pixels -->
    android:minHeight="72dp"
    android:updatePeriodMillis="86400000" <!-- once per day -->
    android:initialLayout="@layout/example_appwidget"
    android:configure="com.example.android.ExampleAppWidgetConfigure" >
</appwidget-provider>
```

其中：

- minWidth 和 minHeight 属性的值指定了这个 App Widget 布局需要的最小区域。
- updatePerdiodMillis 属性定义了 App Widget 框架调用 onUpdate()方法来从 AppWidgetProvider 请求一次更新的频率。实际上更新的时间并不精准。建议更新频率越低越好，比如一小时更新一次，这样可以节省电力，或者根据用户的配置调整更新频率，比如有个人每 15 分钟想查看一下股票的报价，这样可以将频率设置为一小时更新 4 次。

- initialLayout 属性指向 App Widget 使用的布局的资源。
- configure 属性定义了该 App Widget 被加载时使用的配置 Activity。

3.5.4　创建 App Widget 布局

必须在 res/layout 目录下以 XML 文件的方式为 App Widget 定义一个布局文件。App Widget 的布局是基于 RemoteViews 对象的，而 RemoteViews 对象可以支持以下布局：

- Framelayout
- LinearLayout
- RelativeLayout
- GridLayout

和以下的小组件类：

- AnalogClock
- Button
- Chronometer
- ImageButton
- ImageView
- ProgressBar
- TextView
- ViewFlipper
- ListView
- GridView
- StackView
- AdapterViewFlipper

但是并不支持它们的派生类。

此外，RemoteView 还支持 ViewStub，该组件不可见，自身无尺寸，可用于对布局资源进行支撑。

3.5.5　为 App Widget 添加边界

如果没有为自定义的 Widget 定义边界，它就会自动扩展到屏幕大小。因此，我们需要为自定义的 App Widget 定义边界。

自 Android 4.0 开始，App Widget 会自动在 Widget 的边界环绕盒之间添加空隙，以便为 Widget 和其他小组件以及屏幕上的图标提供更好的排列组合方式。为实现这个行为，我们需要将应用程序中的 "targetSdkVersion" 属性设置为大于 14。

实际上，我们可以自己定义一个带有自定义边界的布局，并且使该布局在应用于早期平台版本时正常显示边界，而在 Android 4.0 以后版本的平台上不显示额外边界。定义过程如下：

步骤 01 设置 targetSdkVersion 为大于 14 的值。

步骤 02 创建一个布局，并为其设置 dimension 资源，其边界信息由 dimension 资源设定，代码如下：

```
<FrameLayout
android:layout_width="match_parent"
android:layout_height="match_parent"
android:padding="@dimen/widget_margin">

<LinearLayout
  android:layout_width="match_parent"
  android:layout_height="match_parent"
  android:orientation="horizontal"
  android:background="@drawable/my_widget_background">

  …
</LinearLayout>

</FrameLayout>
```

步骤 03 创建两个 dimension 资源，一个在 res/values/目录下，用于提供低于 Android 4.0 版本的系统的边界信息，另一个在 res/values-v14 下，用于提供高于 Android 4.0 版本的操作系统的边界信息。

例如，res/values/dimens.xml 定义如下：

```
<dimen name="widget_margin">8dp</dimen>
```

而 res/values-v14/dimens.xml 定义如下：

```
<dimen name="widget_margin">0dp</dimen>
```

3.5.6 使用 AppWidgetProvider 类

首先，AppWidgetProvider 类是 BroadcastReceiver 类的子类，可以方便地处理 App Widget 发出的广播，因此，其必须被声明在清单文件中的<receiver>元素中。AppWidgetProvider 只接受和相应的 App Widget 相关的广播消息，例如这个 App Widget 被更新、被删除、被启用或者被禁用的时候。当这些广播事件发生的时候，AppWidgetProvider 会接收到以下方法的调用请求。

- onUpdate()：每间隔一定时间该方法就会被调用用于对 App Widget 进行更新。间隔时间由 AppWidgetProviderInfo 元数据中的 updatePeriodMillis 属性指定。当用户添加 App Widget 时，该方法也会被调用。因此，该方法中应该执行必要的操作，例如为视图定义事件处理器或者启动一个临时的服务等。如果你为 App Widget 定义了配置 Activity，就应该由配置 Activity 负责进行第一次更新，而 onUpdate()方法不会在用户执行添加操作的时候被调用，而只会在后期的更新时被调用。

- onAppWidgetOptionsChanged()：该方法在 Widget 被首次放置到应用程序中或者 Widget 的尺寸被更改时被调用。
- onDeleted(Context, int[])：该方法在 App Widget 被从 App Widget 宿主中删除的时候被调用。
- onEnabled(Context)：该方法在 App Widget 的第一个实例被创建时被调用。若用户添加了两个 App Widget 的实例，则该方法只会在第一次添加时被调用。如果你需要打开数据库或者其他只需要进行一次的设置，那么将代码放在这个方法中是个不错的主意。
- onDisabled(Context)：该方法在最后一个 App Widget 实例从 App Widget 宿主中被删除的时候调用。在该方法中，你应该对在 onEnabled() 方法中的操作进行善后，例如删除一个临时的数据库。
- onReceive(Context, Intent)：每当接收到一个广播，该方法都会被调用。并且，该方法会在上述各个方法之前被调用。通常我们不需要重写该方法，因为默认的 AppWidgetProvider 类已经很好地实现了对所有广播的过滤和处理方法的调用。

可见 onUpdate() 方法是最重要的回调方法，如果你创建的 App Widget 不需要进行创建临时文件等操作，那么你可能只需要定义 onUpdate() 方法就可以了。例如，当你创建了一个带有 Button 的 App Widget，当点击按钮时会启动一个 Activity，那么你的 AppWidgetProvider 类应该像下面这样定义：

```
public class ExampleAppWidgetProvider extends AppWidgetProvider {

  public void onUpdate(Context context, AppWidgetManager appWidgetManager, int[] appWidgetIds)
{
      final int N = appWidgetIds.length;

      // Perform this loop procedure for each App Widget that belongs to this provider
      for (int i=0; i<N; i++) {
          int appWidgetId = appWidgetIds[i];

          // Create an Intent to launch ExampleActivity
          Intent intent = new Intent(context, ExampleActivity.class);
          PendingIntent pendingIntent = PendingIntent.getActivity(context, 0, intent, 0);

          // Get the layout for the App Widget and attach an on-click listener
          // to the button
          RemoteViews views = new RemoteViews(context.getPackageName(),
R.layout.appwidget_provider_layout);
          views.setOnClickPendingIntent(R.id.button, pendingIntent);

          // Tell the AppWidgetManager to perform an update on the current app widget
          appWidgetManager.updateAppWidget(appWidgetId, views);
      }
  }
}
```

其中，appWidgetIds 是一个存放 ID 的数组，其中的每一个 ID 值都标识一个 AppWidgetProvider 创建的 App Widget。如果该数组中存放了多个 App Widget 的 ID，那么这些 App Widget 会被同步更新。

3.5.7　接收 App Widget 的广播

如果你想直接用自己的类接收并处理 App Widget 的广播，那么你需要实现自己的 BroadcastReceiver，重写 onReceiver()方法，并处理以下 4 个 Intent：

- ACTION_APPWIDGET_UPDATE
- ACTION_APPWIDGET_DELETED
- ACTION_APPWIDGET_ENABLED
- ACTION_APPWIDGET_DISABLED

3.5.8　创建 App Widget 的配置 Activity

如果想让用户在添加新的 App Widget 的时候对颜色、尺寸、更新周期等属性进行配置，那么就需要创建一个配置 Activity。配置 Activity 会在 App Widget 被创建时由其宿主启动。

该配置 Activity 需要在 Manifest 文件中进行声明，通过 ACTION_APPWIDGET_CONFIGURE 活动被宿主启动，代码如下：

```
<activity android:name=".ExampleAppWidgetConfigure">
    <intent-filter>
        <action android:name="android.appwidget.action.APPWIDGET_CONFIGURE" />
    </intent-filter>
</activity>
```

此外，该 Activity 还需要在 AppWidgetProviderInfo XML 中通过 android:configure 属性被声明，例如：

```
<appwidget-provider xmlns:android="http://schemas.android.com/apk/res/android"
    ...
    android:configure="com.example.android.ExampleAppWidgetConfigure"
    ... >
</appwidget-provider>
```

当为 App Widget 定义了配置 Activity 后，Widget 在被创建时不会再调用 onUpdate 方法。

3.5.9　使用配置 Activity 对 App Widget 进行更新

当 Widget 使用了配置 Activity 后，配置 Activity 会在用户完成设置后对 Widget 进行更新。通过配置 Activity 对 Widget 进行更新并关闭配置 Activity 的过程如下：

步骤 01　从启动 Activity 的 Intent 中获取 App Widget 的 ID 值。

```
    Intent intent = getIntent();
Bundle extras = intent.getExtras();
if (extras != null) {
    mAppWidgetId = extras.getInt(
            AppWidgetManager.EXTRA_APPWIDGET_ID,
            AppWidgetManager.INVALID_APPWIDGET_ID);
}
```

步骤 02 执行 App Widget 配置。

步骤 03 完成配置后，获取 AppWidgetManager 类的实例。

```
AppWidgetManager appWidgetManager = AppWidgetManager.getInstance(context);
```

步骤 04 通过 RemoteViews 布局对 App Widget 进行更新。

```
RemoteViews views = new RemoteViews(context.getPackageName(),
R.layout.example_appwidget);
appWidgetManager.updateAppWidget(mAppWidgetId, views);
```

步骤 05 创建返回 Intent，设置 Activity 返回值，并关闭 Activity。

```
Intent resultValue = new Intent();
resultValue.putExtra(AppWidgetManager.EXTRA_APPWIDGET_ID, mAppWidgetId);
setResult(RESULT_OK, resultValue);
finish();
```

3.6　进程和线程

当一个应用组件启动，并且该应用没有别的正在运行的组件时，则 Android 系统会为这个应用程序创建一个包含单个线程的 linux 进程。默认情况下，同一个应用程序的所有组件都运行在同一个进程与线程中（叫作 "main" 主线程）。某个应用组件启动，如果该应用程序的进程已经存在（因为应用程序的其他组件已经在运行了），那么刚刚启动的组件会在已有的进程和线程中启动运行。不过，可以指定组件运行在其他进程中，也可以为任何进程创建其他的线程。

本节主要讨论进程和线程是如何在 Android 应用程序中发挥作用的。

3.6.1　进程

默认情况下，同一个应用程序内的所有组件都是运行在同一个进程中的，大部分应用程序也不会去改变它。不过，如果需要指定某个特定组件所属的进程，那么可以利用 manifest 文件来达到目的。

manifest 文件中的每种组件元素（<activity>、<service>、<receiver>和<provider>）都支持 android:process 属性，用于指定组件所属运行的进程。设置此属性即可实现每个组件在各自的进程中运行，或者某几个组件共享一个进程而其他组件不可以参与。设置此属性也可以让来自于不同应用程序的组件运行在同一个进程中，实现多个应用程序共享同一个 Linux 的 user ID，并且提供相同的签名认证。

<application>元素也支持 android:process 属性，用于指定所有组件的默认值。

如果内存不足，且又有其他为用户提供更紧急服务的进程需要更多内存时，Android 可能会决定关闭一个进程。在此进程中运行着的应用程序组件也会因此被销毁。当需要再次工作时，会为这些组件重新创建一个进程。

在决定关闭哪个进程的时候，Android 系统会权衡它们对于用户的重要程度。比如，相对于一个拥有可视 Activity 的进程，更有可能去关闭一个持有一组不再对用户可见的 Activity 的进程。也就是说，是否终止一个进程，取决于运行在此进程中组件的状态。终止进程的判定规则将在后续内容中讨论。（注：一个进程的关闭级别，按照该进程中最高的级别来定义，如该进程中有 Activity 和 Service，那么该进程的级别为 Service。）

Android 系统试图尽可能长时间地保持应用程序进程，但为了新建的或者更为重要的进程，总是需要清除旧的进程以回收内存。为了决定保留或终止哪个进程，根据进程内运行的组件及这些组件的状态，系统把每个进程都划入一个"importance hierarchy"中。重要性最低的进程首先会被清除，然后是其次低的进程，以此类推，这都是回收系统资源所必需的。

"importance hierarchy"共有 5 级，下面按照重要程度列出了各类进程（第一类进程是最重要的，将最后一个被终止）。

（1）前台进程（Foreground Process）

用户正在请求的进程。当以下任何一个条件成立时，该进程被认为是前台进程：

- 持有一个用户正在与之交互的 Activity（Activity 对象的 onResume()方法已被调用）。
- 持有一个服务（Service），且该服务已被绑定到一个正在与用户交互的 Activity 上。
- 持有一个服务，且该服务在前台运行，即该服务 startForground()调用。
- 持有一个服务，且该服务正在执行其生命周期的回调方法（onCreate()、onStart()、onDestroy()）。
- 持有一个 BroadcastReceiver，且其正在执行 onReceive()方法。

通常，在一个给定的时间内，只有很少的前台进程存在。当系统内存匮乏，以至于它们不能全部继续运行时，它们会依序被清除。通常，这时设备已经到了内存分页状态（memory paging state），清除那些前台进程以确保用户响应。

（2）可视进程（Visible Process）

一个可视进程是没有前台组件的，但仍会影响用户在屏幕上所见内容的进程。当以下任何一个条件成立时，该进程被认为是可视进程：

- 持有一个 Activity，且该 Activity 没有处于前台，但是对于用户而言它仍然可见（onPause()方法被调用）。这是可能发生的，例如，一个前台 Activity 启动了一个对话框，而之前的 Activity 还允许显示在后面。
- 持有一个服务（Service），且该服务被绑定到一个可视（或一个前台）Activity。

一个可视进程是极其重要的，除非无法维持所有前台进程同时运行了，它们是不会被终止的。

（3）服务进程（Service Process）

此进程运行着由 startService()方法启动的服务，它不会升级为上述两个级别。尽管服务进程不直接和用户所见内容关联，但它们通常在执行一些用户关心的操作（比如在后台播放音乐或从网络下载数据）。因此，除非内存不足以维持所有前台、可视进程同时运行，系统会保持服务进程的运行。

（4）后台进程（Background Process）

一个后台进程持有一个对用户不可见的 Activity（Activity 对象的 onStop()方法已被调用）。这些进程对用户体验没有直接的影响，系统可能在任意时间终止它们，以回收内存供前台进程、可视进程及服务进程使用。通常会有许多后台进程运行，所以它们被保存在一个 LRU（Least Recently Used）列表中，以确保最近被用户使用的 Activity 最后一个被终止。如果一个 Activity 正确实现了生命周期方法，并保存了当前的状态，则终止此类进程不会对用户体验产生显著的影响。因为当用户回到这个 Activity，这个 Activity 会恢复它所有可视的状态。关于保存和恢复状态的详细信息，请参阅 Activities 文档。

（5）空进程（Empty Process）

空进程不含任何活动应用程序组件。保留这种进程的唯一目的就是用作缓存，以改善下次在此进程中运行组件的启动时间。为了在进程缓存和内核缓存间平衡系统整体资源，系统经常会终止这种进程。

依据进程中目前活跃组件的重要程度，Android 会给进程评估一个尽可能高的等级。例如，一个进程拥有一个服务和一个用户可见的 Activity，则此进程会被评定为可视进程，而不是服务进程。

此外，一个进程的等级可能会由于其他进程的依赖而被提高，一个服务于另一个进程的进程永远不能比另一个进程的等级低。比如，进程 A 中的 content provider 为进程 B 中的客户端提供服务，或进程 A 中的服务被进程 B 中的组件所调用，则进程 A 被认为其重要等级不低于进程 B。

因为运行服务的进程级别高于后台 Activity 进程的等级，所以，如果 Activity 需要启动一个长时间运行的操作，则为其启动一个服务（Service）会比简单地创建一个工作线程更好些，尤其是在此操作时间比 Activity 本身存在时间还要长久的情况下。比如，一个 Activity 要把图片上传至 Web 网站，就应该创建一个服务来执行，即使用户离开此 Activity，上传还是会在后台继续运行。无论 Activity 发生什么情况，使用服务可以保证操作至少拥有服务进程（service process）的优先级。同理，前面的广播接收器也是使用服务而非简单地启用一个线程。

3.6.2　线程

应用程序启动时，系统会为它创建一个名为 "main" 的主线程。主线程非常重要，因为它负责分配事件到合适的用户接口，包括绘图事件。它也是应用程序与 Android UI 组件包（来自 android.widget 和 android.view 包）进行交互的线程。因此，主线程有时也被叫作 UI 线程。

系统并不会为每个组件的实例创建单独的线程。运行于同一个进程中的所有组件都是在 UI 线程中实例化的，对每个组件的系统调用也都是由 UI 线程分配的。因此，对系统回调进行响应的方法（比如报告用户操作的 onKeyDown() 或生命周期回调方法）总是运行在 UI 线程中。

例如，当用户触摸屏幕上的按钮时，应用程序的 UI 线程会把触摸事件分发给 widget，widget 先把自己置为按下（pressed）状态，再发送一个显示区域已失效（invalidate）的请求到事件队列中。UI 线程从队列中取出此请求，并通知 widget 重绘自己。

如果应用程序在与用户交互的同时需要执行繁重密集的任务，单线程模式可能会导致运行性能很低下，除非应用程序的执行时机很合适。如果 UI 线程需要处理每一件事情，那些耗时很长的操作（诸如访问网络或查询数据库等）将会阻塞整个 UI（线程）。一旦线程被阻塞，所有事件都不能被分发，包括屏幕绘图事件。从用户的角度来看，应用程序看上去似乎被挂起了。更糟糕的是，如果 UI 线程被阻塞超过一定时间（目前设置大约是 5 秒钟），用户就会被提示那个可恶的"应用程序没有响应"（ANR）。如果引起用户不满，可能就会决定退出并删除这个应用程序。

此外，Android 的 UI 组件包并不是线程安全的，因此不允许从工作线程中操作 UI，只能从 UI 线程中操作用户界面。因此，Android 的单线程模式必须遵守两个规则：

- 不允许阻塞 UI 线程。
- 不允许在 UI 线程之外访问 Android 的 UI 组件包。

根据以上对单线程模式的描述，要想保证程序界面的响应能力，关键是不能阻塞 UI 线程。如果操作不能很快完成，就让它们在单独的线程中运行（"后台"或"工作"线程）。

例如，以下是响应鼠标单击的代码，实现了在单独线程中下载图片并在 ImageView 显示的功能。

```
public void onClick(View v) {
new Thread(new Runnable() {
    public void run() {
        Bitmap b = loadImageFromNetwork("http://example.com/image.png");
        mImageView.setImageBitmap(b);
    }
}).start();
}
```

首先，因为创建了一个新的线程来处理访问网络的操作，这段代码似乎能运行得很好。可是它违反了单线程模式的第二条规则，即不要在 UI 线程之外访问 Android 的 UI 组件包。这个例子在工作线程里而不是 UI 线程里修改了 ImageView，这可能导致不明确、不可预见的后果，要跟踪这种情况也是很困难很耗时的。

为了解决以上问题，Android 提供了几种方法，从其他线程中访问 UI 线程。下面列出了有助于解决问题的几种方法：

- Activity.runOnUiThread(Runnable)
- View.post(Runnable)
- View.postDelayed(Runnable, long)

例如，可以使用 View.post(Runnable)方法来修正上面的代码：

```
public void onClick(View v) {
new Thread(new Runnable() {
    public void run() {
        final Bitmap bitmap =
                loadImageFromNetwork("http://example.com/image.png");
        mImageView.post(new Runnable() {
            public void run() {
                mImageView.setImageBitmap(bitmap);
            }
        });
    }
}).start();
}
```

现在，这段代码的执行是线程安全的了。网络相关的操作在单独的线程里完成，而 ImageView 是在 UI 线程里操纵的。

不过，随着操作变得越来越复杂，这类代码也会变得复杂难以维护。为了用工作线程完成更加复杂的交互处理，可以考虑在工作线程中用 Handler 来处理 UI 线程分发过来的消息。当然，最好的解决方案也许就是继承使用异步任务类 AsyncTask，此类简化了一些工作线程和 UI 交互的操作。

（2）使用异步任务（AsyncTask）

异步任务允许以异步的方式对用户界面进行操作。它先阻塞工作线程，再在 UI 线程中呈现结果，在此过程中不需要对线程和 Handler 进行人工干预。

要使用异步任务，必须继承 AsyncTask 类并实现 doInBackground()回调方法，该对象将运行于一个后台线程池中。要更新 UI 时，需实现 onPostExecute()方法来分发 doInBackground()返回的结果。由于此方法运行在 UI 线程中，因此能够安全地更新 UI。然后就可以在 UI 线程中调用 execute()来执行任务了。

例如，可以利用 AsyncTask 来实现上面的例子：

```
public void onClick(View v) {
    new DownloadImageTask().execute("http://example.com/image.png");
}

private class DownloadImageTask extends AsyncTask<String, Void, Bitmap> {
    /** The system calls this to perform work in a worker thread and
      * delivers it the parameters given to AsyncTask.execute() */
    protected Bitmap doInBackground(String... urls) {
        return loadImageFromNetwork(urls[0]);
    }

    /** The system calls this to perform work in the UI thread and delivers
      * the result from doInBackground() */
    protected void onPostExecute(Bitmap result) {
        mImageView.setImageBitmap(result);
    }
}
```

现在的 UI 是安全的，代码也得到了简化，因为任务分解成了工作线程内完成的部分和 UI 线程内完成的部分。

要全面理解这个类的使用，需阅读 AsyncTask 的参考文档。以下是关于其工作方式的概述：

- 可以用 generics 来指定参数的类型、进度值和任务最终值。
- 工作线程中的 doInBackground()方法会自动执行。
- onPreExecute()、onPostExecute()和 onProgressUpdate()方法都在 UI 线程中调用。
- doInBackground()的返回值会传给 onPostExecute()。
- 在 doInBackground()内的任何时刻，都可以调用 publishProgress()来执行 UI 线程中的 onProgressUpdate()。
- 可以在任何时刻、任何线程内取消任务。

> **注　意**
>
> 在使用工作线程时，可能遇到的另一个问题是，由于运行配置的改变（比如用户改变了屏幕方向）导致 Activity 意外重启，这可能会销毁该工作线程。要了解如何在这种情况下维持任务执行以及如何在 Activity 被销毁时正确地取消任务，请参见 Shelves 例程的源代码。

3.6.3 线程安全方法

在一些情况下，实现的方法可能会被多个线程调用，因此应该设计为线程安全的。

真是存在能被远程调用的方法（比如，绑定服务（bound service）中的方法），当一个方法（在一个 IBinder 中实现）的调用发起于同一个进程（IBinder 正运行的）时，这个方法在调用者线程中执行。但是，如果调用发起其他进程，那么这个方法将运行于线程池中选出的某个线程中（而不是运行于进程的 UI 线程中），该线程池由系统维护且位于 IBinder 所在的进程中。例如，即使一个服务的 onBind() 方法是从服务所在进程的 UI 线程中调用的，实现了 onBind() 的方法对象（比如，一个子类实现了 RPC 的方法）仍会从线程池中的线程被调用。因为一个服务可以有多个客户端，所以同时可以有多个线程池与同一个 IBinder 方法相关联。因此，IBinder 方法必须实现为线程安全的。

类似地，content provider 也能接收来自其他进程的数据请求。尽管 ContentResolver 类、ContentProvider 类隐藏了进程间通信管理的细节，ContentProvider 中响应请求的方法有：query()、insert()、delete()、update() 和 getType() 方法，这些方法都会从 ContentProvider 所在进程的线程池中被调用，而不是进程的 UI 线程。由于这些方法可能会从很多线程中同时被调用，因此它们也必须实现为线程安全的。

3.6.4 进程间的通信

Android 利用远程过程调用（Remote Procedure Call，RPC）提供了一种进程间通信（IPC）机制，通过这种机制，被 Activity 或其他应用程序组件调用的方法将（在其他进程中）被远程执行，而所有的结果将被返回给调用者。这就要求把方法调用及其数据分解到操作系统可以理解的程度，并将其从本地的进程和地址空间传输至远程的进程和地址空间，然后在远程进程中重新组装并执行这个调用。执行后的返回值将被反向传输回来。Android 提供了执行 IPC 事务所需的全部代码，因此只要关注定义和实现 RPC 编程接口即可。

要执行 IPC，应用程序必须用 bindService() 绑定到服务上。详情请参阅服务 Services 开发文档。

3.7 小　　结

本章主要介绍了以下内容：

（1）Android 应用程序的基本组成，包括 Activity、Service、BroadcastReceiver、ContentProvider、Intent。

（2）Activity 的创建、生命周期以及之间数据传递的方法。

（3）Android 资源的创建以及使用，AndroidManifest.xml 定义应用程序及其组件的结构和源数据。

3.8　习　　题

1. 简述 Activity 的生命周期。
2. 比较 Activity 之间数据传递三种方法的优缺点。
3. 尝试创建自己的 Activity，并进行数据传递。
4. Android 应用程序的四大组件是什么？分别有什么作用？

第4章

Android GUI 开发

Android 系统提供了丰富的可视化界面组件，包括菜单、按钮、对话框等。Android 系统采用 Java 程序设计中的 UI 设计思想，其中包括事件处理机制及布局管理方式。Android 系统中的所有 UI 类都是建立在 View 和 ViewGroup 两个类的基础之上的，所有 View 的子类称为 Widget，所有 ViewGroup 的子类称为 Layout。本章将详细介绍 Android N 的基础功能单元——Activity 的用户界面 UI 设计、用户界面 UI 组件及其事件处理的相关知识。

4.1   View 和 ViewGroup

Activity 是 Android 应用程序与用户交互的接口，每一个屏幕视图都对应一个 Activity。其实 Activity 本身无法显示在屏幕上，其更像一个用于装载可显示组件的容器。这就好比一个 JSP 页面，它本身并没有显示出来任何东西，负责显示的是 JSP 页面内的各种 HTML 标签，而 JSP 页面好比一个容器，负责将这些表情装载到页面内。那么在 Android 应用程序里，谁才是真正负责显示的那部分呢？答案是 View 和 ViewGroup，其中 ViewGroup 是 View 的子类。

Android UI 界面是通过 View（视图）和 ViewGroup 及其派生类组合而成的。其中 View 是所有 UI 组件的基类，基本上所有的高级 UI 组件都是继承 View 类实现的，如 TextView（文本框）、Button、List、EditText（编辑框）、Checkbox 等。一个 View 在屏幕占据一块矩形区域，负责渲染这块矩形区域，也可以处理这块矩形区域发生的事件，并可以设置该区域是否可见以及获取焦点等。而 ViewGroup 是容纳这些组件的容器，其本身也是从 View 中派生出来的，它继承于 Android.view.View，功能就是装载和管理下一层的 View 对象或 ViewGroup 对象，也就是说它是一个容纳其他元素的容器，负责对添加进来的 View 和 ViewGroup 进行管理和布局。View 和 ViewGroup 的关系如图 4.1 所示。

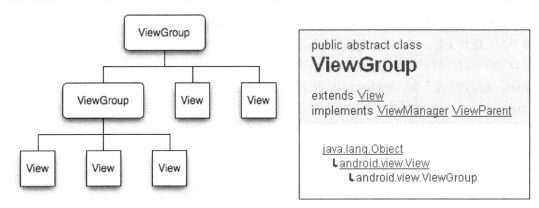

图 4.1 View 和 ViewGroup 的关系图

从图 4.1 可以看到，ViewGroup 可以包含一个或任意个 View（视图），也可以包含作为更低层次的子 ViewGroup，而子 ViewGroup 又可以包含下一层的叶子节点的 View 和 ViewGroup。这种灵活的层次关系可以形成复杂的 UI 布局。在开发过程中形成的用户界面 UI 一般来自于 View 和 ViewGroup 类的直接子类或者间接子类。

例如，View 派生出的直接子类有 AnalogClock、ImageView、KeyboardView、ProgressBar、Space、SurfaceView、TextView、TextureView、ViewGroup、ViewStub 等。ViewGroup 派生出的直接子类有 AbsoluteLayout、FragmentBreadCrumbs、FrameLayout、GridLayout、LinearLayout、RelativeLayout、SlidingDrawer 等。本章不能对 View 和 ViewGroup 的所有子类都进行详细的介绍，只能简单介绍其中常用的一小部分。如果需要了解各 UI 组件的相关信息，请参考相关文档。

4.2 使用 XML 定义视图

在使用 XML 构建一个用户界面之前，我们需要重温一下 Android 工程的目录结构。如图 4.2 所示，以 HelloAndroid 为例，project 视图列出了工程的目录结构。以.开头的目录是 AS 生成的辅助目录，无须用户干预。HelloAndroid 文件夹是模块目录，编程工作主要集中在这个目录中，相当于使用 Eclipse 构建的工程文件夹，包含 build、src、res 等文件夹。其中，res 目录为 Android 工程中所使用的资源目录，用户 UI 所涉及的资源基本都放置在该目录下。res 目录下的每一项资源文件都会由 AAPT（Android Asset Packaging Tool）为其生成一个对应的 public static final 类型的 ID 号，放置到 build 目录下的 R.java 文件中，Android 系统根据该 ID 号来访问对应

图 4.2 Android 工程的目录结构

资源。build 目录由 AS 自动生成，不需要用户修改，由系统维护。res/drawable/ 目录用来存放工程中使用到的图片文件，drawable 之后的 hdpi、ldpi、mdpi 分别放高分辨率、低分辨率和中分辨率的图片以适应不同分辨率的手机，Android 系统会根据用户手机的配置信息自动选取合适分辨率的图片文件，无须程序员干预；res/layout/目录下存放着定义 UI 布局文件用的 XML 文件，默认文件名为 main.xml；res/values/目录下存放着用于存储工程中所使用到的一些字符串信息的文件，默认文件名为 strings.xml。当然，每个目录下都可以存放多个 XML 文件，可由开发者自行创建。由此可见，Android 工程中使用的用户 UI 设计以及用户 UI 中涉及的字符串都是由 XML 文件来存储的。Android 系统使用 XML 文件来定义用户视图。

单击打开 values 文件夹下的 string.xml 文件显示出如下代码：

```xml
<?xml version="1.0" encoding="utf-8"?>
<resources>
    <string name="hello">Hello Android!</string>
    <string name="app_name">HelloAndroid</string>
</resources>
```

文件的开头部分<?xml version="1.0" encoding="utf-8"?>定义了 XML 的版本号和字符编码，这个部分在所有的 XML 文件中都会有，由系统自动添加，不需要修改。<resources>标签定义了 hello 和 app_name 两个变量，可以被 HelloAndroid 工程直接使用。当该文件被修改时，gen 目录下的 R.java 文件也会跟随进行更新。

双击 main.xml 文件，代码如下：

```xml
<?xml version="1.0" encoding="utf-8"?>
<LinearLayout xmlns:android="http://schemas.android.com/apk/res/android"
    android:layout_width="fill_parent"
    android:layout_height="fill_parent"
    android:orientation="vertical">
<TextView
android:id="@id/textView1"
    android:layout_width="fill_parent"
    android:layout_height="wrap_content"
    android:text="@string/hello" />
</LinearLayout>
```

<LinearLayout>标签定义了当前视图使用的是 LinearLayout 布局，也叫作线性布局，这是最常用的布局方式，Android SDK 还提供其他的几种布局方式，我们会在后面的章节中进行详细的介绍。在<LinearLayout>标签中定义了该布局方式的相关属性。android: layout_width="fill_parent"和 android:layout_height="fill_parent" 表示该布局的宽和高充满整个手机屏幕，android:orientation="vertical"表示该布局中所放入的组件的排列方式为纵向排列。

在<LinearLayout ...>和</LinearLayout>之间可以添加各种 UI 组件并设置组件的相关属性，例如组件的高度、宽度、内容等，在 4.4 节会详细介绍各种常见组件的使用方法。在 HelloAndroid 实例中添加的是一个 TextView 组件，相当于一个显示内容的标签。android:layout_width="fill_parent"指定其宽度覆盖满容器的宽，android:layout_height= "wrap_content"指定其高度跟随其显示内容变化。android:id="@id/textView1"指明该 TextView 的 ID 值为 R.java 文件中 ID 类的成员常量 textView1。Android SDK 提供了@[<package_name>:]<resource_type>/<resource_name>方式，以便于从 XML 文件中访问工程的资源。android:text="@string/hello"指明该 TextView 组件显示的内容为

资源文件 string.xml 中定义的 hello 变量的内容。android:text 属性也可以直接指定要显示的字符串，但是在实际的工程开发过程中不鼓励这种方式，而应该使用资源文件中的变量，因为这样便于工程维护和国际化。在本书中，为了节省篇幅，部分显示内容简单的组件使用了字符串直接赋值的方法。

Android 工程中使用到的资源文件都会在 gen 目录下的 R.java 中生成对应项，由系统为每个资源分配一个十六进制的整型数值，唯一标明每个资源。

HelloAndroid 工程中的 R.java 文件代码如下：

```
package introduction.android.helloAndroid;

public final class R {
    public static final class attr {
    }
    public static final class drawable {
        public static final int ic_launcher=0x7f020000;
    }
    public static final class id {
        public static final int textView1=0x7f050000;
    }
    public static final class layout {
        public static final int main=0x7f030000;
    }
    public static final class string {
        public static final int app_name=0x7f040001;
        public static final int hello=0x7f040000;
    }
}
```

由该文件可见，R 为静态最终类。其中 public static final class layout 代表的是 res/layout 文件夹的内容，layout 类的每个整型常量代表该文件夹下的一个 XML 布局文件。例如，public static final int main 代表的是 main.xml 文件，0x7f030000 为系统 main.xml 文件生成的整型数值。在 Android 工程中根据该数值找到 main.xml 文件。public static final class string 代表的是 res/values/strings.xml 文件，string 类中的每个整型常量型成员代表 strings.xml 文件中定义的一个变量。例如，public static final int app_name 代表 strings.xml 中定义的 app_name 变量，public static final int hello 代表 stings.xml 文件中定义的 hello 变量。

在工程开发过程中，可以通过[<package_name>.]R.<resource_type>.<resource_name>方式来访问 R 中定义的任意资源。其中 package_name 为资源文件被放置的包路径，一般可以省略。resource_type 为资源类型，例如 layout、string、color、drawable、menu 等。resource_name 指的是为资源文件在类中定义的整型常量的名字，例如：

```
setContentView(R.layout.main);
```

这行代码中，通过 R.layout.main 找到了布局文件 main.xml，并通过 setContentView 方法将其设置为当前 Activity 的视图。要从视图中查找某个组件，需要使用 findViewById 方法，通过组件 ID 获取组件的对象。例如，要获取 main.xml 中的 TextView 组件对象，需要执行以下代码：

```
TextView textview=(TextView)findViewById(R.id.textView1);
```

4.3 布　局

Android SDK 定义了多种布局方式以方便用户设计 UI。各种布局方式均为 ViewGroup 类的子类，结构如图 4.3 所示。本节将对 FrameLayout（单帧布局）、LinearLayout（线性布局）、AbsoluteLayout（绝对布局）、RelativeLayout（相对布局）和 TableLayout（表格布局）进行简单的介绍。

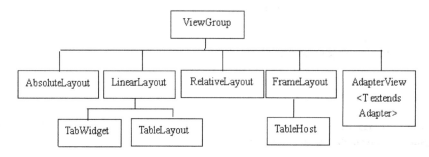

图 4.3　Android SDK 布局方式结构图

4.3.1　FrameLayout

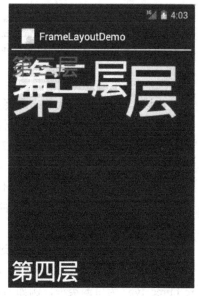

FrameLayout 又称单帧布局，是 Android 所提供的布局方式里最简单的布局方式，它指定屏幕上的一块空白区域，在该区域填充一个单一对象，例如图片、文字、按钮等。应用程序开发人员不能为 FrameLayout 中填充的组件指定具体填充位置，默认情况下，这些组件都将被固定在屏幕的左上角，后放入的组件会放在前一个组件上进行覆盖填充，形成部分遮挡或全部遮挡。开发人员可以通过组件的 android:layout_gravity 属性对组件位置进行适当的修改。

实例 FrameLayoutDemo 演示了 FrameLayout 的布局效果。该布局中共有 4 个 TextView 组件，前 3 个组件以默认方式放置到布局中，第 4 个组件修改 gravity 属性后放置到布局中，运行效果如图 4.4 所示。

图 4.4　FrameLayout 的布局效果

实例 FrameLayoutDemo 中的布局文件 main.xml 的代码如下：

```xml
<?xml version="1.0" encoding="utf-8"?>
<FrameLayout xmlns:android="http://schemas.android.com/apk/res/android"
  android:layout_width="fill_parent"
  android:layout_height="fill_parent">
  <TextView
      android:id="@+id/text1"
      android:layout_width="wrap_content"
      android:layout_height="wrap_content"
```

```
        android:textColor="#00ff00"
        android:textSize="100dip"
        android:text="@string/first"/>

    <TextView
        android:id="@+id/text2"
        android:layout_width="wrap_content"
        android:layout_height="wrap_content"
        android:textColor="#00ffff"
        android:textSize="70dip"
        android:text="@string/second"/>
    <TextView
        android:id="@+id/text3"
        android:layout_width="wrap_content"
        android:layout_height="wrap_content"
        android:textColor="#ff0000"
        android:textSize="40dip"
        android:text="@string/third"/>
    <TextView
        android:id="@+id/text4"
        android:layout_width="wrap_content"
        android:layout_height="wrap_content"
        android:textColor="#ffff00"
        android:textSize="40dip"
        android:layout_gravity="bottom"
        android:text="@string/forth"/>
</FrameLayout>
```

其中：

```
android:layout_width="wrap_content"
        android:layout_height="wrap_content"
```

表明 FrameLayout 布局覆盖了整个屏幕空间。

实例 FrameLayoutDemo 中的 string.xml 文件内容如下：

```
<?xml version="1.0" encoding="utf-8"?>
<resources>
    <string name="app_name">FrameLayoutDemo</string>
  <string name="first">第一层</string>
  <string name="second">第二层</string>
  <string name="third">第三层</string>
  <string name="forth">第四层</string>
</resources>
```

从运行后的结果可见，前 3 个被放置到 FrameLayout 的 TextView 组件都是以屏幕左上角为基点进行叠加的。第 4 个 TextView 因为设置了 android:layout_gravity="bottom"属性而显示到了布局的下方。读者可自行将 android:layout_gravity 属性值修改为其他属性，查看运行效果。

4.3.2　LinearLayout

LinearLayout 又称线性布局，该布局应该是 Android 视图设计中最经常使用的布局。该布局可以使放入其中的组件以水平方式或者垂直方式整齐排列，通过 android:orientation 属性指定具体的排列方式，通过 weight 属性设置每个组件在布局中所占的比重。

实例 LinearLayoutDemo 演示了 LinearLayout 布局的使用方法，效果如图 4.5 所示。

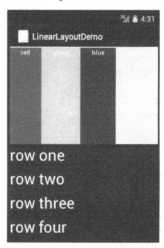

图 4.5 LinearLayout 的布局效果

实例 LinearLayoutDemo 中的 strings.xml 文件代码如下：

```xml
<?xml version="1.0" encoding="utf-8"?>
<resources>
  <string name="app_name">LinearLayoutDemo</string>
  <string name="red">red</string>
  <string name="yellow">yellow</string>
  <string name="green">green</string>
  <string name="blue">blue</string>
  <string name="row1">row one</string>
  <string name="row2">row two</string>
  <string name="row3">row three</string>
  <string name="row4">row four</string>
</resources>
```

实例 LinearLayoutDemo 中的布局文件 main.xml 代码如下：

```xml
<?xml version="1.0" encoding="utf-8"?>
<LinearLayout xmlns:android="http://schemas.android.com/apk/res/android"
    android:orientation="vertical"
    android:layout_width="fill_parent"
    android:layout_height="fill_parent">

<LinearLayout
    android:orientation="horizontal"
    android:layout_width="fill_parent"
    android:layout_height="fill_parent"
    android:layout_weight="1">
  <TextView
      android:text="@string/red"
      android:gravity="center_horizontal"
      android:background="#aa0000"
      android:layout_width="wrap_content"
      android:layout_height="fill_parent"
```

```
                    android:layout_weight="1"/>
        <TextView
                    android:text="@string/green"
                    android:gravity="center_horizontal"
                    android:background="#00aa00"
                    android:layout_width="wrap_content"
                    android:layout_height="fill_parent"
                    android:layout_weight="1"/>
        <TextView
                    android:text="@string/blue"
                    android:gravity="center_horizontal"
                    android:background="#0000aa"
                    android:layout_width="wrap_content"
                    android:layout_height="fill_parent"
                    android:layout_weight="1"/>
        <TextView
                    android:text="@string/yellow"
                    android:gravity="center_horizontal"
                    android:background="#aaaa00"
                    android:layout_width="wrap_content"
                    android:layout_height="fill_parent"
                    android:layout_weight="1"/>
</LinearLayout>

<LinearLayout
        android:orientation="vertical"
        android:layout_width="fill_parent"
        android:layout_height="fill_parent"
        android:layout_weight="1">
    <TextView
                    android:text="@string/row1"
                    android:textSize="15pt"
                    android:layout_width="fill_parent"
                    android:layout_height="wrap_content"
                    android:layout_weight="1"/>
    <TextView
                    android:text="@string/row2"
                    android:textSize="15pt"
                    android:layout_width="fill_parent"
                    android:layout_height="wrap_content"
                    android:layout_weight="1"/>
    <TextView
                    android:text="@string/row3"
                    android:textSize="15pt"
                    android:layout_width="fill_parent"
                    android:layout_height="wrap_content"
                    android:layout_weight="1"/>
    <TextView
                    android:text="@string/row4"
                    android:textSize="15pt"
                    android:layout_width="fill_parent"
                    android:layout_height="wrap_content"
                    android:layout_weight="1"/>
</LinearLayout>
```

```
</LinearLayout>
```

该布局中放置了两个 LinearLayout 布局对象。第一个 LinearLayout 布局通过 android:orientation="horizontal" 属性将布局设置为横向线性排列，第二个 LinearLayout 布局通过 android:orientation="vertical"属性将布局设置为纵向线性排列。每个 LinearLayout 布局中都放入了 4 个 TextView，并通过 android:layout_weight 属性设置每个组件在布局中所占的比重相同，即各组件大小相同。layout_weight 用于定义一个线性布局中某组件的重要程度。所有的组件都有一个 layout_weight 值，默认为 0，意思是需要显示多大的视图就占据多大的屏幕空间。若赋值为大于 0 的值，则将可用的空间分割，分割的大小取决于当前的 layout_weight 数值与其他空间的 layout_weight 值的比率，例如水平方向上有两个按钮，每个按钮的 layout_weight 数值都设置为 1，那么这两个按钮平分宽度；若第一个为 1，第二个为 2，则可将空间的三分之一分给第一个，三分之二分给第二个。

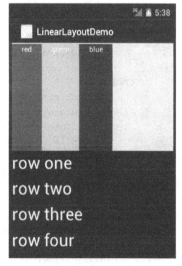

将 LinearLayoutDemo 中水平 LinearLayout 的第 4 个 TextView 的 android:layout_weight 属性赋值为 2，运行效果如图 4.6 所示。

LinearLayout 布局可使用嵌套。活用 LinearLayout 布局可以设计出各种各样漂亮的布局方式。

图 4.6　修改 android:layout_weight 属性

4.3.3　RelativeLayout

RelativeLayout 又称相对布局。从名称上可以看出，这种布局方式是以一种让组件以相对于容器或者相对于容器中的另一个组件的相对位置进行放置的布局方式。

RelativeLayout 布局提供了一些常用的布局设置属性用于确定组件在视图中的相对位置。相关属性及其所代表的含义列举在表 4.1 中。

表 4.1　RelativeLayout 布局常用属性

属性	描述
android:layout_above	将该组件的底部置于给定 ID 的组件之上
android:layout_below	将该组件的底部置于给定 ID 的组件之下
android:layout_toLeftOf	将该组件的右边缘与给定 ID 的组件左边缘对齐
android:layout_toRightOf	将该组件的左边缘与给定 ID 的组件右边缘对齐
android:layout_alignBottom	将该组件的底边与给定 ID 的组件底边对齐
android:layout_alignBaseline	将该组件的 baseline 与给定 ID 的 baseline 对齐
android:layout_alignTop	将组件的顶部边缘与给定 ID 的顶部边缘对齐
android:layout_alignBottom	将该组件的底部边缘与给定 ID 的底部边缘对齐
android:layout_alignLeft	将该组件的左边缘与给定 ID 的左边缘对齐
android:layout_alignRight	将该组件的右边缘与给定 ID 的右边缘对齐
android:layout_alignParentTop	为 true，将该组件的顶部与其父组件的顶部对齐
android:layout_alignParentBottom	为 true，将该组件的底部与其父组件的底部对齐

（续表）

属性	描述
android:layout_alignParentLeft	为 true，将该组件的左侧与其父组件的左侧对齐
android:layout_alignParentRight	为 true，将该组件的右侧与其父组件的右侧对齐
android:layout_centerHorizontal	为 true，将该组件置于水平居中
android:layout_centerVertical	为 true，将该组件置于垂直居中
android:layout_centerInParent	为 true，将该组件置于父组件的中央

实例 RelativeLayoutDemo 演示了相对布局的使用方法，其运行效果如图 4.7 所示。

图 4.7 RelativeLayout 布局效果

实例 RelativeLayoutDemo 中的布局文件 main.xml 代码如下：

```xml
<?xml version="1.0" encoding="utf-8"?>
<RelativeLayout xmlns:android="http://schemas.android.com/apk/res/android"
    android:layout_width="fill_parent"
    android:layout_height="fill_parent"
    android="http://schemas.android.com/apk/res/android">

    <TextView
        android:id="@+id/label"
        android:layout_width="fill_parent"
        android:layout_height="wrap_content"
        android:text="@string/hello" />

    <EditText
        android:id="@+id/enter"
        android:layout_width="fill_parent"
        android:layout_height="wrap_content"
        android:layout_alignParentLeft="true"
        android:layout_below="@+id/label" />

    <Button
        android:id="@+id/button1"
        android:layout_width="wrap_content"
        android:layout_height="wrap_content"
        android:layout_alignParentRight="true"
        android:layout_below="@+id/enter"
        android:text="@string/but1text" />
```

```
<Button
    android:id="@+id/ok"
    android:layout_width="wrap_content"
    android:layout_height="wrap_content"
    android:layout_alignBottom="@+id/button1"
    android:layout_alignParentLeft="true"
    android:text="@string/but2text" />

</RelativeLayout>
```

该 RelativeLayout 布局的过程如下：

步骤01 放置一个 ID 为 label 的 TextView 组件。

步骤02 通过 android:layout_below="@+id/label"属性将 ID 为 enter 的组件 EditText 放置到 TextView 的下面。

步骤03 在布局中加入一个 ID 为 button1 的 Button，通过 android:layout_below="@+ id/enter" 属性将该 Button 放置到 enter 的下面，通过 android:layout_alignParentRight= "true"属性将 Button 放置到相对布局的右侧。

步骤04 在相对布局中加入一个名为 ok 的 Button，通过 android:layout_alignBottom="@+ id/button1"属性将该 Button 底边与 button1 对齐，通过 android:layout_alignParentLeft ="true"属性将该 Button 放置到布局的左边。

4.3.4 TableLayout

TableLayout 又称为表格布局，以行列的方式管理组件。TableLayout 布局没有边框，可以由多个 TableRow 对象或者其他组件组成，每个 TableRow 可以由多个单元格组成，每个单元格是一个 View。TableRow 不需要设置宽度 layout_width 和高度 layout_height，其宽度一定是 match_parent，即自动填满父容器，高度一定为 wrap_content，即根据内容改变高度。但对于 TableRow 中的其他组件来说，是可以设置宽度和高度的，只是必须是 wrap_content 或者 fill_parent。

实例 TableLayoutDemo 演示了使用 TableLayout 制作 UI 的方法，效果如图 4.8 所示。

图 4.8　TableLayout 布局效果

实例 TableLayoutDemo 中 strings.xml 的代码如下：

```xml
<?xml version="1.0" encoding="utf-8"?>
<resources>
    <string name="hello">Hello World, TableLayout!</string>
    <string name="app_name">TableLayoutDemo</string>
    <string name="column1">第一行第一列</string>
    <string name="column2">第一行第二列</string>
    <string name="column3">第一行第三列</string>
    <string name="empty">最左面的可伸缩 TextView</string>
    <string name="row2column2">第二行第三列</string>
    <string name="row2column3">End</string>
```

```
        <string name="merger">合并三个单元格</string>
</resources>
```

实例 TableLayoutDemo 中的布局文件 main.xml 的代码如下：

```xml
<?xml version="1.0" encoding="utf-8"?>
<TableLayout xmlns:android="http://schemas.android.com/apk/res/android"
    android:layout_width="fill_parent"
    android:layout_height="fill_parent"  >
    <TableRow>
        <TextView
            android:text="@string/column1" />
        <TextView
            android:text="@string/column2"  />
        <TextView
            android:text="@string/column3" />
    </TableRow>

    <TextView
        android:layout_height="wrap_content"
        android:background="#fff000"
        android:text="单独的一个 TextView"
        android:gravity="center"/>
    <TableRow>
        <Button
            android:text="@string/merger"
            android:layout_span="3"
            android:gravity="center_horizontal"
            android:textColor="#f00"
             />
    </TableRow>

    <TextView
        android:layout_height="wrap_content"
        android:background="#fa05"
        android:text="单独的一个 TextView"/>
    <TableRow android:layout_height="wrap_content">
        <TextView
            android:text="@string/empty" />
        <Button
            android:text="@string/row2column2" />
          <Button
            android:text="@string/row2column3" />
    </TableRow>
</TableLayout>
```

布局文件 main.xml 在 TableLayout 布局内添加了两个 TableRow 和两个 TextView，形成了如图 4.8 所示的效果。从运行效果看，第一行和第五行都没能完全显示。TableLayout 布局提供了几个特殊属性，可以实现以下特殊效果。

- android:shrinkColumns 属性：该属性用于设置可收缩的列。当可收缩的列太宽以至于布局内的其他列不能完全显示时，可收缩列会纵向延伸，压缩自己所占的空间，以便于其他列可以完全显示出来。android:shrinkColumns="1"表示将第 2 列设置为可收缩列，列数从 0 开始。

- android:stretchColumns 属性：该属性用于设置可伸展的列。可伸展的列会自动扩展长度以填满所有可用空间。android:stretchColumns="1"表示将第 2 列设置为可伸展的列。
- android:collapseColumns 属性：该属性用于设置隐藏列。android:collapseColumns="1"表示将第 2 列隐藏不显示。

在<TableLayout>标签添加属性 android:shrinkColumns="0"，再次运行，效果如图 4.9 所示，可以看出第一行和第五行都完全显示出来了。

图 4.9　完全显示的效果

4.3.5　AbsoluteLayout

AbsoluteLayout 又称绝对布局，放入该布局的组件需要通过 android:layout_x 和 android:layout_y 两个属性指定其准确的坐标值，并显示在屏幕上。理论上，AbsoluteLayout 布局可用以完成任何的布局设计，灵活性很大，但是在实际的工程应用中不提倡使用这种布局。因为使用这种布局不但需要精确计算每个组件的大小，增大运算量，而且当应用程序在不同屏幕尺寸的手机上运行时会产生不同效果。

实例 AbsoluteLayoutDemo 演示了 AbsoluteLayout 布局的使用方法，效果如图 4.10 所示。

图 4.10　AbsoluteLayout 布局效果

实例 AbsoluteLayoutDemo 的布局文件 main.xml 代码如下：

```xml
<?xml version="1.0" encoding="utf-8"?>
<AbsoluteLayout xmlns:android="http://schemas.android.com/apk/res/android"
    android:layout_width="fill_parent"
    android:layout_height="fill_parent">

    <TextView
        android:layout_width="wrap_content"
        android:layout_height="wrap_content"
        android:layout_x="10px"
        android:layout_y="10px"
        android:text="@string/hello">
    </TextView>

    <TextView
        android:layout_width="wrap_content"
        android:layout_height="wrap_content"
        android:layout_x="80px"
        android:layout_y="80px"
        android:text="@string/action">
    </TextView>

    <TextView
        android:layout_width="wrap_content"
        android:layout_height="wrap_content"
        android:layout_x="150px"
        android:layout_y="150px"
        android:text="@string/hello">
    </TextView>

</AbsoluteLayout>
```

其中：

```
android:layout_x="80px"
        android:layout_y="80px"
```

表示将组件放置到以屏幕左上角为坐标原点的坐标系下，x 值为 80 像素、y 值为 80 像素的位置。

在这里简单介绍一下 Android 系统常用的尺寸类型的单位。

- 像素：缩写为 px。表示屏幕上的物理像素。
- 磅：points，缩写为 pt。1pt 等于 1 英寸的 1/72，常用于印刷业。
- 放大像素：sp。主要用于字体的显示，Android 默认使用 sp 作为字号单位。
- 密度独立像素：缩写为 dip 或 dp。该尺寸使用 160dp 的屏幕作为参考，然后用该屏幕映射到实际屏幕，在不同分辨率的屏幕上会有相应的缩放效果以适用于不同分辨率的屏幕。若用 px 的话，320px 占满 HVGA 的宽度，到 WVGA 上就只能占一半不到的屏幕了，那一定不是你想要的。
- 毫米：mm。

4.3.6 WebView

WebView 组件是 AbsoluteLayout 的子类，用于显示 Web 页面。借助于 WebView，可以方便地开发自己的网络浏览器。此处仅对 WebView 的基本用法进行介绍，在后面进行 Web App 的学习时会有更进一步的讲解。

创建工程 WebViewDemo，为其在 AndroidManifest.xml 文件中添加 Internet 访问权限：

```
<uses-permission android:name="android.permission.INTERNET" />
```

在布局文件 main.xml 中添加一个 WebView 组件。Main.xml 内容如下：

```xml
<?xml version="1.0" encoding="utf-8"?>
<LinearLayout xmlns:android="http://schemas.android.com/apk/res/android"
    android:layout_width="fill_parent"
    android:layout_height="fill_parent"
    android:orientation="vertical">

  <WebView
      android:id="@+id/webView1"
      android:layout_width="match_parent"
      android:layout_height="match_parent" />

</LinearLayout>
```

实例 WebViewDemo 中的 Activity 文件 WebViewDemoActivity.java 代码如下：

```java
package introduction.android.webView;

import android.app.Activity;
import android.os.Bundle;
import android.webkit.WebView;

public class WebViewDemoActivity extends Activity {
   private WebView webView;

    /** Called when the activity is first created. */
    @Override
    public void onCreate (Bundle savedInstanceState) {
        super.onCreate (savedInstanceState);
        setContentView (R.layout.main);
        webView= (WebView) findViewById (R.id.webView1);
        webView.getSettings().setJavaScriptEnabled (true);
        webView.loadUrl ("http://www.google.com");
    }
}
```

运行效果如图 4.11 所示。

图 4.11　WebViewDemo 运行界面

4.4　常用 Widget 组件

在前面的章节讲解了用户界面 UI 设计中布局方面的知识，其中涉及少数几个常用的组件，例如按钮、文本框等。在这一节中着重讲解 Android 用户 UI 设计中常用的各种组件的用法。

Android SDK 提供了名为 android.widget 的包，其中提供了在应用程序界面设计中大部分常用的 UI 可视组件。之前章节中涉及的各种布局以及文本框、按钮等组件都包含在这个包中。Android 提供了强大的用户 UI 功能，要设计自己独特的应用程序界面，需要对各个组件有一个详细的了解。

4.4.1　创建 Widget 组件实例

在 Android Studio 中创建一个新的工程，名字为 WidgetDemo，用于对各种常见 UI 组件进行学习。下面是工程实现的步骤，在后续的章节中不会再赘述该过程。

步骤 01　新建项目。单击 File | New ｜ New Project，打开 New Android Project 对话框，如图 4.12 所示。

步骤 02　输入工程名称 WidgetDemo，在 Location 后的文本框中输入工程的保存路径，单击 Next 按钮后，选择 API24:Android 7.0，再次单击 Next 按钮。

步骤 03　选择 EmptyActivity，确定 Activity 名字和 Layout 文件的名字，单击 Finish 按钮，则 AS 会生成工程目录和相关文件。若需要向以前版本兼容，则勾选 "Backwards Compatibility(AppCompat)" 复选框即可。本书中默认不勾选。

图 4.12　新建项目

WidgetDemoActivity.java 文件是当前应用程序的入口类 WidgetDemoActivity 的定义文件。双击 WidgetDemoActivity.java，发现已经为其生成代码如下：

```java
package introduction.android.widgetDemo;
import android.app.Activity;
import android.os.Bundle;
public class WidgetDemoActivity extends Activity {
    /** Called when the activity is first created. */
    @Override
    public void onCreate (Bundle savedInstanceState) {
        super.onCreate (savedInstanceState) ;
        setContentView (R.layout.main) ;
    }
}
```

其中，onCreate()方法中的 setContentView（R.layout.main）表明 WidgetDemoActivity 使用的用户界面 UI 文件为 main.xml。

双击 main.xml 文件，发现提供了"Graphical Layout"和"main.xml"两种浏览方式。其中"Graphical Layout"方式为以图形方式浏览 main.xml 文件，其效果等同于 main.xml 在手机设备上运行的效果；"main.xml"方式为以代码方式浏览 main.xml 文件。这两种方式是等效的，都可以对 main.xml 文件进行编辑和查看。单击"main.xml"标签，发现已经为其生成代码如下：

```xml
<?xml version="1.0" encoding="utf-8"?>
<LinearLayout xmlns:android="http://schemas.android.com/apk/res/android"
    android:layout_width="fill_parent"
    android:layout_height="fill_parent"
    android:orientation="vertical">
  <TextView
      android:layout_width="fill_parent"
      android:layout_height="wrap_content"
      android:text="@string/hello" />
</LinearLayout>
```

该文件表明，当前 main.xml 文件所使用的布局为 LinearLayout 布局，该布局自动填满整个手机屏幕。在该布局中，放置了一个 TextView 组件，该 TextView 显示的内容为"@string/hello"，表示 string.xml 文件中定义的 hello 变量的内容。双击 values 目录下的 string.xml 文件，会发现 hello 变量对应的值为"Hello World, WidgetDemoActivity!"。

单击 main.xml 的"Graphical Layout"浏览方式，可查看当前文件的图形化效果，如图 4.13 所示。

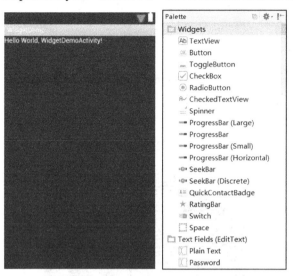

图 4.13　文件的图形化效果

程序开发人员可以在该图形方式下将左侧的各种组件直接拖曳到屏幕上，形成自己想要的布局，也可以直接修改 main.xml 文件的代码。

在后续章节中，在对布局文件进行修改时，若非特殊情况，将不再单独描述。

4.4.2　按钮

按钮（Button）应该是用户交互中使用最多的组件，在很多应用程序中都很常见。当用户单击按钮的时候，会有相对应的响应动作。下面在 WidgetDemo 工程的主界面 main.xml 中放置一个名为 Button 的按钮。文件代码如下：

```xml
<?xml version="1.0" encoding="utf-8"?>
<LinearLayout xmlns:android="http://schemas.android.com/apk/res/android"
    android:layout_width="fill_parent"
    android:layout_height="fill_parent"
    android:orientation="vertical">
    <TextView
        android:layout_width="fill_parent"
        android:layout_height="wrap_content"
        android:text="@string/hello" />

    <Button
        android:id="@+id/button1"
        android:layout_width="wrap_content"
        android:layout_height="wrap_content"
        android:text="Button" />
```

```
</LinearLayout>
```

其中：

```
<Button
    android:id="@+id/button1"
    android:layout_width="wrap_content"
    android:layout_height="wrap_content"
    android:text="Button" />
```

表明在用户界面上放置了一个 ID 为"button1"的按钮，按钮的高度（layout_height）和宽度（layout_width）都会根据实际内容调整（wrap_content），按钮上显示文字为 Button，其运行效果如图 4.14 所示。

图 4.14　Button 的应用界面

按钮最重要的用户交互事件是"单击"事件。下面为 Button1 添加事件监听器和相应的单击事件。该过程在 WidgetDemoActivity.java 文件中完成，代码如下：

```
package introduction.android.widgetDemo;

import android.app.Activity;
import android.os.Bundle;
import android.util.Log;
import android.view.View;
import android.view.View.OnClickListener;
import android.widget.Button;

public class WidgetDemoActivity extends Activity {
    /** Called when the activity is first created. */
    @Override
    public void onCreate (Bundle savedInstanceState){
        super.onCreate (savedInstanceState);
        setContentView (R.layout.main);
        Button btn= (Button) this.findViewById (R.id.button1);
        btn.setOnClickListener (new OnClickListener(){
                @Override
                public void onClick (View v) {
                    // TODO Auto-generated method stub
setTitle ("button1 被用户点击了");
                    Log.i ("widgetDemo", "button1 被用户点击了。");
                }
        });
    }
```

```
    }
```

在 WidgetDemoActivity 的 onCreate()方法中，通过 findViewById(R.id.button1)方法获得 Button1
的对象，通过 setOnClickListener()方法为 Button1 设置监听器。此处新建了一个实现 OnClickListener
接口的匿名类作为监听器，并实现了 onClick()方法。当 Button1 被点击时，当前应用程序的标题被
设置成"button1 被用户点击了"，对应在 LogCat 中也会打印相应的字符串，运行结果如图 4.15
所示。

图 4.15　点击按钮运行效果

4.4.3　文本框

文本框（TextView）是用于在界面上显示文字的组件，其显示的文本不可被用户直接编辑。
程序开发人员可以设置 TextView 的字体大小、颜色、样式等属性。在工程 WidgetDemo 的 main.xml
中添加一个 TextView，代码如下：

```
<TextView
        android:id="@+id/textView1"
        android:layout_width="wrap_content"
        android:layout_height="wrap_content"
        android:text="TextView" />
```

运行效果如图 4.16 所示。

图 4.16　TextView 的应用界面

修改 Button1 的单击事件为：

```
public void onClick (View view) {
        // TODO Auto-generated method stub
        //setTitle ("button1 被用户单击了");
```

```
        Log.i("widgetDemo", "button1 被用户单击了。");
TextView textview= (TextView) findViewById (R.id.textView1);
        textview.setText("设置 TextView 的字体");
        textview.setTextColor(Color.RED);
        textview.setTextSize(TypedValue.COMPLEX_UNIT_SP, 20);
textview.setTypeface(Typeface.defaultFromStyle(Typeface.BOLD));
    }
```

当 Button1 被单击时，通过 setText()方法更改 textView 的显示内容为"设置 TextView 的字体"，通过 setTextColor()方法修改 textView 显示字体的颜色为红色，通过 setTextSize()方法修改 textView 显示字体的大小为 20sp，通过 setTypeface()方法修改 textView 显示字体的风格为加粗，如图 4.17 所示。

图 4.17　单击按钮运行效果

当然，该过程也可以通过修改 main.xml 文件来实现。将 TextView 标签按照如下代码修改也可以得到同样的效果，但是失去了应用程序中与用户交互的过程：

```
<TextView
    android:id="@+id/textView1"
    android:layout_width="wrap_content"
    android:layout_height="wrap_content"
    android:text="设置 TextView 的字体"
    android:textColor="#ff0000"
    android:textSize="20sp"
    android:textStyle="bold"/>
```

4.4.4　编辑框

编辑框（EditText）是 TextView 的子类，在 TextView 的基础上增加了文本编辑功能，用于处理用户输入，例如登录框等，是非常常用的组件。

在工程 WidgetDemo 的 main.xml 文件中添加一个 EditText，并实现这个功能：用户在 EditText 中输入信息的同时，用一个 TextView 显示用户输入的信息。

工程 WidgetDemo 中的布局文件 main.xml 中增加的代码如下：

```
<EditText
    android:id="@+id/editText1"
    android:layout_width="match_parent"
    android:layout_height="wrap_content">
```

在 WidgetDemoActivity 的 onCreate()方法中添加下列代码：

```
editText= (EditText) findViewById (R.id.editText1);
editText.addTextChangedListener (new TextWatcher() {

    @Override
    public void afterTextChanged (Editable s) {
        // TODO Auto-generated method stub

    }

    @Override
    public void beforeTextChanged (CharSequence s, int start, int count,
        int after) {
        // TODO Auto-generated method stub

    }

    @Override
    public void onTextChanged (CharSequence s, int start, int before,
        int count) {
        // TODO Auto-generated method stub
        String text=editText.getText().toString();
        textview.setText (text);
    }

});
```

运行结果如图 4.18 所示。

图 4.18 EditText 的应用界面

4.4.5 多项选择按钮

多项选择按钮（CheckBox）属于输入型组件，该组件允许用户一次选择多个选项。当用户不方便在手机屏幕上直接进行输入操作时，该组件的使用显得尤为方便。

下面通过实例讲解 CheckBox 的使用方法。该实例的运行效果如图 4.19 所示。

图 4.19 CheckBox 的应用界面

在工程 WidgetDemo 的布局文件 main.xml 文件中添加一个 Button，代码如下：

```xml
<Button
    android:id="@+id/button2"
    android:layout_width="wrap_content"
    android:layout_height="wrap_content"
    android:text="CheckBoxDemo" />
```

当该 Button 被用户单击时，启动一个名为 CheckBoxActivity 的 Activity，在该 Activity 中演示 CheckBox 的使用方法。启动 CheckBoxActivity 的相关代码如下：

```java
Button ckbtn=(Button)this.findViewById(R.id.button2);
ckbtn.setOnClickListener(new OnClickListener(){

    @Override
    public void onClick(View v){
        // TODO Auto-generated method stub
        Intent intent=new Intent(WidgetDemoActivity.this,CheckBoxActivity.class);
        startActivity(intent);
    }
});
```

同时在 AndroidManifest.xml 文件中声明该 Activity：

```xml
<activity android:name="CheckBoxActivity"></activity>
```

CheckBoxActivity 所使用的布局文件为 checkbox.xml，使用 LinearLayout 布局，其中放置了一个 TextView 和三个 CheckBox。Checkbox.xml 的文件内容如下：

```xml
<?xml version="1.0" encoding="utf-8"?>
<LinearLayout xmlns:android="http://schemas.android.com/apk/res/android"
    android:layout_width="match_parent"
    android:layout_height="match_parent"
    android:orientation="vertical">
```

```xml
<TextView
    android:id="@+id/text"
    android:layout_width="fill_parent"
    android:layout_height="wrap_content"
    android:text="@string/checkboxhello"/>
<CheckBox
    android:id="@+id/CheckBox1"
    android:layout_width="wrap_content"
    android:layout_height="wrap_content"
    android:text="@string/football"/>
<CheckBox
    android:id="@+id/CheckBox2"
    android:layout_width="wrap_content"
    android:layout_height="wrap_content"
    android:text="@string/song"/>
<CheckBox
    android:id="@+id/CheckBox3"
    android:layout_width="wrap_content"
    android:layout_height="wrap_content"
    android:text="@string/book"/>
```

```xml
</LinearLayout>
```

这 4 个组件在对应的 strings.xml 文件中定义的变量为：

```xml
<string name="checkboxhello">你的爱好是:</string>
  <string name="football">篮球</string>
  <string name="song">听歌曲</string>
<string name="book">看书</string>
```

当用户对多项选择按钮进行选择时，为了确定用户选择的是哪几项，需要对每个多项选择按钮进行监听。CompoundButton.OnCheckedChangedListener 接口可用于对 CheckBox 的状态进行监听。当 CheckBox 的状态在未被选中和被选中之间变化时，该接口的 onCheckedChanged()方法会被系统调用。CheckBox 通过 setOnCheckedChangeListener()方法将该接口对象设置为自己的监听器。

CheckBoxActivity.java 的代码如下：

```java
package introduction.android.widgetDemo;

import android.app.Activity;
import android.os.Bundle;
import android.widget.CheckBox;
import android.widget.CompoundButton;
import android.widget.TextView;

public class CheckBoxActivity extends Activity {
    private TextView textView;
    private CheckBox bookCheckBox;
    private CheckBox songCheckBox;
    private CheckBox footbaCheckBox;
    @Override
    protected void onCreate(Bundle savedInstanceState){
        // TODO Auto-generated method stub
        super.onCreate(savedInstanceState);
```

```
          this.setContentView (R.layout.checkbox);
          textView= (TextView) findViewById (R.id.text);
          footbaCheckBox= (CheckBox) findViewById (R.id.CheckBox1);
          songCheckBox= (CheckBox) findViewById (R.id.CheckBox2);
          bookCheckBox= (CheckBox) findViewById (R.id.CheckBox3);

          footbaCheckBox.setOnCheckedChangeListener (new
CompoundButton.OnCheckedChangeListener(){

          @Override
          public void onCheckedChanged (CompoundButton buttonView, boolean isChecked) {
              // TODO Auto-generated method stub
              if (footbaCheckBox.isChecked()) {
                  textView.append (footbaCheckBox.getText().toString());
              }else {
                  if (textView.getText().toString().contains ("足球")) {
                    textView.setText (textView.getText().toString().replace ("足球", ""));
                  }
              }
          }
      });
          songCheckBox.setOnCheckedChangeListener (new
CompoundButton.OnCheckedChangeListener(){

          @Override
          public void onCheckedChanged (CompoundButton buttonView, boolean isChecked) {
            // TODO Auto-generated method stub
            if (songCheckBox.isChecked()) {
                textView.append (songCheckBox.getText().toString());
            }else {
                if (textView.getText().toString().contains ("唱歌")) {
                  textView.setText (textView.getText().toString().replace ("唱歌", ""));
                }
            }
          }
      });

          bookCheckBox.setOnCheckedChangeListener (new
CompoundButton.OnCheckedChangeListener(){

          @Override
          public void onCheckedChanged (CompoundButton buttonView, boolean isChecked) {
            // TODO Auto-generated method stub
            if (bookCheckBox.isChecked()) {
                textView.append (bookCheckBox.getText().toString());
            }else {
                if (textView.getText().toString().contains ("读书")) {
                  textView.setText (textView.getText().toString().replace ("读书", ""));
                }
            }
          }
      });
    }

  }
```

CheckBoxActivity 为 Checkbox.xml 文件中的三个 CheckBox 分别添加了监听器。当 CheckBox 的状态发生改变时，通过 Checkbox.isChecked()方法可以获取当前 CheckBox 按钮的选中状态，进而进行处理。

4.4.6　单项选择按钮组

RadioGroup 为单项选择按钮组，其中可以包含多个 RadioButton，即单选按钮，它们共同为用户提供一种多选一的选择方式。在多个 RadioButton 被同一个 RadioGroup 包含的情况下，多个 RadioButton 之间自动形成互斥关系，仅有一个可以被选择。单选按钮的使用方法和 CheckBox 的使用方法高度相似，其事件监听接口使用的是 RadioGroup.OnCheckedChangeListener()，使用 setOnCheckedChangeListener()方法将监听器设置到单选按钮上。按照 CheckBox 的讲解思路，启动一个名为 RadioGroupActivity 的 Activity 来对 RadioGroup 进行讲解。

RadioGroupActivity 的运行效果如图 4.20 所示。

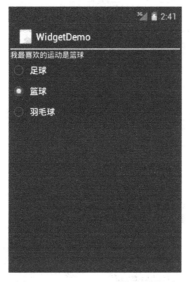

图 4.20　RadioGroup 的应用界面

在工程 WidgetDemo 的布局文件 main.xml 中添加一个 Button，并启动 RadioGroupActivity 的相关代码。在 main.xml 中添加代码如下：

```
<Button
    android:id="@+id/button3"
    android:layout_width="wrap_content"
    android:layout_height="wrap_content"
    android:text="RadioGroupDemo" />
```

启动处理 RadioGroup 的 Activity RadioGroupActivity 的代码如下：

```
Button radiotn=(Button)this.findViewById(R.id.button3);
radiotn.setOnClickListener(new OnClickListener(){

    @Override
    public void onClick(View v){
```

```
                // TODO Auto-generated method stub
                Intent intent=new Intent (WidgetDemoActivity.this,RadioGroupActivity.class);
                startActivity (intent);
        }
});
```

同时在 AndroidManifest.xml 文件中声明该 Activity：

```
<activity android:name=" RadioGroupActivity "></activity>
```

RadioGroupActivity 使用的是 radiogroup.xml，其代码如下：

```
<?xml version="1.0" encoding="utf-8"?>
<LinearLayout xmlns:android="http://schemas.android.com/apk/res/android"
    android:layout_width="match_parent"
    android:layout_height="match_parent"
    android:orientation="vertical">

    <TextView
        android:id="@+id/radiohello"
        android:layout_width="fill_parent"
        android:layout_height="wrap_content"
        android:text="@string/hello"/>


    <RadioGroup
        android:id="@+id/radiogroup1"
        android:layout_width="wrap_content"
        android:layout_height="wrap_content"
        android:orientation="vertical"
        android:layout_x="3px"
    >
        <RadioButton
            android:id="@+id/radiobutton1"
            android:layout_width="wrap_content"
            android:layout_height="wrap_content"
            android:text="@string/football"
        />
        <RadioButton
            android:id="@+id/radiobutton2"
            android:layout_width="wrap_content"
            android:layout_height="wrap_content"
            android:text="@string/bascketball"
        />
        <RadioButton
            android:id="@+id/radiobutton3"
            android:layout_width="wrap_content"
            android:layout_height="wrap_content"
            android:text="@string/badminton"
        />
    </RadioGroup>

</LinearLayout>
```

该布局文件使用了 LinearLayout 布局，并且在其中放置了一个 TextView 和一个 RadioGroup。RadioGroup 中含有三个 RadioButton。这些组件对应的 strings.xml 文件中定义的变量为：

```
<string name="radiohello">你最喜欢的运动是:</string>
   <string name="bascketball">篮球</string>
   <string name="badminton">羽毛球</string>
<string name="football">足球</string>
```

RadioGroupActivity.java 的代码如下:

```java
package introduction.android.widgetDemo;

import android.app.Activity;
import android.os.Bundle;
import android.widget.RadioButton;
import android.widget.RadioGroup;
import android.widget.TextView;

public class RadioGroupActivity extends Activity {
    private TextView textview;
    private RadioGroup radiogroup;
    private RadioButton radio1,radio2,radio3;
    @Override
    public void onCreate (Bundle savedInstanceState) {
        super.onCreate (savedInstanceState) ;
        setContentView (R.layout.radiogroup) ;
        textview= (TextView) findViewById (R.id.radiohello) ;
        radiogroup= (RadioGroup) findViewById (R.id.radiogroup1) ;
        radio1= (RadioButton) findViewById (R.id.radiobutton1) ;
        radio2= (RadioButton) findViewById (R.id.radiobutton2) ;
        radio3= (RadioButton) findViewById (R.id.radiobutton3) ;
        radiogroup.setOnCheckedChangeListener (new RadioGroup.OnCheckedChangeListener(){

            @Override
            public void onCheckedChanged (RadioGroup group, int checkedId)
            {
                // TODO Auto-generated method stub
                String text="我最喜欢的运动是";
                if (checkedId==radio1.getId()) {
                    text+=radio1.getText().toString();
                    textview.setText (text) ;
                }else if (checkedId==radio2.getId()) {
                    text+=radio2.getText().toString();
                    textview.setText (text) ;
                }else if (checkedId==radio3.getId()) {
                    text+=radio3.getText().toString();
                    textview.setText (text) ;
                }
            }
        }) ;
    }
}
```

在 RadioGroupActivity 的 onCreate() 方法中为 RadioGroup 添加监视器 RadioGroup。OnCheckedChangeListener 在其回调方法 onCheckedChanged() 中对三个 RadioButton 分别进行处理。需要说明的是,如果把 RadioGroup 去掉,只使用 RadioButton 的话,则需要为每个 RadioButton 单独设置监听器,其使用方法和 CheckBox 没有任何区别。

4.4.7　下拉列表

Spinner 提供下拉列表式的输入方式，该方法可以有效节省手机屏幕上的显示空间。

下面用一个简单的实例讲解 Spinner 的使用方法。在工程 WidgetDemo 的布局文件 main.xml 中添加一个 Button，用以启动 SpinnerActivity。

在 main.xml 中添加代码如下：

```xml
<Button
    android:id="@+id/button4"
    android:layout_width="wrap_content"
    android:layout_height="wrap_content"
    android:text="SpinnerDemo" />
```

单击 Button 并启动 SpinnerActivity 的代码如下：

```java
Button spinnerbtn= (Button) this.findViewById (R.id.button4);
spinnerbtn.setOnClickListener (new OnClickListener(){
    @Override
    public void onClick (View v) {
        // TODO Auto-generated method stub
        Intent intent=new Intent (WidgetDemoActivity.this,SpinnerActivity.class);
        startActivity (intent);
    }
});
```

同时在 AndroidManifest.xml 文件中声明该 Activity：

```xml
<activity android:name=" SpinnerActivity "></activity>
```

SpinnerActivity 的运行效果如图 4.21 所示。

图 4.21　Spinner 的应用界面

SpinnerActivity 使用的布局文件为 spiner.xml，其代码如下：

```xml
<?xml version="1.0" encoding="utf-8"?>
```

```xml
<LinearLayout xmlns:android="http://schemas.android.com/apk/res/android"
    android:layout_width="match_parent"
    android:layout_height="match_parent"
    android:orientation="vertical">
    <TextView
        android:id="@+id/textView1"
        android:layout_width="wrap_content"
        android:layout_height="wrap_content"
        android:text="textview"/>
   <Spinner
        android:id="@+id/spinner1"
        android:layout_width="match_parent"
        android:layout_height="wrap_content" />

</LinearLayout>
```

SpinnerActivity.java 文件的代码如下：

```java
package introduction.android.widgetDemo;

import java.util.ArrayList;
import java.util.List;
import android.app.Activity;
import android.os.Bundle;
import android.view.MotionEvent;
import android.view.View;
import android.widget.AdapterView;
import android.widget.ArrayAdapter;
import android.widget.Spinner;
import android.widget.TextView;

public class SpinnerActivity extends Activity {
    private List<String>list=new ArrayList<String>();
    private TextView textview;
    private Spinner spinnertext;
    private ArrayAdapter<String>adapter;
    public void onCreate (Bundle savedInstanceState) {
            super.onCreate (savedInstanceState);
            setContentView (R.layout.spiner);
            //第一步：定义下拉列表内容
            list.add("沈阳");
            list.add("天津");
            list.add("北京");
            list.add("上海");
            list.add("深圳");
            textview= (TextView) findViewById (R.id.textView1);
            spinnertext= (Spinner) findViewById (R.id.spinner1);
            //第二步：为下拉列表定义一个适配器
            adapter=new ArrayAdapter<String> (this,android.R.layout.simple_spinner_item,
list);
            //第三步：设置下拉列表下拉时的菜单样式
            adapter.setDropDownViewResource
(android.R.layout.simple_spinner_dropdown_item);
            //第四步：将适配器添加到下拉列表上
            spinnertext.setAdapter (adapter);
```

```
//第五步: 添加监听器, 为下拉列表设置事件的响应
spinnertext.setOnItemSelectedListener (new Spinner.OnItemSelectedListener(){
    public void onItemSelected (AdapterView<?>arg0, View arg1, int arg2, long arg3)
{

        // TODO Auto-generated method stub
        /* 将所选 spinnertext 的值带入 myTextView 中*/
      textview.setText ("我来自: "+adapter.getItem (arg2));
        /* 将 spinnertext 显示*/
        arg0.setVisibility (View.VISIBLE);
    }
    public void onNothingSelected (AdapterView<?>arg0){
        // TODO Auto-generated method stub
      textview.setText ("NONE");
        arg0.setVisibility (View.VISIBLE);
    }
});
//将 spinnertext 添加到 OnTouchListener 对内容选项触屏事件处理
spinnertext.setOnTouchListener (new Spinner.OnTouchListener(){
    @Override
    public boolean onTouch (View v, MotionEvent event){
        // TODO Auto-generated method stub
        // 将 mySpinner 隐藏
        v.setVisibility (View.INVISIBLE);
        Log.i ("spinner","Spinner Touch 事件被触发!");
        return false;
    }
});
//焦点改变事件处理
spinnertext.setOnFocusChangeListener (new Spinner.OnFocusChangeListener(){
    public void onFocusChange (View v, boolean hasFocus){
        // TODO Auto-generated method stub
        v.setVisibility (View.VISIBLE);
        Log.i ("spinner","Spinner FocusChange 事件被触发! ");
    }
});
    }
}
```

SpinnerActivity 通过 5 个步骤将 Spinner 初始化并进行事件处理, 分别为:

● 定义下拉列表的列表项内容 List<String>。

● 为下拉列表 Spinner 定义一个适配器 ArrayAdapter<String>, 并与列表项内容相关联。

● 使用 ArrayAdapter.setDropDownViewResource()设置 Spinner 下拉列表在打开时的下拉菜单样式。

● 使用 Spinner. setAdapter()将适配器数据与 Spinner 关联起来。

● 为 Spinner 添加事件监听器, 进行事件处理。

Spinner 支持多种事件处理方式, 本实例中对 Spinner 被单击事件、焦点改变事件和 Spinner 的列表项被选中事件进行了处理。

在本实例中, SpinnerActivity 在程序代码中动态建立了下拉列表每一项的内容。除此之外, 还可以在 XML 文件中定义 Spinner 的下拉列表项, 步骤如下。

在 res/values 文件夹下新建 cities.xml 文件夹:

```xml
<?xml version="1.0" encoding="utf-8"?>
<resources>
  <string-array name="city">
    <item>shenyang</item>
    <item>nanjing</item>
    <item>beijing</item>
    <item>tianjin</item>
  </string-array>
</resources>
```

在 SpinnerActivity.java 中初始化 Spinner：

```java
Spinner spinner=(Spinner)findViewById(R.id.spinner1);
ArrayAdapter<CharSequence>adapter=ArrayAdapter.createF
romResource(this, R.array.city,
android.R.layout.simple_spinner_item);
  adapter.setDropDownViewResource
(android.R.layout.simple_spinner_dropdown_item);
  spinner.setAdapter(adapter);
```

运行效果如图 4.22 所示。

图 4.22　Spinner 的事件处理

4.4.8　自动完成文本

在使用百度或者 Google 搜索信息时，只需要在搜索框中输入几个关键字，就会有很多相关的信息以列表形式被列举出来供用户选择，这种效果在 Android SDK 中可以通过 AutoCompleteTextView 来实现。

下面用一个简单的实例讲解 AutoCompleteTextView 的使用方法。在工程 WidgetDemo 的布局文件 main.xml 中添加一个 Button，用以启动 AutoCompleteTextViewActivity。

在 main.xml 中添加代码如下：

```xml
<Button
    android:id="@+id/button5"
    android:layout_width="wrap_content"
    android:layout_height="wrap_content"
    android:text="AutoCompleteTextViewDemo" />
```

单击 Button 并启动 AutoCompleteTextViewActivity 的代码如下：

```java
Button autobtn=(Button)this.findViewById(R.id.button5);
autobtn.setOnClickListener(new OnClickListener(){
    @Override
    public void onClick(View v) {
        // TODO Auto-generated method stub
        Intent intent=new Intent
(WidgetDemoActivity.this,AutoCompleteTextViewActivity.class);
        startActivity(intent);
    }
});
```

同时在 AndroidManifest.xml 文件中声明该 Activity：

```xml
<activity android:name=" AutoCompleteTextViewActivity"></activity>
```

AutoCompleteTextViewActivity 的运行效果如图 4.23 所示。

图 4.23　AutoCompleteTextViewActivity 的运行效果

AutoCompleteTextViewActivity 使用的布局文件为 autocompletetextview.xml，其具体内容如下：

```xml
<?xml version="1.0" encoding="utf-8"?>
<LinearLayout xmlns:android="http://schemas.android.com/apk/res/android"
    android:layout_width="match_parent"
    android:layout_height="match_parent"
    android:orientation="vertical">
    <TextView
      android:layout_width="fill_parent"
      android:layout_height="wrap_content"
      android:text="AutoCompleteTextView演示: " />

  <AutoCompleteTextView
      android:id="@+id/autoCompleteTextView1"
      android:layout_width="match_parent"
      android:layout_height="wrap_content"
      android:text="">
    <requestFocus />
  </AutoCompleteTextView>


</LinearLayout>
```

AutoCompleteTextViewActivity.java 的代码如下：

```java
package introduction.android.widgetDemo;

import android.app.Activity;
import android.os.Bundle;
import android.widget.ArrayAdapter;
import android.widget.AutoCompleteTextView;


public class AutoCompleteTextViewActivity extends Activity {
    private AutoCompleteTextView textView;
```

```
        private static final String[] autotext=new String[] {"hello","hello World","hello
Android"};
        @Override
        public void onCreate (Bundle savedInstanceState) {
            super.onCreate (savedInstanceState);
            setContentView (R.layout.autocompletetextview);
            textView=(AutoCompleteTextView ) findViewById (R.id.autoCompleteTextView1);
            /*new ArrayAdapterd 对象将 autotext 字符串数组传入*/
            ArrayAdapter<String>adapter=new ArrayAdapter<String>
(this,android.R.layout.simple_dropdown_item_1line,autotext);
            /*将 ArrayAdapter 添加到 AutoCompleteTextView 中*/
            textView.setAdapter (adapter);
        }
    }
```

AutoCompleteTextViewActivity 中为可自动补全的内容建立对应字符串数组 autotext，将该数组关联到 ArrayAdapter 中，然后将 ArrayAdapter 与 AutoCompleteTextView 相关联，进而实现自动完成文本功能。

AutoCompleteTextView 提供一系列属性对显示效果进行设置，分别说明如下。

- completionThreshold：它的值决定了你在 AutoCompleteTextView 中至少输入几个字符，才会具有自动提示的功能。另外，默认最多提示 20 条。
- dropDownAnchor：它的值是一个 View 的 ID，指定后，AutoCompleteTextView 会在这个 View 下弹出自动提示。
- dropDownSelector：应该是设置自动提示的背景色之类的，没有尝试过，有待进一步考证。
- dropDownWidth：设置自动提示列表的宽度。

4.4.9 日期选择器和时间选择器

Android SDK 提供了 DatePicker 和 TimePicker 组件，分别对日期和时间进行选择，方便日期和时间设定。

下面用一个简单的实例讲解 DatePicker 和 TimePicker 组件的使用方法。在工程 WidgetDemo 的布局文件 main.xml 中添加一个名为"Date/Time"的 Button，用以启动 TimeActivity。

在 main.xml 中添加代码如下：

```
<Button
    android:id="@+id/button6"
    android:layout_width="wrap_content"
    android:layout_height="wrap_content"
    android:text=" Date/Time " />
```

单击 Button 并启动 TimeActivity 的代码如下：

```
Button timebtn= (Button) this.findViewById (R.id.button6);
    timebtn.setOnClickListener (new OnClickListener(){
        @Override
        public void onClick (View v) {
            // TODO Auto-generated method stub
            Intent intent=new Intent (WidgetDemoActivity.this,TimeActivity.class);
```

```
                    startActivity(intent);
            }
    });
```

同时在 AndroidManifest.xml 文件中声明该 Activity：

```
<activity android:name=" TimeActivity"></activity>
```

TimeActivity 的运行效果如图 4.24 所示。

图 4.24　TimeActivity 的运行效果

TimeActivity 使用的布局文件为 time.xml，其内容如下：

```xml
<?xml version="1.0" encoding="utf-8"?>
<LinearLayout xmlns:android="http://schemas.android.com/apk/res/android"
    android:layout_width="match_parent"
    android:layout_height="match_parent"
    android:orientation="vertical">
    <TextView
        android:id="@+id/timeview"
        android:layout_width="fill_parent"
        android:layout_height="wrap_content"
        android:text="DatePicker 和 TimePicker 演示" />
    <TimePicker
        android:id="@+id/timepicker"
        android:layout_width="wrap_content"
        android:layout_height="116dp"
        android:background="#778888" />
<!-- 设置背景色为墨绿 -->
    <DatePicker
        android:id="@+id/datepicker"
        android:layout_width="271dp"
        android:layout_height="196dp"
        android:background="#778899" />
</LinearLayout>
```

TimeActivity.java 的代码如下：

```java
package introduction.android.widgetDemo;

import java.util.Calendar;

import android.app.Activity;
import android.os.Bundle;
import android.widget.DatePicker;
import android.widget.TextView;
import android.widget.TimePicker;

public class TimeActivity extends Activity {
    private TextView textview;
    private TimePicker timepicker;
    private DatePicker datepicker;
    /* 声明日期及时间变量 */
    private int year;
    private int month;
    private int day;
    private int hour;
    private int minute;

    @Override
    public void onCreate(Bundle savedInstanceState) {
     super.onCreate(savedInstanceState);
     setContentView(R.layout.time);
     /* 获取当前日期及时间 */
     Calendar calendar=Calendar.getInstance();
     year=calendar.get(Calendar.YEAR);
     month=calendar.get(Calendar.MONTH);
     day=calendar.get(Calendar.DAY_OF_MONTH);
     hour=calendar.get(Calendar.HOUR);
     minute=calendar.get(Calendar.MINUTE);
     datepicker=(DatePicker)findViewById(R.id.datepicker);
     timepicker=(TimePicker)findViewById(R.id.timepicker);
     /* 设置 TextView 对象，显示初始日期时间 */
     textview=(TextView)findViewById(R.id.timeview);
     textview.setText(new StringBuilder().append(year).append("/")
         .append(format(month+1)).append("/").append(format(day))
         .append(" ").append(format(hour)).append(":")
         .append(format(minute)));
     /* 设置 OnDateChangedListener()*/
     datepicker.init(year, month, day,
         new DatePicker.OnDateChangedListener(){
             @Override
             public void onDateChanged(DatePicker view, int year,
                 int monthOfYear, int dayOfMonth) {
             // TODO Auto-generated method stub
             TimeActivity.this.year=year;
             month=monthOfYear;
             day=dayOfMonth;
             textview.setText(new StringBuilder().append(year)
                 .append("/").append(format(month+1))
                 .append("/").append(format(day)).append(" ")
```

```
                        .append (format (hour)) .append (":")
                        .append (format (minute)));
            }
        });
    timepicker.setOnTimeChangedListener (new TimePicker.OnTimeChangedListener ()
     {

            @Override
            public void onTimeChanged (TimePicker view, int hourOfDay, int minute)
            {
                // TODO Auto-generated method stub
                hour=hourOfDay;
                TimeActivity.this.minute=minute;
                textview.setText (new StringBuilder().append (year)
                 .append ("/") .append (format (month+1))
                 .append ("/") .append (format (day)) .append (" ")
                 .append (format (hour)) .append (":")
                 .append (format (minute)));
            }
        });


    }

    private String format (int time) {
      String str=""+time;
      if (str.length()==1)
          str="0"+str;
      return str;
    }
}
```

TimeActivity 中使用 java.util.Calendar 对象获取当前系统时间。当更改 DatePicker 组件中的日期时，会触发 DatePicker 的 OnDateChange()事件；当修改 TimePacker 的时间时，会触发 TimePacker 的 OnDateChange()事件。

由本实例可见，DatePicker 实现 OnDateChangedListener 监听器的方法与 TimePicker 实现 setOnTimeChangedListener 监听器的方法有所类似。DatePicker 用 init()方法设定年、月、日的同时设定监听器，而 TimePicker 使用 setOnTimeChangedListener()直接设定。

4.4.10　进度条

当应用程序在后台运行时，可以使用进度条（ProgressBar）反馈给用户当前的进度信息。进度条被用以显示当前应用程序的运行状况、功能完成多少等情况。Android SDK 提供两种样式的进度条，一种是圆形的进度条，另一种是水平进度条。其中圆形进度条分大、中、小三种。

进度条本质上是一个整数，显示当前的整数值在特定范围内的比重。下面用一个简单的实例讲解 ProgressBar 组件的使用方法。

在工程 WidgetDemo 的布局文件 main.xml 中添加一个名为 ProgressBarDemo 的 Button，用以启动 ProcessBarActivity。

在 main.xml 中添加代码如下：

```
<Button
    android:id="@+id/button7"
    android:layout_width="wrap_content"
    android:layout_height="wrap_content"
    android:text="ProgressBarDemo" />
```

单击 Button 并启动 ProcessBarActivity 的代码如下：

```
Button processbtn= (Button) this.findViewById (R.id.button7);
        processbtn.setOnClickListener (new OnClickListener(){
                @Override
                public void onClick (View v) {
                    // TODO Auto-generated method stub
                    Intent intent=new Intent
(WidgetDemoActivity.this,ProcessBarActivity.class);
                    startActivity (intent);
                }
        });
```

同时在 AndroidManifest.xml 文件中声明该 Activity：

```
<activity android:name="ProcessBarActivity"></activity>
```

ProcessBarActivity 的运行效果如图 4.25 所示。

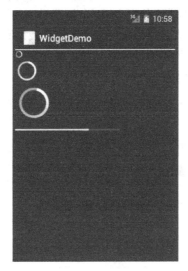

图 4.25　ProcessBarActivity 的运行效果

ProcessBarActivity 使用的布局文件为 processbar.xml，其内容如下：

```
<?xml version="1.0" encoding="utf-8"?>
<LinearLayout xmlns:android="http://schemas.android.com/apk/res/android"
    android:layout_width="match_parent"
    android:layout_height="match_parent"
    android:orientation="vertical">
    <ProgressBar
        android:id="@+id/progressBar1"
        style="?android:attr/progressBarStyleSmall"
        android:layout_width="wrap_content"
        android:layout_height="wrap_content" />
```

```
<ProgressBar
    android:id="@+id/progressBar2"
    android:layout_width="wrap_content"
    android:layout_height="wrap_content" />

<ProgressBar
    android:id="@+id/progressBar3"
    style="?android:attr/progressBarStyleLarge"
    android:layout_width="wrap_content"
    android:layout_height="wrap_content" />


<ProgressBar
    android:id="@+id/progressBar4"
    style="?android:attr/progressBarStyleHorizontal"
    android:layout_width="209dp"
    android:layout_height="30dp"
    android:max="100"/>

</LinearLayout>
```

该布局中放置了小、中、大三种类型的圆形进度条各一个，以及一个水平放置的条形进度条。一般情况下，开发人员不会为圆形进度条指定进度，圆形进度条只是展示运行效果，而不反映实际的进度。条形进度条则不同，开发人员会为条形进度条指定最大值，以及进度条当前值的获取方法。在本实例中，条形进度条的最大值为 100。

ProcessBarActivity.java 的代码如下：

```
package introduction.android.widgetDemo;

import android.app.Activity;
import android.os.Bundle;
import android.os.Handler;
import android.widget.ProgressBar;

public class ProcessBarActivity extends Activity {
    ProgressBar progressBar;
    int i=0;
    int progressBarMax=0;
    /* 创建 Handler 对象 */
    Handler handler=new Handler();

    @Override
    public void onCreate(Bundle savedInstanceState) {
        super.onCreate(savedInstanceState);
        setContentView(R.layout.processbar);
        progressBar=(ProgressBar)findViewById(R.id.progressBar4);
        /* 获取最大值 */
        progressBarMax=progressBar.getMax();
        /* 匿名内部类启动实现效果的线程 */
        new Thread(new Runnable(){
            @Override
            public void run(){
                while(i++<progressBarMax){
```

```
                            // 设置滚动条当前状态值
                            progressBar.setProgress(i);
                            try {
                                Thread.sleep(15);

                            } catch (Exception e) {
                                e.printStackTrace();
                            }
                        }
                    }
                }).start();
            }
        }
```

ProcessBarActivity 对水平进度条进行了处理。先获取了水平进度条的最大值，然后启动了一个线程，由该线程来控制进度条的值，从 0 开始，每隔 15 毫秒增加 1。

4.4.11　滚动视图

当 Activity 提供的用户界面上有很多内容，以至于当前手机屏幕不能完全显示全部内容时，就需要滚动视图来帮助浏览全部的内容。

以工程 WidgetDemo 为例，由于在讲述过程中不断地在 main.xml 文件中添加按钮和其他组件，目前已经不能显示全部内容，效果如图 4.26 所示。

图 4.26　添加大量组件后的效果

这时候就需要使用 ScrollView，即将当前的 Activity 的视图转化为滚动视图，以便于浏览。ScrollView 的使用非常方便，只需在 main.xml 的<LinearLayout>标签外面加上 ScrollView 组件的声明即可。布局文件 main.xml 的内容如下：

```
<ScrollView
    xmlns:android="http://schemas.android.com/apk/res/android"
```

```
    android:layout_width="fill_parent"
    android:layout_height="fill_parent">
  <LinearLayout>....</LinearLayout>
</ScrollView>
```

添加 ScrollView 后，main.xml 布局的运行效果如图 4.27 所示。

图 4.27　ScrollView 的运行效果

4.4.12　拖动条

SeekBar 是水平进度条 ProgressBar 的间接子类，相当于一个可以拖动的水平进度条。下面仍以一个简单的实例讲解 SeekBar 组件的使用方法。

在工程 WidgetDemo 的布局文件 main.xml 中添加一个名为"SeekBarDemo"的 Button，用以启动 SeekBarActivity。

在 main.xml 中添加代码如下：

```
<Button
    android:id="@+id/button8"
    android:layout_width="wrap_content"
    android:layout_height="wrap_content"
    android:text="SeekBarDemo" />
```

单击 Button 并启动 SeekBarActivity 的代码如下：

```
Button processbtn=(Button) this.findViewById(R.id.button8);
processbtn.setOnClickListener(new OnClickListener(){
    @Override
    public void onClick(View v) {
        // TODO Auto-generated method stub
        Intent intent=new Intent(WidgetDemoActivity.this, SeekBarActivity.class);
        startActivity(intent);
    }
});
```

同时在 AndroidManifest.xml 文件中声明该 Activity：

```
<activity android:name="SeekBarActivity"></activity>
```

SeekBarActivity 的运行效果如图 4.28 所示。

图 4.28　SeekBarActivity 的运行效果

SeekBarActivity 使用的布局文件为 seekbar.xml，其内容如下：

```
<?xml version="1.0" encoding="utf-8"?>
<LinearLayout xmlns:android="http://schemas.android.com/apk/res/android"
    android:layout_width="match_parent"
    android:layout_height="match_parent"
    android:orientation="vertical">

  <TextView
      android:id="@+id/textView1"
      android:layout_width="wrap_content"
      android:layout_height="wrap_content"
      android:text="TextView" />

  <SeekBar
      android:id="@+id/seekBar1"
      android:layout_width="match_parent"
      android:layout_height="wrap_content"
android:max="100"/>

</LinearLayout>
```

该文件确定 SeekBar 对象的最大值为 100，宽度为手机屏幕的宽度。

SeekBarActivity.java 的代码如下：

```
package introduction.android.widgetDemo;

import android.app.Activity;
```

```java
import android.os.Bundle;
import android.util.Log;
import android.widget.SeekBar;
import android.widget.TextView;

public class SeekBarActivity extends Activity {
    private TextView textView;
    private SeekBar seekBar;
    @Override
    public void onCreate(Bundle savedInstanceState) {
        super.onCreate(savedInstanceState);
        setContentView(R.layout.seekbar);
        textView=(TextView) findViewById(R.id.textView1);
        seekBar=(SeekBar) findViewById(R.id.seekBar1);
        /* 设置 SeekBar 监听 setOnSeekBarChangeListener */
        seekBar.setOnSeekBarChangeListener(new SeekBar.OnSeekBarChangeListener(){
            /* 拖动条停止拖动时调用 */
            @Override
            public void onStopTrackingTouch(SeekBar seekBar){
                Log.i("SeekBarActivity", "拖动停止");
            }
            /* 拖动条开始拖动时调用 */
            @Override
            public void onStartTrackingTouch(SeekBar seekBar){
                Log.i("SeekBarActivity", "开始拖动");
            }
            /* 拖动条进度改变时调用 */
            @Override
            public void onProgressChanged(SeekBar seekBar, int progress,
                boolean fromUser) {
                textView.setText("当前进度为："+progress+"%");
            }
        });
    }
}
```

SeekBar 的事件处理接口为 OnSeekBarChangeListener，该监听器提供对三种事件的监听，分别为当 SeekBar 的拖动条开始被拖动时、拖动条拖动停止时和拖动条的位置发生改变时。SeekBarActivity 在拖动条开始被拖动和拖动停止时，会通过 Logcat 打印相关信息。当拖动条位置发生改变时，将当前的数值显示到 TextView 中。

4.4.13 评价条

在网上购物的时候，经常会对所购买的商品进行打分。一般对商品的评价和打分是以 5 个星星的方式进行的。Android SDK 提供了 RatingBar 组件来实现该功能。

RatingBar 是 SeekBar 和 ProgressBar 的扩展，是 ProgressBar 的间接子类，可以使用 ProgressBar 相关的属性。RatingBar 有三种风格，分别为默认风格（ratingBarStyle）、小风格（ratingBarStyleSmall）和大风格（ratingBarStyleIndicator ）。其中，默认风格的 RatingBar 是我们通常使用的，可以进行交互，而其他两种不能进行交互。

以一个简单的实例讲解 RatingBar 组件的使用方法。在工程 WidgetDemo 的布局文件 main.xml 中添加一个名为 "RatingBarDemo" 的 Button，用以启动 RatingBarActivity。

在 main.xml 中添加代码如下：

```
<Button
    android:id="@+id/button9"
    android:layout_width="wrap_content"
    android:layout_height="wrap_content"
    android:text="RatingBarDemo" />
```

单击 Button 并启动 RatingBarActivity 的代码如下：

```
Button ratingbarbtn=(Button) this.findViewById(R.id.button9);
ratingbarbtn.setOnClickListener(new OnClickListener(){
    @Override
    public void onClick(View v){
        // TODO Auto-generated method stub
        Intent intent=new Intent(WidgetDemoActivity.this,RatingBarActivity.class);
        startActivity(intent);
    }
});
```

同时在 AndroidManifest.xml 文件中声明该 Activity：

```
<activity android:name="RatingBarActivity"></activity>
```

RatingBarActivity 的运行效果如图 4.29 所示。

图 4.29　RatingBarActivity 的运行效果

RatingBarActivity 使用的布局文件 ratingbar.xml 的内容如下：

```
<?xml version="1.0" encoding="utf-8"?>
<LinearLayout xmlns:android="http://schemas.android.com/apk/res/android"
    android:layout_width="match_parent"
    android:layout_height="match_parent"
    android:orientation="vertical">
```

```
    <TextView
        android:id="@+id/textView1"
        android:layout_width="wrap_content"
        android:layout_height="wrap_content"
        android:text="TextView" />

    <RatingBar
        android:id="@+id/ratingBar1"
        android:layout_width="wrap_content"
        android:layout_height="wrap_content"
        android:numStars="5"
        android:stepSize="0.5"
        android:rating="3"/>

</LinearLayout>
```

该布局文件使用 LinearLayout 布局，其中放置了一个 TextView 和一个 RatingBar，并对 RatingBar 的相关属性进行了设置。android:numStars="5"用于设置 RatingBar 显示的星星数量为 5 个；android:stepSize="0.5"用于设置 RatingBar 的最小变化单位为半个星星；android:rating ="3"表示 RatingBar 在初始状态下被选中的星星数量为 3 个。

RatingBarActivity.java 的代码如下：

```
package introduction.android.widgetDemo;

import android.app.Activity;
import android.os.Bundle;
import android.util.Log;
import android.view.MotionEvent;
import android.view.View;
import android.view.View.OnTouchListener;
import android.widget.RatingBar;
import android.widget.RatingBar.OnRatingBarChangeListener;
import android.widget.TextView;
import android.widget.Toast;

public class RatingBarActivity extends Activity {
    private RatingBar chooseRatingBar;
    private TextView textView;
    @Override
    public void onCreate (Bundle savedInstanceState) {
        super.onCreate (savedInstanceState);
        setContentView (R.layout.ratingbar);
        textView= (TextView) findViewById (R.id.textView1);
        chooseRatingBar= (RatingBar) findViewById (R.id.ratingBar1);

        /*创建 RatingBar 监听器 */
        chooseRatingBar.setOnRatingBarChangeListener (new
OnRatingBarChangeListener(){

            @Override
            public void onRatingChanged (RatingBar ratingBar, float rating, boolean fromUser)
{
                chooseRatingBar= (RatingBar) findViewById (R.id.ratingBar1);
```

```
                        chooseRatingBar.setRating (rating);
                        textView.setText ("您选择了"+rating+"个星星");
                    }
                });
        }
    }
```

RatingBarActivity 为 RatingBar 对象设置了 OnRatingBarChangeListener 监听器，当用户单击 RatingBar 引起被选中星星数量的变化时，该接口会监测到该事件，并且调用 onRatingChanged() 方法，更新 TextView 显示的内容。

onRatingChanged() 的三个参数所对应的含义如下。

- ratingBar：多个 RatingBar 可以同时指定同一个 RatingBar 监听器。该参数就是当前触发 RatingBar 监听器的那个 RatingBar 对象。
- rating：当前评级分数。取值范围从 0 到 RatingBar 的总星星数。
- fromUser：如果触发监听器的是用户触屏单击或轨迹球左右移动，则为 true。

4.4.14　图片视图和图片按钮

ImageView 是用于显示图片的组件，在很多场合都有比较普遍的使用。ImageView 可以显示任意图像，加载各种来源的图片（如资源或图片库）。ImageView 可以负责计算图片的尺寸，以便在任意的布局中使用，并且可以提供缩放或者着色等选项供开发者使用。

ImageButton 是 ImageView 的子类，相当于一个表明是图片而不是文字的 Button。其使用方法和 Button 完全相同。

下面通过一个实例来了解一下这两个组件的使用方法。在工程 WidgetDemo 的布局文件 main.xml 中添加一个名为 ImageButtonDemo 的 Button，用以启动 ImageButtonActivity。

在 main.xml 中添加代码如下：

```
<Button
        android:id="@+id/button10"
        android:layout_width="wrap_content"
        android:layout_height="wrap_content"
        android:text="ImageButtonDemo" />
```

单击 Button 并启动 RatingBarActivity 的代码如下：

```
Button imgbtn= (Button) this.findViewById (R.id.button10);
imgbtn.setOnClickListener (new OnClickListener(){
    @Override
    public void onClick (View v) {
        // TODO Auto-generated method stub
        Intent intent=new Intent (WidgetDemoActivity.this,ImageButtonActivity.class);
        startActivity (intent);
    }
});
```

同时在 AndroidManifest.xml 文件中声明该 Activity：

```
<activity android:name="ImageButtonActivity"></activity>
```

ImageButtonActivity 的运行效果如图 4.30 所示。

图 4.30　ImageButtonActivity 的运行效果

ImageButtonActivity 的布局文件 imgbtn.xml 内容如下：

```xml
<?xml version="1.0" encoding="utf-8"?>
<LinearLayout xmlns:android="http://schemas.android.com/apk/res/android"
    android:layout_width="match_parent"
    android:layout_height="match_parent"
    android:orientation="vertical">

    <ImageView
        android:id="@+id/imageView1"
        android:layout_width="250dp"
        android:layout_height="250dp"
        android:src="@drawable/girl" />

    <ImageButton
        android:id="@+id/imageButton1"
        android:layout_width="wrap_content"
        android:layout_height="wrap_content"
        android:src="@drawable/ic_launcher" />

</LinearLayout>
```

该文件使用 LinearLayout 布局，其中放入了一个 ImageView 组件和一个 ImageButton 组件。两个组件都通过 android:src 属性指定了显示的图片。该实例用到了两个图片资源，一个为 girl，另一个为 ic_launcher，如图 4.31 所示。由于 Android 会根据手机设备的配置高低选择不同的资源，因此为了应用程序的通用性，在三个 drawable 文件夹下都放置了 girl.gif 图像。ic_launcher.png 是系统自带的资源文件。

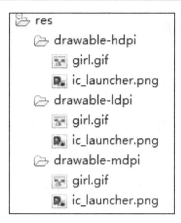

图 4.31　工程中的图片资源

ImageButtonActivity.java 的代码如下：

```java
package introduction.android.widgetDemo;
import android.app.Activity;
import android.os.Bundle;
import android.view.View;
import android.view.ViewGroup.LayoutParams;
import android.widget.ImageButton;
import android.widget.ImageView;
public class ImageButtonActivity extends Activity {
    private ImageButton imgbtn;
    private ImageView imgview;
    @Override
    protected void onCreate(Bundle savedInstanceState) {
        // TODO Auto-generated method stub
        super.onCreate(savedInstanceState);
        setContentView(R.layout.imgbtn);
        imgbtn=(ImageButton)this.findViewById(R.id.imageButton1);
        imgview=(ImageView)this.findViewById(R.id.imageView1);
        imgbtn.setOnClickListener(new View.OnClickListener(){
            @Override
            public void onClick(View v) {
                // TODO Auto-generated method stub
                LayoutParams params=imgview.getLayoutParams();
                params.height+=3;
                params.width+=3;
                imgview.setLayoutParams(params);
            }
        });
    }
}
```

　　ImageButtonActivity 为 ImageButton 添加了单击监听器，对用户单击 imgbtn 的事件进行了处理。用户每次单击图片按钮，都把 ImageView 组件的宽和高增大 3。随着用户的不断单击，ImageView 中显示的图片越来越大，显示了 ImageView 组件对图片的缩放功能。

4.4.15　图片切换器和图库

在使用 Android 手机设置壁纸的时候，会看到屏幕底部有很多可以滚动的图片，当单击某一图片时，在其上面的空间会显示当前选中的图片，此时我们用到的就是 Gallery（图库）和 ImageSwitcher（图片切换器）。

Gallery 组件用于横向显示图像列表，并且自动将当前图像放置到中间位置。ImageSwitcher 则像是图片浏览器，可以切换图片，通过它可以制作简单的幻灯片等。通常将这两个类结合在一起使用，可以制作有一定效果的相册。

下面通过一个实例来了解一下这两个组件的使用方法。

在工程 WidgetDemo 的布局文件 main.xml 中添加一个名为 GalleryDemo 的 Button，用以启动 GalleryActivity。在 main.xml 中添加代码如下：

```xml
<Button
    android:id="@+id/button11"
    android:layout_width="wrap_content"
    android:layout_height="wrap_content"
    android:text="GalleryDemo" />
```

单击 Button 并启动 GalleryActivity 的代码如下：

```java
Button gallerybtn=(Button) this.findViewById
(R.id.button11);
    gallerybtn.setOnClickListener(new
OnClickListener(){
        @Override
        public void onClick(View v) {
            // TODO Auto-generated method stub
            Intent intent=new Intent
(WidgetDemoActivity.this,GalleryActivity.class);
                startActivity(intent);
            }
});
```

同时在 AndroidManifest.xml 文件中声明该 Activity：

```xml
<activity
android:name="GalleryActivity"></activity>
```

GalleryActivity 的运行效果如图 4.32 所示。

GalleryActivity 使用的布局文件为 gallery.xml，内容如下：

图 4.32　GalleryActivity 的运行效果

```xml
<?xml version="1.0" encoding="utf-8"?>
<RelativeLayout xmlns:android="http://schemas.android.com/apk/res/android"
    android:layout_width="fill_parent"
    android:layout_height="fill_parent"
    android:orientation="vertical">
    <ImageSwitcher
        android:id="@+id/switcher"
        android:layout_width="match_parent"
        android:layout_height="match_parent"
```

```
        android:layout_alignParentTop="true"
        android:layout_alignParentLeft="true">
  </ImageSwitcher>
    <Gallery
    android:id="@+id/gallery"
    android:background="#333333"
    android:layout_width="fill_parent"
    android:layout_height="60dp"
    android:layout_alignParentBottom="true"
    android:layout_alignParentLeft="true"
    android:gravity="center_vertical"
    android:spacing="16dp" />
</RelativeLayout>
```

该布局文件使用的是相对布局，通过 android:layout_alignParentTop="true"属性将 ImageSwitcher 放置于视图的顶端，其顶部与其父组件的顶部对齐，同时使用 android: layout_alignParentLeft="true" 属性使 ImageSwitcher 的左边缘与其父组件的左边缘对齐。在设置 Gallery 组件时，将其与屏幕的 左下角对其，android:layout_alignParentBottom="true"是将该组件的底部与其父组件的底部对齐，并 且使用 android:spacing="16dp"属性设置图片之间的间距。

GalleryActivity.java 的代码如下：

```
package introduction.android.widgetDemo;

import android.app.Activity;
import android.content.Context;
import android.os.Bundle;
import android.view.View;
import android.view.ViewGroup;
import android.view.ViewGroup.LayoutParams;
import android.view.animation.AnimationUtils;
import android.widget.AdapterView;
import android.widget.AdapterView.OnItemSelectedListener;
import android.widget.BaseAdapter;
import android.widget.Gallery;
import android.widget.ImageSwitcher;
import android.widget.ImageView;
import android.widget.ViewSwitcher.ViewFactory;

public class GalleryActivity extends Activity {
    private Gallery gallery;
    private ImageSwitcher imageSwitcher;
    private int[] resids=new int[] {
            R.drawable.sample_0, R.drawable.sample_1,
        R.drawable.sample_2, R.drawable.sample_3,
        R.drawable.sample_4, R.drawable.sample_5,
        R.drawable.sample_6, R.drawable.sample_7};
    @Override
    public void onCreate(Bundle savedInstanceState) {
        super.onCreate(savedInstanceState);
        setContentView(R.layout.gallery);
        /* 加载 Gallery 和 ImageSwitcher */
        gallery=(Gallery)findViewById(R.id.gallery);
        imageSwitcher=(ImageSwitcher)findViewById(R.id.switcher);
```

```java
        /* 创建用于描述图像数据的 ImageAdapter 对象 */
        ImageAdapter imageAdapter=new ImageAdapter(this);
        /* 设置 Gallery 组件的 Adapter 对象 */
        gallery.setAdapter(imageAdapter);
        /* 添加 Gallery 监听器 */
        gallery.setOnItemSelectedListener(new OnItemSelectedListener(){

            @Override
            public void onItemSelected(AdapterView<?>parent, View view,
                    int position, long id){
                // TODO Auto-generated method stub
                // 当选取 Grallery 上的图片时，在 ImageSwitcher 组件中显示该图像
                imageSwitcher.setImageResource(resids[position]);
            }

            @Override
            public void onNothingSelected(AdapterView<?>arg0){
                // TODO Auto-generated method stub
            }

        });
        /* 设置 ImageSwitcher 组件的工厂对象 */
        imageSwitcher.setFactory(new ViewFactory(){
            /* ImageSwitcher 用这个方法来创建一个 View 对象去显示图片 */
            @Override
            public View makeView(){
                // TODO Auto-generated method stub
                ImageView imageView=new ImageView(GalleryActivity.this);
                /* setScaleType 可以设置当图片大小和容器大小不匹配时的剪辑模式 */
                imageView.setScaleType(ImageView.ScaleType.FIT_CENTER);
                imageView.setLayoutParams(new ImageSwitcher.LayoutParams(
                        LayoutParams.FILL_PARENT, LayoutParams.FILL_PARENT));
                return imageView;
            }

        });
        /* 设置 ImageSwitcher 组件显示图像的动画效果 */
        imageSwitcher.setInAnimation(AnimationUtils.loadAnimation(this,
                android.R.anim.fade_in));
        imageSwitcher.setOutAnimation(AnimationUtils.loadAnimation(this,
                android.R.anim.fade_out));
    }

public class ImageAdapter extends BaseAdapter {
    /* 定义 Context */
    private Context mContext;

    /* 声明 ImageAdapter */
    public ImageAdapter(Context context){
        mContext=context;
    }

    @Override
    /* 获取图片的个数 */
    public int getCount(){
```

```
        // TODO Auto-generated method stub
        return resids.length;
    }

    /* 获取图片在库中的位置 */
    @Override
    public Object getItem (int position) {
        // TODO Auto-generated method stub
        return position;
    }

    /* 获取图片 ID */
    @Override
    public long getItemId (int position) {
        // TODO Auto-generated method stub
        return position;
    }

    /* 返回具体位置的 ImageView 对象 */
    @Override
    public View getView (int position, View convertView, ViewGroup parent) {
        ImageView imageview=new ImageView (mContext);
        /* 给 ImageView 设置资源 */
        imageview.setImageResource (resids[position]);
        /* 设置图片布局大小为 100*100 */
        imageview.setLayoutParams (new Gallery.LayoutParams (100, 100));
        /* 设置显示比例类型 */
        imageview.setScaleType (ImageView.ScaleType.FIT_XY);
        return imageview;
    }
}
}
```

Gallery 要显示的图片来自资源文件。把需要显示的图片放在/res/drawable 目录下后,将这些图片的 ID 保存在一个 int 数组中以备使用。相关代码如下:

```
private int[] resids=new int[] {
    R.drawable.sample_0, R.drawable.sample_1,
    R.drawable.sample_2, R.drawable.sample_3,
    R.drawable.sample_4, R.drawable.sample_5,
    R.drawable.sample_6, R.drawable.sample_7};
```

Gallery 通过 setAdapter(imageAdapter)方法将组件和要显示的图片关联起来。本实例中为 Gallery 设定的适配器为 ImageAdapter,主要用于描述图像信息,其为 android.widget.BaseAdapter 的子类。

在 ImageAdapter 类中有两个方法值得我们注意,其中一个是 getCount()方法,它用于返回图片的总数,通常使用获取存放图片数组长度的方法获取图片总数,也可以规定具体的返回数,但不能超过实际图片数量;getView()方法是当 Gallery 中需要显示某一个图像时,将当前图片的索引,也就是 position 的值传入,从 resids 数组中获得相应的图片的 ID。

GalleryActivity 为添加 Gallery 监听器,处理了用户单击 Gallery 中图片的事件,并设置了 ImageSwitcher 相关属性。其代码如下:

```
imageSwitcher.setInAnimation (AnimationUtils.loadAnimation (this,
                android.R.anim.fade_in));

imageSwitcher.setOutAnimation (AnimationUtils.loadAnimation (this,
                android.R.anim.fade_out));
```

设置了 ImageSwitcher 组件图片切换时的渐入和渐出效果。

4.4.16　网格视图

GridView 提供了一个二维的可滚动的网格，按照行列的方式来显示内容，一般适合显示图标、图片等，适合浏览。

下面通过一个实例来了解一下 GridView 组件的使用方法。在工程 WidgetDemo 的布局文件 main.xml 中添加一个名为 GridViewDemo 的 Button，用以启动 GridViewActivity。

在 main.xml 中添加代码如下：

```
<Button
    android:id="@+id/button12"
    android:layout_width="wrap_content"
    android:layout_height="wrap_content"
    android:text="GridViewDemo" />
```

单击 Button 并启动 GridViewActivity 的代码如下：

```
Button gridviewbtn=(Button) this.findViewById
(R.id.button12);
    gridviewbtn.setOnClickListener (new
OnClickListener(){
        @Override
        public void onClick (View v) {
            // TODO Auto-generated method stub
            Intent intent=new Intent
(WidgetDemoActivity.this,GridViewActivity.class);
                    startActivity (intent);
        }
});
```

图 4.33　GridViewActivity 的运行效果

同时在 AndroidManifest.xml 文件中声明该 Activity：

```
<activity android:name="GridViewActivity">
</activity>
```

GridViewActivity 的运行效果如图 4.33 所示。

GridViewActivity 使用的布局文件为 gridview.xml，其内容如下：

```
<?xml version="1.0" encoding="utf-8"?>
<LinearLayout xmlns:android="http://schemas.android.com/apk/res/android"
    android:layout_width="match_parent"
    android:layout_height="match_parent"
    android:orientation="vertical">

    <GridView
```

```
        android:id="@+id/gridView1"
        android:layout_width="match_parent"
        android:layout_height="wrap_content"
        android:numColumns="3">
    </GridView>

</LinearLayout>
```

该视图采用 LinearLayout 的布局方式，其中放置了一个 GridView 组件，该组件由三列组成。
GridViewActivity.java 的代码如下：

```java
package introduction.android.widgetDemo;

import android.app.Activity;
import android.content.Context;
import android.os.Bundle;
import android.util.Log;
import android.view.View;
import android.view.ViewGroup;
import android.widget.AdapterView;
import android.widget.AdapterView.OnItemClickListener;
import android.widget.BaseAdapter;
import android.widget.GridView;
import android.widget.ImageView;

public class GridViewActivity extends Activity {
    public void onCreate (Bundle savedInstanceState) {
        super.onCreate (savedInstanceState);
        setContentView (R.layout.gridview);

        GridView gridview= (GridView) findViewById (R.id.gridView1);
        gridview.setAdapter (new ImageAdapter (this));

        gridview.setOnItemClickListener (new OnItemClickListener(){
            public void onItemClick (AdapterView<?>parent, View v,
                    int position, long id) {
                Log.i ("gridview", "这是第"+position+"幅图像。");
            }
        });
    }

    public class ImageAdapter extends BaseAdapter {
        private Context mContext;

        public ImageAdapter (Context c) {
            mContext=c;
        }

        /* 获取当前图片数量 */
        @Override
        public int getCount(){
            return mThumbIds.length;
        }

        /* 根据需要 position 获得在 GridView 中的对象 */
```

```
        @Override
        public Object getItem (int position) {
            return position;
        }


        /* 获得在 GridView 中对象的 ID */
        @Override
        public long getItemId (int id) {
            return id;
        }


        @Override
        public View getView (int position, View convertView, ViewGroup parent) {
            ImageView imageView;
            if (convertView==null) {
                /* 实例化 ImageView 对象 */
                imageView=new ImageView (mContext);
                /* 设置 ImageView 对象布局, 设置 View 的 height 和 width */
                imageView.setLayoutParams (new GridView.LayoutParams (85, 85));
                /* 设置边界对齐 */
                imageView.setAdjustViewBounds (false);
                /* 按比例统一缩放图片 (保持图片的尺寸比例) */
                imageView.setScaleType (ImageView.ScaleType.CENTER_CROP);
                /* 设置间距 */
                imageView.setPadding (8, 8, 8, 8);
            } else {
                imageView= (ImageView) convertView;
            }
            imageView.setImageResource (mThumbIds[position]);
            return imageView;
        }
    }


    // references to our images
    private Integer[] mThumbIds={ R.drawable.sample_2, R.drawable.sample_3,
            R.drawable.sample_4, R.drawable.sample_5, R.drawable.sample_6,
            R.drawable.sample_7, R.drawable.sample_0, R.drawable.sample_1,
            R.drawable.sample_2, R.drawable.sample_3, R.drawable.sample_4,
            R.drawable.sample_5, R.drawable.sample_6, R.drawable.sample_7,
            R.drawable.sample_0, R.drawable.sample_1, R.drawable.sample_2,
            R.drawable.sample_3, R.drawable.sample_4, R.drawable.sample_5,
            R.drawable.sample_6, R.drawable.sample_7 };
}
```

在主程序 GridViewActivity 中，为 GridView 设置了一个数据适配器，并处理了 GridView 的单击事件。适配器继承自 BaseAdapter 类，与 4.4.15 节中用到的适配器高度相似，在此不再重复。

4.4.17　标签

在有限的手机屏幕空间内，当要浏览的内容较多，无法在一个屏幕空间内全部显示时，可以使用滚动视图来延长屏幕的空间。当浏览的内容具有很强的类别性质时，更合适的方法是将不同类别的内容集中到各自的面板中，这时就需要使用面板标签（Tab）组件了。

Tab 组件利用面板标签把不同的面板内容切换到屏幕上，以显示不同类别的内容。

下面通过一个实例来了解一下 Tab 组件的使用方法。在工程 WidgetDemo 的布局文件 main.xml 中添加一个名为 TabDemo 的 Button，用以启动 TabActivity。

在 main.xml 中添加代码如下：

```
<Button
    android:id="@+id/button13"
    android:layout_width="wrap_content"
    android:layout_height="wrap_content"
    android:text="TabDemo" />
```

单击 Button 并启动 GridViewActivity 的代码如下：

```
Button tabbtn= (Button) this.findViewById (R.id.button13);
tabbtn.setOnClickListener (new OnClickListener(){
@Override
public void onClick (View v) {
    // TODO Auto-generated method stub
    Intent intent=new Intent (WidgetDemoActivity.this,TabActivity.class);
    startActivity (intent);
}
});
```

同时在 AndroidManifest.xml 文件中声明该 Activity：

```
<activity android:name="TabActivity"></activity>
```

TabActivity 的运行效果如图 4.34 所示。

图 4.34　TabActivity 的运行效果

要使用 Tab 必然涉及它的容器 TabHost，TabHost 包括 TabWigget 和 FrameLayout 两部分。TabWidget 就是每个 Tab 的标签，FrameLayout 是 Tab 的内容。

TabActivity 使用的布局文件是 tab.xml。在 tab.xml 中定义了每个 Tab 中要显示的内容，代码如下：

```xml
<?xml version="1.0" encoding="utf-8"?>
<TabHost xmlns:android="http://schemas.android.com/apk/res/android"
    android:id="@+id/tabhost"
    android:layout_width="fill_parent"
    android:layout_height="fill_parent">
  <LinearLayout
      android:layout_width="fill_parent"
      android:layout_height="fill_parent"
      android:orientation="vertical">
    <TabWidget
        android:id="@android:id/tabs"
        android:layout_width="fill_parent"
        android:layout_height="wrap_content" />
    <FrameLayout
        android:id="@android:id/tabcontent"
        android:layout_width="fill_parent"
        android:layout_height="fill_parent">
      <TextView
          android:id="@+id/tab1"
          android:layout_width="wrap_content"
          android:layout_height="wrap_content"
          android:textSize="40dp"
          android:text="Tab1 页面" />
      <TextView
          android:id="@+id/tab2"
          android:layout_width="wrap_content"
          android:layout_height="wrap_content"
          android:textSize="40dp"
          android:text="Tab2 页面" />
      <TextView
          android:id="@+id/tab3"
          android:layout_width="wrap_content"
          android:layout_height="wrap_content"
          android:textSize="40dp"
          android:text="Tab3 页面" />
    </FrameLayout>
  </LinearLayout>
</TabHost>
```

在 FrameLayout 中我们放置了三个 TextView 组件，分别对应三个 Tab 所显示的内容，当切换不同的 Tab 时会自动显示不同的 TextView 内容。

在主程序 TabActivity 的 OnCreate()方法中，首先获得 TabHost 的对象，并调用 setup()方法进行初始化，然后通过 TabHost.TabSpec 增加 Tab 页，通过 setContent()增加当前 Tab 页显示的内容，通过 setIndicator 增加页的标签，最后设定当前要显示的 Tab 页。

TabActivity 的代码如下：

```java
package introduction.android.widgetDemo;

import android.app.Activity;
import android.os.Bundle;
import android.widget.TabHost;

public class TabsActivity extends Activity {
```

```
public void onCreate (Bundle savedInstanceState) {
    super.onCreate (savedInstanceState) ;
    setContentView (R.layout.tab) ;
    // 步骤 1：获得 TabHost 的对象，并进行初始化 setup ()
    TabHost tabs= (TabHost) findViewById (R.id.tabhost) ;
    tabs.setup () ;
    // 步骤 2：通过 TabHost.TabSpec 增加 tab 的一页，通过 setContent ()增加内容，通过 setIndicator
增加页的标签
    /* 增加第 1 个 Tab */
    TabHost.TabSpec spec=tabs.newTabSpec ("Tag1") ;
    // 单击 Tab 要显示的内容
    spec.setContent (R.id.tab1) ;
    /* 显示 Tab1 内容 */
    spec.setIndicator ("Tab1") ;
    tabs.addTab (spec) ;
    /* 增加第 2 个 Tab */
    spec=tabs.newTabSpec ("Tag2") ;
    spec.setContent (R.id.tab2) ;// 单击 Tab 要显示的内容
    /* 显示 Tab2 内容 */
    spec.setIndicator ("Tab2") ;
    tabs.addTab (spec) ;
    /* 增加第 3 个 Tab */
    spec=tabs.newTabSpec ("Tag3") ;
    spec.setContent (R.id.tab3) ;// 单击 Tab 要显示的内容
    /* 显示 Tab3 内容 */
    spec.setIndicator ("Tab3") ;
    tabs.addTab (spec) ;
    /* 步骤 3：可通过 setCurrentTab (index)指定显示的页，从 0 开始计算*/
    tabs.setCurrentTab (0) ;
    }
}
```

除了使用上述方法设置 Tab 页面的显示内容外，还可以使用 setContent（Intent）方法启动某个 Activity，并将该 Activity 的视图作为 Tab 页面的内容。

例如：

```
Intent intent=new Intent ().setClass (this, AlbumsActivity.class) ;
spec=tabHost.newTabSpec ("albums") .setIndicator ("Albums",
                res.getDrawable (R.drawable.ic_tab_albums))
            .setContent (intent) ;
tabHost.addTab (spec) ;
```

4.5　Menu 和 ActionBar

菜单是人机交互的重要接口，在 Android SDK 中，提供了菜单类 android.view.Menu，以完成与菜单有关的操作。

Android SDK 提供三种菜单，分别如下。

- Options Menu：选项菜单，是 Activity 的主要菜单项的集合，当用户单击 Menu 按钮时出现。

在 Android 2.3 以下的版本中，这种菜单最多显示 6 个带图标的菜单项。当菜单中含有 6 个以上的菜单项时，弹出菜单将只显示前 5 个菜单项，第 6 个菜单项会变为 More，单击 More 菜单项后会出现扩展菜单。扩展菜单不支持图标，但支持单选框和复选框。在 Android 3.0（API Level 11）及以上版本中，默认情况下直接弹出的选项菜单不再显示图标。

- Context Menu：上下文菜单，是一个悬浮的菜单项列表，当用户单击注册了上下文菜单的组件时出现。上下文菜单不支持菜单图标和快捷键。
- Submenu：子菜单，是某个菜单项的扩展，是一个悬浮的菜单项列表。子菜单不支持菜单图标或者嵌套子菜单。

4.5.1 Options Menu

要实现选项菜单的功能，首先需要重载 OnCreatOptionsMenu() 方法创建菜单，然后通过 onOptionsItemSelected() 方法对菜单被单击事件进行监听和处理。

创建一个名为 MenusDemo 的 Android Project，在该工程中对菜单的相关知识进行学习。

在工程的 res 目录下创建一个 menu 目录，用于存放菜单相关的 XML 文件。在该目录下创建 mymenu.xml，代码如下：

```xml
<?xml version="1.0" encoding="utf-8"?>
<menu xmlns:android="http://schemas.android.com/apk/res/android">
    <item
        android:id="@+id/item1"
        android:title="@string/menuitem1"
        android:icon="@drawable/icon01"/>
    <item
        android:id="@+id/item2"
        android:title="@string/menuitem2"
        android:icon="@drawable/icon02"/>
    <item
        android:id="@+id/item3"
        android:title="@string/menuitem3"
        android:icon="@drawable/icon03"/>
    <item
        android:id="@+id/item4"
        android:title="@string/menuitem4"
        android:icon="@drawable/icon04"/>
    <item
        android:id="@+id/item5"
        android:title="@string/menuitem5"
        android:icon="@drawable/icon05"/>
    <item
        android:id="@+id/item6"
        android:title="@string/menuitem6"
        android:icon="@drawable/icon06"/>
    <item
        android:id="@+id/item7"
        android:title="@string/menuitem7"
        android:icon="@drawable/icon07"/>
</menu>
```

mymenu.xml 创建了一个具有 7 个菜单项的菜单，并且通过 android:id 属性为每个菜单项指定 ID，通过 android:title 属性为每个菜单项指定显示的菜单项内容，通过 android:icon 属性指定每个菜单项的图标。对应的图标文件放置到 res/drawable 目录下。

为工程 MenusDemo 创建名为 MenusActivity 的 Activity，将 mymenu.xml 中定义的菜单设置为 MenusActivity 的菜单，重载 OnCreatOptionsMenu()方法。MenusActivity.java 的代码如下：

```
package introduction.android.menusDemo;

import android.app.ActionBar;
import android.app.Activity;
import android.os.Bundle;
import android.view.Menu;
import android.view.MenuInflater;
import android.view.MenuItem;
import android.view.View;
import android.widget.TextView;

public class MenusDemoActivity extends Activity {
    private TextView textview;
     /** Called when the activity is first created. */
    @Override
    public void onCreate (Bundle savedInstanceState) {
        super.onCreate (savedInstanceState);
        setContentView (R.layout.main);
        textview= (TextView) findViewById (R.id.textview1);
    }
    @Override
     public boolean onOptionsItemSelected (MenuItem item) {
          // TODO Auto-generated method stub
        switch (item.getItemId()) {
        case R.id.item1:
            textview.setText ("item1 selected!");
            break;
        case R.id.item2:
            textview.setText ("item2 selected!");
            break;
        case R.id.item3:
            textview.setText ("item3 selected!");
            break;
        default:
            break;
        }
            return super.onOptionsItemSelected (item);
    }
    @Override
    public boolean onCreateOptionsMenu (Menu menu) {
       MenuInflater inflater=getMenuInflater();
       inflater.inflate (R.menu.mymenu, menu);
       return true;
    }
}
```

其中：

```
public boolean onCreateOptionsMenu (Menu menu) {
      MenuInflater inflater=getMenuInflater();
      inflater.inflate (R.menu.mymenu, menu);
   return true;
}
```

这几行代码通过 MenuInflater. Inflate()方法将 menu.xml 中定义的菜单项内容填充到了菜单中。在 OnCreateOptionsMenu()方法中创建菜单时也支持 Menu.add()方法，也能达到同样目的，例如：

```
menu.add (0,itemid,0,item_title);
```

表示在菜单中添加一个菜单项，该菜单项的 ID 为 itemid，菜单项显示的内容为 item_title 的内容。但是不鼓励使用这种方式，而应该使用 XML 文件来创建菜单。

运行 MenusDemo 实例，单击手机的 Menu 按钮，得到的效果如图 4.35 所示。

由运行效果可见，MenusActivity 已经根据 mymenu.xml 文件创建了一个具有 7 个菜单项的菜单。但是虽然在 mymenu.xml 文件中为每个菜单项指定了一个图标，但是生成的选项菜单中却并没有图标被显示出来，这是为什么呢？

实例 MenusDemo 当前的运行环境是 Android 4.0，其 API Level 为 14。我们先看一下，同样的代码，在 API Level 11 之前的运行效果。

双击打开 AndroidManifest.xml 文件，将其中的代码：

```
<uses-sdk android:minSdkVersion="14" />
```

改为：

```
<uses-sdk android:minSdkVersion="9" />
```

再次运行 MenusDemo 实例，单击 Menu 按钮，得到的效果如图 4.36 所示。

图 4.35　"Menu"按钮运行效果

图 4.36　API Level 11 之前 Menu 按钮的运行效果

可见运行在早期的 API 之上的选项菜单效果要更好一些。为什么会出现这种现象呢？其实在 Android SDK 3.0 之后，就不再鼓励直接使用选项菜单，而是将选项菜单和 ActionBar 结合使用。

ActionBar 又称活动栏，位于 Activity 的顶部，取代了原来标题的位置。ActionBar 中包含很多 ActionItem，相当于选项菜单的菜单项。将选项菜单与 ActionBar 结合的方法很简单，只要在 XML 文件中添加一个 android:showAsAction="ifRoom"属性即可。该属性表现如果标题栏有空间的话，就将相关的菜单项放置到 ActionBar 中。如果标题栏空间不足，未能放置到其中的菜单项仍然会以选项菜单的形式出现。ActionBar 的运行效果如图 4.37 所示。

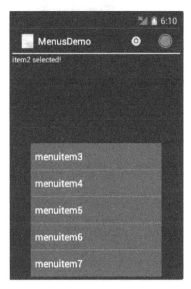

图 4.37　ActionBar 的运行效果

4.5.2　Context Menu

上下文菜单注册到 View 对象上后，用户长按该 View 对象可呼出上下文菜单。上下文菜单悬浮于主界面之上，不支持图标显示和快捷键。其使用方法和选项菜单高度相似，只不过创建上下文菜单的方法为 onCreateContextMenu()，响应上下文菜单单击事件的方法为 onContextItemSelected()。

仍以工程 MenusDemo 为例，为 MenusActivity 的视图中的 TextView 对象添加一个具有两个菜单项的上下文菜单，运行效果如图 4.38 所示。

图 4.38　两个上下文菜单的运行结果

为 TextView 对象注册上下文菜单的代码如下：

```
textview=(TextView)findViewById(R.id.textview1);
registerForContextMenu(textview);
```

创建并处理上下文菜单单击事件的代码如下：

```
public boolean onContextItemSelected(MenuItem item){
        // TODO Auto-generated method stub
```

```
        switch (item.getItemId()) {
        case R.id.item6:
            Log.i("menu","item6!");
            break;
        case R.id.item7:
            Log.i("menu","item7!");
            break;
        default:
            break;
        }
        return super.onContextItemSelected(item);
    }
@Override
public void onCreateContextMenu(ContextMenu menu, View v,
        ContextMenuInfo menuInfo) {
    // TODO Auto-generated method stub
    menu.add(0, R.id.item6, 0, "上下文菜单项一");
    menu.add(0, R.id.item7, 0, "上下文菜单项二");
    super.onCreateContextMenu(menu, v, menuInfo);
}
```

4.5.3　SubMenu

子菜单可以被添加到其他菜单上，但是子菜单本身不能再有子菜单。使用 addSubMenu()方法为 MenusActivity 的选项菜单添加一个子菜单，运行效果如图 4.39 所示。

图 4.39　添加子菜单的运行效果

实现该子菜单需要重写 onCreateOptionsMenu()方法，代码如下：

```
public boolean onCreateOptionsMenu(Menu menu) {
    MenuInflater inflater=getMenuInflater();
    inflater.inflate(R.menu.mymenu, menu);
    SubMenu submenu=menu.addSubMenu("子菜单");
    submenu.add(0,1,0,"子菜单项一");
```

```
        submenu.add (0, 2, 0, "子菜单项二");
        return true;
    }
```

子菜单的事件处理代码在 onOptionsItemSelected()中实现。

MenusActivity.java 的完整代码如下：

```
package introduction.android.menusDemo;

import android.app.ActionBar;
import android.app.Activity;
import android.os.Bundle;
import android.util.Log;
import android.view.ContextMenu;
import android.view.ContextMenu.ContextMenuInfo;
import android.view.Menu;
import android.view.MenuInflater;
import android.view.MenuItem;
import android.view.SubMenu;
import android.view.View;
import android.widget.TextView;

public class MenusDemoActivity extends Activity {
    private TextView textview;
     /** Called when the activity is first created. */
    @Override
    public void onCreate (Bundle savedInstanceState) {
        super.onCreate (savedInstanceState);
        setContentView (R.layout.main);
        textview= (TextView) findViewById (R.id.textview1);
        registerForContextMenu (textview);
//    setContentView (textview);
    }
    @Override
    public boolean onOptionsItemSelected (MenuItem item) {
        // TODO Auto-generated method stub
        switch (item.getItemId()) {
        case 1:
            Log.i ("menu","submenu item 1 selected");
        case R.id.item1:
            textview.setText ("item1 selected!");
            break;
        case R.id.item2:
            textview.setText ("item2 selected!");
            break;
        case R.id.item3:
            textview.setText ("item3 selected!");
            break;
        default:
            Log.i ("menu","other items selected");
            break;
        }
        return super.onOptionsItemSelected (item);
    }
    @Override
```

```java
public boolean onCreateOptionsMenu(Menu menu){
    MenuInflater inflater=getMenuInflater();
    inflater.inflate(R.menu.mymenu, menu);
    SubMenu submenu=menu.addSubMenu("子菜单");
    submenu.setIcon(android.R.drawable.ic_menu_crop);
    submenu.add(0,1,0,"子菜单项一");
    submenu.add(0, 2, 0, "子菜单项二");
    return true;
}
@Override
public boolean onContextItemSelected(MenuItem item){
    // TODO Auto-generated method stub

    switch(item.getItemId()){
    case R.id.item6:
        Log.i("menu","item6!");
        break;
    case R.id.item7:
        Log.i("menu","item7!");
        break;
    default:
        break;
    }
    return super.onContextItemSelected(item);
}
@Override
public void onCreateContextMenu(ContextMenu menu, View v,
        ContextMenuInfo menuInfo){
    // TODO Auto-generated method stub
    menu.add(0, R.id.item6, 0, "上下文菜单项一");
    menu.add(0, R.id.item7, 0, "上下文菜单项二");
    super.onCreateContextMenu(menu, v, menuInfo);
}

}
```

4.6　Bitmap

　　Bitmap 称为点阵图像或绘制图像，是由称作像素（图片元素）的单个点组成的，这些点通过不同的排列和染色以构成图样。Bitmap 是 Android 系统中图像处理最重要的类之一，用它可以获取图像文件信息，对图像进行剪切、旋转、缩放等操作，并可以将图像保存成特定格式的文件。Bitmap 位于 android.graphics 包中，不提供对外的构造方法，只能通过 BitmapFactory 类进行实例化。利用 BitmapFactory 的 decodeFile 方法可以从特定文件中获取 Bitmap 对象，也可以使用 decodeResource() 从特定的图片资源中获取 Bitmap 对象。

　　实例 BitmapDemo 从资源文件中创建 Bitmap 对象，并对其进行一些操作，运行效果如图 4.40 所示。

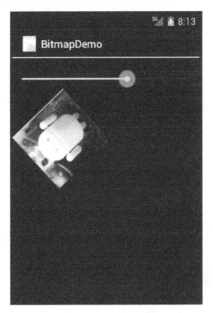

图 4.40　Bitmap 对象的效果

其对应布局文件 Main.xml 的内容如下：

```xml
<?xml version="1.0" encoding="utf-8"?>
<LinearLayout xmlns:android="http://schemas.android.com/apk/res/android"
    android:layout_width="fill_parent"
    android:layout_height="fill_parent"
    android:orientation="vertical">
  <SeekBar
      android:id="@+id/seekBarId"
      android:layout_width="fill_parent"
      android:layout_height="wrap_content" />

  <ImageView
      android:id="@+id/imageview"
      android:layout_width="wrap_content"
      android:layout_height="wrap_content"
      android:src="@drawable/im01" />

</LinearLayout>
```

BitmapDemoActivity.Java 的代码如下：

```java
package introduction.android.bitmapDemo;

import com.sie.bitmapdemo.R;
import android.app.Activity;
import android.graphics.Bitmap;
import android.graphics.BitmapFactory;
import android.graphics.Matrix;
import android.os.Bundle;
import android.widget.ImageView;
import android.widget.SeekBar;
import android.widget.SeekBar.OnSeekBarChangeListener;
```

```
import android.widget.TextView;

public class BitmapDemoActivity extends Activity
{
    ImageView myImageView;
    Bitmap myBmp, newBmp;
    int bmpWidth, bmpHeight;
    SeekBar seekbarRotate;
    float rotAngle;

    @Override
    public void onCreate(Bundle savedInstanceState)
    {
        super.onCreate(savedInstanceState);
        setContentView(R.layout.main);
        myImageView=(ImageView)findViewById(R.id.imageview);
        // 由 Resource 载入图片
        myBmp=BitmapFactory.decodeResource(getResources(), R.drawable.im01);
        bmpWidth=myBmp.getWidth();
        bmpHeight=myBmp.getHeight();
        // 实例化 matrix
        Matrix matrix=new Matrix();
        //设定 Matrix 属性 x、y 缩放比例为 1.5
        matrix.postScale(1.5F, 1.5F);
        //顺时针旋转 45 度
        matrix.postRotate(45.0F);
        newBmp=Bitmap.createBitmap(myBmp, 0, 0, bmpWidth, bmpHeight, matrix, true);
        seekbarRotate=(SeekBar)findViewById(R.id.seekBarId);
        seekbarRotate.setOnSeekBarChangeListener(onRotate);
    }
    private SeekBar.OnSeekBarChangeListener onRotate=new SeekBar.OnSeekBarChangeListener(){

        public void onStopTrackingTouch(SeekBar seekBar)
        {
            // TODO Auto-generated method stub

        }

        public void onStartTrackingTouch(SeekBar seekBar)
        {
            // TODO Auto-generated method stub

        }

        public void onProgressChanged(SeekBar seekBar, int progress,
                boolean fromUser)
        {
            // TODO Auto-generated method stub
            Matrix m=new Matrix();
            m.postRotate((float)progress*3.6F);
            newBmp=Bitmap.createBitmap(myBmp, 0, 0, bmpWidth, bmpHeight, m, true);
            myImageView.setImageBitmap(newBmp);
        }
    };
}
```

本实例实现了拖动进度条图片旋转的效果。使用 BitmapFactory 从资源中载入图片，并获取图片的宽和高，之后使用 Matrix 类对图片进行缩放和旋转操作。

4.7 对　话　框

对话框是人机交互过程中十分常见的组件，一般用于在特定条件下对用户显示一些信息，可以增强应用的友好性。

Dialog 类是对话框的基类。对话框虽然可以在界面上显示，但是 Dialog 不是 View 类的子类，而是直接继承自 java.lang.Object 类。Dialog 对象也有自己的生命周期，其生命周期由创建它的 Activity 进行管理。Activity 可以调用 showDialog（int id）将不同 ID 的对话框显示出来，也可以调用 dismissDialog(int id)方法将 ID 标识的对话框从用户界面中关闭掉。当 Activity 调用了 showDialog（ID）方法，对应 ID 的对话框没有被创建时，Android 系统会回调 OnCreateDialog（ID）方法来创建具有该 ID 的对话框。在 Activity 中创建的对话框都会被 Activity 保存，下次 showDialog（ID）方法被调用时，若该 ID 的对话框已经被创建，则系统不会再次调用 OnCreateDialog（ID）方法创建该对话框，而是会回调 onPrepareDialog（int id, Dialog dialog）方法，该方法允许对话框在被显示之前做一些修改。

常用的对话框有 AlertDialog 和 ProgressDialog，本节将通过实例讲解这两种对话框的使用方法。

4.7.1 AlertDialog

AlertDialog 对话框是十分常用的用于显示信息的方式，最多可提供三个按钮。AlertDialog 不能直接通过构造方法构建，而要由 AlertDialog.Builder 类来创建。AlertDialog 对话框的标题、按钮以及按钮要响应的事件也由 AlertDialog.Builder 设置。

在使用 AlertDialog. Builder 创建对话框时常用的几个方法如下。

- setTitle()：设置对话框中的标题。
- setIcon()：设置对话框中的图标。
- setMessage()：设置对话框的提示信息。
- setPositiveButton()：为对话框添加 yes 按钮。
- setNegativeButton()：为对话框添加 no 按钮。
- setNeutralButton()：为对话框添加第三个按钮。

下面通过实例来学习创建 AlertDialog 的方法。

创建 Android 工程 DialogDemo，并在 main.xml 中添加两个按钮，分别为 AlertDialog 和 ProcessDialog。

其 main.xml 代码如下：

```xml
<?xml version="1.0" encoding="utf-8"?>
<LinearLayout xmlns:android="http://schemas.android.com/apk/res/android"
    android:layout_width="fill_parent"
```

```
        android:layout_height="fill_parent"
        android:orientation="vertical">

    <TextView
        android:layout_width="fill_parent"
        android:layout_height="wrap_content"
        android:text="Dialog 演示" />

    <Button
        android:id="@+id/button1"
        android:layout_width="match_parent"
        android:layout_height="wrap_content"
        android:text="AlertDialog" />

    <Button
        android:id="@+id/button2"
        android:layout_width="match_parent"
        android:layout_height="wrap_content"
        android:text="ProgressDialog" />

</LinearLayout>
```

其运行效果如图 4.41 所示。

处理 AlertDialog 按钮单击事件的代码为：

```
btn=(Button)findViewById(R.id.button1);
    btn.setOnClickListener(new OnClickListener(){
        @Override
        public void onClick(View v){
            // TODO Auto-generated method stub
            showDialog(ALERT_DLG);
        }
    });
```

单击 AlertDialog 按钮，调用 showDialog（ALERT_DLG），系统回调 onCreateDialog（int id）方法，创建并弹出 AlertDialog 对话框，如图 4.42 所示。

图 4.41　AlertDialog 的运行效果

图 4.42　单击 AlertDialog 按钮的效果

相关代码为：

```
protected Dialog onCreateDialog (int id) {
        // TODO Auto-generated method stub
        Dialog dialog=null;
    switch (id) {
    case ALERT_DLG:
        AlertDialog.Builder builder=new AlertDialog.Builder(DialogDemoActivity.this);
        builder.setIcon (android.R.drawable.ic_dialog_info);
        builder.setTitle ("AlertDialog");
        builder.setMessage ("这是一个 AlertDialog");
        builder.setPositiveButton ("Positive",new DialogInterface.OnClickListener(){

            @Override
            public void onClick (DialogInterface dialog, int which) {
                // TODO Auto-generated method stub
                Log.i ("DialogDemo","OK 按钮被单击！");
            }

        });
        builder.setNegativeButton ("Negative",new DialogInterface.OnClickListener(){

            @Override
            public void onClick (DialogInterface dialog, int which) {
                // TODO Auto-generated method stub
                Log.i ("DialogDemo","Cancel 按钮被单击！");
            }

        });
        builder.setNeutralButton ("Neutral",new DialogInterface.OnClickListener(){

            @Override
            public void onClick (DialogInterface dialog, int which) {
                // TODO Auto-generated method stub
                Log.i ("DialogDemo","Neutral 按钮被单击！");
            }

        });
        dialog=builder.create();
        break;
    default:
        break;
    }
    return dialog;
}
```

onCreateDialog()方法中创建了带有三个按钮的 AlertDialog，并且为每个按钮添加了事件处理方法，以便获知用户单击了哪个按钮。

4.7.2　ProgressDialog

ProgressDialog 是一个带有进度条的对话框，当应用程序在完成比较耗时的工作时，使用该对话框可以为用户提供一个总进度上的提示。

为 main.xml 布局中的 ProgressDialog 按钮添加事件处理代码:

```java
progressbtn=(Button) findViewById(R.id.button2);
    progressbtn.setOnClickListener(new OnClickListener(){

        @Override
        public void onClick(View v){
            // TODO Auto-generated method stub
            showDialog(PROGRESS_DLG);
        }

    });
```

单击 ProgressDialog 按钮,调用 showDialog(PROGRESS_DLG),系统回调 onCreateDialog(int id) 方法,创建并弹出 ProgressDialog 对话框,如图 4.43 所示。

图 4.43　单击 ProgressDialog 按钮的效果

onCreateDialog()方法中的相关代码如下:

```java
case PROGRESS_DLG:
            progressDialog=new ProgressDialog(this);
            //设置水平进度条
            progressDialog.setProgressStyle(progressDialog.STYLE_HORIZONTAL);
            //设置进度条最大值为 100
            progressDialog.setMax(100);
            //设置进度条当前值为 0
            progressDialog.setProgress(0);
            dialog=progressDialog;
            new Thread(new Runnable(){
                int count=0;
                @Override
                public void run(){
                    // TODO Auto-generated method stub
                    while(progressDialog.getProgress()<100){
                        count+=3;
                        progressDialog.setProgress(count);
                        try {
                            Thread.sleep(1000);
                        } catch (InterruptedException e) {
                            // TODO Auto-generated catch block
                            e.printStackTrace();
                        }
                    }
                }

            }).start();
        break;
```

4.8　Toast 和 Notification

Toast 和 Notification 是 Android 系统为用户提供的轻量级的信息提醒机制。这种方式不会打断用户当前的操作，也不会获取到焦点，非常方便。

本节我们通过实例学习 Toast 和 Notification 的使用方法。

4.8.1　Toast

创建工程 NotificationDemo，并实现如图 4.44 所示的布局。

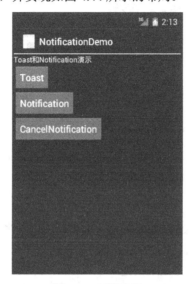

图 4.44　工程布局

main.xml 的代码如下：

```xml
<?xml version="1.0" encoding="utf-8"?>
<LinearLayout xmlns:android="http://schemas.android.com/apk/res/android"
    android:layout_width="fill_parent"
    android:layout_height="fill_parent"
    android:orientation="vertical">

    <TextView
        android:layout_width="fill_parent"
        android:layout_height="wrap_content"
        android:text="Toast 和 Notification 演示" />

    <Button
        android:id="@+id/button1"
        android:layout_width="wrap_content"
        android:layout_height="wrap_content"
        android:text="Toast" />

    <Button
```

```
        android:id="@+id/button2"
        android:layout_width="wrap_content"
        android:layout_height="wrap_content"
        android:text="Notification" />

    <Button
        android:id="@+id/button3"
        android:layout_width="wrap_content"
        android:layout_height="wrap_content"
        android:text="CancelNotification" />

</LinearLayout>
```

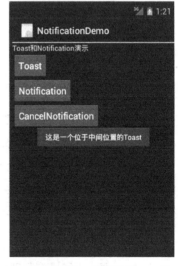

图 4.45　单击 Toast 按钮的效果

在 NotificationDemoActivity 中为每个按钮添加事件响应。单击 Toast 按钮，运行效果如图 4.45 所示。

相关代码如下：

```
Button toastBtn=(Button)this.findViewById
(R.id.button1);
        toastBtn.setOnClickListener(new
View.OnClickListener(){
            @Override
            public void onClick(View v){
                // TODO Auto-generated method stub
                Toast.makeText(NotificationDemoActivity.this, "这是一个 Toast 演示！",
Toast.LENGTH_LONG).show();
            }
        });
```

Toast 用于向用户显示小信息量的提示，它不会中断应用程序进程，不会对用户操作造成任何干扰，也不能与用户交互，在信息显示后会自动消失。此处使用 Toast.makeText（Context context, CharSequence text, int duration）方法来创建一个 Toast。其中，context 指显示 Toast 的上下文；text 指 Toast 中显示的文字内容；duration 指 Toast 显示延续的时间，该时间可以直接指定，也可以使用 Toast 提供 LENGTH_LONG 和 LENGTH_SHORT 常量。Toast.show()方法可以将 Toast 对象显示出来。Toast 默认情况下显示在屏幕的下方，可以通过 Toast.setGravity()方法设置 Toast 的显示位置。例如如下代码：

```
Toast toast=Toast.makeText(NotificationDemoActivity.this,
                    "这是一个位于中间位置的 Toast",
Toast.LENGTH_LONG);
                toast.setGravity(Gravity.CENTER, 0, 0);
            toast.show();
```

显示效果如图 4.46 所示。

4.8.2　Notification

图 4.46　显示效果

Notification 可以在手机屏幕顶部的状态栏显示一个带图标的通知，同时播放声音或者使手机震动。Notification 可以扩展以显示详细信息，单击该 Notification 还可以跳转到特定的 Activity。

单击 Notification 按钮，运行效果如图 4.47 所示，在视图的状态栏出现 Notification 提示。按住 Notification 并下拉，可将 Notification 内容进行扩展，效果如图 4.48 所示。单击图标处，应用程序跳转到 NoteActivity 视图，运行效果如图 4.49 所示。单击"返回"按钮，返回到 NotificationDemoActivity 视图。

图 4.47 单击 Notification 按钮的效果

图 4.48 下拉 Notification 的效果

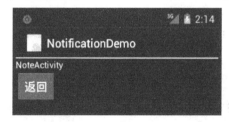

图 4.49 单击图标的效果

相关代码如下：

```
Button notifyBtn= (Button) this.findViewById (R.id.button2);
    notifyBtn.setOnClickListener (new View.OnClickListener(){

        @Override
        public void onClick (View v) {
            // TODO Auto-generated method stub
            context=getApplicationContext();
            String ns=Context.NOTIFICATION_SERVICE;
            mNotificationManager= (NotificationManager) getSystemService (ns);

            int icon=R.drawable.icon01;
            CharSequence tickerText="这是一个 Notification! ";
            long when=System.currentTimeMillis();
            Notification.Builder builder=new Notification.Builder (context);
            builder.setSmallIcon (icon);
            builder.setTicker (tickerText);
```

```
        builder.setWhen(when);
        notification=builder.getNotification();
        CharSequence contentTitle="My notification";
        CharSequence contentText="单击这个notification，可以跳转到NoteActivity.";
        Intent notificationIntent=new Intent(context, NoteActivity.class);
        PendingIntent contentIntent=PendingIntent.getActivity(context, 0,
notificationIntent, 0);
        notification.setLatestEventInfo(context, contentTitle, contentText,
contentIntent);
        notification.defaults=notification.DEFAULT_SOUND;
        mNotificationManager.notify(NOTIFICATION_ID, notification);
        }
    });
```

Notification.Builder 是 Android API Level 11 以上版本提供的 Notification 的创建类，可以方便地创建 Notification 并设置各种属性。此处创建了一个 Notification，并指定了显示内容和图标。Notification.setLatestEventInfo() 方法设定了当用户扩展 Notification 时显示的样式，并通过 PendingIntent 对象指定了当用户单击扩展的 Notification 时应用程序如何跳转，此处跳转至 NoteActivity。NotificationManager.notify（int id，Notification notification）方法为 Notification 对象指定一个 ID 值，并将该 Notification 对象显示到状态栏上。NotificationManager.cancel（int id）方法会将 ID 指向的 Notification 对象取消掉。

NoteActivity.java 的代码如下：

```
package introduction.android.notificationDemo;

import android.app.Activity;
import android.content.Intent;
import android.os.Bundle;
import android.view.View;
import android.widget.Button;

public class NoteActivity extends Activity {
    private Button btn;

    public void onCreate(Bundle savedInstanceState){
        super.onCreate(savedInstanceState);
        setContentView(R.layout.other);
        btn=(Button)this.findViewById(R.id.button1);
        btn.setOnClickListener(new View.OnClickListener(){

            @Override
            public void onClick(View v){
                // TODO Auto-generated method stub
                Intent intent=new Intent
(NoteActivity.this,NotificationDemoActivity.class);
                startActivity(intent);
            }
        });
    }
}
```

NoteActivity 所使用的布局文件 other.xml 的代码如下：

```xml
<?xml version="1.0" encoding="utf-8"?>
<LinearLayout xmlns:android="http://schemas.android.com/apk/res/android"
    android:layout_width="match_parent"
    android:layout_height="match_parent"
    android:orientation="vertical">

    <TextView
        android:id="@+id/textView1"
        android:layout_width="wrap_content"
        android:layout_height="wrap_content"
        android:text="NoteActivity" />

    <Button
        android:id="@+id/button1"
        android:layout_width="wrap_content"
        android:layout_height="wrap_content"
        android:text="返回" />

</LinearLayout>
```

4.8.3　Notification Group

当一个应用程序产生多个通知时，Android N 提供了新的 API，支持将多个通知进行分组和折叠显示，同时告诉用户共有多少个通知，并且给出一个关于通知的摘要消息。实例 NotiDemo 演示了这一功能，其界面很简单，布局如图 4.50 所示。当每次点击 NOTIFY 按钮时，该应用会产生一个通知消息，而按钮下方的 TextView 会显示当前应用共产生了多少个通知。

图 4.50　NotiDemo 布局

该布局对应内容为：

```xml
<?xml version="1.0" encoding="utf-8"?>
<RelativeLayout xmlns:android="http://schemas.android.com/apk/res/android"
    xmlns:tools="http://schemas.android.com/tools"
```

```xml
    android:id="@+id/activity_main"
    android:layout_width="match_parent"
    android:layout_height="match_parent"
    android:paddingBottom="@dimen/activity_vertical_margin"
    android:paddingLeft="@dimen/activity_horizontal_margin"
    android:paddingRight="@dimen/activity_horizontal_margin"
    android:paddingTop="@dimen/activity_vertical_margin"
    tools:context="introduction.android.notidemo.MainActivity">

    <TextView
        android:layout_width="wrap_content"
        android:layout_height="wrap_content"
        android:text="Hello World!" />

    <Button
        android:text="Notify"
        android:layout_width="wrap_content"
        android:layout_height="wrap_content"
        android:layout_below="@+id/textView"
        android:layout_alignParentStart="true"
        android:layout_marginStart="52dp"
        android:layout_marginTop="38dp"
        android:id="@+id/button" />

    <TextView
        android:text="TextView"
        android:layout_width="match_parent"
        android:layout_height="wrap_content"
        android:layout_marginTop="36dp"
        android:id="@+id/number_of_notifications"
        android:layout_below="@+id/button"
        android:layout_centerHorizontal="true" />
</RelativeLayout>
```

MainActivity.java 的代码为：

```java
package introduction.android.notidemo;

import android.app.Activity;
import android.app.Notification;
import android.app.NotificationManager;
import android.content.Context;
import android.os.Bundle;
import android.service.notification.StatusBarNotification;
import android.support.v4.app.NotificationCompat;
import android.util.Log;
import android.view.View;
import android.widget.Button;
import android.widget.TextView;

public class MainActivity extends Activity {

    private static final int REQUEST_CODE = 2323;
    private static final String TAG = "NotiDemo";
    private static final String NOTIFICATION_GROUP ="intoduction.android.notidemo.group";
```

```java
private static final int NOTIFICATION_GROUP_SUMMARY_ID = 1;
private TextView mNumberOfNotifications;
private NotificationManager mNotificationManager;
private static int sNotificationId = NOTIFICATION_GROUP_SUMMARY_ID + 1;
@Override
protected void onCreate(Bundle savedInstanceState) {
    super.onCreate(savedInstanceState);
    setContentView(R.layout.activity_main);
    mNotificationManager = (NotificationManager) getSystemService(
        Context.NOTIFICATION_SERVICE);
    mNumberOfNotifications = (TextView)findViewById(R.id.number_of_notifications);
    Button btn= (Button) findViewById(R.id.button);
    btn.setOnClickListener(new View.OnClickListener() {
        @Override
        public void onClick(View view) {
            addNotificationAndUpdateSummaries();
        }
    });
}
private void addNotificationAndUpdateSummaries() {
    // [BEGIN create_notification]
    // Create a Notification and notify the system.
    final NotificationCompat.Builder builder = new NotificationCompat.Builder(this)
        .setSmallIcon(R.mipmap.ic_notification)
        .setContentTitle(getString(R.string.app_name))
        .setContentText(getString(R.string.sample_notification_content))
        .setAutoCancel(true)
        .setGroup(NOTIFICATION_GROUP);

    final Notification notification = builder.build();
    mNotificationManager.notify(getNewNotificationId(), notification);
    // [END create_notification]
    Log.i(TAG, "Add a notification");
    updateNotificationSummary();
    updateNumberOfNotifications();
}


/**
 * Adds/updates/removes the notification summary as necessary.
 */
protected void updateNotificationSummary() {
    int numberOfNotifications = getNumberOfNotifications();

    if (numberOfNotifications > 1) {
        // Add/update the notification summary.
        String notificationContent = getString(R.string.sample_notification_summary_content,
            numberOfNotifications);
        final NotificationCompat.Builder builder = new NotificationCompat.Builder(this)
            .setSmallIcon(R.mipmap.ic_notification)
            .setStyle(new NotificationCompat.BigTextStyle()
                .setSummaryText(notificationContent))
            .setGroup(NOTIFICATION_GROUP)
            .setGroupSummary(true);
        final Notification notification = builder.build();
        mNotificationManager.notify(NOTIFICATION_GROUP_SUMMARY_ID, notification);
```

```
        } else {
            // Remove the notification summary.
            mNotificationManager.cancel(NOTIFICATION_GROUP_SUMMARY_ID);
        }
    }


    /**
     * Requests the current number of notifications from the {@link NotificationManager} and
     * display them to the user.
     */
    protected void updateNumberOfNotifications() {
        final int numberOfNotifications = getNumberOfNotifications();
        mNumberOfNotifications.setText(getString(R.string.active_notifications,
                numberOfNotifications));
        Log.i(TAG, getString(R.string.active_notifications, numberOfNotifications));
    }


    /**
     * Retrieves a unique notification ID.
     */
    public int getNewNotificationId() {
        int notificationId = sNotificationId++;

        // Unlikely in the sample, but the int will overflow if used enough so we skip the summary
        // ID. Most apps will prefer a more deterministic way of identifying an ID such as hashing
        // the content of the notification.
        if (notificationId == NOTIFICATION_GROUP_SUMMARY_ID) {
            notificationId = sNotificationId++;
        }
        return notificationId;
    }


    private int getNumberOfNotifications() {
        // [BEGIN get_active_notifications]
        // Query the currently displayed notifications.
        final StatusBarNotification[] activeNotifications = mNotificationManager
                .getActiveNotifications();
        // [END get_active_notifications]

        // Since the notifications might include a summary notification remove it from the count if
        // it is present.
        for (StatusBarNotification notification : activeNotifications) {
            if (notification.getId() == NOTIFICATION_GROUP_SUMMARY_ID) {
                return activeNotifications.length - 1;
            }
        }
        return activeNotifications.length;
    }
}
```

对应的 strings.xml 代码为：

```
<resources>
 <string name="app_name">NotiDemo</string>
 <string name="active_notifications">目前的通知数目：%1$d</string>
```

```
<string name="sample_notification_content">这是一个通知的示例。</string>
 <string name="sample_notification_summary_content">共有 %d 个通知。</string>
</resources>
```

点击 NOTIFY 按钮，运行效果如图 4.51 所示。

图 4.51 运行效果

Android N 通过 NotificationCompat 类构建通知的模板信息，例如通知的图标、通知的标题、通知的内容、通知是否需要进行分组等，然后由 NotificationCompat 构建 Notification 通知对象，并由 NotificationManager 发送通知。相关代码如下：

```
final NotificationCompat.Builder builder = new NotificationCompat.Builder(this)
        .setSmallIcon(R.mipmap.ic_notification)
        .setContentTitle(getString(R.string.app_name))
        .setContentText(getString(R.string.sample_notification_content))
        .setAutoCancel(true)
        .setGroup(NOTIFICATION_GROUP);
final Notification notification = builder.build();
    mNotificationManager.notify(getNewNotificationId(), notification);
```

在设置了通知分组的情况下，Android N 会自动将同一个应用的通知进行合并分组实现，Android N 可以通过 NotificationCompat 设置通知分组的显示消息。

```
String notificationContent = getString(R.string.sample_notification_summary_content,
            numberOfNotifications);
        final NotificationCompat.Builder builder = new NotificationCompat.Builder(this)
            .setSmallIcon(R.mipmap.ic_notification)
            .setStyle(new NotificationCompat.BigTextStyle()
                .setSummaryText(notificationContent))
            .setGroup(NOTIFICATION_GROUP)
            .setGroupSummary(true);
```

默认情况下，通知栏会分别显示每条通知。当产生的通知数目较多时，之前的通知会被折叠，并以"+折叠通知数目"的方式进行显示，如图 4.52 所示。

将折叠效果下的通知分组下拉，会得到非折叠效果的通知列表，如图 4.53 所示。而这也是不进行通知分组折叠时的效果，即 NotificationCompat 不进行 setGroup 设置时的效果。

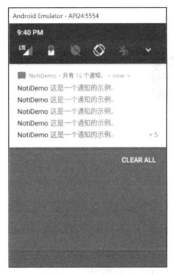

图 4.52　通知分组和折叠效果

图 4.53　非折叠的通知列表

4.9　多窗口模式

Android N 支持多窗口模式，或者叫分屏模式，即在屏幕上可以同时显示多个窗口。在手机模式下，两个应用可以并排或者上下同时显示，如图 4.54 所示，屏幕上半部分的窗口是系统的 CLOCK 应用，下半部分是系统设置功能。用户可以拖动两个应用之间的分界线改变两个窗口的大小，放大其中一个应用，同时缩小另一个应用。在电视设备上，可以实现"画中画"功能。在分屏模式下，各个窗口的应用都可以正常运行，但是只能有一个窗口获得焦点，而另外的窗口则属于暂停状态。

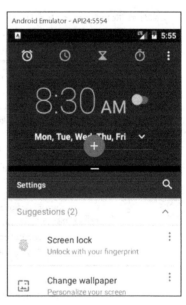

Android N 用户可以通过以下方式切换到多窗口模式：

（1）用户打开 Overview 屏幕并长按 Activity 标题，可以拖动该 Activity 至屏幕突出显示的区域，使 Activity 进入多窗口模式。

（2）用户长按 Overview 按钮，设备上当前的 Activity 将进入多窗口模式，同时将打开 Overview 屏幕，用户可在该屏幕中选择要共享屏幕的另一个 Activity。

用户可以在两个 Activity 共享屏幕的同时在这两个 Activity 之间拖放数据。

图 4.54　分屏模式

默认情况下，Android N 的 Activity 都是开启多窗口模式的。例如，我们通过 Android Studio 构建一个默认的空 Activity 应用 MultiScreenDemo，无须做任何修改，该 Activity 即可使用多窗口模式，运行效果如图 4.55 所示。

图 4.55　自开发应用的多窗口模式

我们在 MainActivity 上添加一个按钮，并实现点击打开第二个 Activity 的功能，代码如下：

```java
public class MainActivity extends Activity {
    @Override
    protected void onCreate(Bundle savedInstanceState) {
        super.onCreate(savedInstanceState);
        setContentView(R.layout.activity_main);
        Button btn=findViewById(R.id.button);
        btn.setOnClickListener(new View.OnClickListener() {
            @Override
            public void onClick(View view) {
                Intent intent=new Intent(MainActivity.this,Main2Activity.class);
                startActivity(intent);
            }
        });
    }
}
```

点击"新窗口"按钮后，第二个窗口会被创建，并覆盖掉第一个窗口，如图 4.56 所示。

默认情况下，同一个应用的多个 Activity 会共用同一个窗口，且无法分配到不同窗口中。若希望同一个应用的不同窗体可以被分配到不同窗口中，需要在启动新窗体时给 Intent 设置一个 FLAG_ACTIVITY_LAUNCH_ADJACENT 标志，这样新 Activity 就会在新的栈中被启动，独立于原来的 Activity，进而实现两个 Activity 被放置于不同的窗口中，如图 4.57 所示。

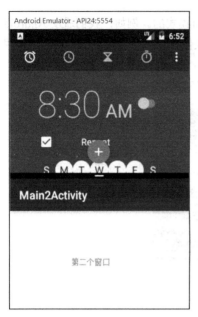

图 4.56　新窗口　　　　　　　　　　　　图 4.57　同一应用的两个窗口

关键代码如下：

```
Intent intent=new Intent(MainActivity.this,Main2Activity.class);

intent.setFlags(Intent.FLAG_ACTIVITY_LAUNCH_ADJACENT|Intent.FLAG_ACTIVITY_NEW_TASK);
                startActivity(intent);
```

Android N 系统为 Activity 增添了<layout> 清单元素对 Activity 在多窗口模式中的行为进行支持，包括以下几种属性：

- android:defaultWidth，以自由形状模式启动时 Activity 的默认宽度。
- android:defaultHeight，以自由形状模式启动时 Activity 的默认高度。
- android:gravity，以自由形状模式启动时 Activity 的初始位置。请参阅 Gravity 的参考资料，了解合适的值进行设置。
- android:minimalHeight、android:minimalWidth，分屏和自由形状模式中 Activity 的最小高度和最小宽度。如果用户在分屏模式中移动分界线，使 Activity 尺寸低于指定的最小值，系统会将 Activity 裁剪为用户请求的尺寸。

例如，以下代码显示了如何指定 Activity 在自由形状模式显示时 Activity 的默认大小、位置和最小尺寸：

```
<activity android:name=".MyActivity">
    <layout android:defaultHeight="500dp"
        android:defaultWidth="600dp"
        android:gravity="top|end"
        android:minimalHeight="450dp"
        android:minimalWidth="300dp" />
</activity>
```

如果不想让 Activity 使用多窗口模式，只需要在清单文件中为 Activity 节点设置：

```
android:resizeableActivity="false"
```

此属性设置为 false，Activity 将不支持多窗口模式。在该值为 false 的情况下，如果用户尝试在多窗口模式下启动 Activity，该 Activity 将全屏显示。各位读者可以自行尝试。

4.10　界面事件响应

事件是 Android 平台与用户交互的手段。当用户对手机进行操作时，会产生各种各样的输入事件，Android 框架捕获到这些事件，进而进行处理。Android 平台提供了多种用于获取用户输入事件的方式，考虑到用户事件都是在特定的用户界面中产生的，因此 Android 选用特定 View 组件来获取用户输入事件的方式，由 View 组件提供事件的处理方法。这就是为什么 View 类内部带有处理特定事件的监听器。

4.10.1　事件监听器

监听器用于对特定事件进行监听，一旦监听到特定事件，则由监听器截获该事件，并回调自身的特定方法对事件进行处理。在本章之前的实例中，我们使用的事件处理方式都是监听器。根据用户输入方式的不同，View 组件将截获的事件分为 6 种，对应以下 6 种事件监听器接口。

（1）OnClickListener 接口：此接口处理的是单击事件，例如，在 View 上进行单击动作，在 View 获得焦点的情况下单击"确定"按钮或者单击轨迹球都会触发该事件。当单击事件发生时，OnClickListener 接口会回调 public void onClick（View v）方法对事件进行处理。其中参数 v 指的是发生单击事件的 View 组件。

（2）OnLongClickListener 接口：此接口处理的是长按事件，当长时间按住某个 View 组件时触发该事件。其对应的回调方法为 public boolean onLongClick（View v），当返回 true 时，表示已经处理完此事件，若事件未处理完，则返回 false，该事件还可以继续被其他监听器捕获并处理。

（3）OnFocusChangeListener 接口：此接口用于处理 View 组件焦点改变事件。当 View 组件失去或获得焦点时会触发该事件，其对应的回调方法为 public void onFocusChange（View v, Boolean hasFocus），其中参数 v 表示产生事件的事件源，hasFocus 表示事件源的状态，即是否获得焦点。

（4）OnKeyListener 接口：此接口用于对手机键盘事件进行监听，当 View 获得焦点并且键盘被敲击时会触发该事件。其对应的回调方法为 public boolean onKey（View v, int keyCode, KeyEvent event），其中参数 keyCode 为键盘码，参数 event 为键盘事件封装类的对象。

（5）OnTouchListener 接口：此接口用来处理手机屏幕事件，当在 View 的范围内有触摸、按下、抬起、滑动等动作时都会触发该事件，并触发该接口中的回调方法，其对应的回调方法为 public boolean onTouch（View v, MotionEvent event），对应的参数同上。

（6）OnCreateContextMenuListener 接口：此接口用于处理上下文菜单被创建的事件，其对应的回调方法为 public void onCreateContextMenu(ContextMenu menu, View v, ContextMenuInfo info)，其中参数 menu 为事件的上下文菜单，参数 info 是该对象中封装了有关上下文菜单的其他信息。在

4.5 节的实例 MenusDemo 中，创建上下文菜单使用的是 registerForContextMenu（View v）方法，其本质是为 View 组件 v 注册该接口，并实现了相应的回调方法。

4.10.2 回调事件响应

在 Android 框架中，除了可以使用监听器进行事件处理之外，还可以通过回调机制进行事件处理。Android SDK 为 View 组件提供了 5 个默认的回调方法，如果某个事件没有被任意一个 View 处理，就会在 Activity 中调用响应的回调方法，这些方法分别说明如下。

（1）public boolean onKeyDown（int keyCode, KeyEvent event）方法是接口 KeyEvent. Callback 中的抽象方法，当键盘按键被按下时由系统调用。参数 keyCode 即键盘码，系统根据键盘码得知按下的是哪个按钮。参数 event 为按钮事件的对象，包含触发事件的详细信息，例如事件的类型、状态等。当此方法的返回值为 True 时，代表已完成处理此事件，返回 false 表示该事件还可以被其他监听器处理。

（2）public boolean onKeyUp（int keyCode, KeyEvent event）方法也是接口 KeyEvent. Callback 中的抽象方法，当按钮向上弹起时被调用，参数与 onKeyDown()完全相同。

（3）public boolean onTouchEvent（MotionEvent event）方法在 View 中定义，当用户触摸屏幕时被自动调用。参数 event 为触摸事件封装类的对象，封装了该事件的相关信息。当用户触摸到屏幕，屏幕被按下时，MotionEvent.getAction()的值为 MotionEvent.ACTION_ DOWN；当用户将触控物体离开屏幕时，MotionEvent.getAction()的值为 MotionEvent. ACTION_UP；当触控物体在屏幕上滑动时，MotionEvent.getAction()的值为 MotionEvent. ACTION_MOVE。onTouchEvent 方法的返回值为 true 表示事件处理完成，返回 false 表示未完成。

（4）public boolean onTrackballEvent（MotionEvent event）方法的功能是处理手机中轨迹球的相关事件，可以在 Activity 中重写，也可以在 View 中重写。参数 event 为手机轨迹球事件封装类的对象。该方法的返回值为 true 表示事件处理完成，返回值为 false 表示未完成。

（5）protected void onFocusChanged（boolean gainFocus, int direction, Rect previouslyFocusedRect）方法只能在 View 中重写，当 View 组件焦点改变时被自动调用，参数 gainFocus 表示触发该事件的 View 是否获得了焦点，获得焦点为 true，参数 direction 表示焦点移动的方向，参数 previouslyFocusedRect 是在触发事件的 View 的坐标系中前一个获得焦点的矩形区域。

4.10.3 界面事件响应实例

在之前的章节中，多次使用监听器对事件进行处理，读者应该已经很熟悉了。本节通过一个实例来演示回调事件响应的处理过程，该实例 EventDemo 的运行效果如图 4.58 所示。

图 4.58　实例 EventDemo 的运行效果

其布局文件 main.xml 内容如下：

```xml
<?xml version="1.0" encoding="utf-8"?>
<LinearLayout xmlns:android="http://schemas.android.com/apk/res/android"
    android:layout_width="fill_parent"
    android:layout_height="fill_parent"
    android:orientation="vertical">

  <TextView
      android:layout_width="fill_parent"
      android:layout_height="wrap_content"
      android:text="回调事件处理演示" />
<LinearLayout
    android:layout_width="wrap_content"
    android:layout_height="wrap_content"
    android:orientation="horizontal">
    <Button
        android:id="@+id/button1"
        android:layout_width="wrap_content"
        android:layout_height="wrap_content"
        android:focusableInTouchMode="true"
        android:text="按钮 1"/>
    <Button
        android:id="@+id/button2"
        android:layout_width="wrap_content"
        android:layout_height="wrap_content"
        android:focusableInTouchMode="true"
        android:text="按钮 2"/>
    <Button
        android:id="@+id/button3"
        android:layout_width="wrap_content"
        android:layout_height="wrap_content"
```

```
                android:focusableInTouchMode="true"
                android:text="按钮 3"/>
    </LinearLayout>

</LinearLayout>
```

当用户在屏幕上做移动触摸、单击按钮等操作时，主 Activity EventDemo 会捕获相应事件并进行处理，在 LogCat 中打印相关内容，运行效果如图 4.59 所示。

Application	Tag	Text
introduction.android.eventDemo	enentDemo	第一个按钮获得了焦点
introduction.android.eventDemo	enentDemo	第二个按钮获得了焦点
introduction.android.eventDemo	enentDemo	手指正在往屏幕上按下
introduction.android.eventDemo	enentDemo	手指正在屏幕上移动
introduction.android.eventDemo	enentDemo	手指正在屏幕上移动
introduction.android.eventDemo	enentDemo	手指正在屏幕上移动
introduction.android.eventDemo	enentDemo	手指正在屏幕上移动
introduction.android.eventDemo	enentDemo	手指正在屏幕上移动
introduction.android.eventDemo	enentDemo	手指正在屏幕上移动
introduction.android.eventDemo	enentDemo	手指正在从屏幕上抬起

图 4.59　Activity EventDemo 捕获事件

EventDemo.java 代码如下：

```java
package introduction.android.eventDemo;

import android.app.Activity;
import android.content.Context;
import android.graphics.Rect;
import android.os.Bundle;
import android.util.Log;
import android.view.KeyEvent;
import android.view.MotionEvent;
import android.view.View;
import android.view.View.OnFocusChangeListener;
import android.widget.Button;
import android.widget.Toast;

public class EventDemo extends Activity implements OnFocusChangeListener {
    Button[] buttons=new Button[3];
    @Override
    public void onCreate (Bundle savedInstanceState){
        super.onCreate (savedInstanceState);
        setContentView (R.layout.main);
        buttons[0]= (Button) findViewById (R.id.button1);
        buttons[1]= (Button) findViewById (R.id.button2);
        buttons[2]= (Button) findViewById (R.id.button3);
        for (Button button :buttons){
            button.setOnFocusChangeListener (this);
        }
    }
    //按钮按下触发的事件
    public boolean onKeyDown (int keyCode,KeyEvent event)
```

```
{
    switch (keyCode)
    {
        case KeyEvent.KEYCODE_DPAD_UP:
            DisplayInformation ("按下上方向键, KEYCODE_DPAD_UP");
            break;
        case KeyEvent.KEYCODE_DPAD_DOWN:
            DisplayInformation ("按下下方向键, KEYCODE_DPAD_UP");
            break;
    }
    return false;
}
//按钮弹起触发的事件
public boolean onKeyUp (int keyCode,KeyEvent event)
{
    switch (keyCode)
    {
        case KeyEvent.KEYCODE_DPAD_UP:
            DisplayInformation ("松开上方向键, KEYCODE_DPAD_UP");
            break;
        case KeyEvent.KEYCODE_DPAD_DOWN:
            DisplayInformation ("松开下方向键, KEYCODE_DPAD_UP");
            break;
    }
    return false;
}


//触摸事件
public boolean onTouchEvent (MotionEvent event)
{
    switch (event.getAction()) {
    case MotionEvent.ACTION_DOWN:
        DisplayInformation ("手指正在往屏幕上按下");
        break;
    case MotionEvent.ACTION_MOVE:
        DisplayInformation ("手指正在屏幕上移动");
        break;
    case MotionEvent.ACTION_UP:
        DisplayInformation ("手指正在从屏幕上抬起");
        break;
    }
    return false;
}

//焦点事件
@Override
public void onFocusChange (View view, boolean arg1) {
    switch (view.getId()) {
    case R.id.button1:
        DisplayInformation ("第一个按钮获得了焦点");
        break;
    case R.id.button2:
        DisplayInformation ("第二个按钮获得了焦点");
        break;
```

```
    case R.id.button3:
        DisplayInformation ("第三个按钮获得了焦点");
        break;
    }
}

//显示 Toast
public void DisplayInformation (String string)
{
    //Toast.makeText (EventDemo.this,string,Toast.LENGTH_SHORT) .show();
    Log.i ("enentDemo",string);
}
}
```

4.10 小　　结

本章介绍了使用 Android SDK 进行用户界面设计开发过程中涉及的相关知识，介绍了常用的 Widget 组件及布局的使用方法，菜单（Menu）和活动栏（ActionBar）结合使用的方法，AlertDialog 和 ProgressDialog 对话框的使用方法，Toast 和 Notification 的使用方法。每一部分都辅以实例，希望可以帮助读者掌握进行各个组件的使用方法，以后在 Android UI 的设计中能够有游刃有余。本章最后简单介绍了 Android 系统框架提供的组件与用户之间的交互事件的两种处理方法，分别为事件监听器和系统回调方法。

由于篇幅有限，在本章中不可能对用户界面设计中涉及的所有组件进行全面介绍，读者可以参阅 Android SDK 文档获取更多的知识。

4.11 习　　题

1. 为什么要使用布局？
2. 使用 TextView、EditText 和 Button 组件实现一个简单的计算器。
3. 实现一个输入密码框。在 EditText 中输入密码，当输入密码时显示"●"，在下方添加一个 CheckBox 用来选择是否"显示密码"。
4. 举例说明 CheckBox 与 RadioGroup 的区别有哪些。

第5章

电话和短信应用程序开发

手机的基本功能是打电话和发短信。本章通过 Intent 的使用来介绍在 Android 系统下如何对电话和短信应用程序进行开发。通过 Intent，程序员可以方便地将自己开发的应用程序与手机中的其他应用组件进行交互。

5.1 Intent

Intent 被译作"意图"，在 Android 中提供了 Intent 机制来协助应用间的交互与通信。Intent 负责对应用中一次操作的动作、动作涉及数据、附加数据进行描述，Android 则根据此 Intent 的描述，负责找到对应的组件，将 Intent 传递给调用的组件，并完成组件的调用。Intent 不仅可用于应用程序之间，也可用于应用程序内部 Activity/Service 之间的交互。因此，可以将 Intent 理解为不同组件之间通信的"媒介"，专门提供组件互相调用的相关信息。

Intent 是对它要完成的动作的一种抽象描述，Intent 封装了它要执行动作的属性：Action（动作）、Data（数据）、Category（类别）、Type（类型）、Component（组件信息）和 Extras（附加信息）。

1. Action

Action 是指 Intent 要实施的动作，是一个字符串常量。如果指明了一个 Action，执行者就会依照这个动作的指示，接收相关输入，表现对应行为，产生符合条件的输出。

在 Intent 类中定义了大量的 Action 常量属性，标准的 Activity Actions 如表 5.1 所示。

表 5.1　标准的 Activity Actions

动作名称	动作功能
ACTION_MAIN	作为一个主要的进入口，而并不期望去接收数据
ACTION_VIEW	向用户显示数据

（续表）

动作名称	动作功能
ACTION_ATTACH_DATA	用于指定一些数据应该附属于哪些地方，例如，图片数据应该附属于联系人
ACTION_EDIT	访问已给的数据，提供明确的可编辑接口
ACTION_PICK	从数据中选择一个子项目，并返回所选中的项目
ACTION_CHOOSER	显示一个 Activity 选择器，允许用户在进程之前选择他们想要的
ACTION_GET_CONTENT	允许用户选择特殊种类的数据，并返回（特殊种类的数据：照一张相片或录一段音）
ACTION_DIAL	拨打一个指定的号码，显示一个带有号码的用户界面，允许用户去启动呼叫
ACTION_CALL	根据指定的数据执行一次呼叫
ACTION_SEND	传递数据，被传送的数据没有指定
ACTION_SENDTO	发送一个信息到某个指定的人
ACTION_ANSWER	处理一个打进电话呼叫
ACTION_INSERT	插入一条空项目到已给的容器
ACTION_DELETE	从容器中删除已给的数据
ACTION_RUN	运行数据
ACTION_SYNC	同步执行一个数据
ACTION_PICK_ACTIVITY	为已知的 Intent 选择一个 Activity，返回被选中的类
ACTION_SEARCH	执行一次搜索
ACTION_WEB_SEARCH	执行一次 Web 搜索
ACTION_FACTORY_TEST	工厂测试的主要进入点

2. Data

Intent 的 Data 属性是执行动作的 URI 和 MIME 类型，不同的 Action 有不同的 Data 数据指定。例如，通讯录中 identifier 为 1 的联系人的信息（一般以 U 形式描述），给这个人打电话的语句为：

```
ACTION_VIEW  content://contacts/1
ACTION_DIAL  content://contacts/1
```

3. Category

Intent 中的 Category 属性起着对 Action 补充说明的作用。通过 Action，配合 Data 或 Type 可以准确表达出一个完整的意图（加一些约束会更精准）。Intent 中的 Category 属性用于执行 Action 的附加信息。例如，CATEGORY_LAUNCHER 表示加载程序时 Activity 出现在最上面，_HOME 表示回到 Home 界面。

4. Type

Intent 的 Type 属性显示指定 Intent 的数据类型（MIME）。通常 Intent 的数据类型可以从 Data 自身判断出来，但是一旦指定了 Type 类型，就会强制使用 Type 指定的类型而不再进行推导。

5. Component

Intent 的 Compotent 属性指定 Intent 的目标组件的类名称。通常情况下，Android 会根据 Intent 中包含的其他属性的信息进行查找，比如用 Action、Data、Type、Category 去描述一个请求，这种模式称为 Implicit Intents。通过这种模式，提供一种灵活可扩展的模式，给用户和第三方应用一个选择权。例如，一个邮箱软件，大部分功能都不错，但是选择图片的功能不尽人意，如果采用 Implicit Intents，那么它就是一个开放的体系，如果想用手机中的其他图片代替邮箱中默认的图片，可以完成这一功能。但该模式需要付出性能上的开销，因为毕竟存在一个检索过程。于是 Android 提供了另一种模式 Explicit Intents，该模式需要 Component 对象。Component 就是完整的类名，形如 com.xxxxx.xxxx，一旦指明就可以直接调用。根据该属性是否被指定，Intent 可分为显式 Intent 和隐式 Intent。

6. Extra

Intent 的 Extra 属性用于添加一些组件的附加信息。比如，要通过一个 Activity 执行"发送电子邮件"这个动作请求，可以将电子邮件的 subject、body 等保存在 Extras 里，传给电子邮件发送组件。

5.1.1　显式 Intent 和隐式 Intent

Intent 寻找目标组件的方式分为两种：显式 Intent 和隐式 Intent。

显式 Intent 是通过指定 Intent 组件名称来实现的，它一般用在源组件已知目标组件名称的前提下，这种方式一般在应用程序内部实现。比如在某应用程序内，一个 Activity 启动一个 Service。

在不同应用程序之间，在不知道目标组件名称的情况下，寻找目标组件需要使用隐式 Intent。这种方式是通过 IntentFilter 实现的。

5.1.2　IntentFilter

为了支持隐式 Intent，可以声明一个甚至多个 IntentFilter。每个 IntentFilter 描述组件所能响应 Intent 请求的能力。比如请求网页浏览器，网页浏览器程序的 IntentFliter 就应该声明它所希望接收的 IntentFilter Action 是 WEB_SEARCH_ACTION，以及与之相关的请求数据是网页地址 URI 格式。

如何为组件声明自己的 IntentFilter？常见的方法是在 Android Manifest.xml 文件中用属性 <Intent-Filter> 描述组件的 IntentFilter。

一个隐式 Intent 请求要能够传递目标组件，必要通过 Action、Data 以及 Category 三方面的检查。任何一方面不匹配，Android 都不会将该隐式 Intent 传递给目标组件。接下来我们讲解这三方面检查的具体规则。

1. 动作测试

<intent-Filter> 元素中可以包含子元素 <action>，比如：

```
<intent-Filter>
  <action android:name="com.example.project.SHOW-CURRENT" />
<action android:name="com.example.project.SHOW-RECENT" />
<action android:name="com.example.project.SHOW-PENDING" />
</intent-Filter>
```

一条 <intent-Filter> 元素至少包含一个 <action>，否则任何 Intent 请求都不能和该 <intent-Filter> 匹配。

如果 Intent 请求的 Action 和<intent-Filter>中的某一条<action>匹配，那么该 Intent 就通过了这条<intent-Filter>的动作测试。

如果 Intent 请求或者<intent-Filter>中没有说明具体的 Action 类型，那么就会出现下面这两种情况。

- 如果<intent-Filter>中没有包含任何 Action 类型，那么无论什么 Intent 请求都无法和这条<intent-Filter>匹配。
- 反之，如果 Intent 请求中没有设定 Action 类型，那么只要<intent-Filter>中包含有 Action 类型，这个 Intent 请求就将顺利通过<intent-Filter>的行为测试。

2. 类别测试

<intent-Filter>元素可以包含<category>子元素，比如：

```
<intent-Filter>
  <category android:name= "android.Intent.Category.DEFALT" />
<category android:name= "android.Intent.Category.BROWSABLE" />
</intent-Filter>
```

只有当 Intent 请求中所有的 Category 与组件中某一个 Intent 的<catetory>完全匹配时，才会让该 Intent 请求通过测试，IntentFilter 中多余的<category>声明并不会导致匹配失败。一个没有指定任何类别 Intent 请求与指定了"android.Intent.Category.DEFALT"类别的 IntentFliter 相匹配。

3. 数据测试

数据在<intent-Filter>中的描述如下：

```
<intent-Filter>
<data android:type= "video/mpeg"  android:scheme= "http" ……/>
  <data android:type= "audio/mpeg"  android:scheme= "http" ……/>
</intent-Filter>
```

<data>元素指定了要接受的 Intent 请求的数据 URI 及数据类型，其中 URI 被分成三部分来进行匹配：scheme、authority 和 path。用 setData()设定的 Intent 请求的 URI 数据类型和 scheme 必须与 IntentFilter 中所指定的一致。若 IntentFilter 中还指定了 authority 或 path，它们也需要匹配才会通过测试。

5.2 拨 号 程 序

借助于 Intent 可以轻松实现拨打电话的应用程序。只需声明一个拨号的 Intent 对象，并使用 startActivity()方法启动即可。

创建 Intent 对象的代码为 Intent intent=new Intent（action,uri），其中 URI 是要拨叫的号码数据，通过 Uri.parse()方法把"tel:1234"格式的字符串转换为 URI。而 Action 有两种使用方式：一种是 Intent.Action_CALL，直接进行呼叫的方式，这种方式需要应用程序具有 android.permission.CALL_PHONE 权限；另一种是 Intent.Action_DIAL，这种不是不直接进行呼叫，而是启动 Android

系统的拨号应用程序，然后由用户进行拨号。这种方式不需要任何权限的设置。

实例 phoneDemo 演示了使用 Intent.Action_CALL 方式进行拨号的过程，运行效果如图 5.1 所示。

图 5.1　使用 Intent.Action_CALL 方式拨号

实例 phoneDemo 中 main.xml 的代码如下：

```xml
<?xml version="1.0" encoding="utf-8"?>
<LinearLayout xmlns:android="http://schemas.android.com/apk/res/android"
  android:orientation="vertical"
  android:layout_width="fill_parent"
  android:layout_height="fill_parent"
 >
 <EditText
   android:layout_marginTop="30dp"
   android:layout_width="fill_parent"
   android:layout_height="wrap_content"
   android:id="@+id/edittext"
  android:layout_marginLeft="40dp"
  />
 <Button
  android:layout_width="wrap_content"
  android:layout_height="wrap_content"
  android:text="拨打电话"
  android:id="@+id/button"
  android:layout_marginLeft="80dp"
  android:layout_marginTop="40dp"
  />
</LinearLayout>
```

实例 phoneDemo 中 AndroidManifest.xml 的代码如下：

```xml
<?xml version="1.0" encoding="utf-8"?>
<manifest xmlns:android="http://schemas.android.com/apk/res/android"
    package="introduction.android.phone"
    android:versionCode="1"
    android:versionName="1.0">
  <uses-sdk android:minSdkVersion="10" />
```

```
<application android:icon="@drawable/icon" android:label="@string/app_name">
    <activity android:name=".PhoneDemoActivity"
            android:label="@string/app_name">
        <intent-filter>
            <action android:name="android.intent.action.MAIN" />
            <category android:name="android.intent.category.LAUNCHER" />
        </intent-filter>
    </activity>
</application>
<uses-permission android:name="android.permission.CALL_PHONE"></uses-permission>
</manifest>
```

实例 phoneDemo 中 PhoneDemoActivity.java 的具体实现代码如下：

```
package introduction.android.phone;
import android.app.Activity;
import android.content.Intent;
import android.net.Uri;
import android.os.Bundle;
import android.view.View;
import android.view.View.OnClickListener;
import android.widget.Button;
import android.widget.EditText;
public class PhoneDemoActivity extends Activity {
    /** Called when the activity is first created. */
    private Button button;
    private EditText edittext;
    @Override
    public void onCreate (Bundle savedInstanceState) {
        super.onCreate (savedInstanceState);
        setContentView (R.layout.main);
        button= (Button) findViewById (R.id.button);
        button.setOnClickListener (new buttonListener());
    }
class buttonListener implements OnClickListener{
        @Override
        public void onClick (View v) {
            // TODO Auto-generated method stub
            edittext= (EditText) findViewById (R.id.edittext);
        String number=edittext.getText().toString();
        Intent intent=new Intent (Intent.ACTION_CALL,Uri.parse ("tel:"+number));
        startActivity (intent);
            }
    }
  }
```

其中：

```
Intent intent=new Intent (Intent.ACTION_CALL,Uri.parse ("tel:"+number));
        startActivity (intent);
```

通过 Intent.ACTION_CALL 建立了一个进行拨号的 Intent 请求，并使用 startActivity 直接启动 Android 系统的拨号程序进行呼叫。

若在实例 PhoneDemo 中，将 PhoneDemoActivity.java 中的代码：

```
Intent intent=new Intent (Intent.ACTION_CALL,Uri.parse
("tel:"+number));
```

修改为：

```
Intent intent=new Intent (Intent.ACTION_DIAL,Uri.parse
("tel:"+number));
```

最后，单击"拨打电话"按钮后不再直接呼叫，而是只运行 Android
系统默认的拨号程序，用户还拥有进一步决定下一步操作的权限，运
行效果如图 5.2 所示。

图 5.2　拨打电话

5.3　短 信 程 序

5.3.1　SMS 简介

SMS（Short Message Service，短信息服务）是一种存储和转发服务。也就是说，短信息并不
是直接从发信人发送到接收人，而是始终通过 SMS 中心进行转发。如果接收人处于未连接状态（可
能电话已关闭），那么信息将在接收人再次连接时发送。

5.3.2　接收短信

要使 Android 应用程序能够接收短信息，需要以下三个步骤：

步骤 01　Android 应用程序必须具有接收 SMS 短信息的权限，在 AndroidManifest.xml 文件中
配置如下：

　　<uses-permission android:name="android.permission.RECEIVE_SMS"/>

步骤 02　Android 应用程序需要定义一个 BroadcastReceiver 的子类，并通过重载其 public void
onReceive（Context arg0, Intent arg1）方法来处理接收到短信息的事件。

步骤 03　在 AndroidManifest.xml 文件中对 BroadcastReceiver 子类的<intent-filter>属性进行配
置，使其能够获取短信息接收 Action。配置如下：

```
<intent-filter>
    <action android:name="android.provider.Telephony.SMS_RECEIVED"/>
</intent-filter>
```

5.3.3　接收短信实例

实例 receiveMessageDemo 演示了接收短信并提示的过程，运行效果如图 5.3 所示。

图 5.3　receiveMessageDemo 实例

其 layout 文件 main.xml 的代码如下：

```xml
<?xml version="1.0" encoding="utf-8"?>
<LinearLayout xmlns:android="http://schemas.android.com/apk/res/android"
    android:layout_width="fill_parent"
    android:layout_height="fill_parent"
    android:orientation="vertical">
  <EditText
      android:id="@+id/editText1"
      android:layout_width="match_parent"
      android:layout_height="wrap_content">
      <requestFocus />
  </EditText>
</LinearLayout>
```

AndroidManifest.xml 文件的代码如下：

```xml
<?xml version="1.0" encoding="utf-8"?>
<manifest xmlns:android="http://schemas.android.com/apk/res/android"
    package="introduction.android.receiveMessage"
    android:versionCode="1"
    android:versionName="1.0">
  <uses-sdk android:minSdkVersion="14" />
<uses-permission android:name="android.permission.RECEIVE_SMS"/>
<application
      android:icon="@drawable/ic_launcher"
      android:label="@string/app_name">
    <activity android:name=".ReceiveMessageDemoActivity"
            android:label="@string/app_name">
      <intent-filter>
        <action android:name="android.intent.action.MAIN" />
        <category android:name="android.intent.category.LAUNCHER" />
      </intent-filter>
    </activity>
```

```
        <receiver android:name="SmsReceiver">
            <intent-filter>
                <action android:name="android.provider.Telephony.SMS_RECEIVED"/>
            </intent-filter>
        </receiver>
    </application>
</manifest>
```

ReceiveMessageDemoActivity.java 的代码如下：

```
package introduction.android.receiveMessage;

import android.app.Activity;
import android.os.Bundle;
import android.widget.EditText;

public class ReceiveMessageDemoActivity extends Activity {
    /** Called when the activity is first created. */
    @Override
    public void onCreate (Bundle savedInstanceState) {
        super.onCreate (savedInstanceState);
        setContentView (R.layout.main);
        EditText text= (EditText) this.findViewById (R.id.editText1);
        text.setText ("waiting...");
    }
}
```

Intent 广播接收器定义为 SmsReceiver，用于对接收到短信息的事件进行处理。SmsReceiver. Java 的代码如下：

```
package introduction.android.receiveMessage;
import android.content.BroadcastReceiver;
import android.content.Context;
import android.content.Intent;
import android.os.Bundle;
import android.telephony.SmsMessage;
import android.widget.Toast;
public class SmsReceiver extends BroadcastReceiver {
    StringBuilder strb=new StringBuilder();
    @Override
    public void onReceive (Context arg0, Intent arg1) {
        // TODO Auto-generated method stub
        Bundle bundle=arg1.getExtras();
        Object[] pdus= (Object[]) bundle.get ("pdus");
        SmsMessage[] msgs=new SmsMessage[pdus.length];
        for (int i=0; i<pdus.length; i++) {
          msgs[i]=SmsMessage.createFromPdu ((byte[]) pdus[i]);
        }
        for (SmsMessage msg : msgs) {
            strb.append ("发信人: \n");
            strb.append (msg.getDisplayOriginatingAddress());
            strb.append ("\n 信息内容: \n");
            strb.append (msg.getDisplayMessageBody());
        }
        Toast.makeText (arg0, strb.toString(), Toast.LENGTH_LONG) .show();
```

```
    }
}
```

当接收到短信息后，onReceive 方法被调用。由于 Android 设备接收到的 SMS 短信息是 PDU（Protocol Description Unit）形式的，因此通过 Bundle 类对象获取到 PDUS，并创建 SmsMessage 对象。然后从 SmsMessage 对象中提取出短信息的相关信息，并存储到 StringBuilder 类的对象中，最后使用 Toast 显示出来。

测试该实例时，可通过 AVD Mananger，再启动一个 AVD，通过 AVD 的短信程序向当前 AVD 号码发送短信，就可使该实例被触发运行。

5.3.4   发送短信

要实现发送短信功能，需要在 AndroidManifest.xml 文件中注册发送短信的权限：<uses-permission android:name="android.permission.SEND_SMS"/>，然后才可以使用发送短信功能。

发送短信使用的是 android.telephony.SmsManager 类的 sendTextMessage 方法，该方法定义如下：

public void sendTextMessage（String destinationAddress, String scAddress, String text, PendingIntent sentIntent, PendingIntent deliveryIntent）

其中，各个参数的意义如下。

- destinationAddress：表示接收短信的手机号码。
- scAddress：短信服务中心号码，设置为 null 表示使用手机默认的短信服务中心。
- text：要发送的短信内容。
- sentIntent：当消息被成功发送给接收者时，广播该 PendingIntent。
- deliveryIntent：当消息被成功发送时，广播该 PendingIntent。

5.3.5   短信发送实例

实例 sendMessageDemo 演示了发送短信的过程，其运行效果如图 5.4 所示。

图 5.4   sendMessageDemo 实例

在实例 sendMessageDemo 中，main.xml 的代码如下：

```xml
<?xml version="1.0" encoding="utf-8"?>
<LinearLayout xmlns:android="http://schemas.android.com/apk/res/android"
    android:orientation="vertical"
    android:layout_width="fill_parent"
    android:layout_height="fill_parent"
    >
<LinearLayout
    android:orientation="horizontal"
    android:layout_width="fill_parent"
    android:layout_height="wrap_content"
    >
    <TextView
     android:layout_width="wrap_content"
     android:layout_height="wrap_content"
     android:id="@+id/textview01"
     android:text="收件人："
     android:layout_marginLeft="15dp"
     />
    <EditText
     android:layout_marginLeft="20dp"
     android:layout_width="fill_parent"
     android:layout_height="wrap_content"
     android:id="@+id/edittext01"
     />

    </LinearLayout>
    <LinearLayout
     android:orientation="horizontal"
     android:layout_width="fill_parent"
     android:layout_height="wrap_content"
     android:layout_marginTop="30dp"
    >
    <TextView
     android:layout_width="wrap_content"
     android:layout_height="wrap_content"
     android:id="@+id/textview02"
     android:text="@string/receiver"
     android:layout_marginLeft="15dp"
     />
    <EditText
     android:layout_marginLeft="10dp"
     android:layout_width="fill_parent"
     android:layout_height="wrap_content"
     android:id="@+id/edittext02"
     />
    </LinearLayout>
    <Button
     android:layout_width="wrap_content"
     android:layout_height="wrap_content"
     android:id="@+id/button"
     android:layout_marginLeft="100dp"
      android:layout_marginTop="30dp"
      android:text="@string/msg"
    />
</LinearLayout>
```

在实例 sendMessageDemo 中，AndroidManifest.xml 的代码如下：

```xml
<?xml version="1.0" encoding="utf-8"?>
<manifest xmlns:android="http://schemas.android.com/apk/res/android"
    package="introduction.android.SendMessage"
    android:versionCode="1"
    android:versionName="1.0">
  <uses-sdk android:minSdkVersion="10" />

  <application android:icon="@drawable/icon" android:label="@string/app_name">
    <activity android:name=".SendMessageDemoActivity"
            android:label="@string/app_name">
      <intent-filter>
        <action android:name="android.intent.action.MAIN" />
        <category android:name="android.intent.category.LAUNCHER" />
      </intent-filter>
    </activity>
  </application>
  <uses-permission android:name="android.permission.SEND_SMS"/>
</manifest>
```

在实例 sendMessageDemo 中，SendMessageDemoActivity.java 实现了发送短信的功能，其代码如下：

```java
package introduction.android.SendMessage;
import android.app.Activity;
import android.os.Bundle;
import android.telephony.SmsManager;
import android.view.View;
import android.view.View.OnClickListener;
import android.widget.Button;
import android.widget.EditText;
import android.widget.Toast;

public class SendMessageDemoActivity extends Activity {
    /** Called when the activity is first created. */
    private Button button;
    private EditText edittext01,edittext02;
    @Override
    public void onCreate(Bundle savedInstanceState) {
        super.onCreate(savedInstanceState);
        setContentView(R.layout.main);
        button= (Button) findViewById(R.id.button);
        button.setOnClickListener(new buttonListener());//为发送按钮添加监听器
    }
    class buttonListener implements OnClickListener{

        @Override
        public void onClick(View v) {
            // TODO Auto-generated method stub
            edittext01= (EditText) findViewById(R.id.edittext01);
            edittext02= (EditText) findViewById(R.id.edittext02);
            String number=edittext01.getText().toString();
                //获取手机号码
            String message01=edittext02.getText().toString();
```

```
        //获取短信内容
    if(number.equals("") || message01.equals(""))
    //判断输入是否有空内容
    {
        Toast.makeText(SendMessageDemoActivity.this, "输入有误，请检查输入",
Toast.LENGTH_LONG).show();
        }
    else{
        SmsManager massage=SmsManager.getDefault();
        massage.sendTextMessage(number, null, message01, null, null);
    //调用 sendTextMessage 方法来发送短信
        Toast.makeText(SendMessageDemoActivity.this, "短信发送成功",
Toast.LENGTH_LONG).show();
        }
        }
    }
}
```

在实际应用该短信发送程序时，要注意一些限制问题，比如接收手机号码的格式、短信内容超过预定字符的提示等。一般情况下，手机号码格式可以使用 Pattern 来设置，此外 Android SDK 提供了 PhoneNumberUtils 类来对电话号码格式进行处理，而短信内容超过 70 个字符会被自动分解为多条短信发送，在此不做具体描述。

5.4　照相机程序

借助于 Intent，可以方便地调用 Android 系统的照相机程序进行拍照。但是需要声明摄像头的使用权限，即在 AndroidManifest.xml 文件中添加如下代码：

```
<uses-permission android:name="android.permission.CAMERA"/>
<uses-feature android:name="android.hardware.camera"/>
```

实例 CameraDemo 演示了通过 Intent 调用系统的拍照程序并返回照片的过程，该实例运行效果如图 5.5 所示。

图 5.5　CameraDemo 实例运行效果

当单击"启动摄像头"按钮时，启动 Android 系统自带的照相机应用程序进行拍照，并将拍摄的照片显示到 ImageView 组件中。

实例 CameraDemo 中的 main.xml 代码如下：

```xml
<?xml version="1.0" encoding="utf-8"?>
<LinearLayout xmlns:android="http://schemas.android.com/apk/res/android"
  android:orientation="vertical"
  android:layout_width="fill_parent"
  android:layout_height="fill_parent"
 >

    <Button
        android:id="@+id/button1"
        android:layout_width="match_parent"
        android:layout_height="wrap_content"
        android:text="@string/camera" />

    <ImageView
     android:layout_width="wrap_content"
     android:layout_height="wrap_content"
     android:id="@+id/imageview"
     />
</LinearLayout>
```

在实例 CameraDemo 中的 AndroidManifest.xml 代码如下：

```xml
<?xml version="1.0" encoding="utf-8"?>
<manifest xmlns:android="http://schemas.android.com/apk/res/android"
    package="introduction.android.camera"
    android:versionCode="1"
    android:versionName="1.0">
  <uses-sdk android:minSdkVersion="14" />

<application android:icon="@drawable/icon" android:label="@string/app_name">
    <activity android:name=".CameraDemoActivity"
            android:label="@string/app_name">
        <intent-filter>
            <action android:name="android.intent.action.MAIN" />
            <category android:name="android.intent.category.LAUNCHER" />
        </intent-filter>
    </activity>
  </application>
<uses-permission android:name="android.permission.CAMERA"/>
<uses-feature android:name="android.hardware.camera"/>
</manifest>
```

在实例 CameraDemo 中的 CameraDemoActivity.java 代码如下：

```java
package introduction.android.camera;

import android.app.Activity;
import android.content.Intent;
import android.graphics.Bitmap;
import android.os.Bundle;
import android.provider.MediaStore;
import android.util.Log;
import android.view.View;
```

```java
import android.view.View.OnClickListener;
import android.widget.Button;
import android.widget.ImageView;

public class CameraDemoActivity extends Activity {
    /** Called when the activity is first created. */
    private ImageView imageview;
    private Button btn;
    @Override
    public void onCreate(Bundle savedInstanceState) {
        super.onCreate(savedInstanceState);
        setContentView(R.layout.main);
        imageview=(ImageView)findViewById(R.id.imageview);
        btn=(Button)findViewById(R.id.button1);
        btn.setOnClickListener(new OnClickListener(){
                public void onClick(View v) {
                    // TODO Auto-generated method stub
                     try{
                     Intent i=new Intent(MediaStore.ACTION_IMAGE_CAPTURE);
                     startActivityForResult(i, 1);
                   }
                   catch(Exception e) {
                      Log.d("cameraDemo", e.toString());
                   }
                }
        });

    }

    protected void onActivityResult(int requestcode, int resultCode,Intent data) {
      try{
          if(requestcode !=1) {
              return;
          }
          super.onActivityResult(requestcode, resultCode, data);
          Bundle extras=data.getExtras();
          Bitmap bitmap=(Bitmap)extras.get("data");
          imageview.setImageBitmap(bitmap);
      }
      catch(Exception e) {
          Log.d("cameraDemo", e.toString());
      }
    }
}
```

在启动摄像头程序时，因为要传回拍摄的图像，所以调用了 Activity.startActivityForResult（Intent intent, int requestCode）方法。当 startActivityForResult()方法启动的 Activity 正常结束时，会自动返回发出请求的 Activity，并且该方法会返回对应的 requestCode 值给 onActivityResult（int requestcode, int resultCode,Intent data）方法，借此可以在请求 Activity 和发出请求的 Activity 之间进行数据传递。本实例借助于这一特点传回了 Android 系统照相机程序拍摄的照片。

5.5 小　　结

Intent 是组成 Android 应用程序的主要组成部分之一。在 Intent 对象中指定程序将要执行的动作（Action），以及程序执行该动作时所需要的数据（Data），并使用 startActivity()方法启动该 Intent 对象。

本章简单介绍了显式 Intent 和隐式 Intent 的使用方法，并举例说明了使用 Intent 调用手机短信和拨号程序的方法，以及通过 startActivityForResult()方法调用系统摄像头应用程序的方法。使用 Intent 调用手机相关功能时，要注意要在 AndroidManifest.xml 文件中注册相应的权限，Android 系统会通过 intent-filter 属性自动寻找符合要求的应用程序并执行。

借助于 Intent，程序员可以方便地调用 Android 系统中的其他应用程序，例如启动网络浏览器进行网上冲浪、收发 E-Mail 等。读者可举一反三，通过 Intent 使自己开发的应用程序更加方便和强大。

5.6 习　　题

1. Intent 可调用各种系统功能，如访问网络、显示地图、收发 E-mail 等，请尝试实现。
2. Intent 与 Intent Filter 的匹配规则是什么？

第6章

多媒体开发

6.1 Service

在 Android 系统中，Service 不是一个单独的进程，除非特殊设定，否则它不会单独运行在自己的进程中，通常情况下它是作为启动应用程序的一部分与当前应用程序运行在同一个进程中。

6.1.1 Service 的作用

服务程序 Service 是一种可以在后台长时间运行并且不提供用户 UI 的程序。即使启动 Service 的应用程序被切换掉，其启动的 Service 也可以在后台正常运行。因此，Service 经常被用来处理一些耗时比较长的程序，例如进行网络传输或播放音乐等。

6.1.2 Service 的生命周期

Android 开发中，当需要创建在后台运行的程序的时候，就要用到 Service。Service 可以分为有无限生命和有限生命两种。需要特别注意的是，Service 跟 Activity 是不同的。简单来说，可以理解为后台与前台的区别，Activity 拥有 UI，可以与用户交互，而 Service 则不能。当系统资源不足时，Activity 可能会被系统销毁以释放资源，而 Service 不会。

Service 类中定义了一系列和自身生命周期相关的方法，在此不一一介绍，最经常使用的有以下三个方法：

- onCreate() 当 Service 第一次被创建时，系统调用该方法。
- onStartCommand（Intent intent,int flags,int startId） 当通过 startService()方法启动 Service 时，该方法被调用。
- onDestroy() 当 Service 不再使用时，系统调用该方法。

6.1.3 启动 Service

要启动服务程序 Service，要先在应用程序的 AndroidManifest.XML 配置文件内声明<service>标签。例如，如果建立了一个 ExampleService 的 Service，就要在配置文件中添加如下代码：

```
<service android:name= ".ExampleService" />
```

此外，<service>标签可用含有<intent-filter>的标签对该 Service 进行必要的说明。

启动 Service 有两种方式：Context.startService()和 Context.bindService()。

- public abstract void startService（Intent service）。其中，参数 service 是要启动的服务程序的名称。
- public abstract boolean bindService（Intent service,ServiceConnection conn,int flags）。其中，参数 service 是定义要绑定的服务程序的名称；conn 是当服务程序启动和停止时，负责接收信息的接口程序；flags 是设置绑定作业的选项，可以是 0、BIND_AUTO_ CREATE、BIND_DEBUG_UNBIND、BIND_NOT_FOREGROUND、BIND_ABOVE_ CLIENT、BIND_ALLOW_OOM_MANAGEMENT 或者 BIND_WAIVE_PRIORITY。

通过 startService()来启动 Service，该方法会调用 Service 中的 onCreate()和 onStartCommand()方法来启动一个后台 Service，当 Service 销毁时直接调用 onDestroy()方法。

若通过 bindService()方法启动 Service，则其生命周期受其绑定对象控制。一个 Service 可以同时绑定到多个对象上，当没有任何对象绑定到 Service 上时，该 Service 会被系统销毁。

两种方式对 Service 生命周期的影响如图 6.1 所示。

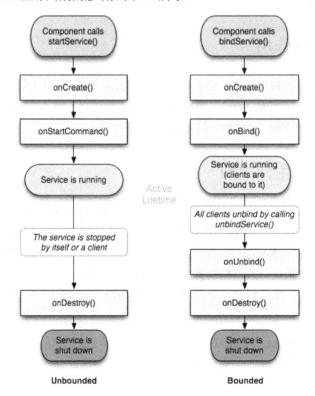

图 6.1　两种方式的比较

由图 6.1 不难看出，通过 bindService()方法启动时和 startService()方法一样，都会调用 onCreate()方法来创建 Service，但它不会调用 onStartCommand()方法，而是调用 onBind()方法返回客户端一个 IBinder 接口。这个 IBinder 就是在 Service 的生命周期回调方法 onBind()中的返回值。服务运行后，与前者不同的是，不是服务终止，而是使用 Context.unbindService()方法之后，Service 的生命周期回调 onUnbind()会被调用。如果所有 bind 过 Service 的组件都调用 unbindService()方法，那么之后 Service 会被停止，其 onDestroy()回调会被调用。

6.2　BroadcastReceiver

广播（Broadcast）是 Android 系统中应用程序间通信的手段。当有特定事件发生时，例如有来电、有短信、电池电量变化等事件发生时，Android 系统都会产生特定的 Intent 对象并且自动进行广播，而针对特定事件注册的 BroadcastReceiver 会接收到这些广播，并获取 Intent 对象中的数据进行处理。在广播 Intent 对象时可以指定用户权限，以此限制仅有获得了相应权限的 BroadcastReceiver 才能接收并处理对应的广播。

BroadcastReceiver 有动态和静态两种注册方法。动态注册方法即使用 Context. registerReceiver()方法进行注册，需要特别注意的是，动态注册方法在退出程序前要使用 Context.unregisterReceiver()方法撤销注册。静态注册方法即在 AndroidManifest.xml.文件中通过<receiver>标签进行注册。

一个 BroadcastReceiver 对象只有在被调用 onReceive（Context, Intent）时才有效，当从该函数返回后，该对象就已无效了，其生命周期结束。

下面介绍如何使用动态注册来实现监听电池剩余电量。

实例 BatteryDemo 演示了使用动态注册 BroadcastReceiver 对象并且接收系统电量改变事件并加以处理的过程，运行效果如图 6.2 所示。

图 6.2　BatteryDemo 的运行效果

实例 BatteryDemo 中 main.xml 的代码如下：

```xml
<?xml version="1.0" encoding="utf-8"?>
<LinearLayout xmlns:android="http://schemas.android.com/apk/res/android"
    android:layout_width="fill_parent"
    android:layout_height="fill_parent"
    android:orientation="vertical">

    <ToggleButton
```

```
                android:id="@+id/button"
                android:textOn="检测当前手机电量"
                android:textOff="停止检测"
                android:layout_width="fill_parent"
                android:layout_height="wrap_content"
                />

        <TextView
                android:layout_width="fill_parent"
                android:layout_height="wrap_content"
                android:id="@+id/text"/>

</LinearLayout>
```

实例 BatteryDemo 中 AndroidManifest.xml 的代码如下：

```
<?xml version="1.0" encoding="utf-8"?>
<manifest xmlns:android="http://schemas.android.com/apk/res/android"
    package="introduction.android.batteryDemo"
    android:versionCode="1"
    android:versionName="1.0">
  <uses-sdk android:minSdkVersion="14" />
  <application
        android:icon="@drawable/ic_launcher"
        android:label="@string/app_name">
    <activity
        android:name="introduction.android.batteryDemo.BatteryDemoActivity"
        android:label="@string/app_name">
      <intent-filter>
        <action android:name="android.intent.action.MAIN" />
        <category android:name="android.intent.category.LAUNCHER" />
      </intent-filter>
    </activity>
  </application>
</manifest>
```

实例 BatteryDemo 中 BatteryDemoActivity.java 的具体实现代码如下：

```
package introduction.android.batteryDemo;

import introduction.android.batteryDemo.R;
import android.app.Activity;
import android.content.BroadcastReceiver;
import android.content.Context;
import android.content.Intent;
import android.content.IntentFilter;
import android.os.Bundle;
import android.widget.CompoundButton;
import android.widget.CompoundButton.OnCheckedChangeListener;
import android.widget.TextView;
import android.widget.ToggleButton;

public class BatteryDemoActivity extends Activity {
    /** Called when the activity is first created. */
    private ToggleButton button;
    private TextView text;
```

```
BroadcastReceiver receiver=null;

@Override
public void onCreate (Bundle savedInstanceState) {
    super.onCreate (savedInstanceState) ;
    setContentView (R.layout.main) ;
    button= (ToggleButton) findViewById (R.id.button) ;
    text= (TextView) findViewById (R.id.text) ;

    final BroadcastReceiver receiver=new BroadcastReceiver(){

        @Override
        public void onReceive (Context context, Intent intent) {
            // TODO Auto-generated method stub
            String action=intent.getAction();
            if (Intent.ACTION_BATTERY_CHANGED.equals (action)) {
                int current=intent.getExtras().getInt ("level");// 获取当前电量
                int total=intent.getExtras().getInt ("scale");// 获取总电量
                int value=current * 100 / total;
                text.setText ("当前电量是"+value+"%"+"") ;
            }
        }
    };
    button.setOnCheckedChangeListener (new OnCheckedChangeListener(){

        public void onCheckedChanged (CompoundButton buttonView,
                boolean isChecked) {
            // TODO Auto-generated method stub
            if (isChecked) {
                IntentFilter filter=new IntentFilter (
                        Intent.ACTION_BATTERY_CHANGED) ;
                registerReceiver (receiver, filter) ;
            } else {
                unregisterReceiver (receiver) ;
                text.setText ("") ;
            }
        }
    }) ;
}
}
```

其中，Intent.ACTION_BATTERY_CHANGED 为当电池电量变化时产生的 Intent 对象中携带的 Action 信息。

```
IntentFilter filter=new IntentFilter (Intent.ACTION_BATTERY_CHANGED) ;
```

用于确定当前 BroadcastReceiver 对象接收的 Intent 对象的类型。

registerReceiver（receiver, filter）动态注册 receiver。

int current=intent.getExtras().getInt（"level"）获取当前电池的电量。

int total=intent.getExtras().getInt（"scale"）获取总电量。

unregisterReceiver（receiver）注销 receiver 注册。

该应用程序若要使用静态注册，则需要在 AndroidManifest.xml 文件中添加如下代码：

```
<receiver android:name="receiver">
    <intent-filter>
        <action android:name="android.intent.action.BATTERY_CHANGED"/>
    </intent-filter>
</receiver>
```

6.3　音　　频

Android 系统支持三种不同来源的音频播放：

（1）本地资源

存储在应用程序中的资源，例如存储在 RAW 文件夹下的媒体文件，只能被当前应用程序访问。

（2）外部资源

存储在文件系统中的标准媒体文件，例如存储在 SD 卡中的文件，可以被所有应用程序访问。

（3）网络资源

通过网络地址取得的数据流（URL），例如"http://www.musiconline.com/classic/007.mp3"，可以被所有应用程序访问。

6.3.1　Android N 支持的音频格式

Android N 支持的音频格式如表 6.1 所示。

表 6.1　Android N 支持的音频格式

格式／编码	支持的文件类型
AAC LC/LTP	3GPP（.3gp）
HE-AACv1（AAC+）	MPEG-4（.mp4, .m4a）
HE-AACv2（enhanced AAC+）	ADTS raw AAC
	MPEG-TS（.ts,not seekable,Android3.0+）
AMR-NB	3GPP（.3gp）
AMR-WB	3GPP（.3gp）
FLAC	FLAC（.flac）only
MP3	MP3（.mp3）
MIDI	Type 0 and 1（.mid, .xmf, .mxmf）
	RTTTL/RTX（.rtttl, .rtx）
	OTA（.ota）
	iMelody（.imy）
Vorbis	Ogg（.ogg）
	Matroska
PCM/WAVE	WAVE（.wav）

6.3.2　音频播放器

实例 MediaPlayerAudioDemo 演示了分别播放三种类型的资源的方法。该实例中 MediaPlayerAudioActivity 向 Intent 对象中传入要载入的资源类型，并通过该 Intent 启动用于播放音乐的 Activity：PlayAudio。PlayAudio 根据传入的参数分别获取对应的音乐资源并且播放。实例 MediaPlayerAudioDemo 的运行效果如图 6.3 所示。

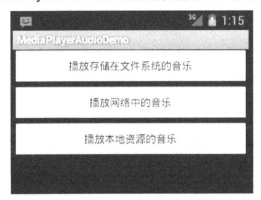

图 6.3　MediaPlayerAudioDemo 的运行效果

实例 MediaPlayerAudioDemo 中的 main.xml 代码如下：

```xml
<?xml version="1.0" encoding="utf-8"?>
<LinearLayout xmlns:android="http://schemas.android.com/apk/res/android"
  android:orientation="vertical"
  android:layout_width="fill_parent"
  android:layout_height="fill_parent"
  >
<Button
  android:layout_width="fill_parent"
  android:layout_height="wrap_content"
  android:text="播放存储在文件系统的音乐"
  android:id="@+id/button01"

  />
  <Button
  android:layout_width="fill_parent"
  android:layout_height="wrap_content"
  android:text="播放网络中的音乐"
  android:id="@+id/button02"

  />
  <Button
  android:layout_width="fill_parent"
  android:layout_height="wrap_content"
  android:text="播放本地资源的音乐"
  android:id="@+id/button03"

  />
</LinearLayout>
```

实例 MediaPlayerAudioDemo 中 MediaPlayerAudioActivity.java 文件的代码如下：

```java
package introduction.android.mediaplayer;

import android.app.Activity;
import android.content.Intent;
import android.os.Bundle;
import android.view.View;
import android.view.View.OnClickListener;
import android.widget.Button;

public class MediaPlayerAudioActivity extends Activity implements OnClickListener {
    /** Called when the activity is first created. */
    private Button button01,button02,button03;
    private String  PLAY="paly";
    private int Local=1;
    private int Stream=2 ;
    private  int Resources=3 ;
    @Override
    public void onCreate (Bundle savedInstanceState) {
        super.onCreate (savedInstanceState) ;
        setContentView (R.layout.main) ;
        button01= (Button) findViewById (R.id.button01) ;
        button02= (Button) findViewById (R.id.button02) ;
        button03= (Button) findViewById (R.id.button03) ;
        button01.setOnClickListener (this) ;
        button02.setOnClickListener (this) ;
        button03.setOnClickListener (this) ;
    }
    @Override
    public void onClick (View v) {
        // TODO Auto-generated method stub
        Intent intent=new Intent (MediaPlayerAudioActivity.this,PlayAudio.class) ;
        if (v==button01) {
            intent.putExtra (PLAY,  Local) ;
        }
        if (v==button02) {
            intent.putExtra (PLAY,  Stream) ;
        }
        if (v==button03) {
            intent.putExtra (PLAY,  Resources) ;
        }
        MediaPlayerAudioActivity .this.startActivity (intent) ;
    }
}
```

实 例 MediaPlayerAudioDemo 中 PlayAudio 类 实 现 播 放 音 频 的 功 能， 根 据 MediaPlayer-AudioActivity 类通过 Intent 传递过来的不同的值，而实现三种不同的播放音频的方式。 PlayAudio.java 文件的代码如下：

```java
package introduction.android.mediaplayer;

import android.app.Activity;
import android.media.MediaPlayer;
import android.os.Bundle;
```

```java
import android.widget.TextView;
import android.widget.Toast;

public class PlayAudio extends Activity{
    private TextView textview ;
    private String  PLAY="paly";
    private MediaPlayer mediaplayer;
    private String path ;
    @Override
    public void onCreate (Bundle savedInstanceState) {
        super.onCreate (savedInstanceState) ;
        setContentView (R.layout.other) ;
        textview= (TextView) findViewById (R.id.textview) ;
        Bundle extras=getIntent ().getExtras ();
        playAudio (extras.getInt (PLAY)) ;
    }
    private void playAudio (int play) {
        // TODO Auto-generated method stub
        try{
            switch (play) {
            case 1:
                path="sdcard/music/white.mp3";
                if (path=="") {
                    Toast.makeText (PlayAudio.this, "在 SD 卡中未找到音频文件",
Toast.LENGTH_LONG) ;
                }
                mediaplayer=new  MediaPlayer ();
                mediaplayer.setDataSource (path) ;
                mediaplayer.prepare ();
                mediaplayer.start ();
                textview.setText ("正在播放文件中的音乐") ;
                break;
            case 2:
                path=" http://www.musiconline.com/classic/007.mp3";
                if (path=="") {
                    Toast.makeText (PlayAudio.this, "未找到您要播放的歌曲",
Toast.LENGTH_LONG) .show ();
                }
                mediaplayer=new  MediaPlayer ();
                mediaplayer.setDataSource (path) ;
                mediaplayer.prepare ();
                mediaplayer.start ();
                textview.setText ("正在播放网络中的音乐") ;
                break ;
            case 3:
                mediaplayer=MediaPlayer.create (this, R.raw.black) ;
                mediaplayer.start ();
                textview.setText ("正在播放本地资源中的音乐") ;
                break;
            }
        }
        catch (Exception e) {

            System.out.println ("出现异常") ;
        }
```

```
                          }
    @Override
    protected void onDestroy(){
        // TODO Auto-generated method stub
        super.onDestroy();
        if (mediaplayer !=null)
        {
            mediaplayer.release();
            mediaplayer=null ;
        }
    }
}
```

其中，path 指向要播放的音频文件的位置。本实例中，外部文件系统中的资源是放置在 SD 卡中的 music 目录下的 white.mp3；网络资源使用的是 http://www.musiconline.com/ classic/007.mp3；本地资源使用的是 raw 目录下的 black.mp3 文件。

实例 MediaPlayerAudioDemo 中 AndroidManifest.xml 文件的代码如下：

```xml
<?xml version="1.0" encoding="utf-8"?>
<manifest xmlns:android="http://schemas.android.com/apk/res/android"
    package="introduction.android.mediaplayer"
    android:versionCode="1"
    android:versionName="1.0">
  <uses-sdk android:minSdkVersion="10" />

  <application android:icon="@drawable/icon" android:label="@string/app_name">
    <activity android:name=".MediaPlayerAudioActivity"
            android:label="@string/app_name">
        <intent-filter>
            <action android:name="android.intent.action.MAIN" />
            <category android:name="android.intent.category.LAUNCHER" />
        </intent-filter>
    </activity>
   <activity android:name=".playAudio"></activity>
  </application>
</manifest>
```

在该实例中，每次播放音频文件时都会从 MediaPlayerAudioActivity 跳转到一个新的 Activity，即 PlayAudio。当返回 MediaPlayerAudioActivity 时，由于 PlayAudio 对象被释放掉，因此播放的音乐也随之停止，不再播放。若想在返回 MediaPlayerAudioActivity 时音乐不停止，则需要使用 Service 在后台播放音频文件。

6.3.3　后台播放音频

实例 AudioServiceDemo 演示了如何在后台播放音频。该实例的运行效果如图 6.4 所示。当用户单击"启动 Service"按钮时，当前 Activity 结束，应用程序界面消失，返回 Android 应用程序列表，同时后台启动 Service，播放视频文件。

图 6.4　AudioServiceDemo 的运行效果

该实例界面简单，仅一个按钮。布局文件 main.xml 的代码如下：

```xml
<?xml version="1.0" encoding="utf-8"?>
<LinearLayout xmlns:android="http://schemas.android.com/apk/res/android"
    android:layout_width="fill_parent"
    android:layout_height="fill_parent"
    android:orientation="vertical">
  <Button
      android:id="@+id/button1"
      android:layout_width="fill_parent"
      android:layout_height="wrap_content"
      android:text="启动 Service " />
</LinearLayout>
```

实例 AudioServiceDemo 中 Activity 文件 AudioServiceDemoActivity.java 的代码如下：

```java
package introduction.android.AudioServiceDemo;

import android.app.Activity;
import android.content.Intent;
import android.os.Bundle;
import android.view.View;
import android.widget.Button;

public class AudioServiceDemoActivity extends Activity {
    /** Called when the activity is first created. */
     private Button btn;
    @Override
    public void onCreate (Bundle savedInstanceState) {
        super.onCreate (savedInstanceState) ;
        setContentView (R.layout.main) ;
        btn= (Button) findViewById (R.id.button1) ;
        btn.setOnClickListener (new View.OnClickListener(){

                @Override
                public void onClick (View v) {
                    // TODO Auto-generated method stub
                    startService (new Intent
("introduction.android.AudioServiceDemo.MY_AUDIO_SERVICE"));
                    finish();
                }
        }) ;
    }
}
```

AudioServiceDemoActivity 在按钮被单击后使用 startService() 方法启动了自定义的服务 MY_AUDIO_SERVICE，然后调用 finish() 方法关闭当前 Activity。该服务需要在 AndroidManifest.xml 文件中进行声明。AndroidManifest.xml 的代码如下：

```xml
<?xml version="1.0" encoding="utf-8"?>
<manifest xmlns:android="http://schemas.android.com/apk/res/android"
  package="introduction.android.AudioServiceDemo"
  android:versionCode="1"
  android:versionName="1.0">

  <uses-sdk android:minSdkVersion="14" />
  <application android:icon="@drawable/ic_launcher" android:label="@string/app_name">

    <activity android:name=".AudioServiceDemoActivity"
            android:label="@string/app_name">
      <intent-filter>
        <action android:name="android.intent.action.MAIN"/>
        <category android:name="android.intent.category.LAUNCHER"/>
      </intent-filter>
    </activity>
    <service android:name="MyAudioService">
      <intent-filter>
        <action
android:name="introduction.android.AudioServiceDemo.MY_AUDIO_SERVICE"/>
        <category android:name="android.intent.category.DEFAULT"/>
      </intent-filter>
    </service>
  </application>

</manifest>
```

其中：

```xml
<service android:name="MyAudioService">
      <intent-filter>
        <action
android:name="introduction.android.AudioServiceDemo.MY_AUDIO_SERVICE"/>
        <category android:name="android.intent.category.DEFAULT"/>
      </intent-filter>
</service>
```

定义了名为 MyAudioService 的 Service，该 Service 对名为 "introduction.android.AudioServiceDemo. MY_AUDIO_SERVICE" 的动作进行处理。

实例 AudioServiceDemo 中 MyAudioService.java 的代码如下：

```java
package introduction.android.AudioServiceDemo;

import java.io.IOException;

import android.app.Service;
import android.content.Intent;
import android.media.MediaPlayer;
import android.os.IBinder;
```

```
public class MyAudioService extends Service {

    private MediaPlayer mediaplayer;
    @Override
    public IBinder onBind(Intent arg0) {
        // TODO Auto-generated method stub
        return null;
    }

    @Override
    public void onDestroy(){
        // TODO Auto-generated method stub
        super.onDestroy();
        if (mediaplayer !=null)
        {
            mediaplayer.release();
            mediaplayer=null ;
        }
    }

    @Override
    public void onStartCommand(Intent intent,int flags,int startId) {
        // TODO Auto-generated method stub
        super.onStartCommand(intent, flags, startId);
        String path="sdcard/music/white.mp3";
        mediaplayer=new MediaPlayer();
        try {
            mediaplayer.setDataSource(path);
            mediaplayer.prepare();
            mediaplayer.start();
        }catch(IOException e) {
            // TODO Auto-generated catch block
            e.printStackTrace();
        }
    }
}
```

该服务启动 Mediaplayer，并播放存放于 SD 卡中的"sdcard/music/white.mp3"文件。

6.3.4 录音程序

Android SDK 提供了使用 MediaRecorder 类实现对音频和视频进行录制的功能。MediaRecorder 对象在运行过程中存在多种状态，其状态转化如图 6.5 所示。

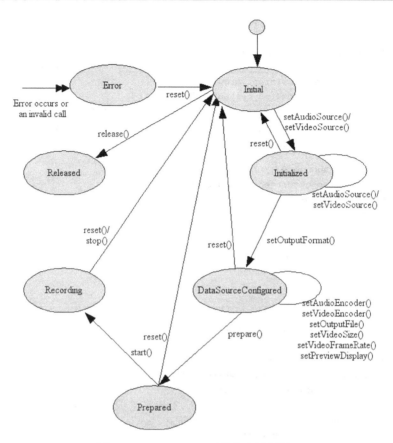

图 6.5　MediaRecorder 对象状态转化图

从图 6.5 中可以看到：

（1）创建 MediaRecorder 对象后处于 Initial 状态，MediaRecorder 对象会占用硬件资源，因此不再需要时，应该调用 release()方法销毁。在其他状态调用 reset()方法，可以使得 MediaRecorder 对象重新回到 Initial 状态，达到复用 MediaRecorder 对象的目的。

（2）在 Initial 状态调用 setVideoSource()或者 setAudioSource()之后，MediaRecorder 将进入 Initialized 状态。对于音频录制，目前 OPhone 平台支持从麦克风或者电话两个音频源录制数据。在 Initialized 状态的 MediaRecorder 还需要设置编码格式、文件数据路径、文件格式等信息，设置之后 MediaRecorder 进入 DataSourceConfigured 状态。

（3）在 DataSourceConfigured 状态调用 prepare()方法，MediaRecorder 对象将进入 Prepared 状态，录制前的状态准备就绪。

（4）在 Prepared 状态调用 start()方法，MediaRecorder 进入 Recording 状态，声音录制可能只需一段时间，这时 MediaRecorder 一直处于录制状态。

（5）在 Recording 状态调用 stop()方法，MediaRecorder 将停止录制，并将录制内容输出到指定文件。

MediaRecorder 定义了两个内部接口 OnErrorListener 和 OnInfoListener 来监听录制过程中的错误信息。例如，当录制的时间长度达到了最大限制或者录制文件的大小达到了最大文件限制时，系统会回调已经注册的 OnInfoListener 接口的 onInfo()方法。

使用 MediaRecorder 类进行音频录制的基本步骤如下：

步骤 01 建立 MediaRecorder 类的对象。

```
MediaRecorder recorder=new MediaRecorder();
```

步骤 02 设置音频来源。

```
recorder.setAudioSource (MediaRecorder.AudioSource.MIC);
```

步骤 03 设置音频输出格式。

```
recorder.setOutputFormat (MediaRecorder.OutputFormat.THREE_GPP);
```

步骤 04 设置音频编码方式。

```
recorder.setAudioEncoder (MediaRecorder.AudioEncoder.AMR_NB);
```

步骤 05 设置音频文件的保存位置及文件名。

```
recorder.setOutputFile (PATH_NAME);
```

步骤 06 将录音器置于准备状态。

```
recorder.prepare();
```

步骤 07 启动录音器。

```
recorder.start();
```

步骤 08 音频录制。

步骤 09 音频录制完成，停止录音器。

```
recorder.stop();
```

步骤 10 释放录音器对象。

```
recorder.release();
```

实例 AudioRecord 演示了使用 MediaRecorder 类对音频进行录制的过程，运行效果如图 6.6 所示。

图 6.6　AudioRecord 的运行效果

该运行效果对应的布局文件 main.xml 的代码如下：

```xml
<?xml version="1.0" encoding="utf-8"?>
<LinearLayout xmlns:android="http://schemas.android.com/apk/res/android"
    android:layout_width="fill_parent"
    android:layout_height="fill_parent"
    android:orientation="vertical">

    <TextView
        android:layout_width="fill_parent"
        android:layout_height="wrap_content"
        android:layout_marginLeft="70dp"
        android:layout_marginTop="30dp"
        android:text="@string/hello" />

    <LinearLayout
        android:layout_width="fill_parent"
        android:layout_height="wrap_content"
        android:layout_marginTop="30dp"
        android:orientation="horizontal">

        <ImageButton
            android:id="@+id/st"
            android:layout_width="wrap_content"
            android:layout_height="wrap_content"
            android:layout_marginLeft="20dp"
            android:scaleType="fitXY"
            android:src="@drawable/st" />

        <ImageButton
            android:id="@+id/stop"
            android:layout_width="wrap_content"
            android:layout_height="wrap_content"
            android:layout_marginLeft="30dp"
            android:scaleType="fitXY"
            android:src="@drawable/stop" />

    </LinearLayout>
<LinearLayout
        android:layout_width="fill_parent"
        android:layout_height="wrap_content"
        android:orientation="horizontal">

    <TextView
        android:layout_marginLeft="21dp"
        android:layout_width="wrap_content"
        android:layout_height="wrap_content"
        android:text="@string/start" />
    <TextView
        android:layout_marginLeft="43dp"
        android:layout_width="wrap_content"
        android:layout_height="wrap_content"
        android:text="@string/stop" />

</LinearLayout>
```

```xml
    <TextView
        android:id="@+id/sttext"
        android:layout_width="fill_parent"
        android:layout_height="wrap_content"
        />
</LinearLayout>
```

实例 AudioRecord 中 AndroidManifest.xml 文件的代码如下：

```xml
<?xml version="1.0" encoding="utf-8"?>
<manifest xmlns:android="http://schemas.android.com/apk/res/android"
    package="introduction.android.AudioRecord"
    android:versionCode="1"
    android:versionName="1.0">

    <uses-sdk android:minSdkVersion="14" />
    <uses-permission android:name="android.permission.RECORD_AUDIO"/>
    <application
        android:icon="@drawable/ic_launcher"
        android:label="@string/app_name">
        <activity
            android:name=".AudioRecordDemo"
            android:label="@string/app_name">
            <intent-filter>
                <action android:name="android.intent.action.MAIN" />
                <category android:name="android.intent.category.LAUNCHER" />
            </intent-filter>
        </activity>
    </application>

</manifest>
```

其中：

```xml
    <uses-permission android:name="android.permission.RECORD_AUDIO"/>
```

表明进行音频录制的用户权限。

实例 AudioRecord 中 AudioRecordDemo.java 的代码如下：

```java
package introduction.android.AudioRecord;

import java.io.File;
import java.io.IOException;

import introduction.AudioRecord.audioRecorder.R;

import android.app.Activity;
import android.media.MediaRecorder;
import android.os.Bundle;
import android.os.Environment;
import android.util.Log;
import android.view.View;
import android.view.View.OnClickListener;
import android.widget.ImageButton;
import android.widget.TextView;
import android.widget.Toast;
```

```java
public class AudioRecordDemo extends Activity implements OnClickListener {
    /** Called when the activity is first created. */
     private ImageButton st,stop;
     private TextView sttext;
     private MediaRecorder mRecorder;
      private File recordPath;
      private File recordFile;
    @Override
    public void onCreate (Bundle savedInstanceState) {
        super.onCreate (savedInstanceState) ;
        setContentView (R.layout.main) ;

        st= (ImageButton) findViewById (R.id.st) ;
        stop= (ImageButton) findViewById (R.id.stop) ;
        sttext= (TextView) findViewById (R.id.sttext) ;
        st.setOnClickListener (this) ;
        stop.setOnClickListener (this) ;
    }
    public void start(){
        if (checkSDCard()) {
                recordPath=Environment.getExternalStorageDirectory();
                File path=new File (recordPath.getPath()+File.separator
                        +"audioRecords") ;
                if (!path.mkdirs()) {
                 Log.d ("audioRecorder", "创建目录失败") ;
                        return;
                }
        } else {
                Toast.makeText (AudioRecordDemo.this, "SDcard 未连接",
Toast.LENGTH_LONG) .show();
                return ;
        }

        try {
            recordFile=File.createTempFile (String.valueOf ("myrecord_"), ".amr", recordPath);
        } catch (IOException e) {
                Log.d ("audioRecorder", "文件创建失败") ;
        }

        mRecorder=new MediaRecorder();
        // 设置麦克风
        mRecorder.setAudioSource (MediaRecorder.AudioSource.MIC) ;
        // 输出文件格式
        mRecorder.setOutputFormat (MediaRecorder.OutputFormat.DEFAULT) ;
        // 音频文件编码
        mRecorder.setAudioEncoder (MediaRecorder.AudioEncoder.DEFAULT) ;
        // 输出文件路径
        mRecorder.setOutputFile (recordFile.getAbsolutePath()) ;

        // 开始录音
        try {
                mRecorder.prepare();
                mRecorder.start();
        } catch (IllegalStateException e) {
```

```
                    e.printStackTrace();
            } catch (IOException e) {
                    e.printStackTrace();
            }
    }

    public void stop(){
       try{
              if (mRecorder !=null) {
                    mRecorder.stop();
                    mRecorder.release();
                    mRecorder=null;
              }
       }
       catch (IllegalStateException e) {

       }
    }


    private boolean checkSDCard(){
          // TODO Auto-generated method stub
       //检测 SD 卡是否插入手机中
       if (android.os.Environment.getExternalStorageState().equals
(android.os.Environment.MEDIA_MOUNTED))
          {
           return true;
          }
          return false;
    }
    @Override
    public void onClick (View v) {
          // TODO Auto-generated method stub
          if (v==st) {
              AudioRecordDemo.this.start();
              sttext.setText("正在录音...... ");
          }

          if (v==stop) {
              sttext.setText("停止录音...... ");
              AudioRecordDemo.this.stop();
          }
    }
}
```

　　该应用程序运行后，首先检测 SD 卡是否插入手机中。若 SD 卡在手机中，则会在 SD 卡的 audioRecords 目录下创建以 "myRecord_" 为前缀、以 ".amr" 为后缀的临时文件，并将录音内容写入该文件中。

6.3.5　后台录制音频

　　结合 Android 系统提供的相关 API，借助于 MediaRecorder 类，可以实现一些比较有意思的功能。比如，在手机中监听短信的功能，当有符合特定要求的短信到来时，启动相应服务在后台进行录音，进而将手机变化为一个可远程控制的录音机。

本小节在此处不去实现短信内容验证功能，而只演示通过短信远程启动后台服务并进行录音的功能，读者可以举一反三。

实例 AudioRecordService 演示了该功能。该实例实现了 BroadcastReceiver 类的子类，对手机短信息进行监听。当有短信来时，该 BroadcastReceiver 开始在后台录音并将录音文件保存在 SD 卡中，同时启动一个线程进行计时，当录音进行一分钟后，关闭录音程序。

实例 AudioRecordService 中 MessageReceiver.java 的代码如下：

```java
package introduction.android.audioServiceRecord;

import java.io.File;
import java.io.IOException;

import android.content.BroadcastReceiver;
import android.content.Context;
import android.content.Intent;
import android.media.MediaRecorder;
import android.os.Bundle;
import android.os.Environment;
import android.util.Log;

public class MessageReceiver extends BroadcastReceiver {
    private File recordPath;
    private File recordFile;
    private MediaRecorder mRecorder;
    private long startTime;
    @Override
    public void onReceive (Context context, Intent intent) {
        // TODO Auto-generated method stub
        if (intent.getAction().equals ("android.proider.Telephony.SMS_RECEIVER"))
        {
            recordBegin();
            new Thread (timing) .start();
        }
    }

    private Runnable timing=new Runnable(){
        private long currentTime=System.currentTimeMillis();
        @Override
        public void run(){
            // TODO Auto-generated method stub
            while (currentTime<startTime+60*1000) {
                try {
                    Thread.sleep (1000);
                } catch (InterruptedException e) {
                    // TODO Auto-generated catch block
                    e.printStackTrace();
                }
                recordStop();
            }
        }
    };
```

```
        private void recordBegin(){
            // TODO Auto-generated method stub
            startTime=System.currentTimeMillis();
            recordPath=Environment.getExternalStorageDirectory();
            File path=new File (recordPath.getPath()+File.separator
                        +"audioRecords");
            recordPath=path;
            try {
                recordFile=File.createTempFile (String.valueOf ("myrecord_"), ".amr",
recordPath);
            } catch (IOException e) {
                Log.d ("audioRecorder", "文件创建失败");
            }

            mRecorder=new MediaRecorder();
            mRecorder.setAudioSource (MediaRecorder.AudioSource.MIC);
            mRecorder.setOutputFormat (MediaRecorder.OutputFormat.DEFAULT);
            mRecorder.setAudioEncoder (MediaRecorder.AudioEncoder.DEFAULT);
            mRecorder.setOutputFile (recordFile.getAbsolutePath());
            try {
                mRecorder.prepare();
                mRecorder.start();
            } catch (IllegalStateException e) {
                e.printStackTrace();
            } catch (IOException e) {
                e.printStackTrace();
            }
        }
        protected void recordStop(){
            // TODO Auto-generated method stub
            mRecorder.stop();
            mRecorder.release();
            mRecorder=null;
        }
    }
```

由于实例 AudioRecordService 涉及接收短信和使用录音功能,因此需要在 AndroidManifest. xml 文件中声明相应的用户权限。AndroidManifest.xml 文件的代码如下:

```
<?xml version="1.0" encoding="utf-8"?>
<manifest xmlns:android="http://schemas.android.com/apk/res/android"
    package="introduction.android.audioServiceRecord"
    android:versionCode="1"
    android:versionName="1.0">
    <uses-sdk android:minSdkVersion="14" />
    <application
        android:icon="@drawable/ic_launcher"
        android:label="@string/app_name">
        <receiver android:name="MessageReceiver">
        <intent-filter>
            <action
            android:name="android.provider.Telephony.SMS_RECEIVED"/>
        </intent-filter>
        </receiver>
```

```
    </application>
<uses-permission android:name="android.permission.RECEIVE_SMS">
</uses-permission>
<uses-permission android:name="android.permission.RECORD_AUDIO">
</uses-permission>
</manifest>
```

6.4 视　　频

6.4.1 Android N 支持的视频文件

Android N 支持的视频格式如表 6.2 所示。

表 6.2　Android N 支持的视频文件

格式 / 编码	支持的文件类型
H.263	3GPP（.3gp）；MPEG-4（.mp4）
H.264 AVC	3GPP（.3gp）；MPEG-4（.mp4） MPEG-TS（.ts, AAC audio only, not seekable, Android 3.0+）
MPEG-4 SP	3GPP（.3gp）
VP8	WebM（.webm）；Matroska mkv

6.4.2 视频播放器

与音频播放相比，视频播放需要使用视觉组件将影像显示出来。在 Android SDK 中提供了多种播放视频文件的方法。例如，可以用 VideoView 或 SurfaceView 来播放视频，其中使用 VideoView 组件播放视频最为方便。

实例 VideoPlayDemo 演示了使用 android.widget.VideoView 组件进行视频播放的方法，运行效果如图 6.7 所示。

实例 VideoPlayDemo 中含有两个 Activity，其中 PlayVideo 含有 VideoView 组件对象，用于播放视频。视频文件存放在 SD 卡中，路径为 "Movies/movie.3gp"。而 VideoPlayAcitvty 为主 Activity，用于启动 PlayVideo。

实例 VideoPlayDemo 中 VideoPlayActivity.java 的代码如下：

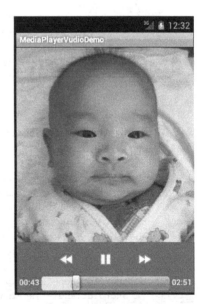

图 6.7　VideoPlayDemo 的运行效果

```
package introduction.android.playvideo;

import introduction.android.playvideo.R;
import android.app.Activity;
```

```java
import android.content.Intent;
import android.os.Bundle;

import android.view.View;
import android.view.View.OnClickListener;
import android.widget.Button;

public class VideoPlayAcitvity extends Activity {
    /** Called when the activity is first created. */
    private Button button01;

    @Override
    public void onCreate(Bundle savedInstanceState) {
        super.onCreate(savedInstanceState);
        setContentView(R.layout.main);
        button01= (Button) findViewById(R.id.button01);
        button01.setOnClickListener(new buttonListener());
    }

    class buttonListener implements OnClickListener {

        @Override
        public void onClick(View v) {
            // TODO Auto-generated method stub
            Intent intent=new Intent(VideoPlayAcitvity.this, PlayVideo.class);
            VideoPlayAcitvity.this.startActivity(intent);
        }
    }

}
```

实例 VideoPlayDemo 中 PlayVideo.java 的代码如下：

```java
package introduction.android.playvideo;
import introduction.android.playvideo.R;
import android.app.Activity;
import android.net.Uri;
import android.os.Bundle;
import android.widget.MediaController;
import android.widget.Toast;
import android.widget.VideoView;

public class PlayVideo extends Activity {
    private VideoView videoView;
    private MediaController mc ;
    private String path ;
    @Override
    public void onCreate(Bundle savedInstanceState) {
        super.onCreate(savedInstanceState);
        setContentView(R.layout.other);
        videoView= (VideoView) this.findViewById(R.id.videoView);
        path="sdcard/Movies/movie.3gp";
        mc=new MediaController(this);
        videoView.setMediaController(mc);
        videoView.setVideoPath(path);
```

```
videoView.setOnCompletionListener (new OnCompletionListener(){
            @Override
            public void onCompletion (MediaPlayer arg0) {
                // TODO Auto-generated method stub
                finish();
            }
    });
    videoView.requestFocus();
    videoView.start();
    }
}
```

其中，MediaController 类为 Android SDK 提供的视频控制器，用于显示播放时间，对播放视频进行控制。通过 VideoView 类的 setMediaController()方法可以将视频控制器和 VideoView 类结合在一起，对 VideoView 中播放的视频进行控制，大大降低了编码强度。由于要播放的视频为放置在 SD 卡中的"Movies/movie.3gp"文件，VideoView 组件使用 setVideoPath()方法即可指定该文件，并通过 start()方法进行播放。

```
videoView.setOnCompletionListener (new OnCompletionListener(){
            @Override
            public void onCompletion (MediaPlayer arg0) {
                // TODO Auto-generated method stub
                finish();
            }
    });
```

这行代码指定了 videoView 组件的视频播放完成事件的触发器，当视频播放完成后，关闭当前 Activity。

PlayVideo 使用的布局为 R.layout.other，该布局中含有 VideoView 组件，其所对应的 XML 文件 other.xml 的代码如下：

```
<?xml version="1.0" encoding="utf-8"?>
<LinearLayout xmlns:android="http://schemas.android.com/apk/res/android"
   android:orientation="vertical"
   android:layout_width="fill_parent"
   android:layout_height="fill_parent"
` >
<VideoView
   android:id="@+id/videoView"
   android:layout_width="320px"
   android:layout_height="240px"
/>
</LinearLayout>
```

实例 VideoPlayDemo 中 AndroidManifest.xml 文件的代码如下：

```
<?xml version="1.0" encoding="utf-8"?>
<manifest xmlns:android="http://schemas.android.com/apk/res/android"
    package="introduction.android.playvideo"
    android:versionCode="1"
    android:versionName="1.0">
  <uses-sdk android:minSdkVersion="10" />
```

```
    <application android:icon="@drawable/icon" android:label="@string/app_name">
        <activity android:name=".VideoPlayAcitvity"
                android:label="@string/app_name">
            <intent-filter>
                <action android:name="android.intent.action.MAIN" />
                <category android:name="android.intent.category.LAUNCHER" />
            </intent-filter>
        </activity>
        <activity android:name="introduction.android.playvideo.PlayVideo"></activity>

    </application>
</manifest>
```

此外，VideoView 也支持网络流媒体的播放，只需将 VideoView 的 setVideoPath()方法替换为 setViewURI()，并指定对应的 URI 即可。需要注意的是，并不是所有的 MP4 和 3GP 文件都可以被 VideoView 组件播放，只有使用 progressive streamable 模式转化的影片才可以被播放。播放网络流媒体文件时，需要在 AndroidManifest.xml 文件中添加相应权限：

```
<uses-permission android:name="android.permission.INTERNET"/>
    <uses-permission android:name="android.permission.WAKE_LOCK"/>
```

其中，android.permission.INTERNET 权限使当前应用程序可以访问网络资源；android.permission.WAKE_LOCK 权限使当前应用程序运行时，手机不会进入休眠状态，以便于视频播放。

使用 SurfaceView 组件播放视频的方法也不复杂，而且更加灵活。实例 MediaPlayerVideoDemo 演示了使用 SurfaceView 和 MediaPlayer 组件播放视频的方法，运行效果如图 6.8 所示。

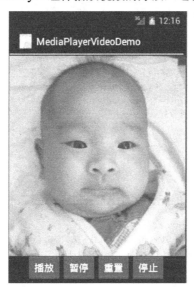

图 6.8　MediaPlayerVideoDemo 的运行效果

对应的布局文件 main.xml 的内容如下：

```
<?xml version="1.0" encoding="utf-8"?>
<LinearLayout xmlns:android="http://schemas.android.com/apk/res/android"
    android:layout_width="fill_parent"
    android:layout_height="fill_parent"
    android:orientation="vertical">
```

```xml
<SurfaceView
    android:id="@+id/surfaceView1"
    android:layout_width="fill_parent"
    android:layout_height="wrap_content"
    android:layout_weight="1.01" />

<LinearLayout
    android:id="@+id/linearLayout1"
    android:layout_width="match_parent"
    android:layout_height="wrap_content" android:gravity="center">

    <Button
        android:id="@+id/button1"
        android:layout_width="wrap_content"
        android:layout_height="wrap_content"
        android:text="播放" />

    <Button
        android:id="@+id/button2"
        android:layout_width="wrap_content"
        android:layout_height="wrap_content"
        android:text="暂停" />

    <Button
        android:id="@+id/button3"
        android:layout_width="wrap_content"
        android:layout_height="wrap_content"
        android:text="重置" />

    <Button
        android:id="@+id/button4"
        android:layout_width="wrap_content"
        android:layout_height="wrap_content"
        android:text="停止" />

</LinearLayout>

</LinearLayout>
```

实例 MediaPlayerVideoDemo 的配置文件 AndroidManifest.xml 的内容如下：

```xml
<?xml version="1.0" encoding="utf-8"?>
<manifest xmlns:android="http://schemas.android.com/apk/res/android"
  package="introduction.android.videoPlayDemo"
  android:versionCode="1"
  android:versionName="1.0">
  <uses-sdk android:minSdkVersion="14" />
  <application
      android:icon="@drawable/ic_launcher"
      android:label="@string/app_name">
    <activity
        android:label="@string/app_name"
        android:name=".VideoPlayDemoActivity">
      <intent-filter>
```

```
                <action android:name="android.intent.action.MAIN" />

                <category android:name="android.intent.category.LAUNCHER" />
            </intent-filter>
        </activity>
    </application>

</manifest>
```

实例 MediaPlayerVideoDemo 中的主 Activity 文件 VideoPlayDemoActivity.Java 的代码如下：

```java
package introduction.android.videoPlayDemo;

import java.io.IOException;
import android.app.Activity;
import android.media.AudioManager;
import android.media.MediaPlayer;
import android.os.Bundle;
import android.util.Log;
import android.view.SurfaceHolder;
import android.view.SurfaceView;
import android.view.View;
import android.view.View.OnClickListener;
import android.widget.Button;

public class VideoPlayDemoActivity extends Activity {
    /** Called when the activity is first created. */
    private Button playbtn;
    private Button pausebtn;
    private Button replaybtn;
    private Button stopbtn;
    private SurfaceView surview;
    private SurfaceHolder surHolder;
    private MediaPlayer mp;
    private String path="sdcard/movies/movie.3gp";
    protected boolean pause=false;
    @Override
    public void onCreate (Bundle savedInstanceState) {
        super.onCreate (savedInstanceState);
        setContentView (R.layout.main);
        surview= (SurfaceView) this.findViewById (R.id.surfaceView1);
        surHolder=surview.getHolder();
        surHolder.setType (SurfaceHolder.SURFACE_TYPE_PUSH_BUFFERS);
        mp=new MediaPlayer();
        mp.setOnCompletionListener (new MediaPlayer.OnCompletionListener(){

            @Override
            public void onCompletion (MediaPlayer mp) {
                // TODO Auto-generated method stub
                Log.i ("mediaplayer","播放完成");
            }
        });
        playbtn= (Button) this.findViewById (R.id.button1);
        playbtn.setOnClickListener (new OnClickListener(){
```

```
        @Override
        public void onClick (View arg0) {
            // TODO Auto-generated method stub
            if (!pause) {
                //开始播放
                mp.setAudioStreamType (AudioManager.STREAM_MUSIC);
                mp.setDisplay (surHolder);
                try {
                    mp.setDataSource (path);
                    mp.prepare();
                    mp.start();
                } catch (IOException e) {
                    // TODO Auto-generated catch block
                    e.printStackTrace();
                }
            }else{
                //暂停播放
                mp.start();
                pause=false;
            }
        }
});
pausebtn= (Button) this.findViewById (R.id.button2);
pausebtn.setOnClickListener (new OnClickListener(){
    //暂停播放
        @Override
        public void onClick (View arg0) {
            // TODO Auto-generated method stub
            if (mp!=null) {
                pause=true;
                mp.pause();
            }
        }
});
replaybtn= (Button) this.findViewById (R.id.button3);
replaybtn.setOnClickListener (new OnClickListener(){
    //重新播放
        @Override
        public void onClick (View arg0) {
            // TODO Auto-generated method stub
            if (mp!=null) {
                mp.seekTo (0);
            }
        }
});
stopbtn= (Button) this.findViewById (R.id.button4);
stopbtn.setOnClickListener (new OnClickListener(){
    //停止播放
        @Override
        public void onClick (View arg0) {
            // TODO Auto-generated method stub
            if (mp!=null) {
                mp.stop();
                mp.release();
            }
```

```
            }
        });
    }
}
```

6.4.3　拍照程序

在之前的章节中介绍过拍照程序，是通过 Intent 调用 Android 系统提供的照相机程序实现的。其实 Android SDK 提供了直接操作移动设备摄像头的 android.hardware.Camera 类，通过该类的相关 API，可以直接操作 Android 手机中的摄像头，以方便开发自己的拍照程序。

使用 Camera 类访问移动设备的摄像头，需要在应用程序的 AndroidManifest.xml 文件中做以下声明：

```
<uses-permission android:name="android.permission.CAMERA" />
    <uses-feature android:name="android.hardware.camera" />
```

使用 Camera 类进行拍照的步骤如下：

步骤 01　使用 Camera.open()方法获取 Camera 对象实例。

步骤 02　使用 Camera.getParameters()方法获取当前相机的相关设置。

步骤 03　根据需要使用 Camera.setParameters()方法设置相机的相关参数。

步骤 04　根据需要使用 Camera.setDisplayOrientation()设置相机正向。

步骤 05　使用 Camera.setPreviewDisplay()方法为相机设置一个用于显示相机图像的 Surface。

步骤 06　使用 Camera.startPreview()启动预览。

步骤 07　使用 Camera.takePicture()方法进行拍照。

步骤 08　进行拍照后，预览视图会停止。使用 Camera.startPreview()方法重新启动预览。

步骤 09　使用 Camera.stopPreview()停止预览。

步骤 10　使用 Camera.release()方法释放相机对象。应该在应用程序的 onPause()方法中释放相机对象，在 onResume()方法中重新打开相机对象。

图 6.9　MyCameraDemo 的运行效果

实例 MyCameraDemo 演示了使用 Camera 类进行拍照的过程，该应用程序的运行效果如图 6.9 所示。

该视图所使用布局文件 main.xml 的代码如下：

```
<?xml version="1.0" encoding="utf-8"?>
<LinearLayout xmlns:android="http://schemas.android.com/apk/res/android"
    android:layout_width="fill_parent"
    android:layout_height="fill_parent"
    android:orientation="vertical">

    <TextView
        android:layout_width="fill_parent"
```

```
        android:layout_height="wrap_content"
        android:text="@string/hello" />

    <SurfaceView
        android:id="@+id/surfaceView1"
        android:layout_width="fill_parent"
        android:layout_height="wrap_content"
        android:layout_weight="0.58" />

    <LinearLayout
        android:id="@+id/linearLayout1"
        android:layout_width="match_parent"
        android:layout_height="wrap_content"
        android:gravity="center">

        <Button
            android:id="@+id/button1"
            android:layout_width="wrap_content"
            android:layout_height="wrap_content"
            android:text="@string/opBtn"/>

        <Button
            android:id="@+id/button2"
            android:layout_width="wrap_content"
            android:layout_height="wrap_content"
            android:text="@string/play" />

        <Button
            android:id="@+id/button3"
            android:layout_width="wrap_content"
            android:layout_height="wrap_content"
            android:text="@string/cloBtn" />
    </LinearLayout>

</LinearLayout>
```

实例 MyCameraDemo 使用到的资源文件 string.xml 的代码如下：

```
<?xml version="1.0" encoding="utf-8"?>
<resources>

    <string name="hello">使用 android.hardware.Camera 进行拍照实例</string>
    <string name="app_name">MyCameraDemo</string>
    <string name="opBtn">打开摄像头</string>
    <string name="play">拍摄</string>
    <string name="cloBtn">关闭摄像头</string>

</resources>
```

由于实例 MyCameraDemo 中涉及将拍摄的照片保存到 SD 卡中的功能，因此需要在该工程的 AndroidManifest.xml 文件中声明相应权限。该文件内容如下：

```
<?xml version="1.0" encoding="utf-8"?>
<manifest xmlns:android="http://schemas.android.com/apk/res/android"
    package="introduction.android.myCameraDemo"
```

```
      android:versionCode="1"
      android:versionName="1.0">

    <uses-sdk android:minSdkVersion="14" />
    <uses-feature android:name="android.hardware.camera"/>
    <uses-permission android:name="android.permission.CAMERA"/>
       <uses-permission android:name="android.permission.WRITE_EXTERNAL_STORAGE" />

    <application
        android:icon="@drawable/ic_launcher"
        android:label="@string/app_name">
      <activity
          android:label="@string/app_name"
          android:name=".MyCameraDemoActivity">
        <intent-filter>
            <action android:name="android.intent.action.MAIN" />

            <category android:name="android.intent.category.LAUNCHER" />
        </intent-filter>
      </activity>
    </application>

</manifest>
```

实例 MyCameraDemo 的主 Activity 为 MyCameraDemoActivity，其代码如下：

```
package introduction.android.myCameraDemo;

import java.io.BufferedOutputStream;
import java.io.File;
import java.io.FileNotFoundException;
import java.io.FileOutputStream;
import java.io.IOException;

import android.app.Activity;
import android.graphics.Bitmap;
import android.graphics.BitmapFactory;
import android.graphics.PixelFormat;
import android.hardware.Camera;
import android.hardware.Camera.Parameters;
import android.hardware.Camera.PictureCallback;
import android.os.Bundle;
import android.util.Log;
import android.view.SurfaceHolder;
import android.view.SurfaceView;
import android.view.View;
import android.view.View.OnClickListener;
import android.widget.Button;

public class MyCameraDemoActivity extends Activity {
    private Button opbtn;
    private Button playbtn;
    private Button clobtn;
    private SurfaceView surfaceView;
    private SurfaceHolder surfaceHolder;
```

```java
private Camera camera;
private int previewWidth=320;
private int previewHeight=240;
protected String filepath="/sdcard/mypicture.jpg";

/** Called when the activity is first created. */
@Override
public void onCreate (Bundle savedInstanceState) {
    super.onCreate (savedInstanceState) ;
    setContentView (R.layout.main) ;
    opbtn= (Button) this.findViewById (R.id.button1) ;
    playbtn= (Button) this.findViewById (R.id.button2) ;
    clobtn= (Button) this.findViewById (R.id.button3) ;
    surfaceView= (SurfaceView) this.findViewById (R.id.surfaceView1) ;
    surfaceHolder=surfaceView.getHolder();
    surfaceHolder.addCallback (new SurfaceHolder.Callback(){

        @Override
        public void surfaceDestroyed (SurfaceHolder holder) {
            // TODO Auto-generated method stub
            Log.i ("camera", "surface destroyed.") ;
        }

        @Override
        public void surfaceCreated (SurfaceHolder holder) {
            // TODO Auto-generated method stub
            Log.i ("camera", "surface created.") ;
        }

        @Override
        public void surfaceChanged (SurfaceHolder holder, int format,
                int width, int height) {
            // TODO Auto-generated method stub
            Log.i ("camera", "surface changed.") ;
        }
    }) ;

    opbtn.setOnClickListener (new OnClickListener(){
    //开启摄像头
        @Override
        public void onClick (View arg0) {
            // TODO Auto-generated method stub
            openCamera();
        }

    }) ;
    playbtn.setOnClickListener (new OnClickListener(){
    //拍照
        @Override
        public void onClick (View v) {
            // TODO Auto-generated method stub
            takePicture();
        }

    }) ;
```

```
        clobtn.setOnClickListener (new OnClickListener(){
        //关闭摄像头
            @Override
            public void onClick (View v) {
                // TODO Auto-generated method stub
                closeCamera();
            }

        });

    }

protected void closeCamera(){
    // TODO Auto-generated method stub
    camera.stopPreview();
    camera.release();
    camera=null;
}

protected void takePicture(){
    // TODO Auto-generated method stub
    if (checkSDCard()) {
        camera.takePicture (null, null, jpeg);
        try {
            Thread.sleep (1000);
        } catch (InterruptedException e) {
            // TODO Auto-generated catch block
            e.printStackTrace();
        }
        camera.startPreview();
    } else {
        Log.e ("camera", "SD CARD not exist.");
        return;
    }
}

private void openCamera(){
    // TODO Auto-generated method stub

    try {
        camera=Camera.open(); // attempt to get a Camera instance
    } catch (Exception e) {
        // Camera is not available (in use or does not exist)
        Log.e ("camera", "open camera error!");
        e.printStackTrace();
        return;
    }
    Parameters params=camera.getParameters();
    params.setPreviewSize (previewWidth, previewHeight);
    params.setPictureFormat (PixelFormat.JPEG);
    params.setPictureSize (previewWidth, previewHeight);
    camera.setParameters (params);
    try {
        camera.setPreviewDisplay (surfaceHolder);
    } catch (IOException e) {
```

```
                    // TODO Auto-generated catch block
                    Log.e ("camera", "preview failed.") ;
                    e.printStackTrace() ;
                }
            camera.startPreview() ;
        }


        private PictureCallback jpeg=new PictureCallback(){

            @Override
            public void onPictureTaken (byte[] data, Camera camera) {
                // TODO Auto-generated method stub
                Bitmap bitmap=BitmapFactory.decodeByteArray (data, 0, data.length) ;
                File pictureFile=new File (filepath) ;
                if (pictureFile==null) {
                    Log.d ("camera",
                            "Error creating media file, check storage permissions") ;
                    return;
                }
                try {
                    // 将拍摄的照片写入 SD 卡中
                    FileOutputStream fos=new FileOutputStream (pictureFile) ;
                    BufferedOutputStream bos=new BufferedOutputStream (fos) ;
                    bitmap.compress (Bitmap.CompressFormat.JPEG, 80, bos) ;
                    bos.flush() ;
                    bos.close() ;
                    fos.close() ;
                    Log.i ("camera", "jpg file saved.") ;
                } catch (FileNotFoundException e) {
                    Log.d ("camera", "File not found: "+e.getMessage()) ;
                } catch (IOException e) {
                    Log.d ("camera", "Error accessing file: "+e.getMessage()) ;
                }
            }

        };


        private boolean checkSDCard(){
            // 判断 SD 存储卡是否存在
            if (android.os.Environment.getExternalStorageState().equals (
                    android.os.Environment.MEDIA_MOUNTED)) {
                return true;
            } else {
                return false;
            }
        }
    }
```

其中，openCamera()方法用于打开当前设备的相机，并通过：

```
Parameters params=camera.getParameters() ;
params.setPreviewSize (previewWidth, previewHeight) ;
params.setPictureFormat (PixelFormat.JPEG) ;
params.setPictureSize (previewWidth, previewHeight) ;
camera.setParameters (params) ;
```

设置相机的相关参数，以用于照片拍摄。

通过以下代码：

```
surfaceView= (SurfaceView) this.findViewById (R.id.surfaceView1) ;
surfaceHolder=surfaceView.getHolder();
camera.setPreviewDisplay (surfaceHolder) ;
```

将布局中的 SurfaceView 组件设置为相机的预览窗口。

由于在拍摄照片后，预览视图会自动停止预览而显示拍摄的照片，因此在本例中人为将照片显示时间设定为 1s，然后重新启动预览。相关代码如下：

```
camera.takePicture (null, null, jpeg) ;
try {
    Thread.sleep (1000) ;
} catch (InterruptedException e) {
    // TODO Auto-generated catch block
    e.printStackTrace();
}
camera.startPreview();
```

6.4.4　录制视频

视频录制也可以通过 MediaRecorder 类完成，其步骤与音频录制基本相同，只是添加了一些对视频进行处理的操作。

视频录制的基本步骤如下：

步骤01 调用 Camera.open()方法打开摄像头。

步骤02 调用 Camera.setPreviewDisplay()连接预览窗口，以便将从摄像头获取的图像放置到预览窗口中显示出来。

步骤03 调用 Camera.startPreview()启动预览，显示摄像头拍摄到的图像。

步骤04 使用 MediaRecorder 进行视频录制。

1. 使用 Camera.unlock()方法解锁摄像头，以使 MediaRecorder 获得对摄像头的使用权。

2. 配置 MediaRecorder。

（1）建立 MediaRecorder 类的对象，并设置音频源和视频源：

```
MediaRecorder recorder=new MediaRecorder();
recorder.setAudioSource (MediaRecorder.AudioSource.MIC) ;
recorder.setVideoSource (MediaRecorder.VideoSource.CAMERA) ;
```

（2）设置视频的输出和编码格式。在 Android 2.2（API Level 8）以上版本的 SDK 中，可以直接调用 MediaRecorder.setProfile 方法进行相关配置：

```
recorder.setProfile (CamcorderProfile.get (CamcorderProfile.QUALITY_LOW)) ;
```

其中，MediaRecorder.setProfile()方法为 Android 2.2（API Level 8）之后 MediaRecorder 类新提供的方法，通过 CamcorderProfile 对象可用于对 MediaRecorder 进行相关设置。

CamcorderProfile 为预先定义好的一组视频录制相关配置信息，Android SDK 共定义了 14 种

CamcorderProfile 配置，如 CamcorderProfile. QUALITY_HIGH、CamcorderProfile. QUALITY_LOW、CamcorderProfile. QUALITY_TIME_LAPSE_1080P 等。其中，QUALITY_LOW 和 QUALITY_HIGH 两种配置是所有的摄像头都支持的，其他配置则根据硬件性能决定。每一种配置都涉及文件输出格式、视频编码格式、视频比特率、视频帧率、视频的高和宽、音频编码格式、音频的比特率、音频采样率和音频录制的通道数几个方面。通过使用这些预定义配置能够降低代码复杂度，提高编码效率。

（3）设置录制的视频文件的保存位置及文件名：

```
MediaRecorder.setOutputFile (PATH_NAME);
```

（4）使用 MediaRecorder.setPreviewDisplay()方法指定 MediaRecorder 的视频预览窗口。

需要注意的是，以上配置过程必须按照顺序进行，否则会发生错误。

3. 将录像器置于准备状态：

```
MediaRecorder.prepare();
```

4. 启动录像器：

```
MediaRecorder.start();
```

5. 进行视频录制：

步骤 05 视频录制完成后，可使用以下方法停止视频录制。

1. 停止录像器：

```
MediaRecorder.stop();
```

2. 重置录像器的相关配置：

```
MediaRecorder.reset()
```

3. 释放录像器对象：

```
MediaRecorder.release();
```

4. 调用 Camera.lock()方法锁定摄像头。从 Android N 开始，该调用也不再必需，除非 MediaRecorder.prepare()方法失败。

步骤 06 调用 Camera.stopPreview()方法停止预览。

步骤 07 调用 Camera.release()方法释放摄像头。

另外，在 Android N 系统下，Camera.unlock()方法和 Camera.lock()方法可由 Android 框架来完成。

实例 VideoRecorderDemo 演示了使用 MediaRecorder 进行视频录制的过程，该实例的运行效果如图 6.10 所示。

实例 VideoRecorderDemo 使用的布局文件 main.xml 的内容如下：

图 6.10 VideoRecorderDemo 的运行效果

```
<?xml version="1.0" encoding="utf-8"?>
```

```xml
<LinearLayout xmlns:android="http://schemas.android.com/apk/res/android"
    android:layout_width="fill_parent"
    android:layout_height="fill_parent"
    android:orientation="vertical">

    <TextView
        android:layout_width="fill_parent"
        android:layout_height="wrap_content"
        android:text="@string/hello" />

    <SurfaceView
        android:id="@+id/surfaceView1"
        android:layout_width="fill_parent"
        android:layout_height="wrap_content"
        android:layout_weight="0.58" />

    <LinearLayout
        android:id="@+id/linearLayout1"
        android:layout_width="match_parent"
        android:layout_height="wrap_content"
        android:gravity="center">

        <Button
            android:id="@+id/button1"
            android:layout_width="wrap_content"
            android:layout_height="wrap_content"
            android:text="@string/opBtn"/>

        <Button
            android:id="@+id/button2"
            android:layout_width="wrap_content"
            android:layout_height="wrap_content"
            android:text="@string/play" />

        <Button
            android:id="@+id/button3"
            android:layout_width="wrap_content"
            android:layout_height="wrap_content"
            android:text="@string/cloBtn" />
    </LinearLayout>

</LinearLayout>
```

其对应的资源文件 strings.xml 的内容如下：

```xml
<?xml version="1.0" encoding="utf-8"?>
<resources>

    <string name="hello">使用 MediaRecorder 进行视频录制实例</string>
    <string name="app_name">VideoRecorderDemo</string>
    <string name="opBtn">打开摄像头</string>
    <string name="play">录制</string>
    <string name="cloBtn">关闭摄像头</string>

</resources>
```

由于实例 VideoRecorderDemo 中涉及音频录制、使用摄像头、向 SD 卡写文件等操作，因此需要在该工程的 AndroidManifest.xml 文件中声明相应权限。该文件内容如下：

```xml
<?xml version="1.0" encoding="utf-8"?>
<manifest xmlns:android="http://schemas.android.com/apk/res/android"
    package="introduction.android.videoRecorderDemo"
    android:versionCode="1"
    android:versionName="1.0">

  <uses-sdk android:minSdkVersion="14" />
    <uses-permission android:name="android.permission.CAMERA" />
<uses-feature android:name="android.hardware.camera" />
<uses-feature android:name="android.hardware.camera.autofocus" />
<uses-permission android:name="android.permission.RECORD_AUDIO"/>
<uses-permission android:name="android.permission.WRITE_EXTERNAL_STORAGE" />

  <application
      android:icon="@drawable/ic_launcher"
      android:label="@string/app_name">
    <activity
        android:label="@string/app_name"
        android:name=".VideoRecorderDemoActivity">
      <intent-filter>
        <action android:name="android.intent.action.MAIN" />

        <category android:name="android.intent.category.LAUNCHER" />
      </intent-filter>
    </activity>
  </application>

</manifest>
```

实例 VideoRecorderDemo 的主 Activity 为 VideoRecorderDemoActivity，其代码如下：

```java
package introduction.android.videoRecorderDemo;

import java.io.IOException;
import android.app.Activity;
import android.graphics.PixelFormat;
import android.hardware.Camera;
import android.hardware.Camera.Parameters;
import android.media.MediaRecorder;
import android.os.Bundle;
import android.util.Log;
import android.view.SurfaceHolder;
import android.view.SurfaceView;
import android.view.View;
import android.view.View.OnClickListener;
import android.widget.Button;

public class VideoRecorderDemoActivity extends Activity {
    private Button opbtn;
    private Button playbtn;
    private Button clobtn;
    private SurfaceView surfaceView;
```

```java
    private SurfaceHolder surfaceHolder;
    private Camera camera;
    private MediaRecorder videoRecorder;
    private String myVideofilepath="/sdcard/myVideo.3gp";
/** Called when the activity is first created. */
@Override
public void onCreate (Bundle savedInstanceState) {
    super.onCreate (savedInstanceState);
    setContentView (R.layout.main);
    opbtn= (Button) this.findViewById (R.id.button1);
        playbtn= (Button) this.findViewById (R.id.button2);
        clobtn= (Button) this.findViewById (R.id.button3);
        videoRecorder=new MediaRecorder();
        surfaceView= (SurfaceView) this.findViewById (R.id.surfaceView1);
        surfaceHolder=surfaceView.getHolder();
        surfaceHolder.addCallback (new SurfaceHolder.Callback(){

                @Override
                public void surfaceDestroyed (SurfaceHolder holder) {
                    // TODO Auto-generated method stub
                    Log.i ("videoRecorder", "surface destroyed.");
                    surfaceHolder=null;
                    stopRecording();
                    releaseCamera();
                }

                @Override
                public void surfaceCreated (SurfaceHolder holder) {
                    // TODO Auto-generated method stub
                    Log.i ("videoRecorder", "surface created.");
                    surfaceHolder=holder;
                }

                @Override
                public void surfaceChanged (SurfaceHolder holder, int format,
                        int width, int height) {
                    // TODO Auto-generated method stub
                    Log.i ("videoRecorder", "surface changed.");
                    surfaceHolder=holder;
                }
        });
        opbtn.setOnClickListener (new OnClickListener(){

                @Override
                public void onClick (View arg0) {
                    // TODO Auto-generated method stub
                    openCamera();
                }

        });
        playbtn.setOnClickListener (new OnClickListener(){

                @Override
                public void onClick (View v) {
                    // TODO Auto-generated method stub
```

```
                    benginRecording();
            }

        });
        clobtn.setOnClickListener (new OnClickListener(){

            @Override
            public void onClick (View v) {
                // TODO Auto-generated method stub
                stopRecording();
            }

        });
}

@Override
 protected void onPause(){
     // TODO Auto-generated method stub
     super.onPause();
     stopRecording();
     releaseCamera();
 }

 protected void stopRecording(){
     // TODO Auto-generated method stub
 Log.i ("videoRecorder","stopRecording....");
 if (videoRecorder!=null) {
 videoRecorder.stop();
 videoRecorder.reset();
 videoRecorder.release();
 videoRecorder=null;
 camera.lock();
 }
}
private void releaseCamera(){
    if (camera !=null) {
    camera.release();            // release the camera for other applications
    camera=null;
    }
}
 protected void benginRecording(){
     // TODO Auto-generated method stub
     Log.i ("videoRecorder","beginRecording.");
     //给摄像头解锁
     camera.unlock();
     //MediaRecorder 获取到摄像头的访问权
     videoRecorder.setCamera (camera);
     //设置视频录制过程中所录制的音频来自手机的麦克风
     videoRecorder.setAudioSource (MediaRecorder.AudioSource.CAMCORDER);
     //设置视频源为摄像头
     videoRecorder.setVideoSource (MediaRecorder.VideoSource.CAMERA);
     //设置视频录制的输出文件格式为 3gp 文件
     videoRecorder.setOutputFormat (MediaRecorder.OutputFormat.THREE_GPP);
     //设置音频编码方式为 AAC
     videoRecorder.setAudioEncoder (MediaRecorder.AudioEncoder.AAC);
```

```java
        // 设置录制的视频编码方式为 H.264
        videoRecorder.setVideoEncoder(MediaRecorder.VideoEncoder.H264);
        // 设置视频录制的分辨率, 必须放在设置编码和格式的后面, 否则报错
        videoRecorder.setVideoSize(176, 144);
        // 设置录制的视频帧率, 必须放在设置编码和格式的后面, 否则报错
        videoRecorder.setVideoFrameRate(20);
        if (!checkSDCard()) {
            Log.e("videoRecorder","未找到 SD 卡! ");
            return;
        }
        videoRecorder.setOutputFile(myVideofilepath);
        videoRecorder.setPreviewDisplay(surfaceHolder.getSurface());
        try {
            videoRecorder.prepare();
        } catch (IllegalStateException e) {
            // TODO Auto-generated catch block
            e.printStackTrace();
        } catch (IOException e) {
            // TODO Auto-generated catch block
            e.printStackTrace();
        }
        videoRecorder.start();
    }
    private void openCamera(){
        // TODO Auto-generated method stub
        Log.i("videoRecorder","openCamera.");
        try {
            camera=Camera.open(); // attempt to get a Camera instance
        } catch (Exception e) {
            // Camera is not available(in use or does not exist)
            Log.e("camera", "open camera error!");
            e.printStackTrace();
            return;
        }
        try {
            camera.setPreviewDisplay(surfaceHolder);
        } catch (IOException e) {
            // TODO Auto-generated catch block
            Log.e("camera", "preview failed.");
            e.printStackTrace();
        }
        camera.startPreview();
    }
    private boolean checkSDCard(){
        // 判断 SD 存储卡是否存在
        if (android.os.Environment.getExternalStorageState().equals(
                android.os.Environment.MEDIA_MOUNTED)) {
            return true;
        } else {
            return false;
        }
    }
}
```

该实例中, 在对 MediaRecorder 进行设置时, 没有使用:

```
videoRecorder.setProfile (CamcorderProfile.get (CamcorderProfile.QUALITY_LOW));
```

而是使用以下代码对 MediaRecorder 进行设置：

```
//设置视频录制的输出文件格式为 3gp 文件
        videoRecorder.setOutputFormat (MediaRecorder.OutputFormat.THREE_GPP);
        //设置音频编码方式为 AAC
        videoRecorder.setAudioEncoder (MediaRecorder.AudioEncoder.AAC);
        // 设置录制的视频编码方式为 H.264
        videoRecorder.setVideoEncoder (MediaRecorder.VideoEncoder.H264);
        // 设置视频录制的分辨率，必须放在设置编码和格式的后面，否则报错
        videoRecorder.setVideoSize (176, 144);
        // 设置录制的视频帧率，必须放在设置编码和格式的后面，否则报错
        videoRecorder.setVideoFrameRate (20);
```

6.5 小　　结

本章介绍了 Service 的相关知识，涉及 Service 的生命周期和使用方法。Service 是一种与 Activity 类似的程序，不同的是它没有用户界面，只能在后台运行。Service 适合执行一些较为耗时的工作。当 Service 被启动后，它会一直在后台运行，直到调用 Service 的 stopService()方法才终止服务。例如，本章中实现的后台音频播放程序，当离开音频播放的主界面时，音乐还是会一直播放。

Service 的功能不仅如此，在日后的学习过程中，会接触到更多的和 Service 相关的开发方法。

本章还简单介绍了 BroadcastReceiver 的使用方法。BroadcastReceiver 是 Android 系统中的广播接收者，通过 BroadcastReceiver 可以轻松实现对 Android 系统中特定事件的处理，例如当有来电、电池电量发生变化等事件发生时，可以使程序员通过自己开发的应用程序对事件进行处理。

此外，本章介绍了多媒体开发相关的知识，如视频播放、音频播放、视频和音频的录制、使用照相机拍照等，其中涉及 Android 系统的硬件编程。读者可以举一反三，对 Android 系统提供的硬件资源进行更多的开发。

6.6 习　　题

1. 尝试开发自己的音频播放器。
2. 尝试开发自己的视频播放器。
3. 尝试开发自己的照相机应用程序。
4. 怎么才能实现远程控制其他手机进行后台录音？
5. 使用 MediaRecorder 进行视频录制时，能否不出现界面而在后台录制视频？

第7章

数 据 存 储

无论是桌面应用程序还是 Android 手机应用程序，都会涉及数据的存储。本章将详细介绍在 Android 中存储数据的相关知识。

在 Android 中应用程序存储的数据（包括文件）都属于应用程序私有，但同时也提供了 ContentProviders（数据共享），方便应用程序将私有的数据分享给其他程序使用。其中数据存储方式共分为 5 种，分别为：

- SharedPreferences。
- 内部存储（Internal Storage）。
- 外部存储（External Storage）。
- SQLite 数据库存储。
- 网络存储。

其中，网络存储在本质上是对网络资源的获取和访问，其相关内容会在网络编程章节中进行介绍，本章主要介绍前 4 种，其中内部存储和外部存储统称为文件存储。此外，Android 系统框架提供了 ContentProvider 来实现各种应用程序间持久化数据的共享。

7.1 SharedPreferences

SharedPreferences 是 Android 系统提供的一个通用的数据持久化框架，用于存储和读取 key-value 类型的原始基本数据对，目前仅支持 boolean、float、int、long 和 string 等基本类型的存储，对于自定义的复合数据类型，是无法使用 SharedPreferences 进行存储的。

7.1.1 SharedPreferences 简介

SharedPreferences 主要用于存储系统的配置信息，类似于 Windows 下常用的 .ini 文件，例如上次登录的用户名、上次最后设置的信息等，通过保存上一次用户所做的修改或者自定义参数设定，当再次启动程序后依然保持原有设置。它是用键值对的方式存储的，方便管理写入和读取。

使用 SharedPreferences 的步骤如下：

步骤 01 获取 Preferences。每个 Activity 默认都有一个 SharedPreferences 对象，获取 SharedPreferences 对象的方法有两种：

- SharedPreferences getSharedPreferences（String name, int mode）。使用该方法获取 name 指定的 SharedPreferences 对象，并获取对该 SharedPreferences 对象的读写控制权。当应用程序中可能使用到多个 SharedPreferences 时使用该方法。
- SharedPreferences getPreferences（int mode）。当应用程序中仅需要一个 SharedPreferences 对象时，使用该方法获取当前 Activity 对应的 SharedPreferences，而不需要指定 SharedPreferences 的名字。

其中，参数 mode 有 4 种取值，分别是：

- MODE_PRIVATE 默认方式，只能被创建的应用程序或者与创建的应用程序具有相同用户 ID 的应用程序访问。
- MODE_WORLD_READABLE 允许其他应用程序对该 SharedPreferences 文件进行读操作。
- MODE_WORLD_WRITEABLE 允许其他应用程序对该 SharedPreferences 文件进行写操作。
- MODE_MULTI_PROCESS 在多进程应用程序中，当多个进程都对同一个 SharedPreferences 进行访问时，该文件的每次修改都会被重新核对。

步骤 02 调用 edit()方法获取 SharedPreferences.Editor，SharedPreferences 通过该接口对其内容进行更新。

步骤 03 通过 SharedPreferences.Editor 接口提供的 put 方法对 SharedPreferences 进行更新。例如使用 putBoolean（String key, boolean value）、 putFloat（String key, float value）等方法将相应数据类型的数据与其 key 对应起来。

步骤 04 调用 SharedPreferences.Editor 的 commit()方法将更新提交到 SharedPreferences 中。

7.1.2 使用 SharedPreferences

实例 SharedPreferencesDemo 演示了 SharedPreferences 对象的使用方法。该实例的运行效果如图 7.1 所示。当用户在该实例运行时，在文本框中输入电话号码和所在城市，例如 13088888888 和 beijing，单击回退按钮退出应用程序时，该应

图 7.1 SharedPreferencesDemo 界面

用程序将相关信息写入其对应的 SharedPreferences 中。当用户再次启动该应用程序时，之前填写到文本框内的信息会被从 SharedPreferences 中读取并显示出来，以方便用户修改。

实例 SharedPreferencesDemo 中的布局文件 main.xml 中放置了三个 TextView 和两个 EditText，其中两个 EditText 按照 TextView 的要求输入电话号码和城市。其代码如下：

```xml
<?xml version="1.0" encoding="utf-8"?>
<LinearLayout xmlns:android="http://schemas.android.com/apk/res/android"
    android:layout_width="fill_parent"
    android:layout_height="fill_parent"
    android:orientation="vertical">
  <TextView
      android:layout_width="fill_parent"
      android:layout_height="wrap_content"
      android:text="使用 Shared Preferences 存储程序信息" />
  <TextView
      android:layout_width="fill_parent"
      android:layout_height="wrap_content"
      android:text="您的电话号码: "/>
  <EditText
      android:id="@+id/phone_text"
      android:layout_width="fill_parent"
      android:layout_height="wrap_content"
      android:hint="输入电话号码"/>
  <TextView
      android:layout_width="fill_parent"
      android:layout_height="wrap_content"
      android:text="您所在的城市"/>
  <EditText
      android:id="@+id/city_text"
      android:layout_width="fill_parent"
      android:layout_height="wrap_content"
      android:hint="输入城市名称"/>
</LinearLayout>
```

实例 SharedPreferencesDemo 中 AndroidManifest.xml 的代码如下：

```xml
<?xml version="1.0" encoding="utf-8"?>
<manifest xmlns:android="http://schemas.android.com/apk/res/android"
    package="introduction.android.SharedPreferencesDemo"
    android:versionCode="1"
    android:versionName="1.0">
  <uses-sdk android:minSdkVersion="14" />
  <application
      android:icon="@drawable/ic_launcher"
      android:label="@string/app_name">
    <activity
        android:name=".SharedPreferencesDemo"
        android:label="@string/app_name">
      <intent-filter>
        <action android:name="android.intent.action.MAIN" />
        <category android:name="android.intent.category.LAUNCHER" />
      </intent-filter>
    </activity>
  </application>
```

```
</manifest>
```

实例 SharedPreferencesDemo 中 SharedPreferencesDemo.java 的代码如下：

```
package introduction.android.SharedPreferencesDemo;
import javax.security.auth.PrivateCredentialPermission;
import introduction.android.SharedPreferencesDemo.R;
import android.app.Activity;
import android.content.SharedPreferences;
import android.os.Bundle;
import android.widget.EditText;
public class SharedPreferencesDemo extends Activity {
    private EditText phoneText,cityText;
    private String phone,city;
    public static final String SET_INFO="SET_Info";
    public static final String PHONE="PHONE";
    public static final String CITY="CITY";
    @Override
    public void onCreate (Bundle savedInstanceState) {
        super.onCreate (savedInstanceState);
        setContentView (R.layout.main);
        phoneText= (EditText) findViewById (R.id.phone_text);
        cityText= (EditText) findViewById (R.id.city_text);
        /*获取 Shared Preferences 对象*/
        SharedPreferences setinfo=getPreferences (Activity.MODE_PRIVATE);
        /*取出保存的电话号码和地址信息*/
        phone=setinfo.getString (PHONE,"");
        city=setinfo.getString (CITY, "");
        /*将取出的信息分别放在对应的 EditText 中*/
        phoneText.setText (phone);
        cityText.setText (city);
    }
    @Override
    protected void onStop(){
        SharedPreferences setinfo=getPreferences (Activity.MODE_PRIVATE);
        setinfo.edit()
        .putString (PHONE,phoneText.getText().toString())
        .putString (CITY,cityText.getText().toString())
        .commit();
        super.onStop();
    }
}
```

该 Activity 在启动时通过 onCreate()方法从其 SharedPreferences 中获取相应数据，在 onStop()方法中将相应数据写入 SharedPreferences 中，其中：

```
SharedPreferences setinfo=getPreferences (Activity.MODE_PRIVATE);
```

用于获取当前 Activity 默认的 SharedPreferences 对象，该对象没有名字。当然，也可以通过 getSharedPreferences(String name, int mode)方法来创建并获取一个带有名字的 SharedPreferences。当该 SharedPreferences 被创建后，可以在应用程序的包路径下，即 data/data/<your package name>/shared_prefs 文件夹下找到该文件。

7.2　文　件　存　储

7.2.1　文件存储方式简介

Android 的文件存储方式分为两种：内部存储和外部存储。

1. 内部存储

内部存储是指将应用程序的数据以文件方式存储到设备内存中。以内部存储方式存储的文件属于其所创建的应用程序私有，其他应用程序无权进行操作。当创建的应用程序被卸载时，其内部存储的文件也随之被删除。当内部存储器的存储空间不足时，缓存文件可能会被删除以释放空间，因此，缓存文件是不可靠的。当使用缓存文件时，自己应该维护好缓存文件，并且将缓存文件限制在特定大小之内。

使用文件存储信息时，使用 openFileOutput 和 openFileInput 进行文件的读写，这跟 Java 中的 I/O 程序很类似。创建并写内部存储文件的步骤如下：

步骤 01　通过 Context.openFileOutput（String name, int mode）方法打开文件并设定读写方式，返回 FileOutputStream。

其中，参数 mode 取值为：

- MODE_PRIVATE，默认访问方式，文件仅能被创建应用程序访问。
- MODE_APPEND，若文件已经存在，则在文件末尾继续写入数据，而不抹掉文件原有内容。
- MODE_WORLD_READABLE，允许该文件被其他应用程序执行读取内容操作。
- MODE_WORLD_WRITEABLE，允许该文件被其他应用程序执行写操作。

步骤 02　调用 FileOutputStream.write()方法写入数据。

步骤 03　调用 FileOutputStream.close()方法关闭输出流，完成写操作。

内部存储文件的写文件示例代码如下：

```
String FILENAME="hello_file";
String string="hello world!";
FileOutputStream fos=openFileOutput (FILENAME, Context.MODE_PRIVATE);
fos.write (string.getBytes());
fos.close();
```

2. 外部存储

外部存储是指将文件存储到一些外部存储设备上，例如 SD 卡或者设备内嵌的存储卡，属于永久性的存储方式。外部存储的文件不被某个应用程序所特有，可以被其他应用程序共享，当将该外部存储设备连接到计算机上时，这些文件可以被浏览、修改和删除。因此，这种存储方式不具有安全性。

由于外部存储器可能处于被移除、连接到计算机、丢失、只读或者其他各种状态，因此在使用外部存储之前，必须使用 Environment.getExternalStorageState()方法来确认外部存储器是否可用。

验证外部存储器是否可读写的代码如下：

```
boolean mExternalStorageAvailable=false;
boolean mExternalStorageWriteable=false;
String state=Environment.getExternalStorageState();
 if (Environment.MEDIA_MOUNTED.equals (state)) {
    // 外部存储器可读写
    mExternalStorageAvailable=mExternalStorageWriteable=true;
} else if (Environment.MEDIA_MOUNTED_READ_ONLY.equals (state)) {
    // 外部存储器可读不可写
    mExternalStorageAvailable=true;
    mExternalStorageWriteable=false;
} else {
    // 外部存储器不可读写，处于其他状态
    mExternalStorageAvailable=mExternalStorageWriteable=false;
}
```

此外，在程序开发过程中还可以使用缓存文件（Cache），内部存储和外部存储都可以用于保存缓存文件。当存储器的存储空间不足时，缓存文件可能会被删除以释放空间。因此，缓存文件是不可靠的。当使用缓存文件时，应该自己维护好缓存文件，并且将缓存文件限制在特定大小之内。

7.2.2 使用文件存储功能

实例 FileDemo 演示了使用文件存储的功能，其运行效果如图 7.2 所示。该实例将文本框中输入的内容存储到名为 text 的文件中。当该应用程序再次启动时，可以从 text 文件写入的内容中读取并显示出来。本实例使用内部存储方式，读者可以在 data/data/<your package name>/files 目录下找到名为 text 的文件。本实例没有将文件放置到 SD 卡中，读者可以自行实现将文件保存在 SD 卡中的操作。

图 7.2　FileDemo 界面

实例 FileDemo 的布局文件 main.xml 中放置了两个 TextView、一个 EditText 和两个 Button，

其代码如下：

```xml
<?xml version="1.0" encoding="utf-8"?>
<LinearLayout xmlns:android="http://schemas.android.com/apk/res/android"
    android:layout_width="fill_parent"
    android:layout_height="fill_parent"
    android:orientation="vertical">
    <TextView
        android:layout_width="fill_parent"
        android:layout_height="wrap_content"
        android:text="使用文件存储程序信息" />
    <TextView
        android:layout_width="fill_parent"
        android:layout_height="wrap_content"
        android:text="输入您存储的信息"/>
    <EditText
        android:id="@+id/phone_text"
        android:layout_width="fill_parent"
        android:layout_height="wrap_content"
        android:hint="输入保存的信息"/>
    <LinearLayout
        android:layout_width="wrap_content"
        android:layout_height="wrap_content"
        android:orientation="horizontal">
        <Button
            android:id="@+id/SaveButton"
            android:layout_width="wrap_content"
            android:layout_height="wrap_content"
            android:text="保存信息"/>
        <Button
            android:id="@+id/LoadButton"
            android:layout_width="wrap_content"
            android:layout_height="wrap_content"
            android:text="读取信息"/>
    </LinearLayout>

</LinearLayout>
```

实例 FileDemo 中 AndroidManifest.xml 文件的代码如下：

```xml
<?xml version="1.0" encoding="utf-8"?>
<manifest xmlns:android="http://schemas.android.com/apk/res/android"
    package="introduction.android.fileDemo"
    android:versionCode="1"
    android:versionName="1.0">
    <uses-sdk android:minSdkVersion="14" />
    <application
        android:icon="@drawable/ic_launcher"
        android:label="@string/app_name">
        <activity
            android:name="introduction.android.fileDemo.FileDemo"
            android:label="@string/app_name">
            <intent-filter>
                <action android:name="android.intent.action.MAIN" />
                <category android:name="android.intent.category.LAUNCHER" />
```

```
        </intent-filter>
      </activity>
   </application>
</manifest>
```

实例 FileDemo 中 FileDemo.java 的代码如下：

```
public class FileDemo extends Activity {
    private EditText SaveText;
    private Button SaveButton,LoadButton;
    @Override
    public void onCreate (Bundle savedInstanceState) {
        super.onCreate (savedInstanceState) ;
        setContentView (R.layout.main) ;
        SaveText= (EditText) findViewById (R.id.phone_text) ;
        SaveButton= (Button) findViewById (R.id.SaveButton) ;
        LoadButton= (Button) findViewById (R.id.LoadButton) ;
        SaveButton.setOnClickListener (new ButtonListener()) ;
        LoadButton.setOnClickListener (new ButtonListener()) ;
    }
    private class ButtonListener implements OnClickListener{
     @Override
     public void onClick (View v) {
         switch (v.getId()) {
         /*保存数据*/
         case R.id.SaveButton:
           String saveinfo=SaveText.getText().toString().trim();
           FileOutputStream fos;
           try {
               fos=openFileOutput ("text", MODE_APPEND) ;
               fos.write (saveinfo.getBytes()) ;
               fos.close();
           } catch (Exception e) {
               e.printStackTrace();
           }
           Toast.makeText (FileDemo.this,"数据保存成功",Toast.LENGTH_LONG) .
show();
           break;
           /*读取数据*/
         case R.id.LoadButton:
           String get="";
           try {
               FileInputStream fis=openFileInput ("text") ;
               byte [] buffer=new byte[fis.available()];
               fis.read (buffer) ;
               get=new String (buffer) ;
           } catch (Exception e) {
               e.printStackTrace();
           }
           Toast.makeText (FileDemo.this,"保存的数据是： "+get,
Toast.LENGTH_LONG) .show();
           break;
         default:
           break;
         }
```

```
        }
      }
    }
```

7.3　SQLite

前面我们介绍了用 SharedPreferences 和文件存储信息的方法，但是当频繁大量地使用数据存储时，就要用到数据库来管理信息数据。在 Android 中，我们使用 SQLite 数据库，在应用中也常常会用到 SQLite 来存储、管理、维护数据，本节将详细介绍 SQLite 的使用方法。

7.3.1　SQLite 数据库简介

Android 通过 SQLite 数据库引擎来实现结构化数据存储。Android 系统提供对 SQLite 数据库的完全支持，在数据库应用程序中，任何类都可以通过名字对已创建的数据库进行访问，但是在应用程序之外不可以。

SQLite 是一个轻量级数据库，第一个版本诞生在 2000 年 5 月，其遵守 ACID 的关联式数据库管理系统，最初就是为嵌入式设计的，其占用资源非常少，在内存中只需要占用几百千字节（KB）的存储空间，这也是 Android 采用 SQLite 数据库的重要原因之一。同时，SQLite 还支持事务处理功能，根据相关资料可知，SQLite 的处理速度比 MySQL、PostgreSQL 等著名的开源数据库管理系统更快。另外，SQLite 数据库不像其他的数据库（如 Oracle），它没有服务器进程，SQLite 通过文件保存数据库，该文件是跨平台的，可以自由复制。一个文件就是一个数据库，数据库名称即文件名；数据库里面可以包含多个表格，在每个表格中可以添加多条记录，但记录没有名称；记录可以由多个字段组成，每个字段都要有相对应的值，每个值都必须指定类型。基于 SQLite 自身的先天优势，其在嵌入式领域中得到了广泛应用。

SQLite 支持 SQL 语言，由 SQL 编译器、内核、后端以及附件组成。SQLite 通过利用虚拟机和虚拟数据库引擎（VDBE），使调试、修改和扩展 SQLite 的内核变得更加方便。

Android 在运行时（run-time）集成了 SQLite，所以每个 Android 应用程序都可以使用 SQLite 数据库，在 Android 开发中使用 SQLite 相当简单。但是，由于 JDBC 会消耗太多的系统资源，所以 JDBC 对于手机这种内存受限的设备来说并不合适。因此，Android 提供了一些新的 API 来使用 SQLite 数据库，在 Android 开发中，我们需要学习使用这些 API。另外需要了解的是，数据库存储在 data/<项目文件夹>/databases/目录下。

操作 SQLite 数据的步骤如下：

步骤01　创建 SQLite 数据库。Android 系统推荐的创建 SQLite 数据库的方法是创建实现 SQLiteOpenHelper 接口的子类，并且重写 onCreate()方法，在该方法中执行用于创建 SQLite 数据库的命令。所创建的数据库被放置在/data/data/<your package name> /database 目录下，例如：

```
public class DictionaryOpenHelper extends SQLiteOpenHelper {
    private static final int DATABASE_VERSION=2;
    private static final String DICTIONARY_TABLE_NAME="dictionary";
```

```
        //创建数据库的SQL语句
    private static final String DICTIONARY_TABLE_CREATE=
                "CREATE TABLE "+DICTIONARY_TABLE_NAME+" ("+
                KEY_WORD+" TEXT, "+
                KEY_DEFINITION+" TEXT) ;";
        DictionaryOpenHelper (Context context) {
            super (context, DATABASE_NAME, null, DATABASE_VERSION) ;
        }
        @Override
        public void onCreate (SQLiteDatabase db) {
            db.execSQL (DICTIONARY_TABLE_CREATE) ; //执行SQL语句
        }
    }
```

步骤 02 获取数据库对象。通过实现 SQLiteOpenHelper 接口的类的对象，调用 getWritableDatabase()和 getReadableDatabase()方法，可以返回所创建数据库的 SQLiteDatabase 对象。

步骤 03 对数据库进行操作。SQLiteDatabase 对象提供了对数据库进行操作的一系列方法，例如 query、insert、delete、update 等，进而对 SQLite 数据库进行读写等操作。

步骤 04 对数据库的查询操作会返回一个 Cursor 对象，通过该对象可以从返回的结果中读取出行、列信息。

7.3.2 SQLite 数据库操作

Android 提供了创建和使用 SQLite 数据库的 API。Android SDK 提供了一系列对 SQLite 数据库进行操作的类和接口，这里我们简单介绍一下。

- SQLiteDatabase 类。SQLiteDatabase 是一个数据库访问类，此类封装了一系列数据库操作的 API，使其可以对数据进行 CRUD 操作，即添加、查询、更新、删除等。一些常用的操作数据库的方法如表 7.1 所示。

表 7.1　SQLiteDatabase 常用方法

方法名称	方法描述
openOrCreateDatabase（String path,SQLiteDatabase.CursorFactory factory）	打开或创建数据库
insert（String table,String nullColumnHack,ContentValues values）	添加一条记录
delete（String table,String whereClause,String[] whereArgs）	删除一条记录
query（String table, String[] columns, String selection, String[] selectionArgs, String groupBy,String having,String orderBy）	查询一条记录
update（String table,ContentValues values,String whereClause,String[] whereArgs）	修改记录
execSQL（String sql）	执行一条 SQL 语句
close()	关闭数据库

- SQLiteOpenHelper 类。SQLiteOpenHelper 是一个抽象类，用来创建和版本更新。SQLiteOpenHelper 的子类通过 getReadableDatabase()和 getWritableDatabase()方法来获取 SQLiteDatabase 实例对象，并保证以同步方式访问。通常情况下，getReadableDatabase()和 getWritableDatabase()都是创建或者打开一个可写数据库，并返回相同的对象。只有在某些情

况下，例如磁盘空间满了，或者数据库只能以只读方式打开的时候，getReadableDatabase()
方法才会以查询方式打开数据库。其一般的用法是定义一个类继承之，并实现其抽象方法来
创建和更新数据库，其常见的方法如表 7.2 所示。

表 7.2　SQLiteOpenHelper 常用方法

方法名称	方法描述
SQLiteOpenHelper （ Context context,String name, CursorFactory factory, int version）	构造方法，一般是要传递一个要创建的数据库名称
onCreate（SQLiteDatabase db）	创建数据库时调用
onUpdate （ SQLiteDatabase db,int oldVersion,int newVersion）	版本更新时调用
getReadableDatabase()	创建或打开一个只读数据库
getWritableDatabase()	创建或打开一个读写数据库

● Cursor 接口。Cursor 是一个游标接口，在数据库中使用时作为返回值，相当于结果集 ResultSet。
它提供了遍历查询结果的方法。Cursor 游标的一些常用方法如表 7.3 所示。

表 7.3　Cursor 游标常用方法

方法名称	方法描述
close()	关闭游标，释放资源
copyStringToBuffer(int columnIndex, CharArrayBuffer buffer)	在缓冲区中检索请求的列的文本，并将其存储
getColumnCount()	返回所有列的总数
getColumnIndex(String columnName)	返回指定列的名称，如果不存在，就返回-1
getColumnIndexOrThrow(String columnName)	从零开始返回指定列的名称，如果不存在，将抛出异常
getColumnName(int columnIndex)	从给定的索引返回列名
getColumnNames()	返回一个字符串数组的列名
getCount()	返回 Cursor 中的行数
moveToFirst()	移动光标到第一行
moveToLast()	移动光标到最后一行
moveToNext()	移动光标到下一行
moveToPosition(int position)	移动光标到一个绝对的位置
moveToPrevious()	移动光标到上一行

这些方法的使用可以通过创建数据库、创建表和执行 SQL 语句的过程一一进行介绍。

步骤 01　打开或创建数据库。openOrCreateDatabase()方法会自动检测要打开的数据库是否存
在，如果存在就打开，否则创建一个数据库。若该方法运行成功，则返回一个 SQLiteDatabase 对象，
否则抛出异常 FileNotFoundException。下面为创建名为 "sie.db" 的数据库的代码：

```
SQLiteDatabase database=SQLiteDatabase.openOrCreateDatabase ("/data/data/sie.db",null);
```

步骤 02　创建数据表。使用 SQLiteDatabase 的 execSQL()方法执行 SQL 语句，便能创建一个
表。下面创建一个表，其中有三个属性：_id 为主键并自动增加，name 为姓名，number 为编号，相

关代码如下:

```
String table="create table sietexttable (_id integer primary key autoincrement,
name text, number text)";
database.execSQL (table);
```

步骤 03 插入数据。使用 SQLiteDatabase 的 insert（String table,String nullColumnHack, ContentValues values）方法，第一个参数是表名称，第二个参数是空列的默认值，第三个参数是 ContentValues 封装的列的名称和对应的列值，代码如下:

```
ContentValues values=new ContentValues();
    values.put ("name", "sietext01");
    values.put ("number", "001");
    database.insert ("table", null, values);
```

步骤 04 删除数据。使用 SQLiteDatabase 的 delete（String table,String whereClause,String[] whereArgs）方法，第一个参数是表的名称，第二个参数是删除条件，第三个参数是条件值数组。

步骤 05 修改数据。使用 SQLiteDatabase 的 update（String table,ContentValues values,String whereClause, String[] whereArgs）方法，第一个参数是表名称，第二个参数是更新行和列的 ContentValues 类型的键值对，第三个参数是更新条件，第四个参数是更新的条件数组。此外，上述三种能够引起数据库数据改变的操作，都可以通过 SQLiteDatabase 的 execSQL()方法来完成。

步骤 06 查询数据。在 Android 中通过 Cursor 类来实现，使用 SQLiteDatabase.query()方法会得到一个 Cursor 对象，Cursor 用于指向查询结果中的记录。下面使用 Cursor 查询数据库中的数据，代码如下:

```
Cursor cursor=database.query ("table", null, null, null, null, null, null);
        /*判断游标是否为空*/
        if (cursor.moveToFirst()) {
         for (int i=0;i<cursor.getCount();i++) {
            cursor.moveToNext();
              //获得 ID
              int id=cursor.getInt (0);
              //获得用户名
              String name=cursor.getString (1);
              //获得编号
              String number=cursor.getString (2);
          }
        }
```

SQLiteOpenHelper 类是 SQLiteDataBase 的帮助类，这个类主要用于打开或者创建数据库，并返回数据库对象，同时对数据库的版本进行管理。并且它是一个抽象类，需要继承它并实现里面的两个抽象方法:

- onCreate（SQLiteDatabase）。在数据库第一次生成的时候会调用这个方法，一般在这个方法中生成数据库表。
- onUpgrade（SQLiteDatabase,int,int）。当数据库需要升级的时候，系统会主动调用这个方法。一般在这个方法中删除原有数据表，并建立新的数据表。

7.3.3　SQLite 数据库操作实例

实例 MyDbDemo 演示了使用 SQLiteOpenHelper 和 SQLiteDatabase 对数据库进行操作的过程，其运行效果如图 7.3 所示。

图 7.3　MyDbDemo 界面

实例 MyDbDemo 使用 SQLiteOpenHelper 对象建立了数据库文件 "mydb"，通过 SQLiteDatabase 对象对该数据库进行数据的查询、插入、修改和删除操作，并显示到 ListView 组件中。

实例 MyDbDemo 的运行界面实际上由两个 XML 文件组成，分别是 main.xml 和 listview.xml。其中 main.xml 文件的代码如下：

```xml
<?xml version="1.0" encoding="utf-8"?>
<LinearLayout xmlns:android="http://schemas.android.com/apk/res/android"
  android:layout_width="fill_parent"
  android:layout_height="fill_parent"
  android:orientation="vertical">

<LinearLayout
    android:layout_width="fill_parent"
    android:layout_height="wrap_content"
    android:addStatesFromChildren="true">

<TextView
    android:layout_width="wrap_content"
    android:layout_height="wrap_content"
    android:text="姓名"
    android:textColor="?android:attr/textColorSecondary" />
<EditText
    android:id="@+id/et_name"
    android:layout_width="wrap_content"
    android:layout_height="wrap_content"
```

```
                android:layout_weight="1"
                android:singleLine="true" />
    </LinearLayout>
    <LinearLayout
        android:layout_width="fill_parent"
        android:layout_height="wrap_content"
        android:addStatesFromChildren="true">
        <TextView
            android:layout_width="wrap_content"
            android:layout_height="wrap_content"
            android:text="年龄"
            android:textColor="?android:attr/textColorSecondary" />
        <EditText
            android:id="@+id/et_age"
            android:layout_width="wrap_content"
            android:layout_height="wrap_content"
            android:layout_weight="1"
            android:singleLine="true" />
    </LinearLayout>
    <LinearLayout
        android:layout_width="fill_parent"
        android:layout_height="wrap_content"
        android:addStatesFromChildren="true"
        android:gravity="center">
        <Button
            android:id="@+id/bt_add"
            android:layout_width="wrap_content"
            android:layout_height="wrap_content"
            android:text="添加"
            android:onClick="addbutton">
        </Button>
        <Button
            android:id="@+id/bt_modify"
            android:layout_width="wrap_content"
            android:layout_height="wrap_content"
            android:text="修改"
            android:onClick="updatebutton">
        </Button>
            <Button
            android:id="@+id/bt_del"
            android:layout_width="wrap_content"
            android:layout_height="wrap_content"
            android:text="删除"
            android:onClick="updatebutton">
        </Button>
        <Button
            android:id="@+id/bt_query"
            android:layout_width="wrap_content"
            android:layout_height="wrap_content"
            android:text="查询"
            android:onClick="querybutton">
        </Button>
    </LinearLayout>
    <ListView
        android:id="@+id/listView"
```

```
      android:layout_width="fill_parent"
      android:layout_height="wrap_content"
      android:padding="5dip">
   </ListView>
</LinearLayout>
```

由代码可见，main.xml 实际上实现的是如图 7.4 所示的效果。该布局中放置了两个 TextView、两个 EditText 和 4 个按钮，在按钮的下面是一个 ListView 组件，但是该 ListView 没有对显示效果进行任何的限制。

图 7.4　main.xml 界面

实例 MyDbDemo 中 listview.xml 文件的代码如下：

```
<?xml version="1.0" encoding="utf-8"?>
<LinearLayout xmlns:android="http://schemas.android.com/apk/res/android"
  android:id="@+id/linear"
  android:layout_width="wrap_content"
  android:layout_height="wrap_content"
  android:padding="5dip">
  <TextView
      android:id="@+id/tvID"
      android:layout_width="80dp"
      android:layout_height="wrap_content"/>
  <TextView
      android:id="@+id/tvName"
      android:layout_width="80dp"
      android:layout_height="wrap_content"/>
  <TextView
      android:id="@+id/tvAge"
      android:layout_width="80dp"
      android:layout_height="wrap_content" />

</LinearLayout>
```

可见 listview.xml 布局中横向放置了三个 TextView 用于显示数据。该实例实际的运行效果是使用 listview.xml 中的数据格式替换 main.xml 中 ListView 组件的数据格式后实现的。该效果通过 LayoutInflater 类的对象进行实现。

实例 MyDbDemo 中 AndroidManifest.xml 文件的代码如下：

```
<?xml version="1.0" encoding="utf-8"?>
<manifest xmlns:android="http://schemas.android.com/apk/res/android"
```

```
 package="introduction.android.mydbDemo"
 android:versionCode="1"
 android:versionName="1.0">
<uses-sdk android:minSdkVersion="14" />
<application
    android:icon="@drawable/ic_launcher"
    android:label="@string/app_name">
   <activity
        android:label="@string/app_name"
        android:name=".MyDbDemoActivity">
       <intent-filter>
           <action android:name="android.intent.action.MAIN" />
           <category android:name="android.intent.category.LAUNCHER" />
       </intent-filter>
   </activity>
 </application>

</manifest>
```

实例 MyDbDemo 中 SQLiteOpenHelper 的子类 dbHelper 的实现代码如下：

```
package introduction.android.mydbDemo;
import android.content.Context;
import android.database.sqlite.SQLiteDatabase;
import android.database.sqlite.SQLiteDatabase.CursorFactory;
import android.database.sqlite.SQLiteOpenHelper;

public class dbHelper extends SQLiteOpenHelper{
    public static final String TB_NAME="friends";
    public dbHelper (Context context, String name, CursorFactory factory,
            int version) {
        super (context, name, factory, version);
        // TODO Auto-generated constructor stub
    }
    @Override
    public void onCreate (SQLiteDatabase db) {
        // TODO Auto-generated method stub
        db.execSQL ("CREATE TABLE IF NOT EXISTS "+
                TB_NAME+" ( _id integer primary key autoincrement,"+//
                "name varchar,"+
                "age integer"+
                ") ");
    }
    @Override
    public void onUpgrade (SQLiteDatabase db, int oldVersion, int newVersion) {
        // TODO Auto-generated method stub
        db.execSQL ("DROP TABLE IF EXISTS "+TB_NAME);
        onCreate (db);
    }
}
```

子类 dbHelper 重写了父类 SQLiteOpenHelper 的两个抽象方法 onCreate()和 onUpgrade()。在 onCreate()方法中创建了一个名为 friends 的数据表，该数据表有_id、name 和 age 三个字段，其中 _id 为自增加主键。onUpgrade()方法实现了删除现有数据表并且重建的功能。

实例 MyDbDemo 中的主 Activity 所对应文件 MyDbDemoActivity.java 的代码如下：

```java
package introduction.android.mydbDemo;
import introduction.android.mydbDemo.dbHelper;
import introduction.android.mydbDemo.R;
import java.util.ArrayList;
import java.util.HashMap;
import java.util.Map;
import android.app.Activity;
import android.content.ContentValues;
import android.database.Cursor;
import android.database.sqlite.SQLiteDatabase;
import android.os.Bundle;
import android.util.Log;
import android.view.View;
import android.widget.AdapterView;
import android.widget.Button;
import android.widget.EditText;
import android.widget.ListView;
import android.widget.SimpleAdapter;
import android.widget.TextView;
import android.widget.Toast;
import android.widget.AdapterView.OnItemClickListener;
public class MyDbDemoActivity extends Activity {
    private static String DB_NAME="mydb";
    private EditText et_name;
    private EditText et_age;
    private ArrayList<Map<String, Object>>data;
    private dbHelper dbHelper;
    private SQLiteDatabase db;
    private Cursor cursor;
    private SimpleAdapter listAdapter;
    private View view;
    private ListView listview;
    private Button selBtn,addBtn,updBtn,delBtn;
    private Map<String,Object>item;
    private String selId;
    private ContentValues selCV;
    /** Called when the activity is first created. */
    @Override
    public void onCreate (Bundle savedInstanceState) {
      super.onCreate (savedInstanceState) ;
      setContentView (R.layout.main) ;
      et_name= (EditText) findViewById (R.id.et_name) ;
        et_age= (EditText) findViewById (R.id.et_age) ;
        listview= (ListView) findViewById (R.id.listView) ;
        selBtn= (Button) findViewById (R.id.bt_query) ;
        addBtn= (Button) findViewById (R.id.bt_add) ;
        updBtn= (Button) findViewById (R.id.bt_modify) ;
        delBtn= (Button) findViewById (R.id.bt_del) ;
        selBtn.setOnClickListener (new Button.OnClickListener(){
            @Override
            public void onClick (View v) {
                // TODO Auto-generated method stub
                dbFindAll();
```

```
                }
            });
            addBtn.setOnClickListener (new Button.OnClickListener(){
                @Override
                public void onClick (View v) {
                    // TODO Auto-generated method stub
                    dbAdd();
                    dbFindAll();
                }
            });
            updBtn.setOnClickListener (new Button.OnClickListener(){
                @Override
                public void onClick (View v) {
                    // TODO Auto-generated method stub
                    dbUpdate();
                    dbFindAll();
                }
            });
            delBtn.setOnClickListener (new Button.OnClickListener(){
                @Override
                public void onClick (View v) {
                    // TODO Auto-generated method stub
                    dbDel();
                    dbFindAll();
                }
            });
            dbHelper=new dbHelper (this, DB_NAME, null, 1);
            db=dbHelper.getWritableDatabase();// 打开数据库
            data=new ArrayList<Map<String,Object>>();
            dbFindAll();
            listview.setOnItemClickListener (new OnItemClickListener(){
                @Override
                public void onItemClick (AdapterView<?>parent, View v,
                        int position, long id) {
                    // TODO Auto-generated method stub
                    Map<String,Object>listItem= (Map<String,Object>)
listview.getItemAtPosition (position);
                    et_name.setText ((String) listItem.get ("name"));
                    et_age.setText ((String) listItem.get ("age"));
                    selId= (String) listItem.get ("_id");
                    Log.i ("mydbDemo","id="+selId);
                }
            });
    }
    //数据删除
        protected void dbDel(){
            // TODO Auto-generated method stub
            String where="_id="+selId;
            int i=db.delete (dbHelper.TB_NAME, where, null);
            if (i>0)
                Log.i ("myDbDemo","数据删除成功！");
            else
                Log.i ("myDbDemo","数据未删除！");
        }
    //更新列表中的数据
```

```
        private void showList(){
            // TODO Auto-generated method stub
            listAdapter=new SimpleAdapter (this,data,
                    R.layout.listview,
                    new String[]{"_id","name","age"},
                    new int[]{R.id.tvID,R.id.tvName,R.id.tvAge});
            listview.setAdapter (listAdapter);
        }
//数据更新
        protected void dbUpdate(){
            // TODO Auto-generated method stub
            ContentValues values=new ContentValues();
            values.put ("name", et_name.getText().toString().trim());
            values.put ("age", et_age.getText().toString().trim());
            String where="_id="+selId;
            int i=db.update (dbHelper.TB_NAME, values, where, null);
            if (i>0)
                Log.i ("myDbDemo","数据更新成功！");
            else
                Log.i ("myDbDemo","数据未更新！");
        }
//插入数据
        protected void dbAdd(){
            // TODO Auto-generated method stub
            ContentValues values=new ContentValues();
            values.put ("name", et_name.getText().toString().trim());
            values.put ("age", et_age.getText().toString().trim());
            long rowid=db.insert (dbHelper.TB_NAME, null, values);
            if (rowid==-1)
                Log.i ("myDbDemo", "数据插入失败！");
            else
                Log.i ("myDbDemo", "数据插入成功！"+rowid);
        }
//查询数据
        protected void dbFindAll(){
            // TODO Auto-generated method stub
            data.clear();
            cursor=db.query (dbHelper.TB_NAME, null, null, null, null, null, "_id ASC");
            cursor.moveToFirst();
            while (!cursor.isAfterLast()) {
                String id=cursor.getString (0);
                String name=cursor.getString (1);
                String age=cursor.getString (2);
                item=new HashMap<String,Object>();
                item.put ("_id", id);
                item.put ("name", name);
                item.put ("age", age);
                data.add (item);
                cursor.moveToNext();
            }
            showList();
        }
}
```

MyDbDemoActivity 在 onCreate()方法中调用 dbHelper 创建了数据库文件"mydb"，获取到该

数据库的可写 SQLiteDatabase 对象，并将数据库中所有的数据显示到 listview 中。MyDbDemoActivity 为 main.xml 中的 4 个按钮分别添加按钮单击监视器并进行处理，通过 SQLiteDatabase 对象实现对数据库的 CRUD 操作。

其中：

```
listAdapter=new SimpleAdapter (this,data,
        R.layout.listview,
        new String[]{"_id","name","age"},
        new int[]{R.id.tvID,R.id.tvName,R.id.tvAge});
listview.setAdapter (listAdapter);
```

这几行代码通过 SimpleAdapter 将 listview.xml 文件中定义的 TextView 组件与 main.xml 中的 ListView 组件进行关联，这样就使 main.xml 中的 ListView 组件以 listview.xml 文件中定义的格式将数据显示出来。

```
cursor=db.query (dbHelper.TB_NAME, null, null, null, null, null,
            "_id ASC");
    cursor.moveToFirst();
    while (!cursor.isAfterLast()) {
        String id=cursor.getString (0);
        String name=cursor.getString (1);
        String age=cursor.getString (2);
        item=new HashMap<String,Object>();
        item.put ("_id", id);
        item.put ("name", name);
        item.put ("age", age);
        data.add (item);
        cursor.moveToNext();
    }
```

这几行代码从 friends 数据表中查询出所有数据，并按_id 升序排列。cursor.getString()方法按照列将每条数据的对应字段分别取出来，通过 while 循环将所有数据保存到 data 中。

```
listview.setOnItemClickListener (new OnItemClickListener(){
        @Override
        public void onItemClick (AdapterView<?>parent, View v,
                int position, long id) {
            // TODO Auto-generated method stub
            Map<String,Object>listItem= (Map<String,Object>)
listview.getItemAtPosition (position);
            et_name.setText ((String) listItem.get ("name"));
            et_age.setText ((String) listItem.get ("age"));
            selId= (String) listItem.get ("_id");
            Log.i ("mydbDemo","id="+selId);
        }
    });
```

这几行代码为 ListView 组件添加了单击监听器，并对单击事件进行了处理。当用户单击 ListView 组件中的某条数据时，将该条数据的 name 和 age 字段显示到 main.xml 文件的 EditText 中，并将该记录的"_id"值存储到 selId 中，以便于对该条记录进行操作。

实例 MyDbDemo 中对数据库的 CRUD 操作分别通过 SQLiteDatabase 对象的 query、insert、update、delete 方法实现，此处不再描述。

7.4 ContentProvider

7.4.1 ContentProvider 简介

ContentProvider 是 Android 的四大组件之一，用于保存和检索数据，是 Android 系统中不同应用程序之间共享数据的接口。在 Android 系统中，应用程序之间是相互独立的，分别运行在自己的进程中，相互之间没有数据交换。若应用程序之间需要共享数据，就要用到 ContentProvider。在 Android 系统的手机中，ContentProvider 最典型的应用是，当发送一条短信时，需要用到联系人的相关信息，此时就是通过 ContentProvider 提供的接口访问 Android 系统中的电话簿，并从中选择联系人。

ContentProvider 提供了一组应用程序之间能相互访问的接口。应用程序通过 ContentProvider 把当前应用中的数据共享给其他应用程序访问，而其他应用程序通过 ContentProvider 对指定应用中的数据进行访问和操作。

Android 系统对一系列常见的公用数据类型提供了对应的 ContentProvider 接口，例如视频、音频、图像、个人通信信息等，都定义在 android.provider 包下。

若应用程序开发者想将自己的数据公开给其他应用程序使用，有两种方法：一种是定义自己的 ContentProvider 子类，另一种是将当前应用程序的数据添加到已有的 ContentProvider 中。

ContentProvider 中的数据在形式上和关系数据库中的表格很相似。以 Android 系统内建的用户常用词典所对应的 ContentProvider 为例，Android 系统为其定义的名字为 android.provider.UserDictionary，该用户词典中的 Word 表格记录了特定用户经常使用的不规则单次的相关信息。其数据格式如表 7.4 所示。

表 7.4 ContentProvider 数据格式

word	appid	frequency	locale	_ID
mapreduce	user1	100	en_US	1
precompiler	user14	200	fr_FR	2
applet	user2	225	fr_CA	3
const	user1	255	pt_BR	4
int	user5	100	en_UK	5

表头部分存储在 ContentProvider 中，表格的每一行是该词典数据的一个实例，也就是一个非标准的单词，每一列是和该单词相关的一些信息，例如该单词的拼写、使用者的 id、使用频率等，_ID 起到了主键的作用。

应用程序通过 ContentResolver 的对象访问 ContentProvider 中的数据，该对象提供了对持久层数据的 CRUD 方法。每个 Activity 都有一个 ContentResolver 对象，要获取该对象，可以使用 Activity 提供的 getContentResolver()方法。当然，应用程序要使用其他应用程序提供的 ContentProvider，需要拥有进行操作的相应权限。所有用户词典数据的代码为：

```
mCursor=getContentResolver().query(
UserDictionary.Words.CONTENT_URI,null,null,null,null)
```

其所对应的权限为：android.permission.READ_USER_DICTIONARY，因此必须在应用程序的 AndroidManifest.xml 文件中添加：

```
<uses-permission android:name="android.permission.READ_USER_DICTIONARY">
```

UserDictionary.Words.CONTENT_URI 指的是用户词典中 words 表的内容 URI。

ContentProvider 通过 URI 来共享数据。URI 是一个通用资源标志符，可将其分为 A、B、C、D 共 4 部分。

- A：无法改变的标准前缀，包括 "content://" "tel://" 等。当前缀是 "content://" 时，说明在通过一个 ContentProvider 控制这些数据。
- B：URI 的授权部分，一般为 ContentProvider 的全称，它通过 Android:authorities 属性声明，用于说明是哪个 ContentProvider 类提供这些数据，必须全部由小写字母组成，如 content://introduction.android.myprovider。
- C：路径，可以理解为需要操作的数据库中表的名字，如 "content:// introduction. android.myprovider /name" 中的 name。
- D：若 URI 中包含表示需要获取记录的 ID，则返回该 ID 对应的数据，若没有 ID，则表示返回全部数据，如 content:// introduction.android.myprovider /name /01。

在本实例中，UserDictionary.Words.CONTENT_URI 包含所要访问 ContentProvider 的标识和具体信息表的路径。其所代表的完整的字符串是 "content://user_dictionary/ words"，其中 "content://" 是前置格式字符串，即 A 部分；"user_dictionary" 指定了提供数据的 ContentProvider，即 B 部分；"words" 指定了要访问的数据表，即 C 部分。

此外，ContentProvider 允许通过在 URI 后面添加 ID 值的方式访问数据表中某一列数据，即添加 D 部分。例如，访问用户词典 words 表中 _ID=2 的数据的 URI 可以这样表示：

```
Uri singleUri=ContentUri.withAppendedId (
UserDictionary.Words.CONTENT_URI,2);
```

其对应的完整 URI 为："content://user_dictionary/words/2"。

ContentProvider 定义在 android.content 包下面，是一个抽象类。定义一个 Content Provider 必须实现下面几个抽象方法。

- onCreate()：该方法用于在启动时初始化 ContentProvider。由于该方法会在应用程序的主线程启动时被调用，因此不应该执行耗时的操作，以免延迟应用程序的启动时间。执行成功返回 true，失败返回 false。
- query（Uri,String[],String,String[],String）：该方法用于对 Uri 指定的 ContentProvider 进行查询，返回一个 Cursor 对象。
- insert（Uri, ContentValues）：用于添加数据到 Uri 指定的 ContentProvider 中。
- update（Uri, ContentValues, String, String[]）：用于更新 Uri 指定的 ContentProvider 中的数据。
- delete（Uri, String, String[]）：用于从 Uri 指定的 ContentProvider 中删除数据。
- getType（Uri）：用于返回 Uri 指定的 ContentProvider 中的数据的 MIME 类型。

ContentResolver 提供的方法和 ContentProvider 提供的方法相对应，主要有以下几个方法。

- query（Uri uri, String[] projection, String selection, String[] selectionArgs, String sortOrder）：用于对 Uri 指定的 ContentProvider 进行查询。
- insert（Uri uri, ContentValues values）：用于添加数据到 Uri 指定的 ContentProvider 中。
- delete(Uri uri, String selection, String[] selectionArgs)：用于从 Uri 指定的 ContentProvider 中删除数据。
- update（Uri uri, ContentValues values, String selection, String[] selectionArgs）：用于更新 Uri 指定的 ContentProvider 中的数据。

在对某特定 ContentProvider 的 CRUD 操作中，通过 ContentResolver 提供的 CRUD 方法将相关信息传递给 ContentProvider，所提供的 CRUD 方法进而对数据进行操作。因此，在定义自己的 ContentProvider 时，应该定义好该 ContentProvider 对数据进行 CRUD 操作时所使用的方法。

7.4.2　UriMatcher

Android 系统提供了 UriMatcher 类用于对 URI 的匹配。使用步骤为：首先创建 UriMatcher 类对象；然后通过 UriMatcher.addURI（String,String, int）方法对其增加需要匹配的 URI 路径，所对应的匹配码由第三个参数指定；最后通过 UriMatcher.match（Uri）方法进行匹配，并返回匹配码。其代码如下：

```
UriMatcher  uriMatcher=new UriMatcher (UriMatcher.NO_MATCH);
//构建 UriMatcher 类对象，常量 UriMatcher.NO_MATCH 表示不匹配任何路径，返回码为-1
//添加需要匹配的 URI，并指定匹配时返回的匹配码
uriMatcher.addURI ("introdcuton.android.myprovider", "text", 1);
//如果 match()方法匹配 content://introdcuton.android.myprovider/text 路径，对应匹配码为1
uriMatcher.addURI ("introdcuton.android.myprovider", "text/#", 2);
//#号为通配符，如果 match()方法匹配 content://introdcuton.android.myprovider/text/230
//路径，对应匹配码为 2
Uri uri=Uri.parse ("content://introdcuton.android.myprovider/text/10");
switch (uriMatcher.match (uri)) {
  case 1:  //匹配返回码为 1
    //执行相应操作
break;
  case 2:  //匹配返回码为 2
    //执行相应操作
  break;
  default:  //不匹配
//执行相应操作
  break;
}
```

上述代码中，uriMatcher.addURI（"introdcuton.android.myprovider", "text/#", 2）中 "#" 为通配符，代表任意数字，还可以使用通配符 "*" 来代表任意文本。这句话表示，若传入的 URI 能够匹配 "content://introdcuton.android.myprovider/text/数字" 格式，则返回匹配码 2。

7.4.3　访问系统提供的 ContentProvider

Android 系统提供了很多 ContentProvider，以便在应用程序间共享系统数据。系统提供的

ContentProvider 都存放在 android.provider 包下，例如 android.provider.ContactsContract、android.provider.MediaStore、android.provider.CalendarContract 等。

本节以访问系统联系人列表为例，讲解如何通过系统提供的 ContentProvider 获取数据。在 Android 2.0（API Level 5）之前，系统所提供的联系人 ContentProvider 为 android.provider. Contacts，从 Android 2.0 开始，联系人列表相关信息被存放在 android.provider. ContactsContract 中。使用 ContactsContract 获取系统联系人列表的方法与之前有所不同，虽然形式上较以前复杂了一点，但是可以获取一个联系人的多个电话号码。

实例 ContactsCPDemo 演示了使用 ContactsContract 获取系统中所有联系人的名字和电话号码，并且显示出来的过程。为方便起见，假定每个联系人仅有一个电话号码，其运行效果如图 7.5 所示。

图 7.5　ContactsCPDemo 界面

该效果由 ListView 组件实现。实例 ContactsCPDemo 中布局文件 main.xml 的代码如下：

```xml
<?xml version="1.0" encoding="utf-8"?>
<LinearLayout xmlns:android="http://schemas.android.com/apk/res/android"
    android:layout_width="fill_parent"
    android:layout_height="fill_parent"
    android:orientation="vertical">
  <TextView
      android:layout_width="fill_parent"
      android:layout_height="wrap_content"
      android:text="联系人列表如下: " />
  <ListView
      android:id="@+id/listView"
      android:layout_width="fill_parent"
      android:layout_height="wrap_content"
      android:padding="5dip">
  </ListView>
</LinearLayout>
```

实例 ContactsCPDemo 要访问系统联系人列表，需要拥有 "android.permission. READ_CONTACTS" 权限。实例 ContactsCPDemo 中 AndroidManifest.xml 文件的代码如下：

```xml
<?xml version="1.0" encoding="utf-8"?>
<manifest xmlns:android="http://schemas.android.com/apk/res/android"
    package="introduction.android.contacts"
    android:versionCode="1"
    android:versionName="1.0">
  <uses-sdk android:minSdkVersion="14" />
  <uses-permission android:name="android.permission.READ_CONTACTS"/>
  <application
      android:icon="@drawable/ic_launcher"
      android:label="@string/app_name">
    <activity
        android:label="@string/app_name"
        android:name=".ContactsCPDemoActivity">
      <intent-filter>
          <action android:name="android.intent.action.MAIN" />
          <category android:name="android.intent.category.LAUNCHER" />
      </intent-filter>
    </activity>
  </application>
</manifest>
```

实例 ContactsCPDemo 中 ContactsCPDemoActivity.java 文件的代码如下：

```java
package introduction.android.contacts;
import java.util.ArrayList;
import java.util.HashMap;
import java.util.Map;
import android.app.Activity;
import android.database.Cursor;
import android.os.Bundle;
import android.provider.ContactsContract;
import android.widget.ListView;
import android.widget.SimpleAdapter;
public class ContactsCPDemoActivity extends Activity {
    private SimpleAdapter listAdapter;
    private ListView listview;
    private ArrayList<Map<String, String>>data;
    private HashMap<String, String>item;
    /** Called when the activity is first created. */
    @Override
    public void onCreate(Bundle savedInstanceState) {
        super.onCreate(savedInstanceState);
        setContentView(R.layout.main);
        listview= (ListView) this.findViewById(R.id.listView);
        data=new ArrayList<Map<String,String>>();
        Cursor cursor=this.getContentResolver().query(ContactsContract.Contacts.CONTENT_URI,
null, null, null, null);
        while (cursor.moveToNext()) {
            int idFieldIndex=cursor.getColumnIndex(ContactsContract.Contacts._ID);
            int id=cursor.getInt(idFieldIndex);//根据列名取得该联系人的id
            int nameFieldIndex=cursor.getColumnIndex
(ContactsContract.Contacts.DISPLAY_NAME);
            String name=cursor.getString(nameFieldIndex);
//根据列名取得该联系人的name
            int numCountFieldIndex=cursor.getColumnIndex
```

```
(ContactsContract.Contacts.HAS_PHONE_NUMBER);
              int numCount=cursor.getInt(numCountFieldIndex);
    //获取联系人的电话号码个数
              String phoneNumber="";
              if(numCount>0){//联系人至少有一个电话号码
    //在类ContactsContract.CommonDataKinds.Phone 中根据id查询相应联系人的所有电话
                  Cursor phonecursor=getContentResolver().query(
                      ContactsContract.CommonDataKinds.Phone.CONTENT_URI,
                      null, ContactsContract.CommonDataKinds.Phone.CONTACT_ID+"=?",
                      new String[]{Integer.toString(id)}, null);
                  if(phonecursor.moveToFirst()){//仅读取第一个电话号码
                      int numFieldIndex=phonecursor.getColumnIndex(ContactsContract.
                        CommonDataKinds.Phone.NUMBER);
                      phoneNumber=phonecursor.getString(numFieldIndex);
                  }
              }
              item=new HashMap<String,String>();
              item.put("name", name);
              item.put("phoneNumber", phoneNumber);
              data.add(item);
          }
          listAdapter=new SimpleAdapter(this,data,
                  android.R.layout.simple_list_item_2,
                  new String[]{"name","phoneNumber"},
                  new int[]{android.R.id.text1,android.R.id.text2});
          listview.setAdapter(listAdapter);
      }
  }
```

其中：

```
listAdapter=new SimpleAdapter(this,data,
            android.R.layout.simple_list_item_2,
            new String[]{"name","phoneNumber"},
            new int[]{android.R.id.text1,android.R.id.text2});
      listview.setAdapter(listAdapter);
```

使用了 Android 系统提供的 simple_list_item_2 布局，并将该布局应用到 main.xml 文件的 ListView 组件中。

7.4.4　自定义 ContentProvider

Android 系统支持任意应用程序创建自己的 ContentProvider，以便于将应用程序的数据对其他应用程序共享。

创建应用程序自己的 ContentProvider 需要以下几个步骤：

步骤 01　当前应用程序必须具有自己的持久化数据，例如文件存储或者使用 SQLite 数据库存储。

步骤 02　当前应用程序需要实现 ContentProvider 的子类，并通过该子类完成对持久化数据的访问。

步骤 03　在 AndroidManifest.xml 文件中使用<provider>标签声明当前应用程序定义的 ContentProvider。此外，还可以在 AndroidManifest.xml 文件中指定相应的访问权限，以保证该

ContentProvider 仅被具有相应权限的应用程序访问。若不指定访问权限，则任意其他应用程序都可以访问该 ContentProvider。

在实际的应用中，为了方便应用程序所定义的 ContentProvider 被其他应用程序使用，通常会定义一个类，将 ContentProvider 相关信息以静态常量的方式放置到该类中。这样，使用该 ContentProvider 的应用程序只要将该类引用进来，就可以获取该 ContentProvider 的相关信息，进而通过其对数据进行操作。

本节以 7.3 节中使用的实例 MyDbDemo 为例，为该实例中创建的 SQLite 数据库 mydb 中的 friends 数据表创建 ContentProvider，以便于其他应用程序通过该 ContentProvider 对 friends 数据表中的数据进行访问。

在实例 MyDbDemo 中的 introduction.android.mydbDemo 包下创建两个文件，分别为 MyDbProvider.java 和 MyFriendsDB.java。MyDbProvider 继承了 ContentProvider 类，实现了针对 mydb 的 friends 数据表的相关操作。MyFriendsDB 中包含涉及 MyDbProvider 的相关信息。

MyDbProvider.java 的代码如下：

```java
package introduction.android.mydbDemo;
import android.content.ContentProvider;
import android.content.ContentUris;
import android.content.ContentValues;
import android.content.UriMatcher;
import android.database.Cursor;
import android.database.sqlite.SQLiteDatabase;
import android.database.sqlite.SQLiteQueryBuilder;
import android.net.Uri;
import android.util.Log;
public class MyDbProvider extends ContentProvider {
    private dbHelper mydbHelper;
    private static final UriMatcher myUriMatcher;
    static {
        myUriMatcher=new UriMatcher(UriMatcher.NO_MATCH);
        myUriMatcher.addURI(MyFriendsDB.AUTHORITY, "friends", MyFriendsDB.FRIENDS);
        myUriMatcher.addURI(MyFriendsDB.AUTHORITY, "friends/#", MyFriendsDB.FRIENDS_ID);
    }
    @Override
    public int delete(Uri uri, String selection, String[] selectionArgs) {
        // TODO Auto-generated method stub
        if(myUriMatcher.match(uri) !=MyFriendsDB.FRIENDS_ID){
            throw new IllegalArgumentException("Wrong Insert Type: "+uri);
        }
        String id=uri.getPathSegments().get(1);
        if(selection==null)
            selection=MyFriendsDB.ID+"="+id;
        else
            selection=MyFriendsDB.ID+"="+id+" and "+selection;
        SQLiteDatabase db=mydbHelper.getWritableDatabase();
        int i=db.delete(dbHelper.TB_NAME, selection, selectionArgs);
        if(i>0)
            Log.i("myDbDemo","数据更新成功！");
        else
            Log.i("myDbDemo","数据未更新！");
```

```
            return i;
        }
    @Override
    public String getType (Uri uri) {
        // TODO Auto-generated method stub
        switch (myUriMatcher.match (uri)) {
        case MyFriendsDB.FRIENDS:
            return MyFriendsDB.CONTENT_TYPE;
        case MyFriendsDB.FRIENDS_ID:
            return MyFriendsDB.CONTENT_ITEM_TYPE;
        default:
            throw new IllegalArgumentException ("Unknown URI get type: "+uri) ;
        }
    }
    @Override
    public Uri insert (Uri uri, ContentValues values) {
        // TODO Auto-generated method stub
        if (myUriMatcher.match (uri) !=MyFriendsDB.FRIENDS) {
            throw new IllegalArgumentException ("Wrong Insert Type: "+uri) ;
        }
        if (values==null) {
            throw new IllegalArgumentException ("Wrong Data.") ;
        }
        SQLiteDatabase db=mydbHelper.getWritableDatabase();
        long rowId=db.insert (MyFriendsDB.TABLE_NAME, null, values) ;
        if (rowId>0) {
            Uri insertUri=ContentUris.withAppendedId (MyFriendsDB.CONTENT_URI, rowId) ;
            return insertUri;
        }
        return null;
    }
    @Override
    public boolean onCreate(){
        // TODO Auto-generated method stub
        mydbHelper=new dbHelper
(getContext(),MyFriendsDB.DATABASE_NAME,null,MyFriendsDB.DATABASE_VERSION) ;
        return false;
    }
    @Override
    public Cursor query (Uri uri, String[] projection, String selection,
            String[] selectionArgs, String sortOrder) {
        // TODO Auto-generated method stub
        switch (myUriMatcher.match (uri)) {
        case MyFriendsDB.FRIENDS:
            break;
        case MyFriendsDB.FRIENDS_ID:
            Log.d ("MyDbProvider","select id") ;
            String id=uri.getPathSegments().get (1) ;
            if (selection==null)
                    selection=MyFriendsDB.ID+"="+id;
            else
                selection=MyFriendsDB.ID+"="+id+" and "+selection;
            break;
        default:
            throw new IllegalArgumentException ("Unknown URI type: "+uri) ;
```

```
                }
            if (sortOrder==null)
                sortOrder="_id ASC";
            SQLiteDatabase db=mydbHelper.getReadableDatabase();
            Cursor c=db.query(MyFriendsDB.TABLE_NAME, projection, selection, selectionArgs,
null,
                    null, sortOrder);
            Log.d("MyDbProvider",""+c.getCount());

            return c;
        }
        @Override
        public int update(Uri uri, ContentValues values, String selection,
                String[] selectionArgs) {
            // TODO Auto-generated method stub
            if (myUriMatcher.match(uri) !=MyFriendsDB.FRIENDS_ID) {
                throw new IllegalArgumentException("Wrong Insert Type: "+uri);
            }
            if (values==null) {
                throw new IllegalArgumentException("Wrong Data.");
            }
            String id=uri.getPathSegments().get(1);
            if (selection==null)
                selection=MyFriendsDB.ID+"="+id;
            else
                selection=MyFriendsDB.ID+"="+id+" and "+selection;
            SQLiteDatabase db=mydbHelper.getWritableDatabase();
            int i=db.update(dbHelper.TB_NAME, values, selection, selectionArgs);
            if (i>0)
                Log.i("myDbDemo","数据更新成功！");
            else
                Log.i("myDbDemo","数据未更新！");
            return i;
        }
    }
}
```

MyFriendsDB.java 的代码如下：

```
package introduction.android.mydbDemo;
import android.net.Uri;
public class MyFriendsDB {
    public static final String AUTHORITY="introduction.android.mydbdemo.myfriendsdb";
    public static final String DATABASE_NAME="mydb";
    public static final int DATABASE_VERSION=1;
    public static final String TABLE_NAME="friends";
    public static final Uri CONTENT_URI=Uri.parse("content://"+AUTHORITY+"/friends");
    public static final int FRIENDS=1;
    public static final int FRIENDS_ID=2;
    public static final String CONTENT_TYPE="vnd.android.cursor.dir/mydb.friends.all";
    public static final String CONTENT_ITEM_TYPE="vnd.android.cursor.dir/mydb.friends.item";
    public static final String ID="_id";
    public static final String NAME="name";
    public static final String AGE="age";
}
```

这样，就定义了针对 mydb 的 friends 数据表的 ContentProvider，最后需要在 AndroidManifest. xml 文件中添加该 ContentProvider 的相应声明和访问权限。AndroidManifest.xml 的代码如下：

```xml
<?xml version="1.0" encoding="utf-8"?>
<manifest xmlns:android="http://schemas.android.com/apk/res/android"
   package="introduction.android.mydbDemo"
   android:versionCode="1"
   android:versionName="1.0">
  <uses-sdk android:minSdkVersion="14" />
  <uses-permission android:name="introduction.android.permission.USE_MYDB"/>
  <application
       android:icon="@drawable/ic_launcher"
       android:label="@string/app_name">
     <provider android:name="MyDbProvider"
            android:authorities="introduction.android.mydbdemo.myfriendsdb" />

     <activity
        android:label="@string/app_name"
        android:name=".MyDbDemoActivity">
       <intent-filter>
          <action android:name="android.intent.action.MAIN" />
          <category android:name="android.intent.category.LAUNCHER" />
       </intent-filter>
     </activity>
  </application>

</manifest>
```

该文件通过如下代码：

```xml
<provider android:name="MyDbProvider"
            android:authorities="introduction.android.mydbdemo.myfriendsdb" />
```

指明该 ContentProvider 名为 MyDbProvider，该 ContentProvider 的 Authority 为 introduction.android. mydbdemo.myfriendsdb。

通过如下代码：

```xml
<uses-permission android:name="introduction.android.permission.USE_MYDB"/>
```

指明该 ContentProvider 的权限为 introduction.android.permission.USE_MYDB，只有具有该权限的应用程序才可以访问该 ContentProvider。

7.4.5 访问自定义 ContentProvider

本小节讲解如何通过 ContentProvider 访问其他应用程序中的数据，并对数据进行更改。实例 UseDbProvider 演示了通过 7.4.4 小节建立的自定义 ContentProvider MyDbProvider 访问实例 MyDbDemo 中建立的 SQLite 数据库 mydb，并对其中的数据进行 CRUD 操作的过程。实例 UseDbProvider 对 MyDbProvider 相关信息的访问是从 MyFriendsDB 类中获取的。

实例 UseDbProvider 的运行效果如图 7.6 所示。该视图和实例 MyDbDemo 一样，由 main.xml 和 list.xml 组成。

图 7.6　　UseDbProvider 界面

该实例实现的步骤如下：

步骤01　在 Eclipse 中建立工程 UseDbProvider，定义包为 "introduction.android. useDbprovider"，定义 Activity 为 UseDbCPActivity。

步骤02　从工程 MyDbDemo 中导出 MyDbProvider 的信息描述类 MyFriendsDB。具体操作方法如下：

- 右击工程 MyDbDemo，在弹出的菜单中选择 Export 选项，如图 7.7 所示。
- 在弹出的对话框中选择导出类型为 Java｜JAR file，单击 Next 按钮，如图 7.8 所示。

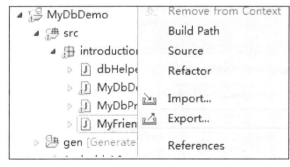

图 7.7　选择 Export 选项

图 7.8　选择导出类型

- 在弹出的对话框中选择导出资源为 MyFriendsDB.Java，导出的目标文件为 "C:\MyDbProvider.jar"，单击 Finish 按钮。这样，就把 MyFriendsDB 类导出到 myProvider.jar 文件中，也就可以导出到其他文件中使用了，如图 7.9 所示。

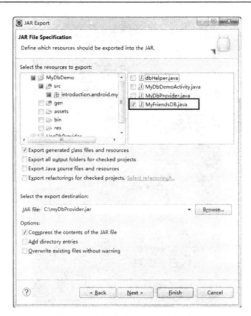

图 7.9　导出过程

步骤 03　在工程 MyFriendsDB 中导入 MyFriendsDB。右击 UseDbProvider，选择 Build Path | Add
External Archives 选项（如图 7.10 所示），在弹出的对话框中选中 MyDbProvder.jar，即可将
MyFriendsDB 类导入工程中。

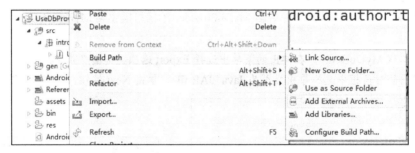

图 7.10　选择 Add External Archives 选项

步骤 04　编写 UseDbCPActivity 类，通过 ContentResolver 完成对 MyDbProvider 的访问，进而
完成对数据的操作。

实例 UseDbProvider 中 UseDbCPActivity.java 的代码如下：

```
package introduction.android.useDbprovider;
import java.util.ArrayList;
import java.util.HashMap;
import java.util.List;
import java.util.Map;
import introduction.android.mydbDemo.MyFriendsDB;
import android.app.Activity;
import android.content.ContentUris;
import android.content.ContentValues;
import android.database.Cursor;
import android.net.Uri;
```

```java
import android.os.Bundle;
import android.util.Log;
import android.view.View;
import android.widget.AdapterView;
import android.widget.Button;
import android.widget.EditText;
import android.widget.ListView;
import android.widget.SimpleAdapter;
import android.widget.AdapterView.OnItemClickListener;
public class UseDbCPActivity extends Activity {
    private List<Map<String, String>>data;
    private SimpleAdapter listAdapter;
    private ListView listview;
    private HashMap<String, String>item;
    private Button selBtn,addBtn,updBtn,delBtn;
    private EditText et_name;
    private EditText et_age;
    private EditText et_id;
    /** Called when the activity is first created. */
    @Override
    public void onCreate (Bundle savedInstanceState) {
        super.onCreate (savedInstanceState);
        setContentView (R.layout.main);
        et_name= (EditText) findViewById (R.id.et_name);
        et_age= (EditText) findViewById (R.id.et_age);
        et_id= (EditText) findViewById (R.id.et_id);
        listview= (ListView) findViewById (R.id.listView);
        selBtn= (Button) findViewById (R.id.bt_query);
        addBtn= (Button) findViewById (R.id.bt_add);
        updBtn= (Button) findViewById (R.id.bt_modify);
        delBtn= (Button) findViewById (R.id.bt_del);
        selBtn.setOnClickListener (new Button.OnClickListener(){
            @Override
            public void onClick (View v) {
                // TODO Auto-generated method stub
                if (et_id.getText().toString().equals (""))
                    dbFindAll (MyFriendsDB.CONTENT_TYPE);
                else
                    dbFindAll (MyFriendsDB.CONTENT_ITEM_TYPE);;
            }
        });
        addBtn.setOnClickListener (new Button.OnClickListener(){
            @Override
            public void onClick (View v) {
                // TODO Auto-generated method stub
                dbAdd (null);
                dbFindAll (MyFriendsDB.CONTENT_TYPE);
            }
        });
        updBtn.setOnClickListener (new Button.OnClickListener(){
            @Override
            public void onClick (View v) {
                // TODO Auto-generated method stub
                dbUpdate (null);
                dbFindAll (MyFriendsDB.CONTENT_TYPE);
```

```
                    }
                });
            delBtn.setOnClickListener (new Button.OnClickListener(){
                    @Override
                    public void onClick (View v) {
                        // TODO Auto-generated method stub
                        dbDel (-1);
                        dbFindAll (MyFriendsDB.CONTENT_TYPE);
                    }
                });
        data=new ArrayList<Map<String,String>>();
        dbFindAll (MyFriendsDB.CONTENT_TYPE);
        listview.setOnItemClickListener (new OnItemClickListener(){
                private String selId;
                @Override
                public void onItemClick (AdapterView<?>parent, View v,
                            int position, long id) {
                    // TODO Auto-generated method stub
                    Map<String,Object>listItem= (Map<String,Object>)
listview.getItemAtPosition (position);
                    et_name.setText ((String) listItem.get ("name"));
                    et_age.setText ((String) listItem.get ("age"));
                    et_id.setText ((String) listItem.get ("_id"));
                    Log.i ("UseDB","id="+selId);
                }
            });
    }
    private void showList(){
        // TODO Auto-generated method stub
        listAdapter=new SimpleAdapter (this,data,
                R.layout.listview,
                new String[]{"_id","name","age"},
                new int[]{R.id.tvID,R.id.tvName,R.id.tvAge});
        listview.setAdapter (listAdapter);
    }
    protected void dbDel (long iid) {
        // TODO Auto-generated method stub
        if (iid<0) {
            String id=et_id.getText().toString().trim();
            if (id.equals ("")) {
                Log.e ("UseDB","未指定更新数据。");
                return;
            }
            iid=Long.parseLong (id);
        }
        Uri uri=ContentUris.withAppendedId (MyFriendsDB.CONTENT_URI,iid);
        int i=this.getContentResolver().delete (uri, null, null);
        if (i>0) {
            Log.i ("UseDB","已删除数据 id="+iid);
        }else{
            Log.i ("UseDB","数据未删除。");
        }
    }
    protected void dbUpdate (ContentValues values) {
        // TODO Auto-generated method stub
```

```java
            String id=et_id.getText().toString().trim();
            if (id.equals ("")) {
                Log.e ("UseDB","未指定更新数据。");
                return;
            }
            Long selid=Long.parseLong (id);
            Uri uri=ContentUris.withAppendedId (MyFriendsDB.CONTENT_URI,selid);
            if (values==null) {
                values=new ContentValues();
                values.put ("name", et_name.getText().toString().trim());
                values.put ("age", et_age.getText().toString().trim());
            }
            int i=this.getContentResolver().update (uri, values, null, null);
            if (i>0) {
                Log.i ("UseDB","已更新数据 id="+selid);
            }else{
                Log.e ("UseDB","数据更新失败！");
            }
        }
    protected void dbAdd (ContentValues values) {
        // TODO Auto-generated method stub
        if (values==null) {
            values=new ContentValues();
            values.put ("name", et_name.getText().toString().trim());
            values.put ("age", et_age.getText().toString().trim());
        }
        Uri uri=this.getContentResolver().insert (MyFriendsDB.CONTENT_URI, values);
        if (uri==null) {
            Log.e ("UseDB","数据插入失败！");
        }
    }
    protected void dbFindAll (String type) {
        // TODO Auto-generated method stub
        data.clear();
        Cursor cursor;
        Uri uri;
        if (type==MyFriendsDB.CONTENT_TYPE) {
            uri=MyFriendsDB.CONTENT_URI;
        }else{
            Long selid=Long.parseLong (et_id.getText().toString().trim());
            uri=ContentUris.withAppendedId (MyFriendsDB.CONTENT_URI,selid);
            Log.d ("UseDB",uri.toString());
        }
        cursor=this.getContentResolver().query (uri, null, null, null, null);
        cursor.moveToFirst();
    while (!cursor.isAfterLast()) {
            String id=cursor.getString (0);
            String name=cursor.getString (1);
            String age=cursor.getString (2);
            item=new HashMap<String,String>();
            item.put ("_id", id);
            item.put ("name", name);
            item.put ("age", age);
            data.add (item);
            cursor.moveToNext();
```

```
        }
        showList();
    }
}
```

由于工程 MyDbDemo 中定义了 MyDbProvider 的访问权限，因此实例 UseDbProvider 的 AndroidManifest.xml 文件中也必须声明相应权限。AndroidManifest.xml 文件的代码如下：

```xml
<?xml version="1.0" encoding="utf-8"?>
<manifest xmlns:android="http://schemas.android.com/apk/res/android"
  package="introduction.android.useDbprovider"
  android:versionCode="1"
  android:versionName="1.0">
 <uses-sdk android:minSdkVersion="14" />
<uses-permission android:name="introduction.android.permission.USE_MYDB"/>
  <application
     android:icon="@drawable/ic_launcher"
     android:label="@string/app_name">
    <activity
       android:label="@string/app_name"
       android:name=".UseDbCPActivity">
      <intent-filter>
        <action android:name="android.intent.action.MAIN" />
        <category android:name="android.intent.category.LAUNCHER" />
      </intent-filter>
    </activity>
  </application>
</manifest>
```

在实例 UseDbProvider 中对 SQLite 数据库 mydb 进行 CRUD 操作后，运行 MyDbDemo 进行查询，可发现数据库中的数据确实被改变了。由此实现了在一个应用程序中通过自定义的 ContentProvider 修改另一个应用程序中的持久化数据的功能。

7.5 数据同步到云端

7.5.1 App Engine 简介

通过提供强大的 Internet 连接 API，Android 框架可以帮助开发者创建云端应用程序，使用户将数据同步到远端的 Web 服务器上，确保用户设备中的数据总是与服务器上的数据同步，并且用户的重要数据总是在云端服务器上拥有备份。

本小节将讲解如何将用户数据同步到 Google App Engine 的过程。Google App Engine 是一个开发、托管网络应用程序的平台，基于云计算技术开发，使用 Google 管理的数据中心。

通过使用 Google App Engine，开发者可以在 Google 基础架构上运行网络应用程序。App Engine 应用程序易于构建和维护，并且可随着通信量和数据存储需求的增长而轻松扩展。在使用 Google App Engine 时，不需要维护任何服务器，只需上传应用程序，它便可以为用户提供服务。

开发者可以使用 Google Apps 通过自己的域名（如 http://www.example.com/）提供应用程序。

或者使用 appspot.com 域中的免费名称提供应用程序。开发者可以与世界各地的用户共享应用程序，也可以设置访问权限，仅限某个单位的成员能够访问应用程序。

Google App Engine 支持使用几种编程语言编写的应用程序。通过使用 App Engine 的 Java RunTime 环境，开发者可以使用标准 Java 技术构建应用程序，包括 JVM、Java Servlet 和 Java 编程语言或任何其他基于 JVM 的解释器或编译器的语言（如 JavaScript 或 Ruby）。App Engine 还提供一个专用的 Python 运行时环境，其中包括快速 Python 解释器和 Python 标准库。建立的 Java 和 Python 运行时环境旨在确保快速安全地运行应用程序，而不会受到系统上其他应用程序的干扰。

在初期使用 App Engine 时，开发者不需要支付任何费用。App Engine 为所有应用程序提供最多 500 MB 的存储空间以及所需的 CPU 和带宽，以保证应用程序的正常运行。App Engine 为每个应用程序免费提供每月约 500 万页的浏览量。在为应用程序启用计费时，将提高应用程序的免费限制，开发者只需为超过免费级别的资源付费。这样就大幅度地减少了应用程序的开发成本，并为应用程序的宣传和传播搭建了平台。

可惜的是，Google App Engine 在中国大陆地区被禁止访问，目前大陆的开发者不能通过 App Engine 发布自己的应用程序，在一定程度上限制了国内开源软件的发展。本小节只能讲述将数据同步到 App Engine 的过程，实际的操作过程要由读者自己实践。

7.5.2　创建可相互通信的 Android 和 App Engine 应用程序

编写将数据同步到云端的应用程序是很难的事情，需要确保很多的细节工作正确，例如服务器端授权、客户端授权、共享的数据模型和 API 等。幸运的是，开发者不需要自己来完成每一件事，借助于 GPE（Google Plugin for Eclipse）可以大大简化开发的过程。GPE 用于管理 Android 设备与 Google App Engine 间对话的管道。

1. 准备环境

安装 GPE 和 GWT SDK。从 https://developers.google.com/eclipse/docs/install-from-zip?hl=zh-CN 页面可以获得安装 GPE 的帮助。由于笔者使用的 Eclipse 版本为 Indigo，即 3.7 版本，因此笔者从 http://dl.google.com/eclipse/plugin/core/3.7/zips/gpe-e37-latest-updatesite.zip 下载了 GPE 3.7 版本，该版本中包含 GWT SDK 2.4 版本。安装 GPE 的方法很简单，单击 Eclipse 界面的 Help | install new software | add | Archive 命令，在弹出的对话框中选择下载的 gpe-e37-latest-updatesite.zip 文件，单击 OK 按钮，如图 7.11 所示。在弹出的对话框中选择要安装的组件，并进行安装，如图 7.12 所示。

图 7.11　安装 GPE 3.7

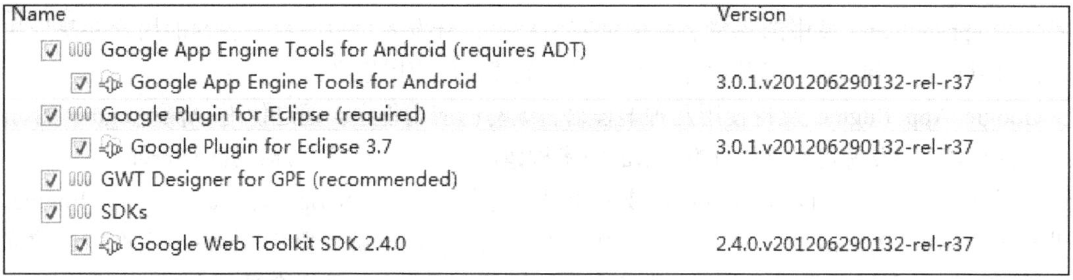

Name	Version
☑ 〇〇〇 Google App Engine Tools for Android (requires ADT)	
☑ ⟨⟩ Google App Engine Tools for Android	3.0.1.v201206290132-rel-r37
☑ 〇〇〇 Google Plugin for Eclipse (required)	
☑ ⟨⟩ Google Plugin for Eclipse 3.7	3.0.1.v201206290132-rel-r37
☑ 〇〇〇 GWT Designer for GPE (recommended)	
☑ 〇〇〇 SDKs	
☑ ⟨⟩ Google Web Toolkit SDK 2.4.0	2.4.0.v201206290132-rel-r37

图 7.12　安装 GPE 组件

安装 Java App Engine SDK。从 https://developers.google.com/appengine/downloads?hl=zh-CN#Google_App_Engine_SDK_for_Java 页面下载 Google App Engine SDK for Java，笔者下载的是 1.7.0 版本。解压到硬盘后，在 Eclipse | Windows | Preferences | Google | App Engine | add 界面添加解压目录，Eclipse 会检测到 App Engine SDK 并完成安装。

注册一个 Google 账号，以便于 C2DM（Android Cloud to Device Messaging）功能访问。C2DM 是 Android 云到设备信息的传递框架，用于从云端发送少量数据到 Android 客户端设备。要获取服务器上不定时更新的信息，一般有两种方法，第一种是客户端使用拉（Pull）的方式，隔一段时间就去服务器上获取信息，看是否有更新的信息出现；第二种是服务器使用推送（Push）的方式，当服务器端有新信息时，把最新的信息推送到客户端上。相比之下，推送方法更好一些，不仅可以节省客户端的网络流量，更能够节省电量。Android 从 2.2 版本开始增加了 C2DM 框架，用于将服务器的信息推送到客户端。

2. 创建工程

当安装好 GPE 后，Eclipse 会出现 App Engine Connected Android Project 工程类型。工程创建向导会提示输入 C2DM 账户信息，这个账户就是在上面注册的新账户。

工程创建完成后，会出现两个项目，一个是 Android 应用程序，另一个是 App Engine 应用程序。工程向导在这两个项目中创建了示例代码，允许用户通过 AccountManager 来验证 Android 设备与 App Engine 之间的交互。

右击 Android 项目，选择 Debug As | Local App Engine Connected Android Application。这样就能够测试 C2DM 的功能，同时启动一个 App Engine 的本地实例对象，里面包含用户的程序。

3. 创建数据层

上一步创建了能够在 Android 设备与 App Engine 间进行交互的工程，下面修改相关代码实现自己的功能。

首先创建数据层，它定义 Android 设备与 App Engine 之间共享的数据。打开 App Engine 项目的文件夹，定位到（yourApp）-AppEngine | src |（yourapp）| server。创建一个新的类，该类包含需要存储到云端的数据。示例代码如下：

```
package com.cloudtasks.server;

import javax.persistence.*;

@Entity
public class Task {
```

```
private String emailAddress;
private String name;
private String userId;
private String note;

@Id
@GeneratedValue (strategy=GenerationType.IDENTITY)
private Long id;

public Task(){
}

public String getEmailAddress(){
    return this.emailAddress;
}

public Long getId(){
    return this.id;
}
...
}
```

代码中的@Entity、@ Id 与@GeneratedValue 都来自Java 持久化 API，这些注释都是必需的。@Entity 需要被注释在类声明的上面，表明这个类是被定义在数据层的一个实体。@Id 与 @GeneratedValue 分别表明了实体类的 id 与该 id 形成的规则。在上面的代码中，GenerationType. IDENTITY 表示该实体的 id 是从数据库中生成的。

完成实体数据类的创建后，需要创建 Android 与 App Engine 程序之间交互的方法。这种交互的方法是通过创建一个 Remote Procedure Call（RPC）服务完成的。具体实现的过程相对复杂，但是 GPE 提供了简单的实现方式。右击 App Engine 项目的源码文件夹，选择 New｜Other，再选择 Google｜RPC Service，会出现向导，罗列出所有已创建的实体类，单击 Finish 按钮，向导会创建一个 Service 类，它包含对所有实体类的创建、查询、更新和删除（CRUD）操作。

4. 创建持久层

持久层是用于长期存放应用程序数据的地方。根据要存储的数据类型，开发者有几种可选择的实现方法，其中由 Google 管理的可实现持久层的方法为 Google Storage for Developers 和 App Engine 的内建 DataStore。下面是一个使用 DataStore 实现持久层的示例。

在 com.cloudtasks.server 包下创建一个类用来处理持久层的输入与输出。为了访问这些数据，需要使用 PersistenceManager 类。可以使用在 com.google.android.c2dm.server.PMF 包下的 PMF 类生成这个类的一个实例，然后使用该实例来执行基本的 CRUD 操作：

```
/**
* Remove this object from the data store.
*/
public void delete (Long id) {
    PersistenceManager pm=PMF.get().getPersistenceManager();
    try {
        Task item=pm.getObjectById (Task.class, id);
        pm.deletePersistent (item);
```

```
    } finally {
        pm.close();
    }
}
```

此外，也可以使用 Query 对象从 Datastore 来检索数据。

```
public Task find (Long id) {
    if (id==null) {
        return null;
    }

    PersistenceManager pm=PMF.get().getPersistenceManager();
    try {
        Query query=pm.newQuery ("select from "+Task.class.getName()
    +" where id=="+id.toString()+" && emailAddress=='"+getUserEmail()+"'") ;
        List list= (List) query.execute();
        return list.size()==0 ? null : list.get (0);
    } catch (RuntimeException e) {
        System.out.println (e) ;
        throw e;
    } finally {
        pm.close();
    }
}
```

5. 从 Android 应用程序进行查询和更新

为保证 Android 设备与 App Engine 的同步，Android 端应用程序需要完成两件事情：从云端拉取数据和向云端发送数据。这些功能已经由示例代码生成了，开发者需要进行修改以完成自己的功能。

首先，需要将示例代码中的 Activity.java 中的 setHelloWorldScreenContent()方法删除，用实际的功能代码替换；然后，交互操作应该在 AsyncTask 类中完成，以避免网络操作导致 UI 线程卡住；最后，访问云端数据，使用 RequestFactory 来进行操作，该类由 Eclipse plugin 提供。

如果云端数据模型包含一个叫作 Task 的对象，那么这个对象会在生成 RPC layer 的时候自动创建一个 TaskRequest 类对象，以及一个代表单独的 Task 的 TaskProxy 对象。下面的代码演示了向服务器请求所有 task 的列表的功能。

```
public void fetchTasks (Long id) {
  // Request is wrapped in an AsyncTask to avoid making a network request
  // on the UI thread.
  new AsyncTask(){
      @Override
      protected List doInBackground (Long... arguments) {
          final List list=new ArrayList();
          MyRequestFactory factory=Util.getRequestFactory (mContext,
          MyRequestFactory.class) ;
          TaskRequest taskRequest=factory.taskNinjaRequest();

          if (arguments.length==0 || arguments[0]==-1) {
              factory.taskRequest().queryTasks().fire (new Receiver<list>(){
                  @Override
                  public void onSuccess (List arg0) {
                    list.addAll (arg0);
```

```
                    }
                });
            } else {
                newTask=true;
                factory.taskRequest().readTask(arguments[0]).fire(new Receiver(){
                    @Override
                    public void onSuccess(TaskProxy arg0){
                        list.add(arg0);
                    }
                });
            }
        return list;
    }

    @Override
    protected void onPostExecute(List result){
        TaskNinjaActivity.this.dump(result);
    }

    }.execute(id);
}
...

public void dump(List tasks){
    for(TaskProxy task : tasks){
        Log.i("Task output", task.getName()+"\n"+task.getNote());
    }
}
```

AsyncTask 类返回了一个 TaskProxy 对象的列表,并且将该列表作为参数发送给了 dump 方法。

为了创建一个新的任务并发送到云端,需要创建一个新的请求对象并使用它来创建一个 proxy 对象。然后通过 proxy 对象执行它的更新方法。这个过程应该在 AsyncTask 中执行,以避免阻塞 UI 线程。相关代码如下:

```
new AsyncTask(){
    @Override
    protected Void doInBackground(Void... arg0){
        MyRequestFactory factory=(MyRequestFactory)
                Util.getRequestFactory(TasksActivity.this,
                MyRequestFactory.class);
        TaskRequest request=factory.taskRequest();

        // Create your local proxy object, populate it
        TaskProxy task=request.create(TaskProxy.class);
        task.setName(taskName);
        task.setNote(taskDetails);
        task.setDueDate(dueDate);

        // To the cloud!
        request.updateTask(task).fire();
        return null;
    }
}.execute();
```

6. 配置 C2DM 服务器端

为了配置 C2DM 的消息以便能被发送到 Android 设备，我们回到 App Engine 的代码处并打开生成 RPC 层时创建的 Service 类。如果项目名是 Foo，该 Service 类的名字就叫 FooService。为 Service 每一个方法都添加代码，允许执行增加、删除和更新数据的操作，这样 C2DM 消息才能被发送到用户的设备上。对数据进行更新的相关示例代码如下：

```
public static Task updateTask (Task task) {
    task.setEmailAddress (DataStore.getUserEmail());
    task=db.update (task);
    DataStore.sendC2DMUpdate (TaskChange.UPDATE+TaskChange.SEPARATOR+task.getId());
    return task;
}


// Helper method.  Given a String, send it to the current user's device via C2DM.
public static void sendC2DMUpdate (String message) {
    UserService userService=UserServiceFactory.getUserService();
    User user=userService.getCurrentUser();
    ServletContext
context=RequestFactoryServlet.getThreadLocalRequest().getSession().getServletContext();
    SendMessage.sendMessage (context, user.getEmail(), message);
}
```

下面的示例代码中创建了一个帮助类 TaskChange。该类中创建了一些常量，能够使得 App Engine 与 Android 应用程序之间的交互更加简单。帮助类应该被创建在共享文件夹中。

```
public class TaskChange {
    public static String UPDATE="Update";
    public static String DELETE="Delete";
    public static String SEPARATOR=":";
}
```

7. 配置 C2DM 客户端

为了定义当 Android 应用程序接收到 C2DM 的消息时的行为，我们打开 C2DMReceiver 类，找到 onMessage()方法并根据接收到的消息类型修改这个方法。

```
//In your C2DMReceiver class

public void notifyListener (Intent intent) {
    if (listener !=null) {
        Bundle extras=intent.getExtras();
        if (extras !=null) {
            String message= (String) extras.get ("message");
            String[] messages=message.split (Pattern.quote (TaskChange.SEPARATOR));
            listener.onTaskUpdated (messages[0], Long.parseLong (messages[1]));
        }
    }
}
//Elsewhere in your code, wherever it makes sense to perform local updates
public void onTasksUpdated (String messageType, Long id) {
    if (messageType.equals (TaskChange.DELETE)) {
        // Delete this task from your local data store
        ...
    } else {
```

```
        // Call that monstrous Asynctask defined earlier.
        fetchTasks(id);
    }
}
```

至此，C2DM 消息触发了本地 Android 设备中信息的更新，同步到云端操作完成。

7.6 数据备份与恢复

7.6.1 Android 数据备份与恢复简介

Android 的备份服务允许用户将应用程序的持久化数据复制到远端云存储，以便为应用程序的数据和设置信息创建一个还原点。如果用户为设备恢复了出厂设置或者更换了新的 Android 设备，当安装应用程序时，系统会自动恢复用户备份的数据到应用程序。这样用户就不需要人为复制之前的数据和配置信息。该过程对用户完全透明，不会影响应用程序的功能和用户体验。

当应用程序发起备份请求时，Android 的备份管理器 BackupManager 会查询需要备份的应用程序数据，并将其交给备份传输器，再由备份传输器将数据传输到云存储保存起来。当执行恢复操作时，备份管理器从备份传输器获取备份数据并交还给应用程序，由应用程序将备份数据恢复到设备。恢复操作请求可以由应用程序发起，但并不是必需的。如果应用程序被安装并且存在与用户关联的备份数据，当用户重置手机的所有配置或者升级到新的设备时，Android 系统都会自动执行数据恢复操作。

需要注意的是，备份服务并不是为了与其他设备同步数据或者在应用程序的正常生命周期中保存数据而设计的。备份的数据不能被随意访问和改写，必须要使用备份管理器提供的 API 进行访问。

备份传输器是 Android 数据备份框架的客户端组件，由设备制造商和服务提供商共同定制。备份传输器可能因设备的不同而不同，并且对设备而言是透明的。备份管理器将应用程序和备份传输器分离开来，应用程序通过固定的 API 与备份管理器进行通信，而不考虑底层传输的具体实现过程。

数据备份功能并不保证在所有的 Android 设备上都支持。但是，即使设备不支持数据备份，应用程序也会正常运行，只是不能接收备份管理器的备份请求对数据进行备份而已。

备份的数据不会被设备上的其他应用程序访问，只有备份管理器和备份传输器有权限访问备份的数据。另外，由于云存储数据传输服务因设备的不同而不同，因此 Android 系统不能保证备份数据的安全性。所以当用户使用云存储备份敏感数据时（例如用户名和密码），应三思而行。

7.6.2 实现备份代理的步骤

为了备份应用程序数据，需要使用备份代理。备份代理将被备份管理器调用，用于提供所需备份的数据。当应用程序被重新安装时，备份管理器还要调用此备份代理来恢复应用程序的数据。备份管理器通过备份传输器处理所有 Android 设备与云存储之间的数据传输工作，而备份代理则负责所有对设备上数据的处理。

实现备份代理需要经过以下步骤：

步骤 01 在 manifest 文件中用 android:backupAgent 属性声明备份代理。相关代码如下：

```
<manifest ...>
    ...
    <application android:label="MyApplication"
                android:backupAgent="MyBackupAgent">
        <activity ...>
            ...
        </activity>
    </application>
</manifest>
```

以上代码为应用程序声明了一个名为 MyBackupAgent 的备份代理。

步骤 02 为 Android 备份服务进行注册。

Google 为 Android 2.2 以上版本的设备提供了利用 Android 备份服务进行备份传输的服务。应用程序要利用 Android 备份服务执行备份操作，必须对应用程序进行注册以获得一个备份服务的 Backup Service Key，然后在 Android manifest 文件中声明这个 Key。

要获取 Backup Service Key，需要到 https://developers.google.com/android/backup/signup?hl=zh-CN 为 Android 服务进行注册。注册时会得到一个 Backup Service Key 和 Android manifest 文件内相应的<meta-data>XML 代码，这段代码必须包含在<application>元素下。相关示例代码如下：

```
<application android:label="MyApplication"
            android:backupAgent="MyBackupAgent">
    ...
    <meta-data android:name="com.google.android.backup.api_key"
        android:value="AEdPqrEAAAAIDaYEVgU6DJnyJdBmU7KLH3kszDXLv_4DIsEIyQ" />
</application>
```

android:name 必须是 com.google.android.backup.api_key，android:value 也必须是注册 Android 备份服务时获得的 Backup Service Key。

如果存在多个应用程序，就需要根据每个程序的 package name 分别为每一个应用程序进行注册。

步骤 03 实现备份代理。

实现备份代理有两种方式，分别为：

- 继承 BackupAgent。BackupAgent 类提供了核心接口，应用程序通过这些接口与备份管理器进行通信。若直接继承此类，则必须覆盖 onBackup()和 onRestore()方法来处理数据的备份和恢复操作。
- 继承 BackupAgentHelper。BackupAgentHelper 类提供了 BackupAgent 类的易用性封装，大幅度减少了需编写的代码数量。在 BackupAgentHelper 内，必须用一个或多个 helper 对象来自动备份和恢复特定类型的数据，因此不再需要实现 onBackup()和 onRestore()方法了。

Android 目前提供两种 backup helper，分别用于 SharedPreferences 和内部存储的备份和恢复操作。

7.6.3　通过 BackupAgent 实现备份与恢复

大多数应用程序不需要直接继承 BackupAgent 类，而是继承 BackupAgentHelper 类，并利用 BackupAgentHelper 内建的 helper 类自动备份和恢复文件。不过，以下三种情况需要直接继承 BackupAgent 类来实现备份代理：

- 将数据格式版本化。例如，需要在恢复数据时修正格式，可以建立一个备份代理，在数据恢复过程中，如果发现当前版本和备份时的版本不一致，可以执行必要的兼容性修正工作。
- 不是备份整个文件，而是指定备份部分数据以及恢复部分数据到设备。
- 备份数据库中的数据。若应用程序使用了 SQLite 数据库并且希望当用户重装应用程序时能够恢复数据库中的数据，则需要建立一个自定义的 BackupAgent。它在备份操作时从数据库中读取合适的数据，在恢复数据操作时建立数据表并插入数据。

通过继承 BackupAgent 类创建备份代理时，必须实现以下两个方法：

- onBackup()。备份管理器在程序请求进行备份操作后将调用该方法。在该方法中实现从设备读取应用程序数据，并把需备份的数据传递给备份管理器的操作。
- onRestore()。备份管理器在恢复数据时调用该方法。备份管理器调用该方法时将传入备份的数据，并通过该方法将数据恢复到设备上。

1. 备份数据

应用程序发出数据备份请求时，备份管理器将调用 onBackup() 方法。在此方法内必须把要备份的数据提供给备份管理器，然后将数据保存到云存储中。

只有备份管理器能够调用备份代理中的 onBackup() 方法。当数据发生改变并需要执行备份时，需要调用 dataChanged() 方法发起备份请求。备份请求并不会立即导致 onBackup() 方法的调用，备份服务器会等待合适的时机，为上次备份操作后又发出备份请求的所有应用程序执行备份操作。

onBackup() 方法需要传入三个参数，所代表的意义分别如下。

- oldState: 表示已打开的、只读的文件描述符 ParcelFileDescriptor，指向应用程序提供的上次备份数据状态的文件。该文件不是来自云存储的备份数据，而是记录上次调用 onBackup() 备份数据相关状态信息的本地文件。onBackup() 方法不能读取保存于云存储的数据，可以根据此信息来判断数据自上次备份以来是否变动过。
- Data: BackupDataOutput 对象，用于将要备份的数据传给备份管理器。
- newState: 表示已打开的、可读写的文件描述符 ParcelFileDescriptor，指向一个用于将提交给 data 参数的数据相关状态信息写入的文件，状态信息可以简单到只是文件的最后修改时间。备份管理器下次调用 onBackup() 时，该对象作为 oldState 传入。若没有向 newState 写入信息，则备份管理器下次调用 onBackup() 时 oldState 将指向一个空文件。

利用以上参数可以实现 onBackup()，方法如下：

步骤 01　通过比较 oldState，检查自上次备份以来数据是否发生过改变。从 oldState 读取信息的方式取决于当时写入的方式（见步骤 3）。最简单的记录文件状态的方式是写入文件的最后修改时间戳。以下是从 oldState 读取并比较时间戳的代码：

```
// Get the oldState input stream
FileInputStream instream=new FileInputStream (oldState.getFileDescriptor()) ;
DataInputStream in=new DataInputStream (instream) ;

try {
    // Get the last modified timestamp from the state file and data file
    long stateModified=in.readLong();
    long fileModified=mDataFile.lastModified();

    if (stateModified !=fileModified) {
        // The file has been modified, so do a backup
        // Or the time on the device changed, so be safe and do a backup
    } else {
        // Don't back up because the file hasn't changed
        return;
    }
} catch (IOException e) {
    // Unable to read state file... be safe and do a backup
}
```

如果数据没有发生变化，就不需要进行备份，请跳转到步骤 3。

步骤 02 在和 oldState 比较后，如果数据发生了变化，就把当前数据写入 data 以便将其返回并上传到云存储中。

必须以 BackupDataOutput 中的 "entity" 方式写入每一块数据。一个 entity 是一个二进制数据记录，使用一个唯一的字符串键值进行标识。因此，所备份的数据集实际上是一组键值对。要在备份数据集中增加一个 entity，必须：

（1）调用 writeEntityHeader()方法，传入代表要写入数据的唯一字符串键值和数据大小。

（2）调用 writeEntityData()方法，传入存放着数据的字节缓冲区，以及需从缓冲区写入的字节数，该字节数应该与传给 writeEntityHeader()的数据大小一致。

下面的示例代码演示了把一些数据拼接为字节流并写入一个 entity 的过程：

```
// Create buffer stream and data output stream for our data
ByteArrayOutputStream bufStream=new ByteArrayOutputStream();
DataOutputStream outWriter=new DataOutputStream (bufStream) ;
// Write structured data
outWriter.writeUTF (mPlayerName) ;
outWriter.writeInt (mPlayerScore) ;
// Send the data to the Backup Manager via the BackupDataOutput
byte[] buffer=bufStream.toByteArray();
int len=buffer.length;
data.writeEntityHeader (TOPSCORE_BACKUP_KEY, len);
data.writeEntityData (buffer, len);
```

需要备份的每一块数据都要执行一次该操作。如何将数据切分为 entity 由开发者决定。

步骤 03 无论是否执行了数据备份（步骤 2），都要把当前数据的状态信息写入 newState ParcelFileDescriptor 指向的文件内。备份管理器会在本地保持此对象，以代表当前备份数据。下次调用 onBackup()时，此对象作为 oldState 返回给应用程序，由此可以决定是否需要再做一次备份（如步骤 1 所述）。如果不把当前数据的状态写入此文件，下次调用时 oldState 将返回空值。

以下示例代码把文件的最后修改时间戳作为当前数据的状态存入 newState：

```
FileOutputStream outstream=new FileOutputStream (newState.getFileDescriptor());
DataOutputStream out=new DataOutputStream (outstream);
long modified=mDataFile.lastModified();
out.writeLong (modified);
```

需要注意的是，如果应用程序数据存放于文件中，需要使用同步语句（synchronized）来访问文件。这样在应用程序的 Activity 进行写文件操作时，备份代理就不会去读文件了。

2. 执行数据恢复操作

恢复程序数据时，备份管理器将调用备份代理的 onRestore()方法。调用此方法时，备份管理器会把在云存储备份的数据传入，以供恢复到设备中去。

只有备份服务器能够调用 onRestore()方法，在系统安装应用程序并且发现有备份数据存在时，数据恢复操作会自动发生。此外，应用程序也可以通过调用 requestRestore()方法来发起恢复数据的请求。

当备份管理器调用 onRestore()方法时，传入以下三个参数。

- Data：BackupDataInput 对象，用以读取备份数据。
- appVersionCode：整型数据，表示备份数据时，应用程序的 manifest 的 android: versionCode 属性。可以用于核对当前应用程序版本并确定数据格式的兼容性。
- newState：已打开的、可读写的文件描述符 ParcelFileDescriptor，指向一个文件，用于写入最后一次提交 data 数据的备份状态。本对象在下次调用 onBackup()方法时作为 oldState 返回。

在实现 onRestore()时，应该对 data 调用 readNextHeader()，以遍历数据集里所有的 entity。对其中每个 entity 需进行以下操作：

（1）用 getKey()方法获取 entity 的键值。

（2）将此 entity 键值和已知键值清单进行比较，这个清单应该已经在 BackupAgent 继承类中作为字符串常量定义。一旦键值匹配其中一个键，就执行读取 entity 数据并保存到设备的操作：

- 用 getDataSize()读取 entity 数据大小并据其创建字节数组。
- 调用 readEntityData()，传入字节数组作为获取数据的缓冲区，并指定起始位置和读取字节数。
- 字节数组将被填入数据，按需读取数据并写入设备即可。

（3）把数据读出并写回设备以后，把数据的状态写入 newState 参数。

下面的实例代码将前面的例子中所备份的数据进行了恢复：

```
@Override
public void onRestore (BackupDataInput data, int appVersionCode,
                ParcelFileDescriptor newState) throws IOException {
    // There should be only one entity, but the safest
    // way to consume it is using a while loop
    while (data.readNextHeader()) {
        String key=data.getKey();
        int dataSize=data.getDataSize();

        // If the key is ours (for saving top score). Note this key was used when
```

```
            // we wrote the backup entity header
            if (TOPSCORE_BACKUP_KEY.equals (key)) {
                // Create an input stream for the BackupDataInput
                byte[] dataBuf=new byte[dataSize];
                data.readEntityData (dataBuf, 0, dataSize);
                ByteArrayInputStream baStream=new ByteArrayInputStream (dataBuf);
                DataInputStream in=new DataInputStream (baStream);

                // Read the player name and score from the backup data
                mPlayerName=in.readUTF();
                mPlayerScore=in.readInt();

                // Record the score on the device (to a file or something)
                recordScore (mPlayerName, mPlayerScore);
            } else {
                // We don't know this entity key. Skip it. (Shouldn't happen.)
                data.skipEntityData();
            }
        }

        // Finally, write to the state blob (newState) that describes the restored data
        FileOutputStream outstream=new FileOutputStream (newState.getFileDescriptor());
        DataOutputStream out=new DataOutputStream (outstream);
        out.writeUTF (mPlayerName);
        out.writeInt (mPlayerScore);
    }
```

在以上代码中，传给 onRestore() 的 appVersionCode 参数没有被用到。如果用户程序的版本降低，比如从 1.5 降到 1.0，可能就会用此参数来选择备份数据。

7.6.4　通过 BackupAgentHelper 实现备份与恢复

1. 实现 BackupAgentHelper

如果要备份整个 SharedPreferences 和内部存储文件，就应该使用 BackupAgentHelper 的子类创建备份代理，这种方式不需要实现 onBackup() 和 onRestore() 方法，因此可以比使用 BackupAgent 实现的方式大幅度地降低代码量。

BackupAgentHelper 的实现必须要使用一个或多个 backup helper。backup helper 是一种专用组件，BackupAgentHelper 用它来对特定类型的数据执行备份和恢复操作。

Android 框架目前提供两种 helper，分别为：

- SharedPreferencesBackupHelper 用于备份 SharedPreferences 文件。
- FileBackupHelper 用于备份内部存储文件。

BackupAgentHelper 对象中可包含多个 helper，但对于每种数据类型只需用到一个 helper。也就是说，即使存在多个 SharedPreferences 文件，也只需要一个 SharedPreferences-BackupHelper 即可完成对文件的备份与恢复。

要在 BackupAgentHelper 中加入 helper，需要在 onCreate() 方法中执行以下步骤：

步骤 01 实例化所需的 helper，并在其构造方法中指定要备份的文件。

步骤 02 调用 addHelper()方法，把 helper 加入 BackupAgentHelper。

使用 SharedPreferencesBackupHelper 备份 SharedPreferences 的相关代码如下：

```
public class MyPrefsBackupAgent extends BackupAgentHelper {
    // The name of the SharedPreferences file
    static final String PREFS="user_preferences";

    // A key to uniquely identify the set of backup data
    static final String PREFS_BACKUP_KEY="prefs";

    // Allocate a helper and add it to the backup agent
    @Override
    public void onCreate(){
        SharedPreferencesBackupHelper helper=new SharedPreferencesBackupHelper(this, PREFS);
        addHelper(PREFS_BACKUP_KEY, helper);
    }
}
```

上面的这几行代码实现了一个完整的备份代理 MyPrefsBackupAgent。user_preferences 是要备份的文件名称。SharedPreferencesBackupHelper 对象包含备份和恢复 SharedPreferences 文件的所有代码，不再需要开发者人为书写。当备份管理器调用 onBackup()方法 和 onRestore()方法时，MyPrefsBackupAgent 会调用 helper 来完成对指定文件的备份和恢复操作。

由于 SharedPreferences 是线程安全的，因此可以从备份代理和其他 Activity 中安全地读写 shared preferences 文件。

使用 FileBackupHelper 备份内部存储文件的相关代码如下：

```
public class MyFileBackupAgent extends BackupAgentHelper {
    // The name of the files
    static final String TOP_SCORES="scores";
    static final String PLAYER_STATS="stats";

    // A key to uniquely identify the set of backup data
    static final String FILES_BACKUP_KEY="myfiles";

    // Allocate a helper and add it to the backup agent
    void onCreate(){
        FileBackupHelper helper=new FileBackupHelper(this, TOP_SCORES, PLAYER_STATS);
        addHelper(FILES_BACKUP_KEY, helper);
    }
}
```

其中，scores 和 stats 是要保存的文件名字，上面的代码定义的 helper 同时对两个文件进行备份和恢复操作。

需要注意的是，由于读写内部存储文件不是线程安全的，因此要确保当 Activity 在进行文件操作时，备份代理不会去读写该文件，每次读写文件时应该使用同步语句。比如在 Activity 读写文件时，需要用一个对象作为同步语句的内部锁。事实证明，长度为零的数组要比普通对象更轻量化，更适合作为对象锁使用。

创建对象锁的代码如下：

```
// 内部锁对象
static final Object[] sDataLock=new Object[0];
```

然后，每次读写文件时就用这个锁对象创建同步语句。把游戏分数写入文件的同步代码如下：

```
try {
    synchronized (MyActivity.sDataLock) {
        File dataFile=new File (getFilesDir(), TOP_SCORES);
        RandomAccessFile raFile=new RandomAccessFile (dataFile, "rw");
        raFile.writeInt (score);
    }
} catch (IOException e) {
    Log.e (TAG, "Unable to write to file");
}
```

当读文件时，也应该使用同一个锁对象创建同步语句。

然后，需要覆盖 BackupAgentHelper 的 onBackup() 和 onRestore() 方法，用同一个内部锁同步备份和恢复操作。上例中定义的 MyFileBackupAgent 需要添加以下方法：

```
@Override
public void onBackup (ParcelFileDescriptor oldState, BackupDataOutput data,
        ParcelFileDescriptor newState) throws IOException {
    // Hold the lock while the FileBackupHelper performs backup
    synchronized (MyActivity.sDataLock) {
        super.onBackup (oldState, data, newState);
    }
}

@Override
public void onRestore (BackupDataInput data, int appVersionCode,
        ParcelFileDescriptor newState) throws IOException {
    // Hold the lock while the FileBackupHelper restores the file
    synchronized (MyActivity.sDataLock) {
        super.onRestore (data, appVersionCode, newState);
    }
}
```

至此，完成了使用 FileBackupHelper 进行文件备份和恢复操作的全部工作。

2. 核实恢复数据的版本

在把数据备份到云存储的过程中，备份管理器会自动包含应用程序的版本号。版本号是由 manifest 文件中的 android:versionCode 属性定义的。在调用备份代理恢复数据之前，备份管理器会查询已安装程序的 android:versionCode 属性，并与记录在备份数据中的版本号相比较。如果备份数据的版本比设备上高，就意味着用户安装了旧版本的应用程序。这时备份管理器将停止数据恢复操作，onRestore() 方法也不会被调用，因为把数据恢复给旧版本的应用程序是没有意义的。

通过 android:restoreAnyVersion 属性可以替换以上规则。此属性用 true 或 false 标明是否在进行数据恢复时核实数据集的版本，默认值是 false。如果将其设为 true，备份管理器将忽略 android:versionCode 属性并且调用 onRestore() 方法。这时候应该在 onRestore() 方法中人工核实版本信息，并在版本冲突时采取必要的措施保证数据的兼容性。

为了便于在恢复数据时对版本号进行判断，onRestore() 方法把备份数据的版本号作为

appVersionCode 参数和数据一起传入方法中。通过 PackageInfo.versionCode 可以查询到当前应用程序的版本号，相关代码如下：

```
PackageInfo info;
try {
    String name=getPackageName();
    info=getPackageManager().getPackageInfo(name,0);
} catch (NameNotFoundException nnfe){
    info=null;
}

int version;
if (info !=null){
    version=info.versionCode;
}
```

然后比较一下传入 onRestore()方法的 appVersionCode 和 PackageInfo 的 version 值即可。

3. 请求数据备份

应用程序在任何时候都可以通过调用 dataChanged()方法来发起备份请求。此方法将通知备份管理器用备份代理来备份数据。备份管理器将会在合适的时候调用备份代理的 onBackup()方法。通常每次数据发生变化时都应该请求备份数据，但是实际的备份次数比请求次数少得多。如果在备份管理器执行备份操作前连续请求了很多次，备份代理仅会执行一次数据备份操作。

4. 请求数据恢复

在应用程序正常的生命周期内，应该不需要发起恢复数据的请求。在程序安装完成时，系统会自动检查备份数据并执行数据恢复操作。在必要时，也可以通过调用 requestRestore()方法人工发起恢复数据的请求。这时，备份管理器会调用 onRestore()方法进行数据恢复。

7.7 小　　结

本章着重讲述了 Android 系统所提供的信息持久化方法。其中本地信息存储方式有三种，分别为 SharedPreferences、文件存储和数据库存储。进行数据存储时，要根据实际情况来选定合适的数据存储方式。例如，当需要存储简单的键值对类型的数据时，使用 SharedPreference 比较方便；当数据要永久存放，方便以多种途径查看时，应使用文件存储；而经常要读写数据时，就要用到 SQlite。

一般情况下，各种数据都属于其应用程序所私有。ContentProvider 提供了允许在不同应用程序之间共享私有持久化数据的接口。本章演示了如何对现有的 SQLite 数据库建立自定义 ContentProvider，并由其他应用程序通过该自定义 ContentProvider 访问该数据库中的数据的过程。

网络存储主要指借助于 Google 的云计算平台 App Engine 进行网络数据同步以及数据的备份与恢复。借助于信息同步技术，可以使用户方便地在任何地方获取存储在云端的信息的最新版本。C2DM 技术使用云端 push 方式将数据从云端发送至 Android 客户端，大幅度降低了 Android 客户端与云端的信息流量，节省了耗电量，并且降低了编程难度。云端数据备份与恢复技术允许用户将重要的应用程序信息备份到云端服务器上，当用户更换了 Android 系统的手机或者重装应用程序时，将相关的信息自动恢复到用户设备上。该过程对用户完全透明，极大地方便了用户操作使用，提高了用户体验。

7.8 习　　题

1. Android 数据存储方式有哪些？各有什么不同？

2. ContentProvider 是如何实现数据共享的？

3. 如何才能使用外部存储将接收到的短信内容写到 SD 卡上的文件中？

4. 编写一个 ContentProvider 小应用，在一个 Demo 中读取手机中联系人的姓名，并把姓名存储到 SQLite 中，用 ListView 显示出来。

第8章

网 络 编 程

Android 系统提供的网络编程方式基于 Java 语言，Java 语言提供的网络编程方式在 Andriod 中都提供了支持。具体的编程方式包括：针对 TCP/IP 协议的 Socket、ServerSocket 编程方式，针对 UDP 协议的 DatagramSocket、DatagramPackage 编程方式，针对直接网络 URL 访问的 URL、URLConnection 和 HttpURLConnection 方式，等等。本章将对常见的几种编程方式进行讲解。

8.1　HTTP 通信

HTTP 英文全称为 Hyper Text Transfer Protocol，即超文本传输协议，是一种详细规定了浏览器和万维网（World Wide Web，WWW）服务器之间互相通信的规则，通过因特网传送万维网文档的数据传送协议。HTTP 协议采用请求/响应（Request/Response）模式，该工作模式单向、同步。在客户端向服务器发送请求之后，服务器返回结果之前，客户端只能等待。客户端向服务器发送一个请求，请求头包含请求的方法、URI、协议版本以及包含请求修饰符、客户信息和内容的类似于 MIME 的消息结构。服务器以一个状态行作为响应，响应的内容包括消息协议的版本、成功或者错误编码，还包含服务器信息、实体元信息以及可能的实体内容。它是一个属于应用层的面向对象的协议，由于其简洁、快速，因此适用于分布式超媒体信息系统。在 Internet 上，HTTP 通信通常发生在 TCP/IP 连接之上，缺省端口是 80，但其他的端口也是可用的。

Android 是一种以 Linux 为基础的开放源码操作系统，在其内部包含一些用于实现 Android 网络数据操作的接口。Android 操作系统提供 3 种网络接口可供使用，它们分别是 Java 标准接口、Apache 接口和 Android 网络接口。其中，Java 标准接口是最常用的，而 Android 接口是 Java 标准接口的补充。

接下来，我们将分别学习这些接口，分析并使用这些接口实现简单的网络操作。需要说明的是，在 Android 系统中开发 Internet 应用程序时，需要在 AndroidManifest.xml 文件中加入如下权限：

```
<uses-permission android:name="android.permission.INTERNET" />
```

1. 标准 Java 接口

Android 提供了 java.net.*包来实现访问 HTTP 服务的基本功能，其中包含一些非常实用的与网络操作相关的接口，包括流和数据包套接字、Internet 协议、常规 HTTP 处理等。

HTTP 协议通过 URL（Uniform / Universal Resource Locator，统一资源定位符，也被称为网页地址）来定位资源。URL 是因特网上标准的资源的地址（Address）。URL 是用于完整地描述 Internet 上网页和其他资源的地址的一种标识方法。这种地址可以是本地磁盘，也可以是局域网上的某一台计算机，更多的是 Internet 上的站点。

URL 由三部分组成：资源类型、存放资源的主机域名、资源文件名。

URL 的一般语法格式为（带方括号"[ ]"的为可选项）：

```
protocol :// hostname[:port] / path / [;parameters][?query]#fragment
```

其中的格式说明如下。

（1）protocol（协议）

protocol 指定使用的传输协议，表 8.1 列出了常用的 protocol 属性的有效方案名称。最常用的是 HTTP 协议，它也是目前 WWW 中应用最广的协议。

表 8.1　protocol 属性的有效方案

方案名称	描述内容
file	资源是本地计算机上的文件，格式：file://
ftp	通过 FTP 访问资源，格式：FTP://
gopher	通过 Gopher 协议访问该资源，格式：gopher://
http	通过 HTTP 访问该资源，格式：HTTP://
https	通过安全的 HTTPS 访问该资源，格式：target=_blank>HTTPS://
mailto	资源为电子邮件地址，通过 SMTP 访问，格式：mailto:
MMS	通过支持 MMS（流媒体）协议播放该资源（代表软件：Windows Media Player），格式：MMS://
ed2k	通过支持 ed2k（专用下载链接）协议的 P2P 软件访问该资源（代表软件：电驴），格式：ed2k://
Flashget	通过支持 Flashget:(专用下载链接)协议的 P2P 软件访问该资源（代表软件：快车），格式：Flashget://
thunder	通过支持 thunder（专用下载链接）协议的 P2P 软件访问该资源（代表软件：迅雷），格式：thunder://
news	通过 NNTP 访问该资源，格式：mews://

（2）hostname（主机名）

hostname 是指存放资源的服务器的域名系统（DNS）、主机名或 IP 地址。有时在主机名前也可以包含连接到服务器所需的用户名和密码（格式：username@password）。

（3）port（端口号）

port 为整数，是可选的，省略时使用方案的默认端口，各种传输协议都有默认的端口号，如 HTTP 的默认端口为 80。若输入时省略，则使用默认端口号。有时出于安全或其他因素考虑，可以在服务器上对端口进行重定义，即采用非标准端口号，此时，URL 中就不能省略端口号这一项。

（4）path（路径）

path 是由若干"/"符号隔开的字符串，一般用来表示主机上的一个目录或文件地址。

（5）parameters（参数）

parameters 用于指定特殊参数的可选项。

（6）query（查询）

query 也是可选项，用于给动态网页（如使用 CGI、ISAPI、PHP/JSP/ASP/ASP.NET 等技术制作的网页）传递参数，可有多个参数，用"&"符号隔开，每个参数的名和值用"="符号隔开。

（7）fragment（信息片断）

fragment 是字符串，用于指定网络资源中的片断。例如一个网页中有多个名词解释，可使用 fragment 直接定位到某一名词解释。

使用 Java 标准接口访问网络资源的基本步骤如下：

步骤 01 创建 URL。

步骤 02 从 URL 创建 URLConnection /HttpURLConnection 对象并设置连接参数。

步骤 03 连接到服务器。

步骤 04 读写服务器数据。

Java.net.URL 类用于封装 URL 地址，可以通过该类与特定 URL 地址建立连接并对其中的数据进行读写操作。若封装的 URL 地址格式错误，则 URL 构造方法会抛出 MalformedURLException 异常。

2. Apache 接口

Apache 实验室开源的包 org.apache.http.*提供非常丰富的网络操作接口。弥补了 java.net.*灵活性不足的缺点，对 java.net.*进行封装，功能更加强大和全面，也会给 Android 带来更加丰富多彩的网络应用。在 Apache 网络接口中，最重要的是 HttpClient，HttpClient 是 Apache Jakarta Common 下的子项目，可以用来提供高效的、最新的、功能丰富的、支持 HTTP 协议的客户端编程工具包，并且它支持 HTTP 协议最新的版本和建议。HttpClient 已经应用在很多项目中，比如 Apache Jakarta 上很著名的另外两个开源项目 Cactus 和 HTMLUnit 都使用了 HttpClient。它是一个开源项目，功能更加完善，为客户端的 HTTP 编程提供高效、最新、功能丰富的工具包支持。Android 平台引入了 Apache HttpClient 的同时还提供了对它的一些封装和扩展，例如设置缺省的 HTTP 超时和缓存大小等。Android 使用的是目前最新的 HttpClient 4.0（org.apache.http.*），可以将 Apache 视为目前流行的开源 Web 服务器，主要包括创建 HttpClient 以及 Get/Post、HttpRequest 等对象、设置连接参数、执行 HTTP 操作、处理服务器返回结果等功能。

使用这部分接口的基本操作与 java.net.*基本类似，主要包括：

（1）创建 HttpClient，以及 GetMethod / PostMethod 和 HttpRequest 等对象。

（2）设置连接参数。

（3）执行 HTTP 操作。

（4）处理服务器返回结果。

以下列出的是 HttpClient 提供的主要功能。

（1）实现了所有 HTTP 的方法（GET、POST、PUT、HEAD 等）。

（2）支持自动转向。

（3）支持 HTTPS 协议。

（4）支持代理服务器。

使用 HttpClient 时也需要注意请求报头和响应报头，以及提交方式，因为它也是遵循 HTTP 协议的。下面简单介绍一下常用的 GET 和 POST 方式在代码实现上有什么异同。

在 GET 方式下使用 HttpClient 需要几个最基本的步骤：

步骤 01 构造 HttpClient 的实例。

步骤 02 创建连接方法的实例，这里是 HttpGet，在 HttpGet 的构造方法中传入待连接的路径。

步骤 03 请求 HttpClient，调用 execute 传入 HttPGet 取得 HttpResponse。

步骤 04 读 HttpResponse，在读之前判断连接状态是否等于 HttpStatus.SC_OK(200)。

步骤 05 对读取的内容进行处理。

Post 方式相对 GET 有些差异并且复杂一点，主要是参数处理部分有差异。在 POST 方式下使用 HttpClient 需要几个最基本的步骤：

步骤 01 构造 HttpClient 的实例。

步骤 02 向 HttpPost 的构造参数中传入路径，创建 POST 连接。

步骤 03 准备参数，并且设置编码等相关信息。

步骤 04 将准备的参数设置到 HttpPost 中去，方法是 HttpPost.setEntity()。

步骤 05 得到 HttpResponse，通过 httpClient.execute()得到。

步骤 06 读取 HttpResponse。

步骤 07 对读取的内容进行处理。

需要注意的是，在网络操作过程中，需要 Android 应用拥有联网权限，可以在 AndroidManifest.xml 中写入 <uses-permission android:name="android.permission. INTERNET"> </uses-permission>权限。

3. Android 网络接口

android.net.*包实际上是通过对 Apache 中 HttpClient 的封装来实现的一个 HTTP 编程接口，同时还提供 HTTP 请求队列管理以及 HTTP 连接池管理，以提高并发送请求情况下的处理效率，除此之外，还有网络状态监视等接口、网络访问的 Socket、常用的 Uri 类以及有关 WiFi 相关的类等。

8.1.1　访问 URL 指定资源

为了可以通过 AVD 调试网络访问应用程序，首先在本地计算机上架设网络服务器端。使用 Tomcat 做服务器，在其 webapps 目录下建立 android 目录，并在该目录下建立 message.jsp 文件。

message.jsp 文件的具体代码如下：

```
<HTTP>
    <HEAD>
        <TITLE>HTTP-MESSAGE</TITLE>
    </HEAD>
```

```
<BODY>
    <%
    out.println ("<H1>Http-Message<BR>Android:Hello World</H>");
    %>
</BODY>
</HTML>
```

由于本地计算机在网络上的 IP 为 175.168.35.198，因此 message.jsp 的网络 URL 为 http://175.168.35.198:8080/android/message.jsp。将该地址输入 IE 地址栏打开，其运行效果如图 8.1 所示。

图 8.1　message.jsp 的运行效果

这样，我们就有了可以通过 AVD 来访问的网络上的资源。

使用 java.net.URLConnection 访问 URL 指定的网络资源的基本过程的代码如下：

```
URL url=new URL ("ftp://mirror.csclub.uwaterloo.ca/index.html");//建立 URL
URLConnection urlConnection=url.openConnection();//打开连接
InputStream in=new BufferedInputStream (urlConnection.getInputStream());//从连接建立输入流
try {
readStream (in);//读取数据操作
finally {
in.close();
}
}
```

URLConnection 内建对多种网络协议的支持，如 HTTP/HTTPS、File、FTP 等。

在创建连接之前，可以对连接的一些属性进行设置，如表 8.2 所示。

表 8.2　URLConnection 属性

属性名称	属性描述
setReadTimeout（3000）	设置读取数据的超时时间为 3 秒钟
setUseCaches（false）	设置当前连接是否允许使用缓存
setDoOutput（true）	设置当前连接是否允许建立输出流
setDoInput（true）	设置当前连接是否允许建立输入流

HttpURLConnection 继承于 URLConnection 类，二者都是抽象类，所以无法直接实例化，其对象主要通过 URL 的 openConnection 方法获得。

URLConnection 可以直接转换成 HttpURLConnection，以便于使用一些 HTTP 连接特定的方法，如 getResponseMessage()、setRequestMethod()等。

使用 HttpURLConnection 访问网络资源的基本过程的代码如下：

```
URL url=new URL ("http://www.android.com/") ;
HttpURLConnection urlConnection= (HttpURLConnection) url.openConnection();
try {
    InputStream in=new BufferedInputStream (urlConnection.getInputStream()) ;
    readStream (in) ;
    finally {
        urlConnection.disconnect();
    }
}
```

需要注意的是，使用 openConnection 方法所创建的 URLConnection 或者 HttpURLConnection 实例不具有重用性，每次调用 openConnection 方法都将创建一个新的实例。

实例 URLDemo 中演示了使用 URL 访问指定资源的过程，运行效果如图 8.2 所示。

图 8.2　URLDemo 的运行效果

实例 URLDemo 中 main.xml 的代码如下：

```
<?xml version="1.0" encoding="utf-8"?>
<LinearLayout
    xmlns:android="http://schemas.android.com/apk/res/android"
    android:orientation="vertical"
    android:layout_width="fill_parent"
    android:layout_height="fill_parent">
    <Button
        android:id="@+id/Button_HTTP"
        android:layout_width="fill_parent"
        android:layout_height="wrap_content"
        android:text="@string/button_name01"/>
    <TextView
        android:id="@+id/TextView_HTTP"
        android:layout_width="fill_parent"
        android:layout_height="wrap_content"
    />
</LinearLayout>
```

实例 URLDemo 中 AndroidManifest.xml 的代码如下：

```xml
<?xml version="1.0" encoding="utf-8"?>
<manifest xmlns:android="http://schemas.android.com/apk/res/android"
     package="com.android.activity"
     android:versionCode="1"
     android:versionName="1.0">
  <uses-sdk android:minSdkVersion="4" />
     <uses-permission android:name="android.permission.INTERNET" />
<application android:icon="@drawable/ic_launcher" android:label="@string/app_name">
     <activity android:name=".MainActivity"
              android:label="@string/app_name">
        <intent-filter>
           <action android:name="android.intent.action.MAIN" />
           <category android:name="android.intent.category.LAUNCHER" />
        </intent-filter>
     </activity>
  </application>
</manifest>
```

实例 URLDemo 中 MainActivity.java 的具体实现代码如下：

```java
package introdction.android.URLDemo;

import java.io.BufferedReader;
import java.io.IOException;
import java.io.InputStreamReader;
import java.net.HttpURLConnection;
import java.net.MalformedURLException;
import java.net.URL;
import com.android.activity.R;
import android.app.Activity;
import android.os.Bundle;
import android.view.View;
import android.view.View.OnClickListener;
import android.widget.Button;
import android.widget.TextView;

public class MainActivity extends Activity {
    /** Called when the activity is first created. */
    private TextView textView_HTTP;
    @Override
    public void onCreate (Bundle savedInstanceState) {
        super.onCreate (savedInstanceState);
        setContentView (R.layout.main);
        textView_HTTP= (TextView) findViewById (R.id.TextView_HTTP);
    Button button_http= (Button) findViewById (R.id.Button_HTTP);
        button_http.setOnClickListener (new OnClickListener(){//给button_http按钮设置监听器
            public void onClick (View v) {//事件处理
                String httpUrl="http://175.168.35.198:8080/android/message.jsp";
                String resultData="";// 定义一个 resultData 用于存储获得的数据
                URL url=null;// 定义 URL 对象
                try {
                    url=new URL (httpUrl); // 构造一个 URL 对象时需要使用异常处理
                } catch (MalformedURLException e){
                    System.out.println (e.getMessage());//打印出异常信息
                }
```

```
                        if (url !=null) {//如果 URL 不为空时
                            try {//有关网络操作时, 需要使用异常处理
                                HttpURLConnection urlConn= (HttpURLConnection) url
                                        .openConnection();// 使用 HttpURLConnection 打开连接
                                InputStreamReader in=new InputStreamReader (urlConn
                                        .getInputStream()) ;// 得到读取的内容
                                BufferedReader buffer=new BufferedReader (in);// 为输出创建
BufferedReader

                                String inputLine=null;
                                while (((inputLine=buffer.readLine()) !=null)) {// 读取获得的数据

                                    resultData+=inputLine+"\n";// 加上"\n"实现换行
                                }
                                in.close();// 关闭 InputStreamReader
                                urlConn.disconnect();// 关闭 HTTP 连接
                                if (resultData !=null) {//如果获取到的数据不为空
                                    textView_HTTP.setText (resultData) ;//显示取得的内容

                                } else {
                                    textView_HTTP.setText ("Sorry,the content is null") ;
                                                            //获取到的数据为空时显示
                                }
                            } catch (IOException e) {
                                textView_HTTP.setText (e.getMessage()) ;//出现异常时, 打印出异常信息
                            }
                        } else {
                            textView_HTTP.setText ("url is null") ;//当 url 为空时输出
                        }
                    }
                });
            }
        }
```

代码中, String httpUrl=" http://175.168.35.198:8080/android/message.jsp ";指定了要访问的网络资源的地址, 读者测试时改成自己本机的 IP 地址即可。

8.1.2 使用 GET 方式获取网络服务

HTTP 通信中可以使用 GET 和 POST 方式, GET 方式可以获取静态页面, 也可以把参数放在 URL 字符后面传递给服务器, 例如地址 " http://175.168.35.198:8080/android/getMessage. jsp?message=Helloworld" 就是使用 GET 方式, 在 URL 中, "?"后面直接加入参数 message 的信息, 而 POST 方式的参数是放在 HTTP 请求中的, 不会直接出现在 URL 中。

与 GET 类似, POST 参数也是被 URL 编码的。然而, 两者已经有了很多不同:

(1) GET 是从服务器上获取数据, POST 是向服务器传送数据。

在客户端, GET 方式通过 URL 提交数据, 数据在 URL 中可以看到; POST 方式是通过数据放置在 HTML HEADER 内提交。

(2) 对于 GET 方式, 服务器端用 Request.QueryString 获取变量的值; 对于 POST 方式, 服务器端用 Request.Form 获取提交的数据。

（3）GET 方式提交的数据最多只能有 1024 字节，而 POST 则没有此限制。

（4）安全性问题。使用 GET 的时候，参数会显示在地址栏上，而 POST 不会。所以，如果这些数据是中文数据而且是非敏感数据，那么使用 GET 方式；如果用户输入的数据不是中文字符而且包含敏感数据，那么还是使用 POST 方式为好。

HttpURLConnection 默认的访问方式为 Get，以 POST 方式获取网页数据时需要使用 setRequestMethod 方法设置访问方式为 POST。

在 TOMCAT 根目录下的"webapps\android"目录下建立 getMessage.jsp 文件作为网络服务资源文件，该文件代码如下：

```jsp
<%@ page language="java" import="java.util.*" pageEncoding="gb2312"%>
<HTTP>
    <HEAD>
        <TITLE>Get-HTTP-MESSAGE</TITLE>
    </HEAD>
    <BODY>
        <%
        String message=request.getParameter ("message");
        String result=new String (message.getBytes ("iso-8859-1"),"gb2312");
        out.println ("<H1>Android-message:"+result+"</H>");
        %>
    </BODY>
</HTML>
```

该文件从访问该文件的 request 中获取名为 message 的参数信息并在页面上显示出来。

GET 方式获取网页数据的实现方式和指定 URL 方式很相似，不同的是要在将要访问的地址后面加上要传递的参数。

实例 GETDemo 中演示了使用 GET 方式访问指定网页的过程，运行效果如图 8.3 所示。

图 8.3　实例 GETDemo 的演示过程

实例 GETDemo 中 main.xml 的具体实现代码如下：

```xml
<?xml version="1.0" encoding="utf-8"?>
<LinearLayout
    xmlns:android="http://schemas.android.com/apk/res/android"
    android:orientation="vertical"
    android:layout_width="fill_parent"
    android:layout_height="fill_parent">
    <Button
```

```
          android:id="@+id/Button_Get"
          android:layout_width="fill_parent"
          android:layout_height="wrap_content"
          android:text="@string/button_name"/>
     <TextView
          android:id="@+id/TextView_Get"
          android:layout_width="fill_parent"
          android:layout_height="wrap_content"
     />
</LinearLayout>
```

实例 GETDemo 中 AndroidManifest.xml 的具体实现代码如下：

```
<?xml version="1.0" encoding="utf-8"?>
<manifest xmlns:android="http://schemas.android.com/apk/res/android"
     package="com.android.activity"
     android:versionCode="1"
     android:versionName="1.0">
  <uses-sdk android:minSdkVersion="4" />
     <uses-permission android:name="android.permission.INTERNET" />
<application android:icon="@drawable/ic_launcher" android:label="@string/app_name">
     <activity android:name=".MainActivity"
               android:label="@string/app_name">
        <intent-filter>
           <action android:name="android.intent.action.MAIN" />
           <category android:name="android.intent.category.LAUNCHER" />
        </intent-filter>
     </activity>
</application>
</manifest>
```

其中，<uses-permission android:name="android.permission.INTERNET" />设置可以访问网络的
权限。

实例 GETDemo 中 MainActivity.java 的具体实现代码如下：

```
package introdction.android.getDemo;
import java.io.BufferedReader;
import java.io.IOException;
import java.io.InputStreamReader;
import java.net.HttpURLConnection;
import java.net.MalformedURLException;
import java.net.URL;
import android.app.Activity;
import android.os.Bundle;
import android.view.View;
import android.view.View.OnClickListener;
import android.widget.Button;
import android.widget.TextView;
public class MainActivity extends Activity {
    private TextView textView_Get;
    @Override
    public void onCreate (Bundle savedInstanceState) {
        super.onCreate (savedInstanceState);
        setContentView (R.layout.main);
        textView_Get= (TextView) findViewById (R.id.TextView_Get);
```

```
        Button button_Get= (Button) findViewById (R.id.Button_Get);
        button_Get.setOnClickListener (new OnClickListener(){
            public void onClick (View v) {
                String httpUrl="http:// 175.168.35.198:8080/android/
                        getMessage.jsp?message=Helloworld";String resultData="";
                URL url=null;
                try {
                    url=new URL (httpUrl);
                } catch (MalformedURLException e) {
                    System.out.println (e.getMessage());
                }
                if (url !=null) {
                    try {
                        HttpURLConnection urlConn= (HttpURLConnection) url
                                .openConnection();
                        InputStreamReader in=new InputStreamReader (urlConn
                                .getInputStream());
                        BufferedReader buffer=new BufferedReader (in);
                        String inputLine=null;
                        while (((inputLine=buffer.readLine()) !=null)) {
                            resultData+=inputLine+"\n";
                        }
                        in.close();
                        urlConn.disconnect();
                        if (resultData !=null) {
                            textView_Get.setText (resultData);

                        } else {
                    textView_Get.setText ("Sorry,the content is null");
                    }

                    } catch (IOException e) {
                        textView_Get.setText (e.getMessage());
                    }
                } else {
                    textView_Get.setText ("url is null");
                }
            }
        });
    }
}
```

其中，String httpUrl=“http://175.168.35.198:8080/android/getMessage.jsp?message=Helloworld”
设置要访问的网页的 URL，“message=Helloworld”设置要传递的参数 message 的值为 Helloworld。

8.1.3　使用 POST 方式获取网络服务

实例 POSTDemo 中演示了使用 POST 方式访问 getMessage.jsp 的过程，运行效果如图 8.4 所示。

图 8.4   实例 POSTDemo 的运行效果

实例 POSTDemo 中 main.xml 的具体实现代码如下：

```xml
<?xml version="1.0" encoding="utf-8"?>
<LinearLayout
    xmlns:android="http://schemas.android.com/apk/res/android"
    android:orientation="vertical"
    android:layout_width="fill_parent"
    android:layout_height="fill_parent">
    <Button
        android:id="@+id/Button_Post"
        android:layout_width="fill_parent"
        android:layout_height="wrap_content"
        android:text="@string/button_name"/>
    <TextView
        android:id="@+id/TextView_Post"
        android:layout_width="fill_parent"
        android:layout_height="wrap_content"
    />
</LinearLayout>
```

实例 POSTDemo 中 AndroidManifest.xml 的具体实现代码如下：

```xml
<?xml version="1.0" encoding="utf-8"?>
<manifest xmlns:android="http://schemas.android.com/apk/res/android"
    package="com.android.activity"
    android:versionCode="1"
    android:versionName="1.0">
  <uses-sdk android:minSdkVersion="4" />
    <uses-permission android:name="android.permission.INTERNET" />
<application android:icon="@drawable/ic_launcher" android:label="@string/app_name">
<activity android:name=".MainActivity"
              android:label="@string/app_name">
        <intent-filter>
            <action android:name="android.intent.action.MAIN" />
            <category android:name="android.intent.category.LAUNCHER" />
        </intent-filter>
    </activity>
    </application>
</manifest>
```

其中，<uses-permission android:name="android.permission.INTERNET" />设置可以访问网络的权限。

实例 POSTDemo 中 MainActivity.java 的具体实现代码如下：

```java
package introdction.android.postDemo;
import java.io.BufferedReader;
import java.io.DataOutputStream;
import java.io.IOException;
import java.io.InputStreamReader;
import java.net.HttpURLConnection;
import java.net.MalformedURLException;
import java.net.URL;
import java.net.URLEncoder;
import android.app.Activity;
import android.os.Bundle;
import android.view.View;
import android.view.View.OnClickListener;
import android.widget.Button;
import android.widget.TextView;
public class MainActivity extends Activity {
    private TextView textView_Post;
    @Override
    public void onCreate (Bundle savedInstanceState) {
        super.onCreate (savedInstanceState);
        setContentView (R.layout.main);
        textView_Post= (TextView) findViewById (R.id.TextView_Post);
        Button button_Post= (Button) findViewById (R.id.Button_Post);
        button_Post.setOnClickListener (new OnClickListener(){
            public void onClick (View v) {
String httpUrl="http:// 175.168.35.198:8080/android/getMessage.jsp";
                String resultData="";
                URL url=null;
                try{
                    url=new URL (httpUrl);
                }
                catch (MalformedURLException e) {
                    System.out.println (e.getMessage());
                }
                if (url !=null) {
                    try{
                        HttpURLConnection urlConn= (HttpURLConnection)
url.openConnection();
                        urlConn.setDoOutput (true);
                        urlConn.setDoInput (true);
                        urlConn.setRequestMethod ("POST");
                        urlConn.setUseCaches (false);
                        urlConn.setInstanceFollowRedirects (true);
    urlConn.setRequestProperty ("Content-Type","application/x-www-form-urlencoded");
                        urlConn.connect();
                    DataOutputStream out=new DataOutputStream
(urlConn.getOutputStream());
                        String content="message="+URLEncoder.encode ("HelloWorld",
"gb2312");
                    out.writeBytes (content);
                    out.flush();
                    out.close();
```

```
                        BufferedReader reader=new BufferedReader (new InputStreamReader
(urlConn.getInputStream()));
                    String inputLine=null;
                    while (((inputLine=reader.readLine()) !=null)) {
                        resultData+=inputLine+"\n";
                    }
                    reader.close();
                    urlConn.disconnect();
                    if ( resultData !=null ) {
                        textView_Post.setText (resultData);
                    }
                    else {
                        textView_Post.setText ("Sorry,the content is null");
                    }
                }
                catch (IOException e) {
                    textView_Post.setText (e.getMessage());
                }
            }
            else{
                textView_Post.setText ("url is null");
            }
        }
    });
    }
}
```

其中，String httpUrl="http:// 175.168.35.198:8080/android/getMessage.jsp"设置要访问的 URL 地址，urlConn.setRequestMethod（"POST"）设置访问方式为 POST 方式。

```
String content="message="+URLEncoder.encode ("HelloWorld", "gb2312");
out.writeBytes (content);
```

将要传递的 message 的值传递给服务器。此外，Android 开发包还提供了 org.apache.http. client.methods.HttpGet 和 org.apache.http.client.methods.HttpPost 两个类，分别用于处理 GET 和 POST 网络访问方式，此处不再描述，读者可参看相关文档。

8.2 Socket 通信

Socket 编程方式是比较底层的网络编程方式，常见的高级网络通信协议（如 HTTP）基本上都是建立在 Socket 编程基础之上的，而且 Socket 编程是跨平台的编程方式，可以在异构语言之间进行通信，所以 Socket 通信是其他网络编程方式的基础，掌握 Socket 网络编程方式是很有意义的。

8.2.1 Socket 简介

1. 什么是 Socket

Socket 的英文原义是"孔"或"插座"。作为 4BDS UNIX 的进程通信机制，取后一种意思。

通常也称作"套接字",用于描述 IP 地址和端口,是一个通信链的句柄。在 Internet 上的主机一般运行了多个服务软件,同时提供几种服务。每种服务都打开一个 Socket,并绑定到一个端口上,不同的端口对应于不同的服务。应用程序通常通过"套接字"向网络发出请求或者应答网络请求。它是支持 TCP/IP 协议的网络通信的基础操作单元。

Socket 进行网络通信必须包含 5 个组成信息:连接使用的协议、本地主机的 IP 地址、本地进程的协议端口、远程主机的 IP 地址和远程进程的协议端口。

2. Socket 通信的传输模式

Socket 有两种传输模式,分别是面向连接的和面向无连接的,应用程序运行时使用哪一种模式是由应用程序本身需求决定的。

面向连接的传输模式可靠性比较好,它使用 TCP(Transmission Control Protocol)协议。TCP 协议属于传输层协议,TCP 提供 IP 环境下的数据可靠传输,它提供的服务包括数据流传送、可靠数据传输、有效流控、全双工操作和多路复用。通过面向连接、端到端和可靠的数据包发送。它是事先为所发送的数据开辟出连接好的通道,再进行数据发送。在这种传输模式下,发送方和接收方必须首先取得 Socket 连接,并且一旦建立了连接,Socket 就可以使用一个流接口进行读写数据操作,但是这种传输模式的效率低。

而面向无连接的传输模式可靠性不好,使用 UDP(User Datagram Protocol)协议,与 TCP 相比,UDP 不为 IP 提供可靠性、流控或差错恢复功能。一般来说,TCP 对应的是可靠性要求高的应用,而 UDP 对应的则是可靠性要求低、传输经济的应用。TCP 支持的应用协议主要有 Telnet、FTP、SMTP 等,UDP 支持的应用层协议主要有 NFS(网络文件系统)、SNMP(简单网络管理协议)、DNS(主域名称系统)、TFTP(通用文件传输协议)等。这种模式的操作使用数据报协议,一个数据报就是一个独立的单元,它包含一次传输数据的所有信息。

8.2.2 Socket 使用方法

在 Java 程序设计语言中包含一个 java.net.*包,在这个包中提供了 Socket 和 ServerSocket 两个类,它们分别用于表示网络通信中双向连接的客户端和服务器端,适应于 TCP 协议。

客户端 Socket 的构造方法如表 8.3 所示。

表 8.3 客户端 Socket 的构造方法

构造方法类型	参数解释
Socket(InetAddress address,int port)	address 参数表示要连接的服务器端的 IP 地址;port 为连接使用的端口号
Socket(InetAddress address,int port,boolean stream)	address 参数表示连接中一方的 IP 地址;port 参数表示的是连接中一方的端口号;stream 参数用来标识 Socket 是流 Socket 还是数据报 Socket
Socket(String host,int port)	host 参数表示连接中一方的主机名;port 参数表示的是连接中一方的端口号
Socket(String host,int port,boolean stream)	host 参数表示连接中一方的主机名;port 参数表示的是连接中一方的端口号;stream 参数用来标识 Socket 是流 Socket 还是数据报 Socket

（续表）

构造方法类型	参数解释
Socket（SocketImpl impl）	impl 参数是 Socket 的父类，用来创建 ServerSocket 和 Socket
Socket（String host,int port,InetAddress localAddr,int localPort）	host 参数表示连接中一方的主机名；port 参数表示的是连接中一方的端口号；localAddr 是本地机器的地址；localPort 参数表示本地主机的端口号

服务器端 ServerSocket 的构造方法如表 8.4 所示。

表 8.4　服务器端 ServerSocket 的构造方法

构造方法类型	参数解释
ServerSocket（int port）	port 参数表示的是连接中一方的端口号
ServerSocket（int port,int backlog）	port 参数表示的是连接中一方的端口号，backlog 表示请求连接的客户端队列长度
ServerSocket（int port,int backlog,InetAddress bindAddr）	port 参数表示的是连接中一方的端口号；bindAddr 是 ServerSocket 的主机地址

　　建立 TCP 连接时要指定端口号，而 0~1023 的端口号是为系统保留的，因此在选择端口号的时候，应该选择一个大于 1023 并且没有被其他应用程序占用的端口号。

　　客户端 Socket 对象的建立代码如下：

```
Socket socket;
BufferedReader in;
PrintWriter out;
try {
    socket=new Socket ("192.168.0.99",1234) ;
    in=new BufferedReader (new InputStreamReader (socket.getInputStream())) ;
    out=new PrintWriter (socket.getOutputStream(),true) ;
    //进行输入输出操作……
    in.close();
    out.close();
    socket.close();
} catch (UnknownHostException e) {
    // TODO Auto-generated catch block
    e.printStackTrace();
} catch (IOException e) {
    // TODO Auto-generated catch block
    e.printStackTrace();
}
```

　　这段代码创建了一个通过 1234 端口连接 IP 地址为"192.168.0.99"的服务器的 Socket 对象，连接建立后，通过 BufferedReader 和 PrintWriter 类建立输入流和输出流，以便与服务器传递数据。当连接使用完毕后，先关闭输入/输出流，再关闭 Socket 连接。

　　服务器端的 ServerSocket 对象建立后需要不断监听指定端口，当有客户端请求时，调用 accept() 方法接受请求并做相应的处理。需要注意的是，accept()方法是一个阻塞函数，该方法被调用后将阻塞进程，等待客户端请求，直到有客户端请求启动并请求连接到该端口，然后 accept()返回一个对应于客户的 Socket，例如：

```
ServerSocket server=null;
```

```
try {
    server=new ServerSocket (1234);
    Socket socket=server.accept();
    in=new BufferedReader (new InputStreamReader (socket.getInputStream()));
    out=new PrintWriter (socket.getOutputStream(),true);
    //进行输入输出操作......
    in.close();
    out.close();
} catch (IOException e){
    // TODO Auto-generated catch block
    e.printStackTrace();
}
```

该代码表示在服务器端创建了一个监听 1234 端口的 ServerSocket 对象，当该端口有客户端请求发生时，创建 Socket 对象与客户端进行连接，之后就可以通过输入流和输出流与客户端进行数据交换。当然，这几行代码仅是示例代码，只能处理一个客户端请求。在实际的工程开发中，服务器端的处理方式应该是，当检测到有客户端进行请求时，建立新的线程与客户端进行连接。

8.2.3 Socket 编程实例

通过 java.net 包下的 DatagramSocket 和 DatagramPacket 类可以方便地开发基于 UDP 协议的网络传输应用程序。下面编写一个由 Android 手机客户端向 PC 服务器端发送信息的小程序，客户端详细代码记录在实例 SocketClientDemo 中，服务器端由纯 Java 开发，详细代码在实例 SocketServerDemo 中，运行效果如图 8.5 所示。

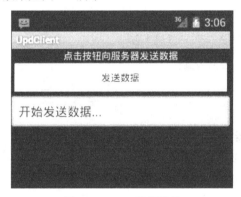

图 8.5　Socket 编程效果

手机客户端运行效果如图 8.6 所示。

```
Hi, this is the string from the Android Client!
Hi, this is the string from the Android Client!
Hi, this is the string from the Android Client!
Hi, this is the string from the Android Client!
Hi, this is the string from the Android Client!
```

图 8.6　手机客户端运行效果

实例 SocketServerDemo 中 Server.java 的具体实现代码如下：

```
package introduction.android.server;

import java.io.IOException;
import java.net.DatagramPacket;
import java.net.DatagramSocket;
import java.net.SocketException;

public class Server {

    public static void main (String[] args) {
        // TODO Auto-generated method stub
        // 创建一个 DatagramSocket 对象，并指定监听的端口号
        DatagramSocket socket;
        try {
            socket=new DatagramSocket (12345);
            byte data[]=new byte[1024];
            // 创建一个空的 DatagramPacket 对象
            DatagramPacket packet=new DatagramPacket (data, data.length);
            // 使用 receive 方法接收客户端所发送的数据
            while (true) {
            try {
                socket.receive (packet);
                String result=new String (packet.getData(),
                packet.getOffset(), packet.getLength());
                System.out.println (result);
            } catch (IOException e) {
                // TODO Auto-generated catch block
                e.printStackTrace();
            }
            }
        } catch (SocketException e1) {
            // TODO Auto-generated catch block
            e1.printStackTrace();
        }
    }
}
```

Server.java 在 PC 服务器端建立 DatagramSocket 对象，并监听 12345 端口。当有客户端请求时，从该端口读取客户端传入的数据，并打印出来。

实例 SocketClientDemo 的 AndroidManifest.xml 中需要注册访问网络的相关权限，代码如下：

```
<?xml version="1.0" encoding="utf-8"?>
<manifest xmlns:android="http://schemas.android.com/apk/res/android"
    package="introduction.android.udpDemo"
    android:versionCode="1"
    android:versionName="1.0">
    <uses-sdk android:minSdkVersion="4" />
    <uses-permission
android:name="android.permission.ACCESS_NETWORK_STATE"></uses-permission>
    <uses-permission android:name="android.permission.INTERNET"></uses-permission>
    <application android:icon="@drawable/icon" android:label="@string/app_name">
        <activity android:name=".UdpClient"
                android:label="@string/app_name">
            <intent-filter>
                <action android:name="android.intent.action.MAIN" />
```

```
                <category android:name="android.intent.category.LAUNCHER" />
            </intent-filter>
        </activity>

    </application>
</manifest>
```

实例 SocketClientDemo 中 UdpClient.java 的具体实现代码如下：

```java
package introduction.android.udpDemo;

import java.net.DatagramPacket;
import java.net.DatagramSocket;
import java.net.InetAddress;

import android.app.Activity;
import android.os.Bundle;
import android.os.Handler;
import android.os.Message;
import android.util.Log;
import android.view.View;
import android.view.View.OnClickListener;
import android.widget.Button;
import android.widget.EditText;

public class UdpClient extends Activity {
    private Button btn_listen;
    private EditText et;
    @Override
    public void onCreate (Bundle savedInstanceState) {
        super.onCreate (savedInstanceState);
        setContentView (R.layout.main);
        et= (EditText) findViewById (R.id.editText1);
        btn_listen= (Button) findViewById (R.id.btn_listen);
        btn_listen.setOnClickListener (new OnClickListener(){
            @Override
            public void onClick (View v) {
                // TODO Auto-generated method stub
                et.setText ("开始发送数据...");
                new ServerThread().start();
            }
        });
    }

    class ServerThread extends Thread {
        public void run(){
            try {
                //首先创建一个 DatagramSocket 对象
                DatagramSocket socket=new DatagramSocket (12344);
                //创建一个 InetAddree，自己测试的时候要设置成自己本机的 IP 地址
                InetAddress serverAddress=InetAddress.getByName ("169.254.31.8");
                while (true) {
                    String str="Hi, this is the string from the Android Client!";
                    byte data []=str.getBytes();
                    //创建一个 DatagramPacket 对象，并指定要将这个数据包发送到网络当中的哪个地址，
```

```
以及端口号
                            DatagramPacket packet=new DatagramPacket
(data,data.length,serverAddress,12345);
                    //调用 socket 对象的 send 方法，发送数据
                    socket.send (packet);
                    Log.d ("server", "sending...");
                    Thread.sleep (1000);
                }
            } catch (Exception e) {
                // TODO Auto-generated catch block
                e.printStackTrace();
            }
        }
    }
}
```

UdpClient.java 在手机客户端创建 DatagramSocket 对象，并请求与 IP 地址为 "169.254.31.8" 的主机进行 UDP 连接。当连接建立后，将要传递的信息封装在 DatagramPacket 对象中，并通过 DatagramSocket.send()方法发送出去。

8.3　Bluetooth 通信

8.3.1　Bluetooth 简介

蓝牙（Bluetooth）技术是一种支持设备短距离通信的无线电技术，作用范围在 10 米左右。通过蓝牙技术可以在移动电话、PDA、无线耳机、笔记本电脑等众多设备之间进行无线信息的交换。

1998 年 5 月，爱立信、诺基亚、东芝、IBM 和英特尔公司 5 家著名厂商在联合开展短程无线通信技术的标准化活动时提出了蓝牙技术。蓝牙这个名字来源于十世纪的一位丹麦国王 Harald Blatand，其宗旨是提供一种短距离、低成本的无线传输应用技术。利用"蓝牙"技术能够有效地简化移动通信终端设备之间的通信，也能够成功地简化设备与 Internet 之间的通信，从而使数据传输变得更加迅速高效，为无线通信拓宽道路。蓝牙技术基于无线技术，采用分散式网络结构以及快跳频和短包技术，支持点对点通信，使用 ISM（Industrial Scientific Medical，工业、科学、医学）频率的波段（2.45GHz），在无线设备的电气特性支持下，通过特定的通信协议栈进行通信。

Android SDK 对于蓝牙技术从 2.0 版本的开始支持。Android 包含对蓝牙网络协议栈的支持，这使得蓝牙设备能够无线连接其他蓝牙设备交换数据。Android 的应用程序框架提供了访问蓝牙功能的 API，这些 API 使得应用程序能够无线连接其他蓝牙设备，实现点对点及点对多点的无线交互功能。

从目前来看，手机是蓝牙技术的最大应用领域，也是已经有实际应用的领域。几乎所有的 Android 系统手机都支持蓝牙技术。通过在手机中植入蓝牙技术，可以实现无线耳机、车载电话等功能，还能实现手机与计算机或与其他手持设备的无电缆连接。

8.3.2　Android 系统的蓝牙通信功能

Android 系统提供蓝牙 API 包 android.bluetooth，允许手机设备通过蓝牙与其他设备进行无线连接。

Android 的蓝牙 API 可提供以下功能：

- 查找并配对蓝牙设备。
- 建立 RFCOMM 通道。
- 通过服务发现（Device Discovery）与其他无线设备进行连接。
- 与其他设备进行蓝牙数据传输。
- 管理多个蓝牙连接。

需要说明的是，Android 模拟器不支持蓝牙功能，因此蓝牙相关的应用程序只能在真机上调试。要使用蓝牙功能，需要在 AndroidManifest.xml 中声明相应权限。蓝牙权限有两种，分别为：

```
<uses-permission android:name="android.permission.BLUETOOTH" />
```

或者

```
<uses-permission android:name="android.permission.BLUETOOTH_ADMIN" />
```

如果想在应用程序中请求或者建立蓝牙连接并传递数据，必须声明 Bluetooth 权限。若想初始化设备发现功能或者对蓝牙设置进行更改，则必须声明 BLUETOOTH_ADMIN 权限。

要在应用程序中使用蓝牙功能，必须保证当前设备具有蓝牙并且启用该功能。若当前设备支持蓝牙，但是没有启用相关功能，则需要人工启用蓝牙功能。首先使用 BluetoothAdapter 类的对象来确认设备具有蓝牙功能，然后使用 Intent 开启蓝牙功能。相关代码如下：

```
BluetoothAdapter mBluetoothAdapter=BluetoothAdapter.getDefaultAdapter();
if(mBluetoothAdapter==null){
    // 设备不支持蓝牙功能
    return;
}
//设备支持蓝牙功能
if(!mBluetoothAdapter.isEnabled()){
    // 用于启动蓝牙功能的 Intent
Intent enableBtIntent=new Intent(BluetoothAdapter.ACTION_REQUEST_ENABLE);
    startActivityForResult(enableBtIntent, REQUEST_ENABLE_BT);
}
```

startActivityForResult（enableBtIntent, REQUEST_ENABLE_BT）调用后，会显示如图 8.7 所示的对话框，要求用户确认是否启用蓝牙功能。若用户单击 Yes 按钮，则 Android 系统会启用蓝牙功能。若 蓝 牙 功 能 启 用 成 功， onActivityResult() 方 法 会 返 回 RESULT_OK；若蓝牙功能启用失败或者用户单击 No 按钮，则返回 RESULT_CANCELED。

通过 BluetoothAdapter 类对象可以发现其他的蓝牙设备。在启动设备发现服务前，应该首先对配对设备列表进行查询，以确定

图 8.7　请求启用蓝牙功能对话框

要连接的无线设备是否已知。配对设备列表中存储了以前配对过的蓝牙设备的基本信息，如设备名称、设备类型、设备的 MAC 地址等。通过设备列表查找设备可以节省大量查找时间。查询设备列表的代码如下：

```
Set<BluetoothDevice>pairedDevices=mBluetoothAdapter.getBondedDevices();
// 已配对设备列表存在
if (pairedDevices.size()>0) {
    // 列表内循环查找
    for (BluetoothDevice device : pairedDevices) {
        // 将列表内的设备名字添加到 ArrayAdapter 中
        mArrayAdapter.add (device.getName()+"\n"+device.getAddress());
    }
}
```

当设备列表中未发现要连接的设备时，需要启动设备发现服务来发现远端蓝牙设备，扫描周围无线设备的时间为 12 秒钟左右。启动设备发现服务的方法很简单，只要调用 startDiscovery()方法即可。但是为了接收设备发现服务返回的设备信息，应用程序需要注册用于接收含有ACTION_FOUND 消息的 Intent 的 BroadcastReceiver。其代码如下：

```
private final BroadcastReceiver mReceiver=new BroadcastReceiver(){
    public void onReceive (Context context, Intent intent) {
        String action=intent.getAction();
        // 发现服务发现远端设备时
        if (BluetoothDevice.ACTION_FOUND.equals (action)) {
            // 从 Intent 对象中获取 BluetoothDevice 对象信息
            BluetoothDevice device=intent.getParcelableExtra(BluetoothDevice.EXTRA_DEVICE);
            // 当发现的新设备不存在于设备配对列表中时，将设备的名字和地址添加到 ArrayAdapter 中
            if (device.getBondState()!=BluetoothDevice.BOND_BONDED) {
mArrayAdapter.add (device.getName()+"\n"+device.getAddress());
            }
        }
    }
};
//注册 BroadcastReceiver
IntentFilter filter=new IntentFilter (BluetoothDevice.ACTION_FOUND);
registerReceiver (mReceiver, filter);
```

使用 registerReceiver()方式注册的 BroadcastReceiver，在应用程序结束时要记得注销。

蓝牙设备间建立连接的过程和 TCP 连接的过程很相似。服务器端提供 BluetoothServerSocket 类在服务器端进行监听，当有客户端连接请求时，用于建立连接；客户端提供 BluetoothSocket 类用于对蓝牙服务提交连接请求，并建立连接。

服务器端处理连接请求的示例代码如下：

```
private class AcceptThread extends Thread {
    private final BluetoothServerSocket mmServerSocket;
private final String NAME="MY_BLUETOOTH_SERVICE";
    public AcceptThread(){
        BluetoothServerSocket tmp=null;
        try {
            // MY_UUID 用于唯一标识当前的蓝牙服务，在建立连接时会被客户端使用
            tmp=mBluetoothAdapter.listenUsingRfcommWithServiceRecord (NAME, MY_UUID);
        } catch (IOException e) { }
```

```
            mmServerSocket=tmp;
        }
    public void run(){
        BluetoothSocket socket=null;
        // 保持监听状态，并阻塞线程，当连接建立时返回
        while (true) {
            try {
                socket=mmServerSocket.accept();
            } catch (IOException e){
                break;
            }
            // 连接已经建立
            if (socket !=null){
                // 在单独的线程中对连接进行管理，本线程结束
                manageConnectedSocket (socket);
                mmServerSocket.close();
                break;
            }
        }
    }
    public void cancel(){
        try {
            mmServerSocket.close();
        } catch (IOException e) { }
    }
}
```

UUID（Universally Unique Identifier）为通用唯一识别码，是一个 128 位的字符串，在该处用于唯一标识蓝牙服务。客户端通过 UUID 搜寻到该服务。

客户端用于请求连接的示例代码如下：

```
private class ConnectThread extends Thread {
    private final BluetoothSocket mmSocket;
    private final BluetoothDevice mmDevice;

    public ConnectThread (BluetoothDevice device) {
        BluetoothSocket tmp=null;
        mmDevice=device;
        // 通过 BluetoothDevice 建立 BluetoothSocket 对象
        try {
            tmp=device.createRfcommSocketToServiceRecord (MY_UUID);
        } catch (IOException e) { }
        mmSocket=tmp;
    }

    public void run(){
        // 发现服务会减慢连接建立速度，因此关闭掉
        mBluetoothAdapter.cancelDiscovery();
        try {
            // 请求连接，该操作会阻塞线程
            mmSocket.connect();
        } catch (IOexception connectException) {
            // 连接建立失败
            try {
                mmSocket.close();
```

```
                } catch (IOException closeException) { }
                return;
            }
            //连接已建立，在单独的线程中对连接进行管理
            manageConnectedSocket (mmSocket);
        }

        public void cancel(){
            try {
                mmSocket.close();
            } catch (IOException e) { }
        }
    }
```

由于连接建立的过程会阻塞进程，属于耗时操作，因此连接的建立和管理都需要在单独的线程中进行。在实际的工程开发过程中，建立蓝牙连接的技巧是将每个蓝牙设备初始化为服务器端并监听连接，这样每个设备都可以自动在服务器端和客户端之间进行转化。

从已经建立的连接中读取和写入数据的过程也属于耗时操作，因此也应该在单独的线程中进行。通过 getInputStream() 和 getOutputStream()方法可以获取输入流 InputStream 和输出流 OutputStream，通过 read（byte[]）和 write（byte[]）方法可以对数据进行读写。示例代码如下：

```
private class ConnectedThread extends Thread {
    private final BluetoothSocket mmSocket;
    private final InputStream mmInStream;
    private final OutputStream mmOutStream;

    public ConnectedThread (BluetoothSocket socket) {
        mmSocket=socket;
        InputStream tmpIn=null;
        OutputStream tmpOut=null;

        // Get the input and output streams, using temp objects because
        // member streams are final
        try {
            tmpIn=socket.getInputStream();
            tmpOut=socket.getOutputStream();
        } catch (IOException e) { }

        mmInStream=tmpIn;
        mmOutStream=tmpOut;
    }

    public void run(){
        byte[] buffer=new byte[1024];
        // 持续监听 InputStream
        while (true) {
            try {
                // 读取 InputStream 的数据
                bytes=mmInStream.read (buffer);
                // 更新 UI
                mHandler.obtainMessage (MESSAGE_READ, bytes, -1, buffer)
                        .sendToTarget();
            } catch (IOException e) {
```

```
                    break;
                }
            }
        }
    public void write (byte[] bytes) {
        try {
            mmOutStream.write (bytes) ;
        } catch (IOException e) { }
    }
    public void cancel(){
        try {
            mmSocket.close();
        } catch (IOException e) { }
    }
}
```

8.3.3　蓝牙通信实例

实例 BluetoothDemo 演示了使用蓝牙功能对其他蓝牙设备进行搜寻、连接并进行数据传输的过程。该应用程序的运行效果如图 8.8 所示。

该视图整体使用 LinearLayout 布局，使用 ListView 显示聊天内容，下方的横向 LinearLayout 布局中放置了一个用于输入文本的 EditText 和一个按钮。对应的布局文件 main.xml 的内容如下：

图 8.8　实例 BluetoothDemo 的运行效果

```
<?xml version="1.0" encoding="utf-8"?>
<LinearLayout
xmlns:android="http://schemas.android.com/apk/res/android"
    xmlns:myapp="http://schemas.android.com/apk/res/c
om.android.BluetoothChat"
    android:orientation="vertical"
    android:layout_width="match_parent"
    android:layout_height="match_parent"
    android:background="@drawable/bg01"
>

<ListView android:id="@+id/in"
    android:layout_width="match_parent"
    android:layout_height="match_parent"
    android:stackFromBottom="true"
    android:transcriptMode="alwaysScroll"
    android:layout_weight="1"
/>
<LinearLayout
    android:orientation="horizontal"
    android:layout_width="match_parent"
    android:layout_height="wrap_content"
    >
    <EditText android:id="@+id/edit_text_out"
```

```
            android:layout_width="wrap_content"
            android:layout_height="wrap_content"
            android:layout_weight="1"
            android:layout_gravity="bottom"
        />
    <Button android:id="@+id/button_send"
            android:layout_width="wrap_content"
            android:layout_height="wrap_content"
            android:text="@string/send"
        />
    </LinearLayout>
</LinearLayout>
```

实例 BluetoothDemo 的 AndroidManifest.xml 文件的内容如下：

```
<?xml version="1.0" encoding="utf-8"?>
<manifest xmlns:android="http://schemas.android.com/apk/res/android"
    package="introduction.android.BluetoothChat"
    android:versionCode="1"
    android:versionName="1.0">
    <uses-sdk minSdkVersion="14" />
    <uses-permission android:name="android.permission.BLUETOOTH_ADMIN" />
    <uses-permission android:name="android.permission.BLUETOOTH" />

    <application android:label="@string/app_name"
            android:icon="@drawable/app_icon">
        <activity android:name=".BluetoothChat"
                android:label="@string/app_name"
                android:configChanges="orientation|keyboardHidden">
            <intent-filter>
                <action android:name="android.intent.action.MAIN" />
                <category android:name="android.intent.category.LAUNCHER" />
            </intent-filter>
        </activity>

        <activity android:name=".DeviceList"
                android:label="@string/select_device"
                android:theme="@android:style/Theme.Dialog"
                android:configChanges="orientation|keyboardHidden" />

    </application>
</manifest>
```

实例 BluetoothDemo 的主 Activity 为 BluetoothChat，其对应的文件内容如下：

```
package introduction.android.BluetoothChat;

import android.app.Activity;
import android.bluetooth.BluetoothAdapter;
import android.bluetooth.BluetoothDevice;
import android.content.Intent;
import android.os.Bundle;
import android.os.Handler;
import android.os.Message;
import android.view.KeyEvent;
import android.view.Menu;
```

```java
import android.view.MenuInflater;
import android.view.MenuItem;
import android.view.View;
import android.view.View.OnClickListener;
import android.view.Window;
import android.view.inputmethod.EditorInfo;
import android.widget.ArrayAdapter;
import android.widget.Button;
import android.widget.EditText;
import android.widget.ListView;
import android.widget.TextView;
import android.widget.Toast;

public class BluetoothChat extends Activity {

    public static final int MESSAGE_STATE_CHANGE=1;
    public static final int MESSAGE_READ=2;
    public static final int MESSAGE_WRITE=3;
    public static final int MESSAGE_DEVICE_NAME=4;
    public static final int MESSAGE_TOAST=5;
    public static final String DEVICE_NAME="device_name";
    public static final String TOAST="toast";
    private static final int REQUEST_CONNECT_DEVICE=1;
    private static final int REQUEST_ENABLE_BT=2;
    private TextView mTitle;
    private ListView mConversationView;
    private EditText mOutEditText;
    private Button mSendButton;
    private String mConnectedDeviceName=null;
    private ArrayAdapter<String>mConversationArrayAdapter;
    private StringBuffer mOutStringBuffer;
    private BluetoothAdapter mBluetoothAdapter=null;
    private ChatService mChatService=null;

    @Override
    public void onCreate (Bundle savedInstanceState) {
        super.onCreate (savedInstanceState);

        // 设置窗口布局为自定义标题
        requestWindowFeature (Window.FEATURE_CUSTOM_TITLE);
        setContentView (R.layout.main);

        // 设置窗口标题布局文件
        getWindow().setFeatureInt (Window.FEATURE_CUSTOM_TITLE,
                R.layout.custom_title);

        mTitle= (TextView) findViewById (R.id.title_left_text);
        mTitle.setText (R.string.app_name);
        mTitle= (TextView) findViewById (R.id.title_right_text);

        // 得到本地蓝牙适配器
        mBluetoothAdapter=BluetoothAdapter.getDefaultAdapter();

        // 若当前设备不支持蓝牙功能
        if (mBluetoothAdapter==null) {
```

```
                    Toast.makeText (this, "蓝牙不可用", Toast.LENGTH_LONG).show();
                    finish();
                    return;
            }
    }


    @Override
    public void onStart(){
            super.onStart();
            if (!mBluetoothAdapter.isEnabled()){
                    // 若当前设备蓝牙功能未开启，则开启蓝牙功能
                    Intent enableIntent=new Intent (
                            BluetoothAdapter.ACTION_REQUEST_ENABLE);
                    startActivityForResult (enableIntent, REQUEST_ENABLE_BT);

            } else {
                    if (mChatService==null)
                            setupChat();
            }
    }


    @Override
    public synchronized void onResume(){
            super.onResume();

            if (mChatService !=null){

                    if (mChatService.getState()==ChatService.STATE_NONE){

                            mChatService.start();
                    }
            }
    }


    private void setupChat(){

            mConversationArrayAdapter=new ArrayAdapter<String> (this,
                    R.layout.message);
            mConversationView= (ListView) findViewById (R.id.in);

            mConversationView.setAdapter (mConversationArrayAdapter);

            mOutEditText= (EditText) findViewById (R.id.edit_text_out);
            mOutEditText.setOnEditorActionListener (mWriteListener);

            mSendButton= (Button) findViewById (R.id.button_send);
            mSendButton.setOnClickListener (new OnClickListener(){
                    public void onClick (View v) {

                            TextView view= (TextView) findViewById (R.id.edit_text_out);
                            String message=view.getText().toString();
                            sendMessage (message);
                    }
            });
```

```java
        mChatService=new ChatService (this, mHandler);

        mOutStringBuffer=new StringBuffer ("");
    }

    @Override
    public synchronized void onPause(){
        super.onPause();

    }

    @Override
    public void onStop(){
        super.onStop();

    }

    @Override
    public void onDestroy(){
        super.onDestroy();

        if (mChatService !=null)
            mChatService.stop();

    }

    private void ensureDiscoverable(){

        if (mBluetoothAdapter.getScanMode()!=
            BluetoothAdapter.SCAN_MODE_CONNECTABLE_DISCOVERABLE){
            Intent discoverableIntent=new Intent (
                    BluetoothAdapter.ACTION_REQUEST_DISCOVERABLE);
            discoverableIntent.putExtra (
                    BluetoothAdapter.EXTRA_DISCOVERABLE_DURATION, 300);
            startActivity (discoverableIntent);
        }
    }

    private void sendMessage (String message) {

        if (mChatService.getState()!=ChatService.STATE_CONNECTED) {
            Toast.makeText (this, R.string.not_connected, Toast.LENGTH_SHORT)
                    .show();
            return;
        }

        if (message.length()>0) {

            byte[] send=message.getBytes();
            mChatService.write (send);

            mOutStringBuffer.setLength (0);
            mOutEditText.setText (mOutStringBuffer);
        }
    }
```

```java
        private TextView.OnEditorActionListener mWriteListener=new
TextView.OnEditorActionListener(){
        public boolean onEditorAction(TextView view, int actionId,
                KeyEvent event){

            if(actionId==EditorInfo.IME_NULL
                    && event.getAction()==KeyEvent.ACTION_UP){
                String message=view.getText().toString();
                sendMessage(message);
            }

            return true;
        }
    };

    private final Handler mHandler=new Handler(){
        @Override
        public void handleMessage(Message msg){
            switch(msg.what){
            case MESSAGE_STATE_CHANGE:

                switch(msg.arg1){
                case ChatService.STATE_CONNECTED:
                    mTitle.setText(R.string.title_connected_to);
                    mTitle.append(mConnectedDeviceName);
                    mConversationArrayAdapter.clear();
                    break;
                case ChatService.STATE_CONNECTING:
                    mTitle.setText(R.string.title_connecting);
                    break;
                case ChatService.STATE_LISTEN:
                case ChatService.STATE_NONE:
                    mTitle.setText(R.string.title_not_connected);
                    break;
                }
                break;
            case MESSAGE_WRITE:
                byte[] writeBuf=(byte[])msg.obj;

                String writeMessage=new String(writeBuf);
                mConversationArrayAdapter.add("我: "+writeMessage);
                break;
            case MESSAGE_READ:
                byte[] readBuf=(byte[])msg.obj;

                String readMessage=new String(readBuf, 0, msg.arg1);
                mConversationArrayAdapter.add(mConnectedDeviceName+": "
                        +readMessage);
                break;
            case MESSAGE_DEVICE_NAME:

                mConnectedDeviceName=msg.getData().getString(DEVICE_NAME);
                Toast.makeText(getApplicationContext(),
                        "链接到 "+mConnectedDeviceName, Toast.LENGTH_SHORT)
```

```
                                          .show();
                        break;
                  case MESSAGE_TOAST:
                        Toast.makeText(getApplicationContext(),
                                    msg.getData().getString(TOAST), Toast.LENGTH_SHORT)
                                    .show();
                        break;
            }
      }
};

public void onActivityResult(int requestCode, int resultCode, Intent data) {

      switch (requestCode) {
      case REQUEST_CONNECT_DEVICE:

            if (resultCode==Activity.RESULT_OK) {

                  String address=data.getExtras().getString(
                              DeviceList.EXTRA_DEVICE_ADDRESS);

                  BluetoothDevice device=mBluetoothAdapter
                              .getRemoteDevice(address);

                  mChatService.connect(device);
            }
            break;
      case REQUEST_ENABLE_BT:

            if (resultCode==Activity.RESULT_OK) {

                  setupChat();
            } else {

                  Toast.makeText(this, R.string.bt_not_enabled_leaving,
                              Toast.LENGTH_SHORT).show();
                  finish();
            }
      }
}

@Override
public boolean onCreateOptionsMenu(Menu menu) {
      MenuInflater inflater=getMenuInflater();
      inflater.inflate(R.menu.option_menu, menu);
      return true;
}

@Override
public boolean onOptionsItemSelected(MenuItem item) {
      switch (item.getItemId()) {
      case R.id.scan:

            Intent serverIntent=new Intent(this, DeviceList.class);
            startActivityForResult(serverIntent, REQUEST_CONNECT_DEVICE);
```

```
        return true;

    case R.id.discoverable:

        ensureDiscoverable();
        return true;

    case R.id.back:

        finish();
        System.exit(0);
        return true;
    }
    return false;
}

}
```

Activity BluetoothChat 的 onCreate()方法检查当前设备是否支持蓝牙功能，并得到本地的
BluetoothAdapter 设备。在 onStart()中检查是否启用了蓝牙功能，若未启用，则请求启用，然后通
过 setupChat()方法对界面中的控件进行初始化、增加单击监听器等，BluetoothChat 创建了
ChatService 对象，该对象在整个应用过程中存在，并完成了蓝牙连接的建立、消息发送与接收等
功能。

ChatService.java 的代码如下：

```
package introduction.android.BluetoothChat;

import java.io.IOException;
import java.io.InputStream;
import java.io.OutputStream;
import java.util.UUID;
import android.bluetooth.BluetoothAdapter;
import android.bluetooth.BluetoothDevice;
import android.bluetooth.BluetoothServerSocket;
import android.bluetooth.BluetoothSocket;
import android.content.Context;
import android.os.Bundle;
import android.os.Handler;
import android.os.Message;

public class ChatService {

    private static final String NAME="BluetoothChat";

    // UUID-->通用唯一识别码，能唯一辨识资讯
    private static final UUID MY_UUID=UUID
            .fromString("fa87c0d0-afac-11de-8a39-0800200c9a66");

    private final BluetoothAdapter mAdapter;
    private final Handler mHandler;
    private AcceptThread mAcceptThread;
    private ConnectThread mConnectThread;
    private ConnectedThread mConnectedThread;
```

```
private int mState;

public static final int STATE_NONE=0;
public static final int STATE_LISTEN=1;
public static final int STATE_CONNECTING=2;
public static final int STATE_CONNECTED=3;

public ChatService (Context context, Handler handler) {
    mAdapter=BluetoothAdapter.getDefaultAdapter();
    mState=STATE_NONE;
    mHandler=handler;
}

private synchronized void setState (int state) {

    mState=state;
    mHandler.obtainMessage (BluetoothChat.MESSAGE_STATE_CHANGE, state, -1)
            .sendToTarget();
}

public synchronized int getState() {
    return mState;
}

public synchronized void start() {

    if (mConnectThread !=null) {
        mConnectThread.cancel();
        mConnectThread=null;
    }

    if (mConnectedThread !=null) {
        mConnectedThread.cancel();
        mConnectedThread=null;
    }

    if (mAcceptThread==null) {
        mAcceptThread=new AcceptThread();
        mAcceptThread.start();
    }
    setState (STATE_LISTEN);
}

// 取消 CONNECTING 和 CONNECTED 状态下的相关线程，然后运行新的 mConnectThread 线程
public synchronized void connect (BluetoothDevice device) {

    if (mState==STATE_CONNECTING) {
        if (mConnectThread !=null) {
            mConnectThread.cancel();
            mConnectThread=null;
        }
    }

    if (mConnectedThread !=null) {
        mConnectedThread.cancel();
```

```
                    mConnectedThread=null;
        }

        mConnectThread=new ConnectThread(device);
        mConnectThread.start();
        setState(STATE_CONNECTING);
    }
```

// 开启一个 ConnectedThread 来管理对应的当前连接。之前先取消任意现存的 mConnectThread 、
// mConnectedThread 、 mAcceptThread 线程，然后开启新 mConnectedThread ，传入当前刚刚接受的
// socket 连接
// 最后通过 Handler 来通知 UI 连接

```java
    public synchronized void connected(BluetoothSocket socket,
            BluetoothDevice device) {

        if (mConnectThread !=null) {
            mConnectThread.cancel();
            mConnectThread=null;
        }

        if (mConnectedThread !=null) {
            mConnectedThread.cancel();
            mConnectedThread=null;
        }

        if (mAcceptThread !=null) {
            mAcceptThread.cancel();
            mAcceptThread=null;
        }

        mConnectedThread=new ConnectedThread(socket);
        mConnectedThread.start();

        Message msg=mHandler.obtainMessage(BluetoothChat.MESSAGE_DEVICE_NAME);
        Bundle bundle=new Bundle();
        bundle.putString(BluetoothChat.DEVICE_NAME, device.getName());
        msg.setData(bundle);
        mHandler.sendMessage(msg);

        setState(STATE_CONNECTED);
    }
```

// 停止所有相关线程，设当前状态为 NONE

```java
    public synchronized void stop(){

        if (mConnectThread !=null) {
            mConnectThread.cancel();
            mConnectThread=null;
        }
        if (mConnectedThread !=null) {
            mConnectedThread.cancel();
            mConnectedThread=null;
        }
        if (mAcceptThread !=null) {
            mAcceptThread.cancel();
```

```
                mAcceptThread=null;
        }
        setState（STATE_NONE）;
}


// 在 STATE_CONNECTED 状态下，调用 mConnectedThread 里的 write 方法，写入 byte
public void write（byte[] out）{

        ConnectedThread r;

        synchronized（this）{
                if（mState !=STATE_CONNECTED）
                        return;
                r=mConnectedThread;
        }

        r.write（out）;
}


// 连接失败的时候处理，通知 ui ，并设为 STATE_LISTEN 状态
private void connectionFailed(){
        setState（STATE_LISTEN）;

        Message msg=mHandler.obtainMessage（BluetoothChat.MESSAGE_TOAST）;
        Bundle bundle=new Bundle();
        bundle.putString（BluetoothChat.TOAST, "链接不到设备"）;
        msg.setData（bundle）;
        mHandler.sendMessage（msg）;
}


// 当连接失去的时候，设为 STATE_LISTEN 状态并通知 UI
private void connectionLost(){
        setState（STATE_LISTEN）;

        Message msg=mHandler.obtainMessage（BluetoothChat.MESSAGE_TOAST）;
        Bundle bundle=new Bundle();
        bundle.putString（BluetoothChat.TOAST, "设备链接中断"）;
        msg.setData（bundle）;
        mHandler.sendMessage（msg）;
}


// 创建监听线程，准备接受新连接。使用阻塞方式调用 BluetoothServerSocket.accept()
private class AcceptThread extends Thread {

        private final BluetoothServerSocket mmServerSocket;

        public AcceptThread(){
                BluetoothServerSocket tmp=null;

                try {
                        tmp=mAdapter
                                .listenUsingRfcommWithServiceRecord（NAME, MY_UUID）;
                } catch（IOException e）{


                }
```

```java
                mmServerSocket=tmp;
        }

    public void run(){

        setName("AcceptThread");
        BluetoothSocket socket=null;

        while (mState !=STATE_CONNECTED) {
            try {

                socket=mmServerSocket.accept();
            } catch (IOException e) {

                break;
            }

            if (socket !=null) {
                synchronized (ChatService.this) {
                    switch (mState) {
                    case STATE_LISTEN:
                    case STATE_CONNECTING:

                        connected (socket, socket.getRemoteDevice());
                        break;
                    case STATE_NONE:
                    case STATE_CONNECTED:

                        try {
                            socket.close();
                        } catch (IOException e) {

                        }
                        break;
                    }
                }
            }
        }

    }

    public void cancel(){

        try {
            mmServerSocket.close();
        } catch (IOException e) {

        }
    }
}
```

// 连接线程，专门用来对外发出连接对方蓝牙的请求并进行处理
// 构造函数里，通过 BluetoothDevice.createRfcommSocketToServiceRecord(),
// 从待连接的 device 产生 BluetoothSocket. 然后在 run 方法中 connect ,
// 成功后调用 BluetoothChatSevice 的 connected()方法。定义 cancel()在关闭线程时能够关闭相关

socket

```java
        private class ConnectThread extends Thread {
            private final BluetoothSocket mmSocket;
            private final BluetoothDevice mmDevice;

            public ConnectThread (BluetoothDevice device) {
                mmDevice=device;
                BluetoothSocket tmp=null;

                try {
                    tmp=device.createRfcommSocketToServiceRecord (MY_UUID);
                } catch (IOException e) {

                }
                mmSocket=tmp;
            }

            public void run(){

                setName ("ConnectThread");

                mAdapter.cancelDiscovery();

                try {

                    mmSocket.connect();
                } catch (IOException e) {
                    connectionFailed();

                    try {
                        mmSocket.close();
                    } catch (IOException e2) {

                    }

                    ChatService.this.start();
                    return;
                }

                synchronized (ChatService.this) {
                    mConnectThread=null;
                }

                connected (mmSocket, mmDevice);
            }

            public void cancel(){
                try {
                    mmSocket.close();
                } catch (IOException e) {

                }
            }
        }
    }
```

```
    // 双方蓝牙连接后一直运行的线程。构造函数中设置输入输出流
    // Run 方法中使用阻塞模式的 InputStream.read()循环读取输入流，
    // 然后 post 到 UI 线程中更新聊天消息。也提供了 write()将聊天消息写入输出流传输至对方，传输成功后回
写入 UI 线程。最后 cancel()关闭连接的 socket

private class ConnectedThread extends Thread {
    private final BluetoothSocket mmSocket;
    private final InputStream mmInStream;
    private final OutputStream mmOutStream;

    public ConnectedThread(BluetoothSocket socket) {

        mmSocket=socket;
        InputStream tmpIn=null;
        OutputStream tmpOut=null;

        try {
            tmpIn=socket.getInputStream();
            tmpOut=socket.getOutputStream();
        } catch (IOException e) {

        }

        mmInStream=tmpIn;
        mmOutStream=tmpOut;
    }

    public void run(){

        byte[] buffer=new byte[1024];
        int bytes;

        while (true) {
            try {

                bytes=mmInStream.read(buffer);

                mHandler.obtainMessage(BluetoothChat.MESSAGE_READ, bytes,
                        -1, buffer).sendToTarget();
            } catch (IOException e) {

                connectionLost();
                break;
            }
        }
    }

    public void write(byte[] buffer) {
        try {
            mmOutStream.write(buffer);

            mHandler.obtainMessage(BluetoothChat.MESSAGE_WRITE, -1, -1,
                    buffer).sendToTarget();
        } catch (IOException e) {
```

```
            }
        }

        public void cancel(){
            try {
                mmSocket.close();
            } catch (IOException e) {

            }
        }
    }
}
```

DeviceList 用于显示蓝牙设备列表，并返回蓝牙设备信息。DeviceList.java 的代码如下：

```java
package introduction.android.BluetoothChat;

import java.util.Set;
import android.app.Activity;
import android.bluetooth.BluetoothAdapter;
import android.bluetooth.BluetoothDevice;
import android.content.BroadcastReceiver;
import android.content.Context;
import android.content.Intent;
import android.content.IntentFilter;
import android.os.Bundle;
import android.view.View;
import android.view.Window;
import android.view.View.OnClickListener;
import android.widget.AdapterView;
import android.widget.ArrayAdapter;
import android.widget.Button;
import android.widget.ListView;
import android.widget.TextView;
import android.widget.AdapterView.OnItemClickListener;

public class DeviceList extends Activity {
    public static String EXTRA_DEVICE_ADDRESS="device_address";
    private BluetoothAdapter mBtAdapter;
    private ArrayAdapter<String>mPairedDevicesArrayAdapter;
    private ArrayAdapter<String>mNewDevicesArrayAdapter;

    @Override
    protected void onCreate(Bundle savedInstanceState) {
        super.onCreate(savedInstanceState);

        requestWindowFeature(Window.FEATURE_INDETERMINATE_PROGRESS);
        setContentView(R.layout.device_list);

        setResult(Activity.RESULT_CANCELED);

        Button scanButton=(Button)findViewById(R.id.button_scan);
        scanButton.setOnClickListener(new OnClickListener(){
            public void onClick(View v) {
```

```
                    doDiscovery();
                    v.setVisibility(View.GONE);
            }
    });

    mPairedDevicesArrayAdapter=new ArrayAdapter<String>(this,
            R.layout.device_name);
    mNewDevicesArrayAdapter=new ArrayAdapter<String>(this,
            R.layout.device_name);

    ListView pairedListView=(ListView)findViewById(R.id.paired_devices);
    pairedListView.setAdapter(mPairedDevicesArrayAdapter);
    pairedListView.setOnItemClickListener(mDeviceClickListener);

    ListView newDevicesListView=(ListView)findViewById(R.id.new_devices);
    newDevicesListView.setAdapter(mNewDevicesArrayAdapter);
    newDevicesListView.setOnItemClickListener(mDeviceClickListener);

    IntentFilter filter=new IntentFilter(BluetoothDevice.ACTION_FOUND);
    this.registerReceiver(mReceiver, filter);

    filter=new IntentFilter(BluetoothAdapter.ACTION_DISCOVERY_FINISHED);
    this.registerReceiver(mReceiver, filter);

    mBtAdapter=BluetoothAdapter.getDefaultAdapter();

    Set<BluetoothDevice>pairedDevices=mBtAdapter.getBondedDevices();

    if(pairedDevices.size()>0) {
        findViewById(R.id.title_paired_devices).setVisibility(View.VISIBLE);
        for(BluetoothDevice device : pairedDevices) {
            mPairedDevicesArrayAdapter.add(device.getName()+"\n"
                    +device.getAddress());
        }
    } else {
        String noDevices=getResources().getText(R.string.none_paired)
                .toString();
        mPairedDevicesArrayAdapter.add(noDevices);
    }
}

@Override
protected void onDestroy(){
    super.onDestroy();

    if(mBtAdapter !=null) {
        mBtAdapter.cancelDiscovery();
    }

    this.unregisterReceiver(mReceiver);
}

private void doDiscovery(){

    setProgressBarIndeterminateVisibility(true);
```

```java
        setTitle (R.string.scanning);

        findViewById (R.id.title_new_devices).setVisibility (View.VISIBLE);

        if (mBtAdapter.isDiscovering()) {
            mBtAdapter.cancelDiscovery();
        }

        mBtAdapter.startDiscovery();
    }

    private OnItemClickListener mDeviceClickListener=new OnItemClickListener(){
        public void onItemClick (AdapterView<?>av, View v, int arg2, long arg3) {

            mBtAdapter.cancelDiscovery();

            String info= ((TextView) v).getText().toString();
            String address=info.substring (info.length()- 17);

            Intent intent=new Intent();
            intent.putExtra (EXTRA_DEVICE_ADDRESS, address);

            setResult (Activity.RESULT_OK, intent);
            finish();
        }
    };

    private final BroadcastReceiver mReceiver=new BroadcastReceiver(){
        @Override
        public void onReceive (Context context, Intent intent) {
            String action=intent.getAction();

            if (BluetoothDevice.ACTION_FOUND.equals (action)) {

                BluetoothDevice device=intent
                        .getParcelableExtra (BluetoothDevice.EXTRA_DEVICE);

                if (device.getBondState()!=BluetoothDevice.BOND_BONDED) {
                    mNewDevicesArrayAdapter.add (device.getName()+"\n"
                        +device.getAddress());
                }

            } else if (BluetoothAdapter.ACTION_DISCOVERY_FINISHED
                    .equals (action)) {
                setProgressBarIndeterminateVisibility (false);
                setTitle (R.string.select_device);
                if (mNewDevicesArrayAdapter.getCount()==0) {
                    String noDevices=getResources().getText (
                            R.string.none_found).toString();
                    mNewDevicesArrayAdapter.add (noDevices);
                }
            }
        }
    };
}
```

8.4 WIFI 通信

8.4.1 WIFI 简介

WIFI（Wireless Fidelity）是一种可以将个人电脑、手持设备（如 PDA、手机）等终端以无线方式互相连接的技术。WIFI 是由一个名为"无线以太网相容联盟"（Wireless Ethernet Compatibility Alliance，WECA）的组织所发布的业界术语，中文译为"无线相容认证"。

随着通信技术的发展，以及 IEEE 802.11a、IEEE 802.11g 等标准的出现，现在 IEEE 802.11 标准已被统称作 WIFI。1997 年，IEEE 802.11 第一个版本发表，其中定义了介质访问接入控制层（MAC 层）和物理层。物理层定义了工作在 2.4GHz 的 ISM 频段上的两种无线调频方式和一种红外传输方式，总数据传输速率设计为 2Mbit/s。两个设备之间的通信可以自由直接（ad hoc）的方式进行，也可以在基站（Base Station，BS）或者访问点（Access Point，AP）的协调下进行。1999 年加上了两个补充版本：802.11a 定义了一个在 5GHz 的 ISM 频段上的数据传输速率可达 54Mbit/s 的物理层，802.11b 定义了一个在 2.4GHz 的 ISM 频段上的数据传输速率高达 11Mbit/s 的物理层。WIFI 的正式名称是"IEEE802.11b"。

WIFI 是一种帮助用户访问电子邮件、Web 和流式媒体的互联网技术，它为用户提供了无线的宽带互联网访问。同时，它也是在家里、办公室或在旅途中比较快速、便捷的上网途径。WIFI 在掌上设备上应用得越来越广泛，而智能手机就是其中一分子。与早前应用于手机上的蓝牙技术不同，WIFI 具有更大的覆盖范围和更高的传输速率，因此 WIFI 手机成为目前移动通信业界的时尚潮流。

8.4.2 WIFI 实例

Android SDK 提供了 WIFI 开发的相关 API，被保存在 android.net.wifi 和 android.net.wifi.p2p 包下。借助于 Android SDK 提供的相关开发类，可以方便地在 Android 系统的手机上开发基于 WIFI 的应用程序。

实例 WIFIDemo 演示了使用 WIFI 进行连接设备搜索并获取相应信息的过程，运行效果如图 8.9 所示。

实例 WIFIDemo 中所使用的布局文件 main.xml 的内容如下：

图 8.9 实例 WIFIDemo 的运行效果

```xml
<?xml version="1.0" encoding="utf-8"?>
<ScrollView
xmlns:android="http://schemas.android.com/apk/res/android"
    android:id="@+id/mScrollView"
android:layout_width="fill_parent"
    android:layout_height="wrap_content" android:scrollbars="vertical">
<LinearLayout xmlns:android="http://schemas.android.com/apk/res/android"
    android:layout_width="fill_parent"
    android:layout_height="fill_parent"
    android:orientation="vertical">
```

```xml
<LinearLayout
    android:layout_width="wrap_content"
    android:layout_height="wrap_content"
    android:orientation="horizontal">

    <Button
        android:id="@+id/open_bt"
        android:layout_width="wrap_content"
        android:layout_height="wrap_content"
        android:text="打开 wifi" />

    <Button
        android:id="@+id/close_bt"
        android:layout_width="wrap_content"
        android:layout_height="wrap_content"
        android:text="关闭 wifi" />

    <Button
        android:id="@+id/check_bt"
        android:layout_width="wrap_content"
        android:layout_height="wrap_content"
        android:text="检查 wifi" />

    <Button
        android:id="@+id/search_bt"
        android:layout_width="wrap_content"
        android:layout_height="wrap_content"
        android:text="扫描 wifi" />
</LinearLayout>
    <TextView
        android:id="@+id/text"
        android:layout_width="wrap_content"
        android:layout_height="wrap_content"
        android:text="null"/>
</LinearLayout>
</ScrollView>
```

实例 WIFIDemo 中 AndroidManifest.xml 文件的代码如下：

```xml
<?xml version="1.0" encoding="utf-8"?>
<manifest xmlns:android="http://schemas.android.com/apk/res/android"
    package="sie.android.wifi"
    android:versionCode="1"
    android:versionName="1.0">

    <uses-sdk android:minSdkVersion="10" />
    <uses-permission android:name="android.permission.CHANGE_NETWORK_STATE" />
    <uses-permission android:name="android.permission.CHANGE_WIFI_STATE" />
    <uses-permission android:name="android.permission.ACCESS_NETWORK_STATE" />
    <uses-permission android:name="android.permission.ACCESS_WIFI_STATE" />
    <application
        android:icon="@drawable/ic_launcher"
        android:label="@string/app_name">
        <activity
```

```
        android:name="introduction.android.wifi.WifiDemoActivity"
        android:label="@string/app_name">
    <intent-filter>
        <action android:name="android.intent.action.MAIN" />

        <category android:name="android.intent.category.LAUNCHER" />
    </intent-filter>
</activity>
  </application>
</manifest>
```

实例 WIFIDemo 中主 Activity 文件 WifiDemoActivity.java 的代码如下：

```java
package introduction.android.wifi;

import java.util.List;
import android.R.string;
import android.app.Activity;
import android.content.Context;
import android.net.wifi.ScanResult;
import android.net.wifi.WifiInfo;
import android.net.wifi.WifiManager;
import android.os.Bundle;
import android.view.View;
import android.view.View.OnClickListener;
import android.widget.Button;
import android.widget.ScrollView;
import android.widget.TextView;
import android.widget.Toast;

public class WifiDemoActivity extends Activity {
    private Button open_bt, close_bt, check_bt, search_bt;
    private TextView textView;
    private WifiManager wifiManager;
    private WifiInfo wifiInfo;
    private ScrollView scrollView;
    private List WifiConfiguration;
    private ScanResult scanResult;
    private List<ScanResult>WifiList;
    private StringBuffer stringBuffer=new StringBuffer();

    /** Called when the activity is first created. */

    public void onCreate (Bundle savedInstanceState) {
        super.onCreate (savedInstanceState) ;
        setContentView (R.layout.main) ;

        scrollView= (ScrollView) findViewById (R.id.mScrollView) ;
        open_bt= (Button) findViewById (R.id.open_bt) ;
        close_bt= (Button) findViewById (R.id.close_bt) ;
        check_bt= (Button) findViewById (R.id.check_bt) ;
        search_bt= (Button) findViewById (R.id.search_bt) ;
        textView= (TextView) findViewById (R.id.text) ;

        open_bt.setOnClickListener (new open_btListener()) ;
```

```
              close_bt.setOnClickListener(new close_btListener());
              check_bt.setOnClickListener(new check_btListener());
              search_bt.setOnClickListener(new search_btListener());
      }

      class search_btListener implements OnClickListener {
          public void onClick(View v) {
              // TODO Auto-generated method stub

              wifiManager.startScan();
              WifiList=wifiManager.getScanResults();
              wifiInfo=wifiManager.getConnectionInfo();

              if (stringBuffer !=null) {
                  stringBuffer=new StringBuffer();
              }

              stringBuffer=stringBuffer.append("Wifi 名").append("    ").append("Wifi 地
址").append("        ").append("Wifi 频率").append("    ").append("Wifi 信号").append("\n");
              if (WifiList !=null) {
                  for (int i=0; i<WifiList.size(); i++) {
                      scanResult=WifiList.get(i);
                      stringBuffer=stringBuffer.append(scanResult.SSID).append("   ")
                              .append(scanResult.BSSID).append("   ")
                              .append(scanResult.frequency).append(" ")
                              .append(scanResult.level).append("\n");

                      textView.setText(stringBuffer.toString());
                  }
                  stringBuffer=stringBuffer.append
("----------------------------------------------").append("\n");
                  textView.setText(stringBuffer.toString());
                  stringBuffer=stringBuffer.append("当前 Wifi—BSSID").append(":
").append(wifiInfo.getBSSID()).append("\n")
                              .append("当前 Wifi—HiddenSSID").append(":    ").append
(wifiInfo.getHiddenSSID()).append("\n")
                              .append("当前 Wifi—IpAddress").append(":    ").append
(wifiInfo.getIpAddress()).append("\n")
                              .append("当前 Wifi—LinkSpeed").append(":    ").append
(wifiInfo.getLinkSpeed()).append("\n")
                              .append("当前 Wifi—MacAddress").append(":    ").append
(wifiInfo.getMacAddress()).append("\n")
                              .append("当前 Wifi—Network ID").append(":    ").append
(wifiInfo.getNetworkId()).append("\n")
                              .append("当前 Wifi—RSSI").append(":    ").append
(wifiInfo.getRssi()).append("\n")
                              .append("当前 Wifi—SSID").append(":    ").append
(wifiInfo.getSSID()).append("\n")
                              .append
("----------------------------------------------").append("\n")
                              .append("全部打印出关于本机 Wifi 信息").append(":    ").append
(wifiInfo.toString());

                  textView.setText(stringBuffer.toString());
```

```
            }
            //stringBuffer=stringBuffer.append
("----------------------------------------------").append ("\n") ;
            //textView.setText()
        }
    }


    class check_btListener implements OnClickListener {


        public void onClick (View v) {
            // TODO Auto-generated method stub
            wifiManager= (WifiManager) WifiDemoActivity.this
                    .getSystemService (Context.WIFI_SERVICE) ;
            System.out.println ("wifi state --->"+wifiManager.getWifiState()) ;
            Toast.makeText (WifiDemoActivity.this,
                    "当前网卡状态为: "+change(), Toast.LENGTH_SHORT)
                    .show() ;
        }


    }


    class close_btListener implements OnClickListener {


        public void onClick (View v) {
            // TODO Auto-generated method stub
            wifiManager= (WifiManager) WifiDemoActivity.this
                    .getSystemService (Context.WIFI_SERVICE) ;
            wifiManager.setWifiEnabled (false) ;
            System.out.println ("wifi state --->"+wifiManager.getWifiState()) ;
            Toast.makeText (WifiDemoActivity.this,
                    "当前网卡状态为: "+change(), Toast.LENGTH_SHORT)
                    .show() ;
        }


    }


    class open_btListener implements OnClickListener {


        public void onClick (View v) {
            // TODO Auto-generated method stub
            wifiManager= (WifiManager) WifiDemoActivity.this
                    .getSystemService (Context.WIFI_SERVICE) ;
            wifiManager.setWifiEnabled (true) ;
            System.out.println ("wifi state --->"+wifiManager.getWifiState()) ;
            Toast.makeText (WifiDemoActivity.this,
                    "当前网卡状态为: "+change(), Toast.LENGTH_SHORT)
                    .show() ;
        }


    }


    public String change(){
```

```
String temp=null;
switch (wifiManager.getWifiState()) {
case 0:
        temp="Wifi 正在关闭 ING";
        break;
case 1:
        temp="Wifi 已经关闭";
        break;
case 2:
        temp="Wifi 正在打开 ING";
        break;
case 3:
        temp="Wifi 已经打开";
        break;
default:
 break;
}
return temp;
}

}
```

8.4.3　WIFI Direct

WIFI Direct 意为通过 WIFI 直接建立连接。2010 年 10 月，WIFI 联盟发布 WIFI Direct 白皮书，白皮书中介绍了关于这种技术的基本信息、特点和功能。WIFI Direct 标准是指允许无线网络中的设备无须通过无线路由器即可相互连接。这种标准支持 WIFI 的无线设备像蓝牙那样以点对点的形式互连，但是在传输速度与传输距离方面都比蓝牙有大幅提升。

WIFI Direct 设备是支持对等连接的设备，这种设备既支持基础设施网络，也支持 P2P（Peer To Peer，点对点）连接。

Android N 提供了 WIFI Direct 用于 WIFI 的直接连接。借助于 WIFI Direct API，支持 WIFI 功能的 Android N 系统的手机可以直接通过 WIFI 连接，而不需要经过接入点。

WIFI Direct 提供 WifiP2pManager 类，其功能主要分为以下三部分：

- WifiP2pManager 类提供相关 API 用于发现可连接的点，并进行请求和建立连接。
- 每个 WifiP2pManager 的方法都要求传入对应的监听器，用于监听对该方法是否成功运行。
- 当检测到特定事件，如可连接的点减少或者发现了新的可连接的点，WIFI Direct 框架会通过 Intent 通知用户。

一般情况下，这三部分功能是共同使用的。例如，可以通过 WifiP2pManager.ActionListener 调用 discoverPeers()，以便当建立连接时，可以通过 ActionListener.onSuccess() 和 ActionListener.onFailure()方法获得相应结果的通知。当 discoverPeers()方法探测到发现列表中的点发生改变时，一个包含 WIFI_P2P_PEERS_CHANGED_ACTION 信息的 Intent 会被广播。WifiP2pManager 提供的方法如表 8.5 所示。

表 8.5　WifiP2pManager 的方法

方法名	描述
initialize()	为应用程序注册 WIFI 框架。该方法必须在任何其他 WIFI Direct 方法被调用前调用
connect()	与具有指定配置的 WIFI 设备建立点对点连接
cancelConnect()	断开连接
requestConnectInfo()	获取设备的连接信息
createGroup()	以当前设备为拥有者创建一个点对点组
removeGroup()	删除当前的点对点组
requestGroupInfo()	获取点对点组的信息
discoverPeers()	初始化发现对等点设备服务
requestPeers()	获取当前已发现的对等点设备列表

WifiP2pManager 支持的监听器如表 8.6 所示。

表 8.6　WifiP2pManager 支持的监听器

监听器接口	相关动作
WifiP2pManager.ActionListener	connect(), cancelConnect(), createGroup(), removeGroup(), and discoverPeers()
WifiP2pManager.ChannelListener	initialize()
WifiP2pManager.ConnectionInfoListener	requestConnectInfo()
WifiP2pManager.GroupInfoListener	requestGroupInfo()
WifiP2pManager.PeerListListener	requestPeers()

WifiP2pManager 支持的 Intent 如表 8.7 所示。

表 8.7　WifiP2pManager 支持的 Intent

Intent	描述
WIFI_P2P_CONNECTION_CHANGED_ACTION	当 WIFI 设备的连接状态改变时广播
WIFI_P2P_PEERS_CHANGED_ACTION	当 discoverPeers()方法被调用时广播。通过该 Intent 可以获取到最新的对等点设备的列表
WIFI_P2P_STATE_CHANGED_ACTION	当 WIFI Direct 功能在设备上被打开或者关闭时广播
WIFI_P2P_THIS_DEVICE_CHANGED_ACTION	当 WIFI 设备的具体信息改变时广播，例如设备的名字改变时

8.4.4　创建 WIFI Direct 应用程序的步骤

创建一个 WIFI Direct 应用程序，包括发现连接点、请求连接、建立连接、发送数据，以及建立对该应用程序广播的 Intent 进行接收的 BroadcastReceiver，需要经过以下步骤。

步骤 01　创建 BroadcastReceiver，需要注意的是，要在 BroadcastReceiver 的构造方法中传入 WifiP2pManager、WifiP2pManager.Channel 以及注册该 BroadcastReceiver 的 Activity 的对象，以便在 BroadcastReceiver 中访问 WIFI 硬件设备并对 Activity 进行更新。

创建 BroadcastReceiver 的代码如下：

```java
public class WiFiDirectBroadcastReceiver extends BroadcastReceiver {
    private WifiP2pManager manager;
    private Channel channel;
    private MyWiFiActivity activity;

    public WiFiDirectBroadcastReceiver (WifiP2pManager manager, Channel channel,
            MyWifiActivity activity) {
        super();
        this.manager=manager;
        this.channel=channel;
        this.activity=activity;
    }

    @Override
    public void onReceive (Context context, Intent intent) {
        String action=intent.getAction();

        if (WifiP2pManager.WIFI_P2P_STATE_CHANGED_ACTION.equals (action)) {
            // 检测 WIFI 功能是否被打开
        } else if (WifiP2pManager.WIFI_P2P_PEERS_CHANGED_ACTION.equals (action)) {
            // 获得当前可用连接点的列表
        } else if (WifiP2pManager.WIFI_P2P_CONNECTION_CHANGED_ACTION.equals (action)) {
            // 建立或者断开连接
        } else if (WifiP2pManager.WIFI_P2P_THIS_DEVICE_CHANGED_ACTION.equals (action)) {
            // 当前设备的 WIFI 状态发生变化
        }
    }
}
```

步骤 02　初始化操作。

（1）修改 AndroidManifest.xml 文件，指定支持 WIFI Direct 的 Android SDK 的最小版本并增加使用 WIFI Direct 的相应权限，代码如下：

```xml
<uses-sdk android:minSdkVersion="14" />
<uses-permission android:name="android.permission.ACCESS_WIFI_STATE" />
<uses-permission android:name="android.permission.CHANGE_WIFI_STATE" />
<uses-permission android:name="android.permission.CHANGE_NETWORK_STATE" />
<uses-permission android:name="android.permission.INTERNET" />
<uses-permission android:name="android.permission.ACCESS_NETWORK_STATE" />
```

（2）确认当前设备是否支持并且打开了 WIFI Direct 功能。相关代码应该被放在 BroadcastReceiver 的 onReceive()方法中。实例代码如下：

```java
public void onReceive (Context context, Intent intent) {
    ...
    String action=intent.getAction();
    if (WifiP2pManager.WIFI_P2P_STATE_CHANGED_ACTION.equals (action)) {
        int state=intent.getIntExtra (WifiP2pManager.EXTRA_WIFI_STATE, -1);
        if (state==WifiP2pManager.WIFI_P2P_STATE_ENABLED) {
            // Wifi Direct is enabled
        } else {
            // Wi-Fi Direct is not enabled
        }
    }
```

```
    ...
}
```

（3）在 Activity 的 onCreate()方法中创建 WifiP2pManager 和 Channel 对象，并创建 BroadcastReceiver 对象，代码如下：

```
WifiP2pManager mManager;
Channel mChannel;
BroadcastReceiver mReceiver;
...
@Override
protected void onCreate (Bundle savedInstanceState) {
    ...
    mManager= (WifiP2pManager) getSystemService (Context.WIFI_P2P_SERVICE);
    mChannel=mManager.initialize (this, getMainLooper(), null);
    mReceiver=new WiFiDirectBroadcastReceiver (manager, channel, this);
    ...
}
```

（4）创建 BroadcastReceiver 要使用的 IntentFilter 对象，代码如下：

```
IntentFilter mIntentFilter;
...
@Override
protected void onCreate (Bundle savedInstanceState) {
    ...
    mIntentFilter=new IntentFilter();
    mIntentFilter.addAction (WifiP2pManager.WIFI_P2P_STATE_CHANGED_ACTION);
    mIntentFilter.addAction (WifiP2pManager.WIFI_P2P_PEERS_CHANGED_ACTION);
    mIntentFilter.addAction (WifiP2pManager.WIFI_P2P_CONNECTION_CHANGED_ACTION);
    mIntentFilter.addAction (WifiP2pManager.WIFI_P2P_THIS_DEVICE_CHANGED_ACTION);
    ...
}
```

（5）在 Activity 的 onResume()方法中注册 BroadcastReceiver 对象，在 onPause()方法中注销对象，代码如下：

```
@Override
protected void onResume(){
    super.onResume();
    registerReceiver (mReceiver, mIntentFilter);
}
/* unregister the broadcast receiver */
@Override
protected void onPause(){
    super.onPause();
    unregisterReceiver (mReceiver);
}
```

步骤 03　使用 WifiP2pManager.discoverPeers()方法获取可以连接点的列表。示例代码如下：

```
manager.discoverPeers (channel, new WifiP2pManager.ActionListener(){
    @Override
    public void onSuccess(){
        ...
    }
```

```
@Override
public void onFailure (int reasonCode) {
    ...
}
});
```

若成功搜寻到可以连接的点，则 WIFI Direct 系统框架会广播一个带有 WIFI_P2P_
PEERS_CHANGED_ACTION 信息的 Intent，该 Intent 会被之前定义的 BoradcastReceiver 接收，并
获得可以连接点的列表。示例代码如下：

```
PeerListListener myPeerListListener;
...
if (WifiP2pManager.WIFI_P2P_PEERS_CHANGED_ACTION.equals (action)) {
    if (manager !=null) {
        manager.requestPeers (channel, myPeerListListener);
    }
}
```

（步骤 **04**）　通过 WifiP2pManager.connect()方法可以与列表中的某个连接点设备建立连接，该方
法通过 WifiP2pConfig 对象获得连接设备的相关信息。示例代码如下：

```
WifiP2pDevice device;
WifiP2pConfig config=new WifiP2pConfig();
config.deviceAddress=device.deviceAddress;
manager.connect (channel, config, new ActionListener(){

    @Override
    public void onSuccess(){
        //success logic
    }

    @Override
    public void onFailure (int reason) {
        //failure logic
    }
});
```

（步骤 **05**）　连接建立后，就可以用两个设备直接通过 Socket 进行数据传输。其传输过程与之前
讲解的 Socket 通信完全相同，基本步骤如下：

（1）在其中一个设备上建立 ServerSocket 对象，监听特定端口，并堵塞应用程序，直到有连
接请求。

（2）在另一个设备上建立 Socket 对象，通过 IP 地址和端口向 ServerSocket 发出连接请求。

（3）ServerSocket 监听到连接请求后，调用 accept()方法建立连接。

（4）连接建立后，Socket 对象可以通过字节流在两个设备间直接进行数据传递。

下面的示例代码演示了通过 ServerSocket 和 Socket 在客户端和服务器间直接传递 JPG 图像的
过程。

服务器代码如下：

```
public static class FileServerAsyncTask extends AsyncTask {
```

```
private Context context;
private TextView statusText;

public FileServerAsyncTask (Context context, View statusText) {
    this.context=context;
    this.statusText= (TextView) statusText;
}

@Override
protected String doInBackground (Void... params) {
    try {

        //创建 ServerSocket 对象，监听 8888 端口，等待客户连接
        ServerSocket serverSocket=new ServerSocket (8888) ;
        Socket client=serverSocket.accept() ;

        //建立连接成功，开始传输数据
        final File f=new File (Environment.getExternalStorageDirectory()+"/"
            +context.getPackageName()+"/wifip2pshared-"+System.currentTimeMillis()
            +".jpg") ;

        File dirs=new File (f.getParent()) ;
        if (!dirs.exists())
            dirs.mkdirs() ;
        f.createNewFile() ;
        InputStream inputstream=client.getInputStream() ;
        copyFile (inputstream, new FileOutputStream (f)) ;
        serverSocket.close() ;
        return f.getAbsolutePath() ;
    } catch (IOException e) {
        Log.e (WiFiDirectActivity.TAG, e.getMessage()) ;
        return null;
    }
}

//启动用于显示图像的 Activity
@Override
protected void onPostExecute (String result) {
    if (result !=null) {
        statusText.setText ("File copied - "+result) ;
        Intent intent=new Intent() ;
        intent.setAction (android.content.Intent.ACTION_VIEW) ;
        intent.setDataAndType (Uri.parse ("file://"+result) , "image/*") ;
        context.startActivity (intent) ;
    }
}
}
```

客户端的相关代码如下：

```
Context context=this.getApplicationContext() ;
String host;
int port;
int len;
```

```
Socket socket=new Socket();
byte buf[]=new byte[1024];
...
try {
    //创建 Socket 对象，并请求连接
socket.bind(null);
    socket.connect((new InetSocketAddress(host, port)), 500);

//连接建立成功，开始传输数据
OutputStream outputStream=socket.getOutputStream();
    ContentResolver cr=context.getContentResolver();
    InputStream inputStream=null;
    inputStream=cr.openInputStream(Uri.parse("path/to/picture.jpg"));
    while ((len=inputStream.read(buf)) !=-1) {
        outputStream.write(buf, 0, len);
    }
    outputStream.close();
    inputStream.close();
} catch (FileNotFoundException e) {
    //catch logic
} catch (IOException e) {
    //catch logic
}

//关闭连接
finally {
    if (socket !=null) {
        if (socket.isConnected()) {
            try {
                socket.close();
            } catch (IOException e) {
                //catch logic
            }
        }
    }
}
```

8.4.5　WIFI Direct 编程实例

实例 WIFIDirectDemo 改编自 Android SDK 提供的实例，演示了通过 WIFI 搜寻连接点，建立连接，并进行数据传输的过程。

该实例包含 5 个类，说明说下：

- WIFIDirectDemoActivity：用于注册 BroadcastReceiver，处理 UI，并管理连接点的生命周期。
- WiFiDirectBroadcastReceiver：用于接收与 WIFI Direct 功能相关的 Intent。
- DeviceListFragment：用于显示可以连接点列表及其状态。
- FileTransferService：通过 TCP 协议在客户端与服务器之间进行文件传输的 IntentService。
- IntentService：Sevice 的子类，用于处理异步请求。

该实例的运行效果如图 8.10 所示。

图 8.10 实例 WIFIDirectDemo 的运行效果

WIFIDirectDemo 的 AndroidManifest.xml 文件内容如下：

```xml
<?xml version="1.0" encoding="utf-8"?>
<manifest xmlns:android="http://schemas.android.com/apk/res/android"
  package="introduction.android.wifidirectdemo"
  android:versionCode="1" android:versionName="1.0">

  <uses-sdk android:minSdkVersion="14" />
  <uses-permission android:name="android.permission.ACCESS_WIFI_STATE" />
  <uses-permission android:name="android.permission.CHANGE_WIFI_STATE" />
  <uses-permission android:name="android.permission.CHANGE_NETWORK_STATE" />
  <uses-permission android:name="android.permission.INTERNET" />
  <uses-permission android:name="android.permission.ACCESS_NETWORK_STATE" />
  <uses-permission android:name="android.permission.READ_PHONE_STATE" />
  <uses-permission android:name="android.permission.WRITE_EXTERNAL_STORAGE" />

  <!-- Market filtering -->
  <uses-feature android:name="android.hardware.wifi.direct" android:required="true"/>

  <application
      android:icon="@drawable/ic_launcher"
      android:label="@string/app_name"
      android:theme="@android:style/Theme.Holo">
    <activity
        android:name=".WIFIDirectDemoActivity"
        android:label="@string/app_name" android:launchMode="singleTask">
      <intent-filter>
        <action
            android:name="android.intent.action.MAIN" />
        <category
            android:name="android.intent.category.LAUNCHER" />
      </intent-filter>
    </activity>
```

```
    <!-- Used for transferring files after a successful connection -->
    <service android:enabled="true" android:name=".FileTransferService" />

  </application>
</manifest>
```

WIFIDirectDemoActivity.java 的代码如下：

```java
package introduction.android.wifidirectdemo;

import introduction.android.wifidirectdemo.DeviceListFragment.DeviceActionListener;
import android.app.Activity;
import android.content.BroadcastReceiver;
import android.content.Context;
import android.content.Intent;
import android.content.IntentFilter;
import android.net.wifi.p2p.WifiP2pConfig;
import android.net.wifi.p2p.WifiP2pDevice;
import android.net.wifi.p2p.WifiP2pManager;
import android.net.wifi.p2p.WifiP2pManager.ActionListener;
import android.net.wifi.p2p.WifiP2pManager.Channel;
import android.net.wifi.p2p.WifiP2pManager.ChannelListener;
import android.os.Bundle;
import android.provider.Settings;
import android.util.Log;
import android.view.Menu;
import android.view.MenuInflater;
import android.view.MenuItem;
import android.view.View;
import android.widget.Toast;

public class WIFIDirectDemoActivity extends Activity implements ChannelListener,
DeviceActionListener {

    public static final String TAG="wifidirectdemo";
    private WifiP2pManager manager;
    private boolean isWifiP2pEnabled=false;
    private boolean retryChannel=false;

    private final IntentFilter intentFilter=new IntentFilter();
    private Channel channel;
    private BroadcastReceiver receiver=null;


    public void setIsWifiP2pEnabled (boolean isWifiP2pEnabled) {
        this.isWifiP2pEnabled=isWifiP2pEnabled;
    }


    public void onCreate (Bundle savedInstanceState) {
        super.onCreate (savedInstanceState);
        setContentView (R.layout.main);

        // add necessary intent values to be matched.
```

```
      intentFilter.addAction(WifiP2pManager.WIFI_P2P_STATE_CHANGED_ACTION);
      intentFilter.addAction(WifiP2pManager.WIFI_P2P_PEERS_CHANGED_ACTION);
      intentFilter.addAction(WifiP2pManager.WIFI_P2P_CONNECTION_CHANGED_ACTION);
      intentFilter.addAction(WifiP2pManager.WIFI_P2P_THIS_DEVICE_CHANGED_ACTION);

      manager=(WifiP2pManager)getSystemService(Context.WIFI_P2P_SERVICE);
      channel=manager.initialize(this, getMainLooper(), null);
  }

/** register the BroadcastReceiver with the intent values to be matched */

public void onResume(){
    super.onResume();
    receiver=new WiFiDirectBroadcastReceiver(manager, channel, this);
    registerReceiver(receiver, intentFilter);
}


public void onPause(){
    super.onPause();
    unregisterReceiver(receiver);
}


/**
 * Remove all peers and clear all fields. This is called on
 * BroadcastReceiver receiving a state change event.
 */
public void resetData(){
    DeviceListFragment fragmentList= (DeviceListFragment) getFragmentManager()
          .findFragmentById(R.id.frag_list);
    DeviceDetailFragment1 fragmentDetails= (DeviceDetailFragment1) getFragmentManager()
          .findFragmentById(R.id.frag_detail);
    if (fragmentList !=null) {
       fragmentList.clearPeers();
    }
    if (fragmentDetails !=null) {
       fragmentDetails.resetViews();
    }
}


public boolean onCreateOptionsMenu (Menu menu) {
    MenuInflater inflater=getMenuInflater();
    inflater.inflate(R.menu.action_items, menu);
    return true;
}


public boolean onOptionsItemSelected (MenuItem item) {
    switch (item.getItemId()) {
       case R.id.atn_direct_enable:
          if (manager !=null && channel !=null) {
             startActivity(new Intent(Settings.ACTION_WIRELESS_SETTINGS));
```

```
                  } else {
                     Log.e (TAG, "channel or manager is null") ;
                  }
                  return true;

            case R.id.atn_direct_discover:
               if (!isWifiP2pEnabled) {
                  Toast.makeText (WIFIDirectDemoActivity.this, R.string.p2p_off_warning,
                        Toast.LENGTH_SHORT) .show();
                  return true;
               }
               final DeviceListFragment fragment= (DeviceListFragment) getFragmentManager()
                     .findFragmentById (R.id.frag_list) ;
               fragment.onInitiateDiscovery();
               manager.discoverPeers (channel, new WifiP2pManager.ActionListener(){


                     public void onSuccess(){
                        Toast.makeText (WIFIDirectDemoActivity.this, "Discovery Initiated",
                              Toast.LENGTH_SHORT) .show();
                     }


                     public void onFailure (int reasonCode) {
                        Toast.makeText (WIFIDirectDemoActivity.this, "Discovery Failed :
"+reasonCode, Toast.LENGTH_SHORT) .show();
                     }
                  }) ;
                  return true;
            default:
               return super.onOptionsItemSelected (item) ;
         }
      }


   public void showDetails (WifiP2pDevice device) {
      DeviceDetailFragment1 fragment= (DeviceDetailFragment1) getFragmentManager()
            .findFragmentById (R.id.frag_detail) ;
      fragment.showDetails (device) ;

   }


   public void connect (WifiP2pConfig config) {
      manager.connect (channel, config, new ActionListener(){
         public void onSuccess(){
            // WiFiDirectBroadcastReceiver will notify us. Ignore for now.
         }
         public void onFailure (int reason) {
            Toast.makeText (WIFIDirectDemoActivity.this, "Connect failed. Retry.",
                  Toast.LENGTH_SHORT) .show();
         }
      }) ;
   }
```

```java
public void disconnect(){
    final DeviceDetailFragment1 fragment= (DeviceDetailFragment1) getFragmentManager()
        .findFragmentById (R.id.frag_detail);
    fragment.resetViews();
    manager.removeGroup (channel, new ActionListener(){


        public void onFailure (int reasonCode) {
            Log.d (TAG, "Disconnect failed. Reason :"+reasonCode);


        }


        public void onSuccess(){
            fragment.getView().setVisibility (View.GONE);
        }


    });
}



public void onChannelDisconnected(){
    if (manager !=null && !retryChannel) {
        Toast.makeText (this, "Channel lost. Trying again", Toast.LENGTH_LONG).show();
        resetData();
        retryChannel=true;
        manager.initialize (this, getMainLooper(), this);
    } else {
        Toast.makeText (this,
                "Severe! Channel is probably lost premanently. Try Disable/Re-Enable P2P.",
                Toast.LENGTH_LONG).show();
    }
}



public void cancelDisconnect(){

    if (manager !=null) {
        final DeviceListFragment fragment= (DeviceListFragment) getFragmentManager()
            .findFragmentById (R.id.frag_list);
        if (fragment.getDevice()==null
                || fragment.getDevice().status==WifiP2pDevice.CONNECTED) {
            disconnect();
        } else if (fragment.getDevice().status==WifiP2pDevice.AVAILABLE
                || fragment.getDevice().status==WifiP2pDevice.INVITED) {

            manager.cancelConnect (channel, new ActionListener(){


                public void onSuccess(){
                    Toast.makeText (WIFIDirectDemoActivity.this, "Aborting connection",
                        Toast.LENGTH_SHORT).show();
                }
```

```
                    public void onFailure (int reasonCode) {
                        Toast.makeText (WIFIDirectDemoActivity.this,
                            "Connect abort request failed. Reason Code: "+reasonCode,
                            Toast.LENGTH_SHORT) .show();
                    }
                });
            }
        }
    }
}
```

WiFiDirectBroadcastReceiver.java 的代码如下：

```
package introduction.android.wifidirectdemo;

import android.content.BroadcastReceiver;
import android.content.Context;
import android.content.Intent;
import android.net.NetworkInfo;
import android.net.wifi.p2p.WifiP2pDevice;
import android.net.wifi.p2p.WifiP2pManager;
import android.net.wifi.p2p.WifiP2pManager.Channel;
import android.net.wifi.p2p.WifiP2pManager.PeerListListener;
import android.util.Log;
public class WiFiDirectBroadcastReceiver extends BroadcastReceiver {

    private WifiP2pManager manager;
    private Channel channel;
    private WIFIDirectDemoActivity activity;
    public WiFiDirectBroadcastReceiver (WifiP2pManager manager, Channel channel,
            WIFIDirectDemoActivity wifiDirectDemoActivity) {
        super();
        this.manager=manager;
        this.channel=channel;
        this.activity=wifiDirectDemoActivity;
    }
    @Override
    public void onReceive (Context context, Intent intent) {
        String action=intent.getAction();
        if (WifiP2pManager.WIFI_P2P_STATE_CHANGED_ACTION.equals (action)) {

            // UI update to indicate wifi p2p status.
            int state=intent.getIntExtra (WifiP2pManager.EXTRA_WIFI_STATE, -1);
            if (state==WifiP2pManager.WIFI_P2P_STATE_ENABLED) {
                // Wifi Direct mode is enabled
                activity.setIsWifiP2pEnabled (true);
            } else {
                activity.setIsWifiP2pEnabled (false);
                activity.resetData();

            }
            Log.d (WIFIDirectDemoActivity.TAG, "P2P state changed - "+state);
        } else if (WifiP2pManager.WIFI_P2P_PEERS_CHANGED_ACTION.equals (action)) {

            // request available peers from the wifi p2p manager. This is an
```

```
                    // asynchronous call and the calling activity is notified with a
                    // callback on PeerListListener.onPeersAvailable()
                    if (manager !=null) {
                        manager.requestPeers(channel, (PeerListListener)activity.getFragmentManager()
                                .findFragmentById (R.id.frag_list));
                    }
                    Log.d (WIFIDirectDemoActivity.TAG, "P2P peers changed");
                } else if (WifiP2pManager.WIFI_P2P_CONNECTION_CHANGED_ACTION.equals (action)) {

                    if (manager==null) {
                        return;
                    }

                    NetworkInfo networkInfo= (NetworkInfo) intent
                            .getParcelableExtra (WifiP2pManager.EXTRA_NETWORK_INFO);

                    if (networkInfo.isConnected()) {
                        // we are connected with the other device, request connection
                        // info to find group owner IP
                        DeviceDetailFragment1 fragment= (DeviceDetailFragment1) activity
                                .getFragmentManager().findFragmentById (R.id.frag_detail);
                        manager.requestConnectionInfo (channel, fragment);
                    } else {
                        // It's a disconnect
                        activity.resetData();
                    }
                } else if (WifiP2pManager.WIFI_P2P_THIS_DEVICE_CHANGED_ACTION.equals (action)) {
                    DeviceListFragment fragment= (DeviceListFragment) activity.getFragmentManager()
                            .findFragmentById (R.id.frag_list);
                    fragment.updateThisDevice ((WifiP2pDevice) intent.getParcelableExtra (
                        WifiP2pManager.EXTRA_WIFI_P2P_DEVICE));

                }
            }
        }
}
```

DeviceListFragment.java 的代码如下:

```
package introduction.android.wifidirectdemo;
import android.app.ListFragment;
import android.app.ProgressDialog;
import android.content.Context;
import android.content.DialogInterface;
import android.net.wifi.p2p.WifiP2pConfig;
import android.net.wifi.p2p.WifiP2pDevice;
import android.net.wifi.p2p.WifiP2pDeviceList;
import android.net.wifi.p2p.WifiP2pManager.PeerListListener;
import android.os.Bundle;
import android.util.Log;
import android.view.LayoutInflater;
import android.view.View;
import android.view.ViewGroup;
import android.widget.ArrayAdapter;
import android.widget.ListView;
import android.widget.TextView;
```

```java
import java.util.ArrayList;
import java.util.List;
public class DeviceListFragment extends ListFragment implements PeerListListener {

    private List<WifiP2pDevice>peers=new ArrayList<WifiP2pDevice>();
    ProgressDialog progressDialog=null;
    View mContentView=null;
    private WifiP2pDevice device;

    @Override
    public void onActivityCreated (Bundle savedInstanceState) {
        super.onActivityCreated (savedInstanceState) ;
        this.setListAdapter (new WiFiPeerListAdapter (getActivity(), R.layout.row_devices,
peers)) ;

    }

    @Override
    public View onCreateView (LayoutInflater inflater, ViewGroup container, Bundle
savedInstanceState) {
        mContentView=inflater.inflate (R.layout.device_list, null) ;
        return mContentView;
    }

    /**
     * @return this device
     */
    public WifiP2pDevice getDevice(){
        return device;
    }

    private static String getDeviceStatus (int deviceStatus) {
        Log.d (WIFIDirectDemoActivity.TAG, "Peer status :"+deviceStatus) ;
        switch (deviceStatus) {
            case WifiP2pDevice.AVAILABLE:
                return "Available";
            case WifiP2pDevice.INVITED:
                return "Invited";
            case WifiP2pDevice.CONNECTED:
                return "Connected";
            case WifiP2pDevice.FAILED:
                return "Failed";
            case WifiP2pDevice.UNAVAILABLE:
                return "Unavailable";
            default:
                return "Unknown";

        }
    }

    /**
     * Initiate a connection with the peer.
     */
    @Override
```

```
public void onListItemClick (ListView l, View v, int position, long id) {
    WifiP2pDevice device= (WifiP2pDevice) getListAdapter().getItem (position);
((DeviceActionListener) getActivity()) .showDetails (device) ;
}

/**
 * Array adapter for ListFragment that maintains WifiP2pDevice list.
 */
private class WiFiPeerListAdapter extends ArrayAdapter<WifiP2pDevice>{

    private List<WifiP2pDevice>items;
    public WiFiPeerListAdapter (Context context, int textViewResourceId,
            List<WifiP2pDevice>objects) {
        super (context, textViewResourceId, objects);
        items=objects;

    }

    @Override
    public View getView (int position, View convertView, ViewGroup parent) {
        View v=convertView;
        if (v==null) {
            LayoutInflater vi= (LayoutInflater) getActivity().getSystemService (
                    Context.LAYOUT_INFLATER_SERVICE);
            v=vi.inflate (R.layout.row_devices, null);
        }
        WifiP2pDevice device=items.get (position);
        if (device !=null) {
            TextView top= (TextView) v.findViewById (R.id.device_name);
            TextView bottom= (TextView) v.findViewById (R.id.device_details);
            if (top !=null) {
                top.setText (device.deviceName);
            }
            if (bottom !=null) {
                bottom.setText (getDeviceStatus (device.status));
            }
        }

        return v;

    }
}
public void updateThisDevice (WifiP2pDevice device) {
    this.device=device;
    TextView view= (TextView) mContentView.findViewById (R.id.my_name);
    view.setText (device.deviceName);
    view= (TextView) mContentView.findViewById (R.id.my_status);
    view.setText (getDeviceStatus (device.status));
}

public void onPeersAvailable (WifiP2pDeviceList peerList) {
    if (progressDialog !=null && progressDialog.isShowing()) {
        progressDialog.dismiss();
    }
    peers.clear();
```

```
        peers.addAll (peerList.getDeviceList());
    ((WiFiPeerListAdapter) getListAdapter()) .notifyDataSetChanged();
        if (peers.size()==0) {
            Log.d (WIFIDirectDemoActivity.TAG, "No devices found");
            return;
        }


    }

    public void clearPeers(){
        peers.clear();
    ((WiFiPeerListAdapter) getListAdapter()) .notifyDataSetChanged();
    }
    public void onInitiateDiscovery(){
        if (progressDialog !=null && progressDialog.isShowing()) {
            progressDialog.dismiss();
        }
        progressDialog=ProgressDialog.show (getActivity(), "Press back to cancel", "finding
peers", true,
                true, new DialogInterface.OnCancelListener(){

                    public void onCancel (DialogInterface dialog) {

                    }
                });
    }
    public interface DeviceActionListener {

        void showDetails (WifiP2pDevice device);

        void cancelDisconnect();

        void connect (WifiP2pConfig config);

        void disconnect();
    }

}
```

FileTransferService.java 的代码如下：

```
package introduction.android.wifidirectdemo;

import android.app.IntentService;
import android.content.ContentResolver;
import android.content.Context;
import android.content.Intent;
import android.net.Uri;
import android.util.Log;

import java.io.FileNotFoundException;
import java.io.IOException;
import java.io.InputStream;
import java.io.OutputStream;
import java.net.InetSocketAddress;
```

```java
import java.net.Socket;
public class FileTransferService extends IntentService {

    private static final int SOCKET_TIMEOUT=5000;
    public static final String ACTION_SEND_FILE="com.example.android.wifidirect.SEND_FILE";
    public static final String EXTRAS_FILE_PATH="file_url";
    public static final String EXTRAS_GROUP_OWNER_ADDRESS="go_host";
    public static final String EXTRAS_GROUP_OWNER_PORT="go_port";

    public FileTransferService (String name) {
        super (name);
    }

    public FileTransferService(){
        super ("FileTransferService");
    }
    @Override
    protected void onHandleIntent (Intent intent) {

        Context context=getApplicationContext();
        if (intent.getAction().equals (ACTION_SEND_FILE)) {
            String fileUri=intent.getExtras().getString (EXTRAS_FILE_PATH);
            String host=intent.getExtras().getString (EXTRAS_GROUP_OWNER_ADDRESS);
            Socket socket=new Socket();
            int port=intent.getExtras().getInt (EXTRAS_GROUP_OWNER_PORT);

            try {
                Log.d (WIFIDirectDemoActivity.TAG, "Opening client socket - ");
                socket.bind (null);
                socket.connect ((new InetSocketAddress (host, port)), SOCKET_TIMEOUT);

                Log.d (WIFIDirectDemoActivity.TAG, "Client socket - "+socket.isConnected());
                OutputStream stream=socket.getOutputStream();
                ContentResolver cr=context.getContentResolver();
                InputStream is=null;
                try {
                    is=cr.openInputStream (Uri.parse (fileUri));
                } catch (FileNotFoundException e) {
                    Log.d (WIFIDirectDemoActivity.TAG, e.toString());
                }
                DeviceDetailFragment1.copyFile (is, stream);
                Log.d (WIFIDirectDemoActivity.TAG, "Client: Data written");
            } catch (IOException e) {
                Log.e (WIFIDirectDemoActivity.TAG, e.getMessage());
            } finally {
                if (socket !=null) {
                    if (socket.isConnected()) {
                        try {
                            socket.close();
                        } catch (IOException e) {
                            // Give up
                            e.printStackTrace();
                        }
                    }
                }
            }
```

```
                    }
                }
            }
        }
```

8.5　NFC

8.5.1　NFC 简介

NFC（Near Field Communication）也叫近场通信技术，是基于 Android 系统设备最有特色的技术之一。NFC 是一种近距离的无线通信技术，通常的通信距离是 4 厘米或更短。NFC 的工作频率是 13.56M Hz，传输速率是 106kbit/s~848kbit/s。通过 NFC 技术，可以使 Android 设备与 NFC Tag 之间或者其他 Android 设备之间传输小数据量的数据。

NFC Tag 分很多种，其中简单的只提供读写段，有的只能读、不能写；复杂的 Tag 可以支持一些数学运算，通过加密硬件来控制对 Tag 中特定数据段的读写；甚至一些 Tag 上有简单的操作系统，允许与 Tag 上执行的代码进行一些相对复杂的交互。

NFC 总是在一个发起者和一个被动目标之间发生。发起者发出近场无线电波，这个近场可以给被动目标供电。发起者一般为 Android 设备，被动的目标包括不需要电源的标签、卡等，也可以是有电源的设备，如 Android 手机。NFC 技术为手机支付提供了技术基础。

与蓝牙和 WIFI 技术相比，NFC 的通信带宽和距离都要小得多，但是它成本低，不需要电源支持，这些都是得天独厚的应用推广条件。

为了推动 NFC 的发展和普及，业界创建了一个非营利性的标准组织——NFC Forum，力求促进 NFC 技术的实施和标准化，确保设备和服务之间协同合作。目前，NFC Forum 在全球拥有数百个成员，包括 SONY、Phlips、LG、Motorola、NXP、NEC、三星、atoam、Intel 等。2011 年 4 月，Google 加入 NFC 论坛组织，推动了 NFC 技术的推广。

8.5.2　Android NFC 技术

Android 提供了 android.nfc 和 android.nfc.tech 包，它们对 NFC 技术进行了支持。常用类介绍如下。

- NfcManager: Android 设备的 NFC 适配器管理器，可以通过 getSystemService（String）获得对象实例。NfcManager 可以获取到当前 Android 设备支持的所有 NFC 适配器列表。
- NfcAdapter: 代表设备的 NFC 适配器。NFC 适配器是进行 NFC 操作的入口。通常情况下，每个 Android 设备只有一个 NFC 适配器，可以通过 NfcAdapter. getDefaultAdapter（android.content.Context）方法或者 NfcManager.getDefaultAdapter()方法来获取当前 Android 设备的 NFC 适配器。
- NdefMessage: 代表 NDEF 消息。NDEF 是 NFC Forum 定义的标准数据结构，用于在设备和 NFC Tags 之间传递数据。一个 NdefMessage 对象包含多个 NdefRecord 对象。

- NdefRecord：代表一条记录。每条 NDEF 记录都有一个 MIME 数据类型，比如文本、URL、智慧型海报等。NDEF 记录被存放在 NDEF 消息中。
- Tag：表示被检测到的 NFC 目标，可以是一个标签、一个卡片、一个钥匙扣等。

Android.nfc.tech 包中包含对 NFC Tag 进行查询和 I/O 操作的类。

如果 Android 设备没有关闭掉 NFC 功能，当设备的屏幕没有被锁定时，Android 设备会一直搜寻附件的 NFC Tag。当一个 NFC Tag 被检测到，一个包含该 NFC Tag 信息的 Tag 对象将被创建并且封装到一个 Intent 里，然后 NFC 发布系统将这个 Intent 用 startActivity 发送到已注册的用于处理这种类型的 Intent 的 Activity 中进行处理。

当 Android 设备扫描到一个 NFC Tag，通用的行为是自动搜寻最合适的 Activity 处理这个包含 Tag 对象的 Intent，而不需要用户来选择哪个 Activity 来处理。因为设备扫描 NFC Tag 是在很短的范围和时间内，如果让用户选择的话，就有可能需要移动设备，这样将会打断这个扫描过程。因此，开发者应该开发只处理需要处理的 Tag 的 Activity，以防止发生让用户选择使用哪个 Activity 来处理的情况。

Android 系统提供了一个 Tag 发布系统（Tag Dispatch System）帮助分析扫描到的 NFC Tag，从中提取相关数据，封装到 Intent 并且定位到对这些数据有兴趣的 Activity。如果同时有多个 Activity 都可以对封装了 Tag 数据的 Intent 进行处理，那么会出现一个选择列表，让用户来选择要处理的 Activity。

Tag 发布系统定义了三种 Intent，按照顺序优先级从高到低说明如下。

- android.nfc.action.NDEF_DISCOVERED：当一个包含 NDEF 负载的 Tag 被检测到时，该 Intent 被启动，这是最高优先级的 Intent。如果检测到的是一个未知的 Tag 或者不包含 NDEF 负载的 Tag，那么该 Intent 不会被启动。若 NDEF_DISCOVERED Intent 已经被启动，则 TECH_DISCOVERED 和 TAG_DISCOVERED Intent 将不会被启动。

处理该 Intent 的 Activity 需要对应设置 intent-filter 属性，例如：

```
<intent-filter>
  <action android:name="android.nfc.action.NDEF_DISCOVERED"/>
  <category android:name="android.intent.category.DEFAULT"/>
  <data android:mimeType="text/plain" />
</intent-filter>
```

表明当前 Activity 可以处理 NDEF_DISCOVERED 类型的 Intent，但是其携带数据的类型需要是"text/plain"类型。

- android.nfc.action.TECH_DISCOVERED：当一个包含 NDEF 负载的 Tag 被检测到，并且没有 Activity 处理 NDEF_DISCOVERED Intent 时，该 Intent 会被启动。若该 Intent 被启动，则 TAG_DISCOVERED 不会被启动。
- android.nfc.action.TAG_DISCOVERED：当一个包含 NDEF 负载的 Tag 被检测到，并且没有 Activity 处理 NDEF_DISCOVERED 和 TECH_DISCOVERED Intent 时，或者 Tag 被检测为未知的，该 Intent 被启动。

总的来说，Tag 发布系统的运行过程如图 8.11 所示。

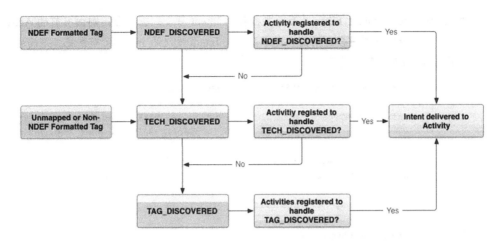

图 8.11 Tag 发布系统运行图

要进行 NFC 访问，需要在工程的 AndroidManifest.xml 文件中添加如下代码：

- 用于获取 NFC 硬件访问权限。

```
<uses-permission android:name="android.permission.NFC" />
```

- 指定最小 SDK 版本的代码。支持 NFC 功能的最小 SDK 版本为 API Level 9，但是仅支持有限的 Tag 发布和访问 NDEF 信息，不支持其他 Tag 的输入输出操作。API Level 10 增加了对 Tag 的读写方式，并添加了前台 NDEF 推数据的方式。API Level 14 提供了将 NDEF 数据传送到其他设备的方式。建立 SDK 的最小版本要高于 10。

```
<uses-sdk android:minSdkVersion="10"/>
```

- 设置 uses-feature 属性，以便在 Google Play Store 发布时，仅使具有 NFC 硬件的设备可以搜索到。

```
<uses-feature android:name="android.hardware.nfc" android:required="true" />
```

8.5.3　使用前台发布系统

前台发布系统允许 Activity 截获到 Intent 并且获得比其他的能够处理该 Intent 的 Activity 更高的权限。使用前台发布系统涉及为 Android 系统构建一些数据结构，以便能够发送合适的 Intent 到应用程序。

要使用前台发布系统，需要执行以下操作。

（1）在 Activity 的 onCreate() 方法中添加以下代码：

- 创建一个 PendingIntent 对象，以便当 Android 系统检测到 Tag 时能够获取到这个对象的详细信息。

```
PendingIntent pendingIntent=PendingIntent.getActivity(
    this,0, new Intent(this, getClass()).addFlags(Intent.FLAG_ACTIVITY_SINGLE_TOP),0);
```

- 定义用于处理要截获的 Intent 的 Intent Filter。当系统检测到 NFC Tag 时，前台发布系统会核实当前 Activity 的 Intent Filter 是否与要截获的 Intent 符合。若符合，则由当前的 Activity 对 Intent 进行处理；若不符合，则前台发布系统将 Intent 发送给 Intent 发布系统。下面的代码处理了所有的 MIME 数据类型。

```
IntentFilter ndef=new IntentFilter (NfcAdapter.ACTION_NDEF_DISCOVERED);
    try {
        ndef.addDataType ("*/*");    /* Handles all MIME based dispatches.
                                    You should specify only the ones that you need. */
    }
    catch (MalformedMimeTypeException e) {
        throw new RuntimeException ("fail", e);
    }
    intentFiltersArray=new IntentFilter[] {ndef, };
```

● 设置要处理的 Tag Technology 列表。

```
techListsArray=new String[][] { new String[] { NfcF.class.getName()} };
```

（2）覆盖 onPause()和 onResume()方法来打开或关闭前台发布系统。enableForegroundDispatch()方法只能在主线程中并且 Activity 在前台时被调用。另外，应该实行 onNewIntent()方法对从 NFC Tag 中获取到的数据进行处理。相关代码如下：

```
public void onPause(){
    super.onPause();
    mAdapter.disableForegroundDispatch (this);
}

public void onResume(){
    super.onResume();
    mAdapter.enableForegroundDispatch (this, pendingIntent, intentFiltersArray,
techListsArray);
}

public void onNewIntent (Intent intent) {
    Tag tagFromIntent=intent.getParcelableExtra (NfcAdapter.EXTRA_TAG);
    //do something with tagFromIntent
}
```

（3）读写 NFC Tag 数据。下面的代码演示了处理 TAG_DISCOVERED Intent 并且使用迭代器读取 NFC Tag 中的 NDEF 数据的方法：

```
NdefMessage[] getNdefMessages (Intent intent) {
// Parse the intent
NdefMessage[] msgs=null;
String action=intent.getAction();
if (NfcAdapter.ACTION_TAG_DISCOVERED.equals (action)) {
Parcelable[] rawMsgs=intent.getParcelableArrayExtra (NfcAdapter.EXTRA_NDEF_MESSAGES);
if (rawMsgs !=null) {
        msgs=new NdefMessage[rawMsgs.length];
for (int i=0; i<rawMsgs.length; i++) {
            msgs[i]= (NdefMessage) rawMsgs[i];
}
}
}
else {
```

```
// Unknown tag type
byte[] empty=new byte[] {};
NdefRecord record=new NdefRecord (NdefRecord.TNF_UNKNOWN, empty, empty, empty);
NdefMessage msg=new NdefMessage (new NdefRecord[] {record});
            msgs=new NdefMessage[] {msg};
}
}
else {
Log.e (TAG, "Unknown intent "+intent);
        finish();
}
return msgs;
}
```

下面的代码演示了写简单的文本到 NFC Tag 中的方法：

```
NdefFormatable tag=NdefFormatable.get (t);
Locale locale=Locale.US;
final byte[] langBytes=locale.getLanguage().getBytes (Charsets.US_ASCII);
String text="Tag, you're it!";
final byte[] textBytes=text.getBytes (Charsets.UTF_8);
final int utfBit=0;
final char status= (char) (utfBit+langBytes.length);
final byte[] data=Bytes.concat (new byte[] { (byte) status}, langBytes, textBytes);
NdefRecord record=NdefRecord (NdefRecord.TNF_WELL_KNOWN, NdefRecord.RTD_TEXT, new byte[0],
data);
try {
NdefRecord[] records={text};
NdefMessage message=new NdefMessage (records);
    tag.connect();
    tag.format (message);
}
catch (Exception e) {
//do error handling
}
```

8.6　USB

8.6.1　USB 简介

Android 系统支持多种 USB 外围设备，提供两种模式来支持实现 Android 附件协议 USB 外设
接入系统：USB 附件模式和 USB 主机模式。

在 USB 附件模式下，接入的 USB 设备充当 USB 主机，并为 USB 总线供电。USB 附件的例
子包括机器人控制器、诊断和音乐设备、读卡器等。这种模式使不具备主机功能的 Android 设备
具有了与 USB 硬件交互的能力。Android USB 附件被设计用来与装有 Android 的设备一起工作，
并且必须遵循 Android 附件通信协议（Android Accessory Communication Protocol）。

在 USB 主机模式下，Android 设备扮演主机的角色。这种设备的例子包括数码相机、键盘、
鼠标和游戏手柄等。那些适应面很广的 USB 设备可以与 Android 应用程序交互，只要 Android 系

统可以正确地与这些设备进行通信。

图 8.12 展示了两种模式的异同。当 Android 设备处于主机模式时，它扮演 USB 主机的角色并为总线供电。当 Android 设备处于附件模式时，连接的 USB 设备扮演主机角色并给总线供电。

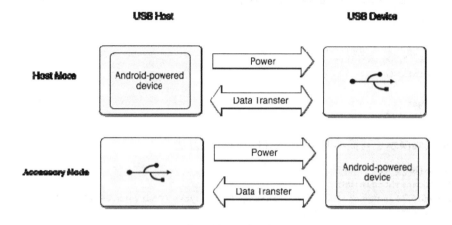

图 8.12　两种 USB 模式

USB 附件模式和 USB 主机模式在 Android 3.1（API level 12）或更高的 SDK 平台中被直接支持。在 Android 2.3.4（API level 10）系统中也可以通过添加附加库的方式来获得支持。设备生产商可以选择是否在设备的系统中包含该附加库。

8.6.2　USB 附件

Android USB 附件模式允许 Android 设备以附件形式连接到 USB 主机上，附件必须遵循 Android Accessory Protocol 协议。附件模式使得不能以 USB 主机方式工作的 Android 设备与 USB 主机进行交互。

1. API 的选择

在开发 USB 附件应用程序时，首先应该考虑的问题是选择正确的 USB 附件 API。

对应 Android 3.1（API Level 12）及其以上版本的操作系统，Android SDK 直接提供了 USB 附件开发包，名为 android.hardware.usb。

对于早期的 Android 2.3.4（API Level 10）版本的操作系统，Android SDK 没有提供相应的开发包，只能通过 Google 的附加库来完成 USB 附件模式的相关开发工作，包名为 com.android.future.usb。实质上，Google 的这个附加库是对 Android 框架 API 的包装，相当于 android.hardware.usb 包的一个简化包，仅支持附件模式的开发，不支持主机模式的开发。

由于 Google 附件库是 Android 框架 API 的包装库，因此支持 USB 附件的 API 是相同的，主要有以下两个类。

- UsbManager: 负责枚举连接的 USB 附件设备，并与附件通信。
- UsbAccessory: 表示一个 USB 附件设备，并且包含访问附件的标识信息的 API。

虽然 USB 附件开发的相关的类相同，但是在使用方法上有两处不同。

- 获取 UsbManager 实例的方法不同。

对于 Google 附加库，应使用如下代码获取 UsbManager 的实例：

```
UsbManager manager=UsbManager.getInstance(this);
```

对于 Android 框架 API，应该使用如下代码：

```
UsbManager manager=(UsbManager)getSystemService(Context.USB_SERVICE);
```

- 当通过 Intent Filter 对连接的 USB 附件进行过滤时，代码有所不同。此时，UsbAccessory 对象会被包含在 Intent 对象中传递给应用程序。

对于 Google 附加库，应该使用如下代码：

```
UsbAccessory accessory=UsbManager.getAccessory(intent);
```

如果使用的是 Android 框架 API，则应该使用如下代码：

```
UsbAccessory accessory=(UsbAccessory)intent.getParcelableExtra(UsbManager.EXTRA_ACCESSORY);
```

2. AndroidManifest.xml 文件设置

应用程序的 Manifest 文件应该做如下设置：

- 由于并不是所有的 Android 设备都支持 USB 附件 API，因此需要在应用程序的 Manifest 文件中使用<uses-feature>属性来声明当前的应用程序使用了 android. hardware.usb.accessory 特性。
- 如果使用的是 Google 附加库，需要使用 <uses-library> 属性添加 com.android.future. usb.accessory 库的支持。
- 根据选用的 API 设置最小 SDK 版本，如果是 Google 附加库，最小 API Level 应该为 10，如果使用的是框架 API，则该值应该为 12。
- 如果需要当前应用程序在 USB 附件连接时获得通知，则应该在主 Activity 中为 android.hardware.usb.action.USB_ACCESSORY_ATTACHED intent 指定<intent-filter>属性和 <meta-data>属性对。其中，<meta-data>属性指向一个外部的 XML 资源文件，其中包含要检测的附件的识别信息。
- 在 XML 资源文件中，通过<usb-accessory>属性为要过滤的 USB 附件定义声明信息，该属性可以包含 manufacture、model 和 version 属性。该资源文件被保存在 res/xml 文件夹下，其文件名字应该和上面提到的<meta-data>中指定的文件名字相同（不含 .xml 后缀）。

下面的代码演示了在应用程序的 AndroidManifest.xml 文件中，关于 USB 附件 API 的设置内容：

```
<manifest ...>
  <uses-feature android:name="android.hardware.usb.accessory" />

  <uses-sdk android:minSdkVersion="<version>" />
  ...
  <application>
    <uses-library android:name="com.android.future.usb.accessory" />
      <activity ...>
        ...
        <intent-filter>
          <action android:name="android.hardware.usb.action.USB_ACCESSORY_ATTACHED" />
```

```
            </intent-filter>

            <meta-data android:name="android.hardware.usb.action.USB_ACCESSORY_ATTACHED"
                android:resource="@xml/accessory_filter" />
        </activity>
    </application>
</manifest>
```

其中:

```
<meta-data android:name="android.hardware.usb.action.USB_ACCESSORY_ATTACHED"
            android:resource="@xml/accessory_filter" />
```

表明 USB 附件的相关信息,包括附件模型、生产商、版本等信息,被保存在 res/xml/xml/accessory_filter.xml 文件中。当 USB 附件连接到 Android 主机时,这些信息都会被发送给应用程序进行过滤。该文件示例代码如下:

```
<?xml version="1.0" encoding="utf-8"?>
<resources>
    <usb-accessory model="DemoKit" manufacturer="Google" version="1.0"/>
</resources>
```

3. 使用 USB 附件

当用户将 USB 附件连接到 Android 设备时,Android 系统会检测相关应用程序是否对连接的 USB 附件感兴趣。如果感兴趣,则会建立对 USB 附件的通信。要达到这个目的,应用程序应该能够完成以下三点:

- 通过 Intent Filter 发现连接的 USB 附件设备,可以通过过滤附件连接事件或者枚举所有连接的 USB 附件设备并从中查找合适的设备的方式对附件进行发现。
- 向用户要求与 USB 附件进行通信的权限。
- 通过使用合适的接口读写数据的方式与 USB 附件进行通信。

(1)使用 Intent Filter 发现附件的方式适合想让应用程序自动检测附件的情况。实行这种方式需要在应用程序的 manifest 文件中为 Activity 添加 android.hardware.usb.action.USB_ACCESSORY_ATTACHED Intent 的过滤功能,并通过 meta-data 属性指定对 USB 附件信息进行描述的 XML 文件。

Activity 设置的相关代码如下:

```
<activity ...>
    ...
    <intent-filter>
        <action android:name="android.hardware.usb.action.USB_ACCESSORY_ATTACHED" />
    </intent-filter>

    <meta-data android:name="android.hardware.usb.action.USB_ACCESSORY_ATTACHED"
        android:resource="@xml/accessory_filter" />
</activity>
```

资源文件 accessory_filter .xml 的内容如下:

```
<?xml version="1.0" encoding="utf-8"?>
```

```
<resources>
    <usb-accessory manufacturer="Google, Inc." model="DemoKit" version="1.0" />
</resources>
```

这样，当符合要求的 USB 附件被连接到 USB 主机上时，其产生的 Intent 对象就会被该 Activity 截获，并从中获取代表 USB 附件的 UsbAccessory 对象。

对于 Google 附加库，相关代码如下：

```
UsbAccessory accessory=UsbManager.getAccessory(intent);
```

对于框架 API，相关代码如下：

```
UsbAccessory accessory=(UsbAccessory)intent.getParcelableExtra(UsbManager.EXTRA_ACCESSORY);
```

（2）枚举所有连接的 USB 附件。获取所有连接到主机的 USB 附件的代码如下：

```
UsbManager manager= (UsbManager) getSystemService (Context.USB_SERVICE);
UsbAccessory[] accessoryList=manager.getAcccessoryList();
```

（3）获取访问 USB 附件的权限。在与 USB 附件建立通信之前，必须明确要向用户要求访问权限。通过调用 requestPermission()方法向用户显示一个对话框，要求与附件建立连接的权限。用户单击该对话框后会生成一个 Intent 对象并广播出去。因此，该应用程序需要创建一个 BroadcastReceiver 来接收该 Intent 对象，并从中获取用户授权。

创建 BroadcastReceiver 的相关示例代码如下：

```
private static final String ACTION_USB_PERMISSION=
    "com.android.example.USB_PERMISSION";
private final BroadcastReceiver mUsbReceiver=new BroadcastReceiver(){

    public void onReceive (Context context, Intent intent) {
        String action=intent.getAction();
        if (ACTION_USB_PERMISSION.equals (action)) {
            synchronized (this) {
                UsbAccessory accessory= (UsbAccessory) intent.getParcelableExtra
(UsbManager.EXTRA_ACCESSORY);

                if (intent.getBooleanExtra (UsbManager.EXTRA_PERMISSION_GRANTED, false)) {
                    if (accessory !=null) {
                        //call method to set up accessory communication
                    }
                }
                else {
                    Log.d (TAG, "permission denied for accessory "+accessory);
                }
            }
        }
    }
};
```

该 BroadcastReceiver 被创建后，应该在 Activity 的 onCreate()方法中进行注册。相关代码如下：

```
UsbManager mUsbManager= (UsbManager) getSystemService (Context.USB_SERVICE);
private static final String ACTION_USB_PERMISSION=
    "com.android.example.USB_PERMISSION";
...
```

```
    mPermissionIntent=PendingIntent.getBroadcast (this, 0, new Intent (ACTION_USB_PERMISSION),
0);
    IntentFilter filter=new IntentFilter (ACTION_USB_PERMISSION);
    registerReceiver (mUsbReceiver, filter);
```

显示向用户要求访问附件权限的对话框，需要使用 requestPermission()方法，代码如下：

```
UsbAccessory accessory;
...
mUsbManager.requestPermission (accessory, mPermissionIntent);
```

（4）与 USB 附件进行通信。可以通过 UsbManager 示例获取一个文件描述符（FileDescriptor），并通过该文件描述符建立输入输出流，进而达到与 USB 附件通信的目的。与 USB 附件通信的过程应该写在一个单独的线程里，避免阻塞 UI 线程。下面的代码演示了打开 USB 附件并进行通信的过程：

```
UsbAccessory mAccessory;
ParcelFileDescriptor mFileDescriptor;
FileInputStream mInputStream;
FileOutputStream mOutputStream;

...

private void openAccessory(){
    Log.d (TAG, "openAccessory: "+accessory);
    mFileDescriptor=mUsbManager.openAccessory (mAccessory);
    if (mFileDescriptor !=null) {
        FileDescriptor fd=mFileDescriptor.getFileDescriptor();
        mInputStream=new FileInputStream (fd);
        mOutputStream=new FileOutputStream (fd);
        Thread thread=new Thread (null, this, "AccessoryThread");
        thread.start();
    }
}
```

在线程的 run()方法中，可以通过 FileInputStream 和 FileOutputStream 进行读写附件的操作。当从附件中使用 FileInputStream 读取信息时，应该保证用于保存读取数据的缓冲区的大小足够容纳 USB 数据包中的数据。Android Accessory Protocol 中支持 USB 数据包缓冲区最大到 16384 字节。为了保证信息传输的安全，建议声明 16384 字节长度的缓冲区。

（5）结束与 USB 附件的通信。当与 USB 附件的通信结束或者附件被从系统中断开的时候，应该使用 close()方法关闭文件描述符。下面的代码定义了一个监听附件被移除的事件的 BroadcastReceiver：

```
BroadcastReceiver mUsbReceiver=new BroadcastReceiver(){
    public void onReceive (Context context, Intent intent) {
        String action=intent.getAction();

        if (UsbManager.ACTION_USB_ACCESSORY_DETACHED.equals (action)) {
            UsbAccessory accessory= (UsbAccessory) intent.getParcelableExtra
(UsbManager.EXTRA_ACCESSORY);
            if (accessory !=null) {
                // call your method that cleans up and closes communication with the accessory
            }
```

```
        }
    }
};
```

　　在应用程序中创建该 BroadcastReceiver，而不是在应用程序的 Manifest 配置文件中，这样可以保证只有 Activity 运行时才对 USB 附件断开事件进行处理。而附件断开事件只会被发送给当前运行的 Activity，而不是被广播给所有的应用程序。

8.6.3　USB 主机

　　当 Android 设备运行在 USB 主机模式，它就像一个真正的 USB 主机，给 USB 总线供电并枚举所有连接的 USB 附件设备。USB 主机模式仅在 Android 3.1 及其更高版本的系统中被支持。

1. 相关 API 介绍

　　与 USB 主机相关的 API 都被保存在 android.hardware.usb 包中，相关类介绍如下。

- UsbManager：用于枚举连接的 USB 附件设备，并与 USB 附件进行通信。
- UsbDevice：表示一个连接的 USB 附件设备，包含访问该设备的标识信息、接口和端点的相关方法。
- UsbInterface：表示 USB 设备的一个接口，用于定义 USB 设备的一系列功能。一个设备可以有一个或者多个接口，这些接口可用于通信。
- UsbEndpoint：表示一个接口的端点，相当于接口通信的通道。一个接口可以拥有一个或者多个端点，通常拥有输入和输出两个端点用于设备的双向通信。
- UsbDeviceConnection：表示一个到 USB 设备的连接，用于在端点上传输数据。这个类允许用户以同步或者非同步的方式双向传输数据。
- UsbRequest：表示一个通过 UsbDeviceConnection 与 USB 设备进行通信的异步请求。
- UsbConstants：定义了一些 USB 常量，这些常量与 Linux 内核中 linux/usb/ch9.h 的定义相同。

　　在大多数情况下，开发者需要使用上面提到的所有的类来与 USB 设备连接（UsbRequest 类只有在要求异步通信时才会被使用）。通常情况下，开发者需要通过 UsbManager 实例去获取所需的 UsbDevice 实例，进而从 UsbDevice 实例中查找合适的 UsbInterface，并确定要用于通信的 UsbEndpoint，最后建立 UsbDeviceConnection 与 USB 设备的通信。

2. Android Manifest 文件配置

- 由于并不是所有的 Android 设备都支持 USB 附件 API，因此需要在应用程序的 Manifest 文件中使用<uses-feature>属性来声明当前的应用程序使用了 android. hardware.usb.host 特性。
- 设置最小 SDK 版本，该值应该大于 12，因为在早期的 Android SDK 版本中不支持 USB 主机模式。
- 如果需要当前应用程序在 USB 附件连接时获得通知，则应该在主 Activity 中为 android.hardware.usb.action.USB_ACCESSORY_ATTACHED Intent 指定<intent-filter>属性和<meta-data>属性对。其中，<meta-data>属性指向一个外部的 XML 资源文件，其中包含要检测的附件的识别信息。

- 在 XML 资源文件中，通过<usb-device>属性为要过滤的 USB 附件定义相关信息，该属性可以包含 vendor-id、product-id、class、subclass、protocol（device or interface）等属性。如果想过滤特定设备，则需要使用 vendor-id 和 product-id 属性；如果想过滤一类设备，比如大容量存储设备或者数码相机，则应该使用 class、subclass 和 protocol 属性；如果这些属性一个也不指定，则所有的 USB 设备都不会被过滤掉。该资源文件被保存在 res/xml 文件夹下，其文件名字应该和上面提到的<meta-data>中指定的文件名字相同（不含 .xml 后缀）。

下面的示例代码演示如何定义 Manifest 文件：

```
<manifest ...>
  <uses-feature android:name="android.hardware.usb.host" />
  <uses-sdk android:minSdkVersion="12" />
  ...
  <application>
    <activity ...>
      ...
      <intent-filter>
        <action android:name="android.hardware.usb.action.USB_DEVICE_ATTACHED" />
      </intent-filter>

      <meta-data android:name="android.hardware.usb.action.USB_DEVICE_ATTACHED"
        android:resource="@xml/device_filter" />
    </activity>
  </application>
</manifest>
```

在这个示例中，自由文件被放置在 res/xml/device_filter.xml 中，相关代码如下：

```
<?xml version="1.0" encoding="utf-8"?>

<resources>
  <usb-device vendor-id="1234" product-id="5678" class="255" subclass="66" protocol="1" />
</resources>
```

3. 使用 USB 设备

当用户将 USB 设备连接到 Android 设备时，Android 系统会检测相关应用程序是否对连接的 USB 设备感兴趣。如果感兴趣，则会建立与 USB 设备的通信。要达到这个目的，应用程序应该能够完成以下三点。

- 通过 Intent Filter 发现连接的 USB 设备，可以通过过滤设备连接事件或者枚举所有连接的 USB 设备并从中查找合适的设备的方式对设备进行发现。
- 向用户要求与 USB 设备进行通信的权限。
- 通过使用合适的接口读写数据的方式与 USB 设备进行通信。

（1）使用 Intent Filter 发现设备的方式适合想让应用程序自动检测设备的情况。实行这种方式需要在应用程序的 manifest 文件中为 Activity 添加 android.hardware.usb.action.USB_ACCESSORY_ATTACHED Intent 的过滤功能，并通过 meta-data 属性指定对 USB 设备信息进行描述的 XML 文件。

Activity 设置的相关代码如下：

```
<activity ...>
  ...
  <intent-filter>
    <action android:name="android.hardware.usb.action.USB_ACCESSORY_ATTACHED" />
  </intent-filter>

  <meta-data android:name="android.hardware.usb.action.USB_ACCESSORY_ATTACHED"
      android:resource="@xml/device_filter" />
</activity>
```

资源文件 device_filter .xml 的内容如下：

```
<?xml version="1.0" encoding="utf-8"?>

<resources>
  <usb-device vendor-id="1234" product-id="5678" />
</resources>
```

这样，当符合要求的 USB 设备被连接到 USB 主机上时，其产生的 Intent 对象就会被该 Activity 截获，并从中获取到代表 USB 设备的 UsbAccessory 对象。

```
UsbAccessory accessory=(UsbAccessory)intent.getParcelableExtra(UsbManager.EXTRA_DEVICE);
```

（2）枚举所有连接的 USB 设备。获取所有连接到主机的 USB 设备的代码如下：

```
UsbManager manager=(UsbManager)getSystemService(Context.USB_SERVICE);
...
HashMap<String, UsbDevice>deviceList=manager.getDeviceList();
UsbDevice device=deviceList.get("deviceName");;
```

如果需要，也可以从哈希表中获取迭代器，对每一个设备分别进行处理：

```
UsbManager manager=(UsbManager)getSystemService(Context.USB_SERVICE);
...
HashMap<String, UsbDevice>deviceList=manager.getDeviceList();
Iterator<UsbDevice>deviceIterator=deviceList.values().iterator();
while(deviceIterator.hasNext()){
  UsbDevice device=deviceIterator.next()
  //your code
}
```

（3）获取访问 USB 设备的权限。在与 USB 设备建立通信之前，必须明确要向用户要求访问权限。通过调用 requestPermission()方法向用户显示一个对话框，要求与设备建立连接的权限。用户单击该对话框后会生成一个 Intent 对象并广播出去。因此，该应用程序需要创建一个 BroadcastReceiver 来接收该 Intent 对象，并从中获取用户授权。

创建 BroadcastReceiver 的相关示例代码如下：

```
private static final String ACTION_USB_PERMISSION=
    "com.android.example.USB_PERMISSION";
private final BroadcastReceiver mUsbReceiver=new BroadcastReceiver(){

  public void onReceive(Context context, Intent intent){
    String action=intent.getAction();
    if(ACTION_USB_PERMISSION.equals(action)){
      synchronized(this){
```

```
                UsbDevice device= (UsbDevice) intent.getParcelableExtra
(UsbManager.EXTRA_DEVICE);

            if (intent.getBooleanExtra (UsbManager.EXTRA_PERMISSION_GRANTED, false)) {
                if (device !=null) {
                  //call method to set up device communication
                }
            }
            else {
                Log.d (TAG, "permission denied for device "+device);
            }
        }
    }
};
```

该 BroadcastReceiver 被创建后，应该在 Activity 的 onCreate()方法中进行注册。相关代码如下：

```
UsbManager mUsbManager= (UsbManager) getSystemService (Context.USB_SERVICE);
private static final String ACTION_USB_PERMISSION=
    "com.android.example.USB_PERMISSION";
...
mPermissionIntent=PendingIntent.getBroadcast (this, 0, new Intent (ACTION_USB_PERMISSION),
0);
IntentFilter filter=new IntentFilter (ACTION_USB_PERMISSION);
registerReceiver (mUsbReceiver, filter);
```

显示向用户要求访问设备权限的对话框，需要使用 requestPermission()方法，代码如下：

```
UsbAccessory accessory;
...
mUsbManager.requestPermission (accessory, mPermissionIntent);
```

（4）与 USB 设备进行通信。与 USB 设备进行通信可以异步，也可以同步。无论在哪种情况下，与 USB 设备通信的过程都应该在一个单独的线程里被执行，以避免阻塞 UI 线程。为了合理地创建与 USB 设备的通信，开发者需要获取要通信设备的适合的 UsbInterface 和 UsbEndpoint 对象，并在该端点上建立 UsbDeviceConnection 并发送通信请求。

总体来说，代码编写应该完成以下功能：

- 检查 UsbDevice 对象的属性，例如 product-id、vendor-id 等，以确认是否要和当前设备进行通信。
- 获取合适的 UsbInterface 和 UsbEndpoint 对象用于通信。
- 通过 UsbEndpoint 对象打开 UsbDeviceConnection。
- 在端点上使用 bulkTransfer()orcontrolTransfer()传输数据。该过程应该在单独的线程中进行。

下面的代码演示了使用同步方式进行数据传输的过程，该示例仅用于演示，在真正的开发过程中，应该注意选择合适的接口和端点，并且在单独的线程中进行数据传输。

```
private Byte[] bytes
private static int TIMEOUT=0;
private boolean forceClaim=true;

...
```

```
UsbInterface intf=device.getInterface(0);
UsbEndpoint endpoint=intf.getEndpoint(0);
UsbDeviceConnection connection=mUsbManager.openDevice(device);
connection.claimInterface(intf, forceClaim);
connection.bulkTransfer(endpoint, bytes, bytes.length, TIMEOUT); //do in another thread
```

进行异步数据传输使用 UsbRequest 类来初始化并将一个异步请求放入请求队列，然后调用 requestWait()方法等待结果。

（5）结束与 USB 设备的通信。当与 USB 设备的通信结束或者设备被从系统中断开的时候，应该通过调用 releaseInterface()方法和 close()方法关闭 UsbInterface 和 UsbDeviceConnection。下面的代码定义了一个监听设备被移除的事件的 BroadcastReceiver：

```
BroadcastReceiver mUsbReceiver=new BroadcastReceiver(){
    public void onReceive(Context context, Intent intent){
        String action=intent.getAction();

        if(UsbManager.ACTION_USB_ACCESSORY_DETACHED.equals(action)){
            UsbAccessory accessory=(UsbAccessory)intent.getParcelableExtra
(UsbManager.EXTRA_DEVICE);
            if(accessory !=null){
                // call your method that cleans up and closes communication with the device
            }
        }
    }
};
```

在应用程序中创建该 BroadcastReceiver，而不是在应用程序的 Manifest 配置文件中，这样可以保证只有 Activity 运行时才对 USB 设备断开事件进行处理。而设备断开事件只会被发送给当前运行的 Activity，而不是被广播给所有的应用程序。

8.7 SIP

8.7.1 SIP 简介

Android 系统提供了支持 SIP（Session Initiation Protocol）的 API，允许开发者添加基于 SIP 的因特网电话特性到自己的应用程序中。Android 包含一个完整的 SIP 协议栈，整合了允许轻松创建来电和去电的电话管理服务，而不必开发者直接参与管理会话、传输层通信、音频录制等工作。

目前 SIP 已经被成功应用于视频会议和即时消息中，其应用程序开发需要基于 Android 2.3（API Level 9）以上的系统。SIP 运行于无线数据连接，通过 AVD 无法调试。在 SIP 应用程序通信会话中，每一个参与者都必须拥有一个 SIP 账号。

8.7.2 相关 API

Android SDK 中与 SIP 开发相关的类和接口被放置在 android.net.sip 包中，相关类和接口介绍如下。

- SipAudioCall：用于处理基于 SIP 的因特网音频呼叫。
- SipAudioCall.Listener：用于处理 SIP 呼叫事件，如接收到呼叫和对外呼叫事件。
- SipErrorCode：定义了 SIP 行为的错误代码。
- SipManager：提供了 SIP 任务的相关 API，例如初始化 SIP 连接，提供对相关 SIP 服务的访问等。
- SipProfile：定义了一个 SIP 配置文件，包括 SIP 账户、域和服务器信息等。
- SipProfile.Builder：创建 SIP 配置信息的帮助类。
- SipSession：代表一个与 SIP 对话框相关联的 SIP 会话或者一个单独的无对话框的事务。
- SipSession.Listener：针对 SIP 会话事件的监听器，例如会话被注册或者一个电话正在呼出事件。
- SipSession.State：定义了 SIP 会话的状态信息，例如注册、呼出、呼入等。
- SipRegistrationListener：一个用于监听 SIP 注册事件的接口。

8.7.3 Manifest 文件配置

要开发基于 SIP 的应用程序，必须使用 Android 2.3 以上版本的设备，但是并不是所有 Android 2.3 以上版本的设备都支持 SIP 应用程序。

为应用程序添加 SIP 支持需要在应用程序的配置文件 AndroidManifest.xml 中添加如下内容。

- 添加使用 SIP 和因特网的权限：

```
<uses-permission android:name="android.permission.USE_SIP" />
<uses-permission android:name="android.permission.INTERNET" />
```

- 确保应用程序只可以被安装在支持 SIP 的设备上，在 Manifest 文件中添加以下代码：

```
<uses-sdk android:minSdkVersion="9" />
<uses-feature android:name="android.hardware.sip.voip" />
```

- 如果应用程序被设计为接收呼叫，则必须定义一个 receiver：

```
<receiver android:name=".IncomingCallReceiver" android:label="Call Receiver"/>
```

应用程序的 Manifest 文件示例代码如下：

```
<?xml version="1.0" encoding="utf-8"?>
<manifest xmlns:android="http://schemas.android.com/apk/res/android"
        package="com.example.android.sip">
  ...
    <receiver android:name=".IncomingCallReceiver" android:label="Call Receiver"/>
  ...
 <uses-sdk android:minSdkVersion="9" />
 <uses-permission android:name="android.permission.USE_SIP" />
 <uses-permission android:name="android.permission.INTERNET" />
  ...
 <uses-feature android:name="android.hardware.sip.voip" android:required="true" />
 <uses-feature android:name="android.hardware.wifi" android:required="true" />
 <uses-feature android:name="android.hardware.microphone" android:required="true" />
</manifest>
```

8.7.4　创建 SipManager 对象

要使用 SIP API，必须创建 SipManager 示例。SipManager 用于处理：

- 初始化 SIP 会话。
- 初始化并接收呼叫。
- 对 SIP 提供者进行注册和注销。
- 核实会话连接。

创建 SipManager 对象的代码如下：

```
public SipManager mSipManager=null;
...
if (mSipManager==null) {
    mSipManager=SipManager.newInstance (this);
}
```

8.7.5　注册 SIP 服务器

在典型的 Android SIP 应用程序中包含一个或多个用户，每个用户都必须有一个 SIP 账户。在 SIP 应用程序中，SIP 账户用 SipProfile 对象表示。

SipProfile 定义了 SIP 配置简表，包括 SIP 账户以及域和服务器信息。与运行应用程序的设备上的 SIP 账户相关联的配置简表叫作本地简表，会话连接到的简表叫作对等简表。当 SIP 应用程序使用本地 SipProfile 登录到 SIP 服务器时，SipProfile 帮助 SIP 服务器高效地将当前设备注册为 SIP 呼叫的目的地。

创建 SipProfile 对象的代码如下：

```
public SipProfile mSipProfile=null;
...

SipProfile.Builder builder=new SipProfile.Builder (username, domain);
builder.setPassword (password);
mSipProfile=builder.build();
```

下面代码中的 SipManager 打开本地简表，用于拨打或者接收 SIP 呼叫：

```
Intent intent=new Intent();
intent.setAction ("android.SipDemo.INCOMING_CALL");
PendingIntent pendingIntent=PendingIntent.getBroadcast (this, 0, intent,
Intent.FILL_IN_DATA);
mSipManager.open (mSipProfile, pendingIntent, null);
```

下面的代码为 SipManager 注册了 SipRegistrationListener 接口，该接口用于跟踪 SipProfile 是否在 SIP 服务提供者处成功注册。

```
mSipManager.setRegistrationListener (mSipProfile.getUriString(), new
SipRegistrationListener(){

public void onRegistering (String localProfileUri) {
    updateStatus ("Registering with SIP Server...");
```

```
}

public void onRegistrationDone (String localProfileUri, long expiryTime) {
    updateStatus ("Ready") ;
}

public void onRegistrationFailed (String localProfileUri, int errorCode,
    String errorMessage) {
    updateStatus ("Registration failed.  Please check settings.") ;
}
```

下面的代码演示了配置简表使用结束后，如何关闭简表，并从服务器注销设备信息。

```
public void closeLocalProfile(){
    if (mSipManager==null) {
        return;
    }
    try {
        if (mSipProfile !=null) {
            mSipManager.close (mSipProfile.getUriString()) ;
        }
    } catch (Exception ee) {
        Log.d ("WalkieTalkieActivity/onDestroy", "Failed to close local profile.", ee) ;
    }
}
```

8.7.6　拨打音频电话

要使用 SIP 拨打语音电话，需要满足如下条件：

- 一个 SipProfile 对象，用于拨打电话；一个有效的 SIP 地址，用于接收电话。
- 一个 SipManager 对象。

为了拨打音频电话，需要创建 SipAudioCall.Listener 对象。大部分的客户端与 SIP 栈之间的交互都是通过接口进行的。下面的代码演示了呼叫建立后接口如何进行处理：

```
SipAudioCall.Listener listener=new SipAudioCall.Listener(){

    @Override
    public void onCallEstablished (SipAudioCall call) {
        call.startAudio();
        call.setSpeakerMode (true) ;
        call.toggleMute();
        ...
    }

    @Override
    public void onCallEnded (SipAudioCall call) {
        // Do something.
    }
};
```

SipAudioCall.Listener 接口创建后，通过 SipManager.makeAudioCall()方法进行音频呼叫。该方

法有 4 个参数，分别是：

- 本地 SIP 配置简表（呼叫者）。
- 对等 SOP 配置简表（被呼叫者）。
- SipAudioCall.Listener 接口。
- 超时时间，单位是秒。

进行音频呼叫的代码如下：

```
call=mSipManager.makeAudioCall (mSipProfile.getUriString(), sipAddress, listener, 30);
```

8.7.7　接收呼叫

为了接收呼叫，SIP 应用程序必须包含一个 BroadcastReceiver 的子类，以便当有来电时用于对 Intent 对象进行处理。为此，需要在应用程序中完成以下几步：

- 在 AndroidManifest.xml 文件中声明<receiver>，例如：

```
<receiver android:name=".IncomingCallReceiver" android:label="Call Receiver"/>.
```

- 实现声明的 BroadcastReceiver 的子类，例如 IncomingCallReceiver。
- 使用 PendingIntent 对象初始化本地 SipProfile。当有来电时，该 PendingIntent 会启动 BroadcastReceiver 的子类。
- 设置 Intent Filter，用于过滤来电时产生的 Intent。

下面的代码定义了一个用于处理来电的 BroadcastReceiver：

```
/*** Listens for incoming SIP calls, intercepts and hands them off to WalkieTalkieActivity.
 */
public class IncomingCallReceiver extends BroadcastReceiver {
    /**
     * Processes the incoming call, answers it, and hands it over to the
     * WalkieTalkieActivity.
     * @param context The context under which the receiver is running.
     * @param intent The intent being received.
     */
    @Override
    public void onReceive (Context context, Intent intent) {
        SipAudioCall incomingCall=null;
        try {
            SipAudioCall.Listener listener=new SipAudioCall.Listener(){
                @Override
                public void onRinging (SipAudioCall call, SipProfile caller) {
                    try {
                        call.answerCall (30);
                    } catch (Exception e) {
                        e.printStackTrace();
                    }
                }
            };
            WalkieTalkieActivity wtActivity= (WalkieTalkieActivity) context;
```

```
        incomingCall=wtActivity.mSipManager.takeAudioCall (intent, listener) ;
        incomingCall.answerCall (30) ;
        incomingCall.startAudio();
        incomingCall.setSpeakerMode (true) ;
        if (incomingCall.isMuted()) {
            incomingCall.toggleMute();
        }
        wtActivity.call=incomingCall;
        wtActivity.updateStatus (incomingCall) ;
    } catch (Exception e) {
        if (incomingCall !=null) {
            incomingCall.close();
        }
    }
    }
}
```

设置用于接收来电的 Intent Filter 的相关代码如下：

```
public SipManager mSipManager=null;
public SipProfile mSipProfile=null;
...

Intent intent=new Intent();
intent.setAction ("android.SipDemo.INCOMING_CALL") ;
PendingIntent pendingIntent=PendingIntent.getBroadcast (this, 0, intent,
Intent.FILL_IN_DATA) ;
mSipManager.open (mSipProfile, pendingIntent, null) ;
```

Intent Filter 信息可以在应用程序的 Manifest 文件中被注册，也可以像下面的代码演示的那样在 Activity 的 onCreate()方法中被注册。相关代码如下：

```
public class WalkieTalkieActivity extends Activity implements View.OnTouchListener {
...
    public IncomingCallReceiver callReceiver;
    ...

    @Override
    public void onCreate (Bundle savedInstanceState) {

        IntentFilter filter=new IntentFilter();
        filter.addAction ("android.SipDemo.INCOMING_CALL") ;
        callReceiver=new IncomingCallReceiver();
        this.registerReceiver (callReceiver, filter) ;
        ...
    }
    ...
}
```

8.8　小　　结

本章主要讲解了 Android 平台上网络通信的相关内容，主要包括因特网通信中常用的 HTTP 通信和 Socket 通信，以及近距离通信中的蓝牙通信和 WIFI 通信，并详细介绍了网络通信相关的各个接口和类的使用方法。在 HTTP 通信中，介绍了常用的 HttpURLConnection 和 HttpClient 接口的使用方法，以及使用 GET 和 POST 方法获取网络资源的方法；在 Socket 通信中，介绍了客户端和服务器端 Socket 的编写方法；在蓝牙通信部分，讲解了蓝牙通信过程中涉及的相关内容，例如探测并开启手机的蓝牙功能、蓝牙服务搜索、建立蓝牙连接等；WIFI 通信部分讲解了使用 WIFI 进行通信的方法。每种通信方式都对应编写了一个实例，读者可以从实例出发，开发自己的网络通信应用程序。

此外，本章还介绍了 Android 的 NFC 技术，该技术用于近距离通信，通信对象可以是无源设备。该技术为手机支付应用程序的开发提供了基础。Android 的 USB 技术允许 Android 设备以 USB 附件方式和 USB 主机方式与其他 USB 设备进行通信。SIP 技术为 Android 设备上的视频会议和即时消息提供了基础。

8.9　习　　题

1. 如何使用 HttpURLConnection 获取网络上的一张图片并将其显示出来？
2. 如何使用 Socket 通信方式实现一个简单的对等聊天软件？
3. 在 PC 上建立一个聊天室，用户可以通过手机参与到该聊天室，该如何实现？
4. 使用蓝牙如何进行文件传输？
5. 如何使用 WIFI 对周围可用 Peers 进行搜索并建立连接？

第9章

智能传感器

位置服务（Location Based Services，LBS）又称定位服务，是指通过 GPS 卫星或者蜂窝网络获取各种终端的地理坐标（经度和纬度），在电子地图平台的支持下，为用户提供基于位置导航、查询的一种信息业务。它涉及图服务、计算机应用互操作、无线通信、智能终端等技术。实质上是一种概念较为宽泛的、与位置有关的新型服务业务。

LBS 系统通过移动和固定网络发送基于位置的信息与服务，使得这种服务可以应用到任何人、任何位置、任何时间和任何设备，这就是 LBS 的优势所在。

GPS（Global Position System，全球定位系统）是 20 世纪 70 年代由美国陆海空三军联合研制的新一代空间卫星导航定位系统。

由于卫星的位置精确，在 GPS 观测中，我们可以得到卫星到接收机的距离，然后利用三维坐标中的距离公式和 3 颗卫星就可以组成 3 个方程式，解出观测点的位置（X、Y、Z）。考虑到卫星的时钟与接收机时钟之间的误差，实际上有 4 个未知数，X、Y、Z 和时钟差，然后用 4 个方程将这 4 个未知数解出来，所以如果想知道接收机所处的位置，至少要能接收到 4 个卫星的信号，从而得到观测点的经纬度和高程。

2005 年 2 月，Google 推出了 Google Maps，该服务为 Google 的搜索服务增加了影响力，之后 Google 也将 GPS 应用放在了 Android 的设备中。

本章我们将学习在 Android 系统下如何使用相关 API 实现位置服务功能。

9.1　获取位置信息

手机设备的移动性决定了手机在位置服务方面拥有比固定设备更多的优势，可以开发多种基于移动设备的位置服务应用程序。

Android SDK 提供了 android.location 包和 Google Maps API 支持位置服务功能，开发人员可以方便地开发自己的位置服务应用程序。Android 系统支持 GPS 定位方式和网络定位方式。GPS 方式的位置信息来自卫星，精度很高，但是 GPS 方式仅在户外有效，其首次获取位置时间较长并且非常耗费电量；而网络定位方式使用的是移动通信基站和 WIFI 信号，这种方式在室内和户外都可以使用，响应快速，费电较少，但是精度难以保证。开发者应该根据应用程序的使用环境来确定具体的定位方式。

9.1.1　LocationManager 介绍

在 Android 的位置服务中，LocationManager 是一个非常重要的类，它位于 android. location 包中。LocationManager 类用于管理 Android 用户位置服务信息，提供确定用户位置的 API，通过这个类可以实现定位、跟踪和目标趋近等功能。

LocationManager 对象不能直接实例化，可以通过 Context.getSystemService（Context. LOCATION_SERVICE）方法获得。

LocationManager 对象可以完成以下三个方面的任务：

- 从用户的位置查询所有可用的 LocationProvider 列表。
- 从特定的 LocationProvider 周期性获取用户当前位置的功能。
- 当用户位置接近某个特定区域时，启动相关任务。

表 9.1 所示为 LocationManager 类的常用方法。

表 9.1　LocationManager 类的常用方法

常用方法	方法描述
getAllProviders()	获得所有 LocationProvider 列表
getBestProvider（Criteria criteria,Boolean enabldOny）	根据 criteria 返回最合适的 LocationProvider，其中 criteria 指定了一系列条件
getLastKnownLocation（String provider）	根据 provider 获得最新位置信息
getProvider（String name）	获得指定名称的 LocationProvider
getProviders（boolean enabledOnly）	获得可用的 LocationProvider 列表
ddProximityAlert（double latitude, double longitude, float radius, long expiration, PendingIntent intent）	设定目标趋近警告
removeProximityAlert（PendingIntent intent）	删除趋近警告

9.1.2　LocationProvider 介绍

LocationProvider 为位置提供者的抽象类，位置提供者提供手机设备周期性的地理位置报告。LocationProvider 的常用方法如表 9.2 所示。

表 9.2　LocationProvider 的常用方法

常用方法	方法描述
getAccuracy()	获取 LocationProvider 提供位置信息的精度
getName()	获得 LocationProvider 的名称
getPowerRequirement()	获得 LocationProvider 对电源的需求
hasMonetaryCost()	获取当前 LocationProvider 是免费的还是收费的
meetsCriteria（Criteria criteria）	确定当前 LocationProvider 是否符合特定条件
requiresCell()	LocationProvider 定位是否需要访问基站网络
requiresNetwork()	LocationProvider 定位是否需要 Internet 网络数据
requiresSatellite()	LocationProvider 定位是否需要获取卫星数据
supportsAltitude()	LocationProvider 提供的位置信息是否包含高度信息
supportsBearing()	是否能够提供方向信息
supportsAltitude()	LocationProvider 是否能够提供速度信息

　　根据设备的不同可以使用不同的定位技术来实现位置服务，也就是获取不同的 LocationProvider，以下是 3 种获取 LocationProvider 实例的方法。

- 通过指定名称获取。根据 LocationManager 中的静态常量 GPS_PROVIDER 和 NETWORK_PROVIDER 来分别获得 GPS Provider 和 Network Provider，例如：

```
    LocationManager manager=(LocationManager)getSystemService
(Context.LOCATION_SERVICE);
    //指定 Provider 名称为 LocationManager.GPS_PROVIDER
    LocationProvider MyProvider=manager.getProvider(LocationManager.GPS_PROVIDER);
```

- 获取可使用的 LocationProvider 实例列表。通过调用 locationManager.getProviders（true）方法就可以获得可利用的 LocationProvider 实例列表，例如：

```
    342oolean enabledOnly=true;
    //获取 Provider 的集合
    List<String>providers=locationManager.getProviders(enabledOnly);
```

- 根据 Criteria 获取符合条件的 LocationProvider 实例。每个 LocationProvider 都有一个条件集合，以便于应用程序可以选择合适的位置提供者。例如有的 LocationProvider 要求设备本身具有 GPS 模块，并且要求看见卫星的数量，有的要求手机设备能够接入 Internet 或者特定网络等。Criteria 类被用于为 LocationProvider 设置相关条件。

　　Criteria 对象封装了获得 LocationProvider 实例的条件，可以根据指定的 Criteria 条件来过滤 LocationProvider 列表，以得到符合条件的 LocationProvider 实例。

　　Criteria 的常用方法如表 9.3 所示。

表 9.3　Criteria 的常用方法

常用方法	方法描述
isAltitudeRequired()	返回 Provider 是否需要高度信息
isBearingRequired()	返回 Provider 是否需要方向信息

（续表）

常用方法	方法描述
isSpeedRequired()	返回 Provider 是否需要速度信息
isCostAllowed()	标识是否允许产生费用
setAccuracy（int accuracy）	设置 Provider 的精确度
setAltitudeRequired（boolean altitudeRequired）	设置 Provider 是否需要高度信息
setBearingRequired（boolean bearingRequired）	设置 Provider 是否需要方位信息
setSpeedRequired（boolean speedRequired）	设置 Provider 是否需要速度信息
setCostAllowed（boolean costAllowed）	设置是否需要产生费用
getAccuracy()	获取位置信息的准确度

下面的代码使用 Criteria 对象创建了一个条件集，并根据该条件集查找到合适的 LocationProvider 对象，并从该 LocationProvider 对象获取位置信息。

```
//获取 Criteria 对象
Criteria criteria=new Criteria();
//设置需要更精细的定位精度要求
criteria.setAccuracy(Criteria.ACCURACY_FINE);
//设置定位不需要高度信息
criteria.setAltitudeRequired(false);
//设置不需要提供轴承信息
criteria.setBearingRequired(false);
//设置允许收费
criteria.setCostAllowed(true);
//设置低耗能
criteria.setPowerRequirement(Criteria.POWER_LOW);
//根据设置的条件获取合适的 provider
String provider=locationManager.getBestProvider(criteria,true);
//得到 Location 对象
Location location=locationManager.getLastKnownLocation(provider);
```

- LocationListener。提供定位信息发生改变时的回调功能，此接口提供了 4 个常用方法，如表 9.4 所示。

表 9.4　LocationListener 的常用方法

常用方法	方法描述
onLocationChanged（Location location）	当坐标改变时触发此方法，如果 Provider 传进相同的坐标，它就不会被触发
onProviderDisabled（String provider）	Provider 禁用时触发此方法，例如，GPS 被关闭时
onProviderEnabled（String provider）	Provider 启用时触发此方法，例如，GPS 被打开时
onStatusChanged（String provider,int status,Bundle extras）	Provider 的状态在可用 AVAILABLE、暂时不可用 TEMPORARILY_UNAVAILABLE 和无服务 OUT_OF_SERVICE 三个状态之间切换时触发此函数

在本章后面的实例中，会使用到该接口。

9.1.3 使用 GPS 获取当前位置信息

要获取精确的位置服务信息需要 GPS 硬件的支持。在应用程序开发阶段，由于模拟器中并没有真正的 GPS 硬件，因此不能获得真实的 GPS 信息。但是可以使用 Eclipse 视图模式的 DDMS 模式模拟 GPS 服务，在如图 9.1 所示的 Emulator Control 界面中手动发送经纬度信息来测试位置服务。

图 9.1 Emulator Control 界面

获取用户当前位置，需要实现以下 4 个基本步骤。

步骤 01 在 AndroidManifest.xml 文件中声明相应的权限。

使用 GPS_PROVIDER 定位服务需要以下权限：

```
<uses-permission android:name="android.permission.ACCESS_FINE_LOCATION"/>
```

使用 NETWORK_PROVIDER 定位服务需要以下权限：

```
<uses-permission android:name="android.permission.ACCESS_COARSE_LOCATION"/>
```

步骤 02 获取 LocationManager 对象。

步骤 03 选择合适的 LocationProvider。

步骤 04 通过 LocationListener 接口获取位置信息。

实例 GPSLocationDemo 演示了使用 GPS 获取用户信息的过程，运行效果如图 9.2 所示。

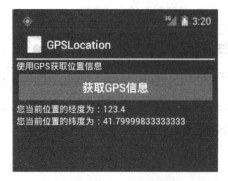

图 9.2 实例 GPSLocationDemo 的运行效果

该运行效果所对应的布局文件 main.xml 内容如下：

```xml
<?xml version="1.0" encoding="utf-8"?>
<LinearLayout xmlns:android="http://schemas.android.com/apk/res/android"
    android:orientation="vertical"
    android:layout_width="fill_parent"
    android:layout_height="fill_parent"
  >
    <TextView
        android:layout_width="fill_parent"
        android:layout_height="wrap_content"
        android:text="@string/hello"
        />
    <Button
        android:id="@+id/btn_listen"
        android:layout_width="fill_parent"
        android:layout_height="wrap_content"
        android:text="@string/btn_listen"
        />
    <TextView
        android:id="@+id/tv_01"
        android:layout_width="fill_parent"
        android:layout_height="wrap_content"
        android:text=""
        />
    <TextView
        android:id="@+id/tv_02"
        android:layout_width="fill_parent"
        android:layout_height="wrap_content"
        android:text=""
        />
</LinearLayout>
```

该布局文件所使用的资源文件 strings.xml 内容如下：

```xml
<?xml version="1.0" encoding="utf-8"?>
<resources>
    <string name="hello">使用 GPS 获取位置信息</string>
    <string name="app_name">GPSLocation</string>
    <string name="btn_listen">获取 GPS 信息</string>
</resources>
```

实例 GPSLocationDemo 中的主 Activity 文件 GPSLocationActivity.java 的代码如下：

```java
package introduction.android.gpsLocation;

import android.app.Activity;
import android.content.Context;
import android.location.Location;
import android.location.LocationListener;
import android.location.LocationManager;
import android.os.Bundle;
import android.util.Log;
import android.view.View;
import android.view.View.OnClickListener;
import android.widget.Button;
```

```java
import android.widget.TextView;

public class GPSLocationActivity extends Activity {
    /** Called when the activity is first created. */
     private Button btn_listen;
     private TextView tv_01,tv_02;

    @Override
    public void onCreate (Bundle savedInstanceState) {
        super.onCreate (savedInstanceState);
        setContentView (R.layout.main);

        btn_listen= (Button) findViewById (R.id.btn_listen);
        tv_01= (TextView) findViewById (R.id.tv_01);
        tv_02= (TextView) findViewById (R.id.tv_02);

        btn_listen.setOnClickListener (new OnClickListener(){

                @Override
                public void onClick (View v) {
                    LocationManager locationManager= (LocationManager)
GPSLocationActivity.this.getSystemService (Context.LOCATION_SERVICE);
                    locationManager.requestLocationUpdates (LocationManager.GPS_PROVIDER, 0,
0,new MyLocationListener());
                }
        });
    }

    class MyLocationListener implements LocationListener{

            @Override
            public void onLocationChanged (Location location) {
                // TODO Auto-generated method stub
                tv_01.setText ("您当前位置的经度为: "+location.getLongitude());
                tv_02.setText ("您当前位置的纬度为: "+location.getLatitude());
            }

            @Override
            public void onProviderDisabled (String provider) {
                //当provider被用户关闭时调用
                Log.i ("GpsLocation","provider被关闭! ");
            }

            @Override
            public void onProviderEnabled (String provider) {
                //当provider被用户开启后调用
                Log.i ("GpsLocation","provider被开启! ");
            }

            @Override
            public void onStatusChanged (String provider, int status, Bundle extras) {
                //当provider的状态在OUT_OF_SERVICE、TEMPORARILY_UNAVAILABLE和AVAILABLE之间发
生变化时调用
                Log.i ("GpsLocation","provider状态发生改变! ");
            }
```

```
    }
}
```

由以上代码可见，借助于 Android SDK 提供的位置服务 API，仅仅几行代码就可以实现使用 GPS 定位的功能。

LocationListener 用于接收位置发生改变时的通知。当 Provider 提供的位置信息发生改变时，onLocationChanged()方法会被调用。当不需要使用 LocationListener 进行位置更新时，可以通过 LocationManager.removeUpdates（locationListener）方法将其移除。

9.2 使用 Google 地图服务

9.2.1 Google Map API 简介

Google Map 是 Google 公司提供的电子地图服务，它能提供三种视图，分别是矢量地图（传统地图）、俯视地图、地形地图。矢量地图可以提供政区、交通以及商业信息；俯视地图可以提供不同分辨率的卫星照片；地形地图可以用于显示地形和等高线。

2006 年，Google 发布了一个基于 Java 的应用程序 Google Maps for Mobile，可以用在 Java-Based 的手机上，支持 Symbian、Windows Mobile 等移动平台。在 Android 系统推出后，Google Map 服务得到了更好的发展。

2010 年 11 月 30 日，Google 宣布，正式推出最新版地图服务 Google Earth 6，新版整合了街景和 3D 技术，可为用户提供逼真的浏览体验。新版本支持 Windows、OS X 和 Linux 操作系统。

近期，Android 版本的 Google Map 服务在其基本服务的基础上又追加了集成 Google Offers 服务，对 Google Business Photos（企业照片）服务提供支持，支持室内步行导航、自动搜寻附近餐厅、酒吧、加油站等详细资料的功能。

Google Map API 是 Google 自己推出的编程 API，可以让全世界对 Google Map 有兴趣的程序设计人员自行开发基于 Google Map 的服务，建立自己的地图应用程序。

通过 Google Map 为开发者提供的地图 API 可以开发出各种各样有趣的地图 Mash-Up 应用，还可以将不同地图图层加载到应用中，如卫星影像、根据海拔高度绘制的高山和植被地形图、街道视图等，从而帮助开发者打造个性化的地图应用站点。

Google 地图 API 是一种通过 JavaScript 将 Google 地图嵌入网页的 API。该 API 提供了大量实用工具用以处理地图，并通过各种服务向地图添加内容，从而使用户能够在网站上创建功能全面的地图应用程序。

Google Map API 定义了一系列用于在 Google Map 上显示、控制和层叠信息的功能类，放置在名为 com.google.android.maps 的包中。Google Map API 不属于 Android SDK 的标准库组件，需要单独下载。

下面介绍几个常用的类和接口。

- MapView。用于显示地图的 View 组件，它派生自 android.view.ViewGroup。使用这个组件的时候必须和 MapActivity 配合使用，MapView 需要由 MapActivity 来管理。MapView 提供了 3

种模式的地图，分别为交通模式、卫星模式、街景模式，分别可以通过以下方式设置采用什么模式来显示地图，代码如下：

```
MapView map=new MapView (this,"Android Maps API Key");//得到MapView对象
map.setTraffic (true);//设置为交通模式
map.setSatellite (true);//设置为卫星模式
map.setStreetView (true);//设置为街景模式
```

- MapActivity。用于显示 Google Map 的 Activity 类，它是一个抽象类，任何想要显示 MapView 的 Activity 都需要派生自 MapActivity，并且在其派生类的 onCreate()中要创建一个 MapView 实例。
- MapController。用于控制地图的移动、缩放等操作。可以通过以下代码获得 MapController：

```
MapController  mapController=map.getController();
```

- Overlay。用于显示地图上可绘制的对象，例如显示地点图标。
- GeoPoint。包含经纬度位置的对象，它可以实现地点定位。要想实现一个简单的地点定位，首先需要构建一个 GeoPoint 来表示地点的经度和纬度，然后使用 animateTo 方法将地图定位到 GeoPoint 代表的经纬度的地点，例如：

```
GeoPoint  geoPonit=new GeoPoint ((int)(12.5*1000000),(int)(122.6*1000000));
mapController.animateTo (geoPonit);
```

9.2.2 申请 Android Map API Key

要使用 Google Map 提供的地图服务数据，必须要申请一个 Android Map API Key。在申请 Android Map API Key 之前，必须要准备 Google 的账号和给应用程序签名的证书。如果没有 Google 账号，可以到 http://www.google.com/申请一个。Android 应用程序发布时，必须使用证书进行签名。在之前的开发过程中，虽然一直没有涉及证书的问题，但是实际上，我们一直在使用 Android 开发环境提供的 Debug 版本的证书来签名应用程序。在调试阶段，所有的应用程序都是使用预定义的 debug.keystore 中的 androiddebugkey 来签名的。如果是 Windows XP 系统，该文件被存放在 Documents and Settings/<user>/Local Settings/Application Data/Android 目录下；如果是 Windows 7 系统，则存放在 user/<user>/.android 目录下。

在程序调试阶段，可以使用 Debug 版的证书申请签名密钥。下面是申请 Android Map API Key 的具体步骤。

步骤 01 找到自己的 debug.keystore 文件。

运行 cmd 命令，跳转到 debug.keystore 所在目录。笔者的计算机是 Windows 7 系统，直接输入 "cd .android"，按回车键即可。

步骤 02 获取 debug.keystore 文件的 MD5 值。

继续在上一步的基础上输入 "keytool –list –keystore debug.keystore" 命令，按回车键，然后输入 keystore 密码，默认密码为 android，然后按回车键，即可得到根据调试密钥生成的 MD5 认证指纹的值，如图 9.3 所示。该 MD5 认证指纹唯一，读者在调试程序时应该重新生成自己的

MD5 认证指纹。

Keytool.exe 是 Java JDK 提供的密钥工具，被放置在<JDK 安装目录>/bin 目录下，需要将该目录设置到 Path 环境变量里才能在 CMD 窗口中直接使用该命名。参数-list 表示在 CMD 窗口中打印生成的 MD5 指纹，-keystore<kestore_name>.keystore 表示证书所在的 keystore 文件，具体操作如图 9.3 所示。

图 9.3　获取 debug.keystore 的 MD5 值

步骤 03　申请 Android Map API Key。

打开浏览器，并在浏览器中输入网址：https://developers.google.com/android/maps-api-signup?hl=zh-CN，登录自己的 Google 账号，在申请页面选择"I have read and agree with the terms and conditions"选项，然后输入步骤 2 得到的 MD5 认证指纹值，单击 Generate API Key 按钮，页面跳转后即可得到 Android Map API Key，如图 9.4 所示。

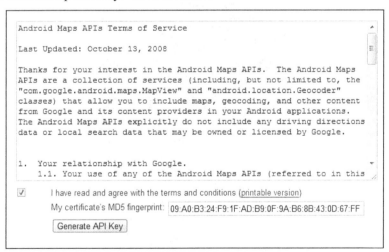

图 9.4　申请 Android Map API Key 页面

根据 MD5 生成的密钥信息如图 9.5 所示，并且提供了使用 MapView 的示例代码，将该代码作为一个组件复制到工程的布局 XML 文件中，就可以直接使用了。使用 MapView 组件必须制定 apiKey 属性，若 apiKey 不能与签名密钥匹配，则不能正常显示地图。

图 9.5　MD5 生成的密钥信息

9.2.3　使用 Google Map 显示当前位置

下面通过一个实例完成一个简单的定位系统，并且在地图上显示当前的位置，实例的详细代码在 GPSLocationInMapDemo 项目中，实际调试时需要在真机上进行并且需要开启 GPS。运行效果如图 9.6 所示。

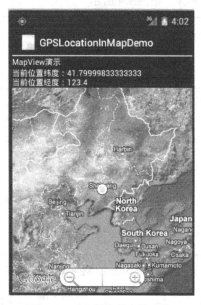

图 9.6　一个简单的定位系统

具体步骤如下：

步骤 01　创建一个新的工程并命名为 GPSLocationInMapDemo，需要注意的是，由于要使用 Google Map API，因此创建的主 Activity 需要继承自 MapActivity，而不是 Activity。当选择 Build Target

时，应选择 Google APIs，如图 9.7 所示。

图 9.7　New Andriod Project 对话框

步骤 02　在 AndroidManifest.xml 文件中的<application>标签中加入：

```
<uses-library android:name="com.google.android.maps" />
```

以便可以使用 Google Map API。为了使用 GPS 数据，在<application>标签之外加入如下权限：

```
<uses-permission android:name="android.permission.ACCESS_FINE_LOCATION" />
```

为了从 Internet 获取地图数据，需要网络访问权限：

```
<uses-permission android:name="android.permission.INTERNET"/>
```

步骤 03　编写 main.xml 布局文件，具体代码如下：

```
<?xml version="1.0" encoding="utf-8"?>
<LinearLayout xmlns:android="http://schemas.android.com/apk/res/android"
  android:layout_width="fill_parent"
  android:layout_height="fill_parent"
  android:orientation="vertical">

<TextView
    android:layout_width="fill_parent"
    android:layout_height="wrap_content"
    android:text="@string/hello" />
<TextView
    android:id="@+id/myLocationText"
    android:layout_width="fill_parent"
    android:layout_height="wrap_content"
    />
  <com.google.android.maps.MapView
    android:id="@+id/myMapView"
    android:layout_width="fill_parent"
```

```
        android:layout_height="fill_parent"
        android:apiKey="OrvIRrEPTuYsUXACd_p53h-ftI7T425PToOjKuQ"
        android:clickable="true" />
</LinearLayout>
```

在 main.xml 布局中放置了两个 TextView 和一个 MapView 组件。
GPSLocationInMapDemoActivity.java 的代码如下：

```java
package introduction.android.gpsLocationInMapDemo;

import android.content.Context;
import android.location.Location;
import android.location.LocationListener;
import android.location.LocationManager;
import android.os.Bundle;
import android.widget.TextView;
import com.google.android.maps.GeoPoint;
import com.google.android.maps.MapActivity;
import com.google.android.maps.MapController;
import com.google.android.maps.MapView;
import com.google.android.maps.MyLocationOverlay;

public class GPSLocationInMapDemoActivity extends MapActivity {
    /** Called when the activity is first created. */
    // 定义 Location 对象
    protected Location location;
    // 定义 MapView 对象
    private MapView map;
    // 定义 MyLocationOverlay 对象，在地图上标注当前位置
    private MyLocationOverlay myLocation;
    private MapController mapController;
    private TextView myLocationText;
    private GeoPoint geopoint;
    private double latitude;
    private double longitude;

    /** Called when the activity is first created. */
    protected boolean isRouteDisplayed(){
        return false;
    }

    public void onCreate(Bundle savedInstanceState) {
        super.onCreate(savedInstanceState);
        setContentView(R.layout.main);
        myLocationText=(TextView)findViewById(R.id.myLocationText);
        // 定义 LocationManager 对象
        LocationManager locationManager;
        String seviceName=Context.LOCATION_SERVICE;
        // 获取 LocationManager 对象
        locationManager=(LocationManager)getSystemService(seviceName);
                locationManager.requestLocationUpdates(LocationManager.GPS_PROVIDER,
                2000, 10, locationListener);
        // 得到 MapView 对象
        map=(MapView)findViewById(R.id.myMapView);
// 得到 MapView 对象的控制器
```

```
        mapController=map.getController();
        // 设置map支持缩放工具条
        map.setBuiltInZoomControls(true);
        map.setSatellite(true);
    }


    // 得到LocationListener对象
    private final LocationListener locationListener=new LocationListener(){
        // 当Provider处于不能使用时触发
        public void onProviderDisabled(String provider){
        }
        // 当状态发生改变时触发
        public void onStatusChanged(String provider, int status, Bundle extras){
        }


        // 当位置发生变化时触发
        @Override
        public void onLocationChanged(Location location){
            // TODO Auto-generated method stub
            // 得到当前位置的纬度
            latitude=location.getLatitude();
            // 得到当前位置的经度
            longitude=location.getLongitude();
            geopoint=new GeoPoint(new Double(latitude * 1E6).intValue(),
                    new Double(longitude * 1E6).intValue());


            mapController.setCenter(geopoint);
            // 得到当前位置的MyLocationOverlay对象
            myLocation=new MyLocationOverlay(
                    GPSLocationInMapDemoActivity.this, map);
            myLocation.enableMyLocation();
            // 将当前位置添加到地图上
            map.getOverlays().add(myLocation);
            // 设置地图为卫星模式
            myLocationText.setText("当前位置纬度："+latitude+"\n当前位置经度："
                    +longitude);
        }
        // 当Provider处于可用时触发
        @Override
        public void onProviderEnabled(String provider){
            // TODO Auto-generated method stub
        }
    };
}
```

该实例中获取 GPS 经纬度数据的过程和上一节中完全相同，在此不再描述。MapView 组件通过网络载入所需地图，并且提供了拖曳地图的接口，用户可以直接在 MapView 中移动地图。MapView 提供了地图控制器，通过

```
mapController=map.getController();
```

方法可以获取到。通过控制器可以方便地控制 MapView 组件中地图的缩放和窗口移动。本实例中通过

```
mapController.setCenter(geopoint)
```

控制器将当前位置 geopoint 设置为 MapView 组件的中心。GeoPoint 代表的是地图上特定的点，需要注意的是，在 MapView 中使用的 geoPoint 的经纬度位置与从 GPS 中获取的经纬度存在一个 1E6 的比例差，需要经过转换后才能正确显示当前位置。本实例中的坐标转换代码为：

```
latitude=location.getLatitude();
longitude=location.getLongitude();
geopoint=new GeoPoint (new Double (latitude * 1E6).intValue(),
                       new Double (longitude * 1E6).intValue());
```

MapView 提供了更加方便地对地图数据进行缩放的方式，通过

```
map.setBuiltInZoomControls (true);
```

在地图上放置一个缩放条（如图 9.8 所示），用户可以直接使用该缩放条对地图进行放大和缩小，而无须编写任何代码。

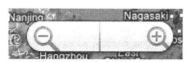

图 9.8　缩放条

Overlay 是 Google Map API 提供的专门在地图上进行标记的类。本实例中使用 Overlay 标记当前的位置点。相关代码为：

```
// 得到当前位置的 MyLocationOverlay 对象
myLocation=new MyLocationOverlay (
        GPSLocationInMapDemoActivity.this, map);
myLocation.enableMyLocation();
// 将当前位置添加到地图上
map.getOverlays().add (myLocation);
```

至此，该实例开发完成。运行该实例需要支持 Google APIs 的 AVD，如图 9.9 所示。若没有，则可以通过 AVD Manager 创建一个。

9.3　传　感　器

9.3.1　Android 传感器简介

大部分的 Android 设备都带有内建的用于测量运动、方位以及各种环境条件的传感器。这些传感器能够提供高

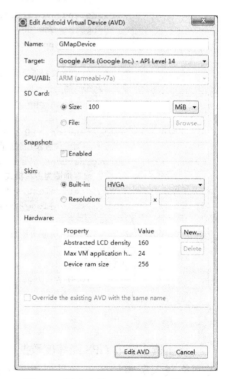

图 9.9　创建支持 Google APIs 的 AVD

精度、高准确性的原始数据，当用户需要监控设备的三维运动和位置或者监控周围条件的变换时，这些传感器很有效。举例来讲，一个游戏可以通过不断读取设备的重力传感器的方式推断用户的动作和运动，如倾斜、摇晃、旋转、摆动等；一个天气相关的应用程序可以通过设备的温度传感器和湿度传感器计算并报告露水情况；一个旅游相关的应用程序可以根据地磁传感器和加速传感器模拟

一个罗盘。

总的来讲，Android 平台支持三种类型的传感器。

- 运动传感器（Motion Sensors）：这种类型的传感器用于在三维方向测量加速力和旋转力，包括加速度传感器、重力传感器、陀螺仪和旋转向量传感器等。
- 环境传感器（Environmental Sensors）：这种类型的传感器用于测量各种环境参量，如环境温度、气压和湿度等，例如气压计、光度计和温度计等。
- 位置传感器（Position Sensors）：这种类型的传感器用于测量设备的物理位置，包括方向传感器和磁力计等。

开发者可以访问设备上支持的传感器，并且通过 Android 传感器框架获取相关的原始数据。Android 传感器框架提供几个类和接口帮助开发者开发完成与传感器相关的各种任务。例如，可以使用传感器框架完成如下任务：

- 获取当前设备支持的传感器类型。
- 获取某个传感器的具体信息，例如最大范围、生产商、功耗和分辨率等。
- 从传感器获取原始信息以及获取信息的频率。
- 注册或者注销用于监测传感器变化的监听器。

Android 的传感器框架允许开发者访问当前设备上各种类型的传感器，包括硬件传感器和软件传感器。硬件传感器指内建在 Android 设备中的硬件部分，它们直接测量具体数据并传递给应用程序。软件传感器不是以硬件方式存在于设备中的，而是软件模拟出来的，因此又叫虚拟传感器或者合成传感器。它们的数据来自一个或者多个硬件传感器。线性加速度传感器和重力传感器是典型的软件传感器。

表 9.5 所示为 Android 平台支持的所有的传感器类型。

表 9.5 Android 平台支持的传感器类型

传感器	类型	用途
TYPE_ACCELEROMETER	硬件传感器	运动探测
TYPE_AMBIENT_TEMPERATURE	硬件传感器	监控环境温度
TYPE_GRAVITY	软件或者硬件传感器	运动探测
TYPE_GYROSCOPE	硬件传感器	旋转探测
TYPE_LIGHT	硬件传感器	控制屏幕亮度
TYPE_LINEAR_ACCELERATION	软件或者硬件传感器	探测某个方向的加速度
TYPE_MAGNETIC_FIELD	硬件传感器	创建罗盘
TYPE_ORIENTATION	软件传感器	探测设备方位
TYPE_PRESSURE	硬件传感器	探测空气压力变化
TYPE_PROXIMITY	硬件传感器	用于监测打电话时手机与耳朵的距离
TYPE_RELATIVE_HUMIDITY	硬件传感器	探测结露点、相对和绝对湿度
TYPE_ROTATION_VECTOR	软件或者硬件传感器	运动检测和旋转检测
TYPE_TEMPERATURE	硬件传感器	探测温度

以上传感器类型在 Android N 系统中都获得了支持，但是 TYPE_ ORIENTATION 和

TYPE_TEMPERATURE 两种类型已经被弃用。

如果应用程序要被发布在 Google Play 上，则可以通过应用程序的 Manifest 配置文件中的 <uses=features>属性来设置应用程序的发布对象。例如以下代码：

```
<uses-feature android:name="android.hardware.sensor.accelerometer"
              android:required="true" />
```

可以保证应用程序只能被带有加速度传感器的手机设备搜索到。

Android 传感器框架存放在 android.hardware 包中，主要涉及以下几个类和接口。

- SensorManager: 这个类被用于创建传感器服务实例。该类提供了访问和罗列传感器的各种方法，用于注册和注销传感器事件监听器并获取方向信息。该类也提供了几个常量，用于报告传感器的精度、数据获取率和校正传感器。
- Sensor: 这个类被用作创建某个特定传感器的实例。该类提供了用于确定传感器能力的各种方法。
- SensorEvent: 该类被用作创建传感器事件对象。传感器事件对象包含传感器事件的相关信息，包括原始的传感器数据、传感器类型、产生的事件、事件精度以及事件发生的时间戳等。
- SensorEventListener: 该接口包含两个回调方法。当传感器的值发生改变或者传感器的精度发生改变时，相关方法就会自动被调用。

通过传感器框架 API，开发者主要可以完成两件事：

- 识别传感器并且明确传感器功能。
- 监听传感器事件并进行处理。

9.3.2 标识传感器

识别传感器的工作要通过 SensorManager 类的实例来完成。获取 SensorManager 实例的代码如下：

```
private SensorManager mSensorManager;
...
mSensorManager=(SensorManager)getSystemService(Context.SENSOR_SERVICE);
```

通过 SensorManager 获取当前设备的传感器列表的代码如下：

```
List<Sensor>deviceSensors=mSensorManager.getSensorList(Sensor.TYPE_ALL);
```

要获取特定类型的传感器实例，使用 SensorManager.getDefaultSensor()方法。以下代码演示了获取磁场传感器的方法：

```
if(mSensorManager.getDefaultSensor(Sensor.TYPE_MAGNETIC_FIELD)!=null){
  // Success! There's a magnetometer.
  }
else {
  // Failure! No magnetometer.
  }
```

以下示例代码演示了获取当前设备的重力传感器的过程。要求重力传感器的销售商是"Google

Inc.", 如果满足该条件的传感器不存在, 则尝试使用加速度传感器:

```
private SensorManager mSensorManager;
private Sensor mSensor;

...

mSensorManager= (SensorManager) getSystemService (Context.SENSOR_SERVICE);

if (mSensorManager.getDefaultSensor (Sensor.TYPE_GRAVITY) !=null) {
  List<Sensor>gravSensors=mSensorManager.getSensorList (Sensor.TYPE_GRAVITY);
  for (int i=0; i<gravSensors.size (); i++) {
    if ((gravSensors.get (i) .getVendor().contains ("Google Inc.")) &&
    (gravSensors.get (i) .getVersion()==3)) {
      // Use the version 3 gravity sensor.
      mSensor=gravSensors.get (i);
    }
  }
}
else{
  // Use the accelerometer.
  if (mSensorManager.getDefaultSensor (Sensor.TYPE_ACCELEROMETER) !=null) {
    mSensor=mSensorManager.getDefaultSensor (Sensor.TYPE_ACCELEROMETER);
  }
  else{
    // Sorry, there are no accelerometers on your device.
    // You can't play this game.
  }
}
```

9.3.3　传感器事件处理

传感器事件监听器接口提供两个方法: onAccuracyChanged()和 onSensorChanged()方法, 分别对传感器的精度改变和传感器的数值改变事件进行处理。

以下代码演示了从光敏传感器获取数据的过程:

```
public class SensorActivity extends Activity implements SensorEventListener {
  private SensorManager mSensorManager;
  private Sensor mLight;

  @Override
  public final void onCreate (Bundle savedInstanceState) {
    super.onCreate (savedInstanceState);
    setContentView (R.layout.main);

    mSensorManager= (SensorManager) getSystemService (Context.SENSOR_SERVICE);
    mLight=mSensorManager.getDefaultSensor (Sensor.TYPE_LIGHT);
  }

  @Override
  public final void onAccuracyChanged (Sensor sensor, int accuracy) {
    // Do something here if sensor accuracy changes.
  }
```

```
@Override
public final void onSensorChanged (SensorEvent event) {
  // The light sensor returns a single value.
  // Many sensors return 3 values, one for each axis.
  float lux=event.values[0];
  // Do something with this sensor value.
}

@Override
protected void onResume(){
  super.onResume();
  mSensorManager.registerListener (this, mLight, SensorManager.SENSOR_DELAY_NORMAL);
}

@Override
protected void onPause(){
  super.onPause();
  mSensorManager.unregisterListener (this);
}
}
```

其中：

```
@Override
protected void onPause(){
  super.onPause();
  mSensorManager.unregisterListener (this);
}
```

这几行代码是很有必要的。如果当 Activity 暂停的时候，传感器的事件监听器没有被注销，则该监听器还会一直从传感器获取信息，这样会耗费大量的电力。因此，当 Activity 暂停时，一定要使用上述代码在 onPause()方法中注销对传感器事件的监听。当 Activity 再次被激活时，在 onResume()方法中使用 SensorManager.registerListener()方法重新注册传感器事件监听器。

```
mSensorManager.registerListener (this, mLight, SensorManager.SENSOR_DELAY_NORMAL);
```

表示注册的传感器事件监听器为当前类的实例，被监听的传感器为 mLight，获取数据的频率为 SENSOR_DELAY_NORMAL。

9.4 运动传感器

目前，Android 平台支持的运动传感器包括以下 5 种：

- TYPE_ACCELEROMETER。
- TYPE_GRAVITY。
- TYPE_GYROSCOPE。
- TYPE_LINEAR_ACCELERATION。
- TYPE_ROTATION_VECTOR。

本节将对这几种传感器的用法做简单介绍。

9.4.1　加速度传感器

获取加速度传感器实例的代码如下：

```
private SensorManager mSensorManager;
private Sensor mSensor;
  ...
mSensorManager=(SensorManager)getSystemService(Context.SENSOR_SERVICE);
mSensor=mSensorManager.getDefaultSensor(Sensor.TYPE_ACCELEROMETER);
```

从传感器获取数据并计算三个方向的加速度的代码如下：

```
public void onSensorChanged(SensorEvent event){
  // In this example, alpha is calculated as t / (t+dT),
  // where t is the low-pass filter's time-constant and
  // dT is the event delivery rate.

  final float alpha=0.8;

  // Isolate the force of gravity with the low-pass filter.
  gravity[0]=alpha * gravity[0]+(1 - alpha) * event.values[0];
  gravity[1]=alpha * gravity[1]+(1 - alpha) * event.values[1];
  gravity[2]=alpha * gravity[2]+(1 - alpha) * event.values[2];

  // Remove the gravity contribution with the high-pass filter.
  linear_acceleration[0]=event.values[0] - gravity[0];
  linear_acceleration[1]=event.values[1] - gravity[1];
  linear_acceleration[2]=event.values[2] - gravity[2];
}
```

该计算方法仅是举例使用，实际计算方法要针对应用而确定。

9.4.2　重力传感器

重力传感器是加速度传感器的一种，其数据处理方式也相似。此处不再重复重力传感器的数据计算方法。获取重力传感器的代码如下：

```
private SensorManager mSensorManager;
private Sensor mSensor;
...
mSensorManager=(SensorManager)getSystemService(Context.SENSOR_SERVICE);
mSensor=mSensorManager.getDefaultSensor(Sensor.TYPE_GRAVITY);
```

9.4.3　陀螺仪

陀螺仪可以在三个维度上测量设备的旋转情况。获取陀螺仪传感器的代码如下：

```
private SensorManager mSensorManager;
private Sensor mSensor;
```

```
...
mSensorManager= (SensorManager) getSystemService (Context.SENSOR_SERVICE);
mSensor=mSensorManager.getDefaultSensor (Sensor.TYPE_GYROSCOPE);
```

从陀螺仪数据计算三个维度旋转情况的代码如下:

```
// Create a constant to convert nanoseconds to seconds.
private static final float NS2S=1.0f / 1000000000.0f;
private final float[] deltaRotationVector=new float[4]();
private float timestamp;

public void onSensorChanged (SensorEvent event) {
  // This timestep's delta rotation to be multiplied by the current rotation
  // after computing it from the gyro sample data.
  if (timestamp !=0) {
    final float dT= (event.timestamp - timestamp) * NS2S;
    // Axis of the rotation sample, not normalized yet.
    float axisX=event.values[0];
    float axisY=event.values[1];
    float axisZ=event.values[2];

    // Calculate the angular speed of the sample
    float omegaMagnitude=sqrt (axisX*axisX+axisY*axisY+axisZ*axisZ);

    // Normalize the rotation vector if it's big enough to get the axis
    // (that is, EPSILON should represent your maximum allowable margin of error)
    if (omegaMagnitude>EPSILON) {
      axisX /=omegaMagnitude;
      axisY /=omegaMagnitude;
      axisZ /=omegaMagnitude;
    }

    // Integrate around this axis with the angular speed by the timestep
    // in order to get a delta rotation from this sample over the timestep
    // We will convert this axis-angle representation of the delta rotation
    // into a quaternion before turning it into the rotation matrix.
    float thetaOverTwo=omegaMagnitude * dT / 2.0f;
    float sinThetaOverTwo=sin (thetaOverTwo);
    float cosThetaOverTwo=cos (thetaOverTwo);
    deltaRotationVector[0]=sinThetaOverTwo * axisX;
    deltaRotationVector[1]=sinThetaOverTwo * axisY;
    deltaRotationVector[2]=sinThetaOverTwo * axisZ;
    deltaRotationVector[3]=cosThetaOverTwo;
  }
  timestamp=event.timestamp;
  float[] deltaRotationMatrix=new float[9];
  SensorManager.getRotationMatrixFromVector (deltaRotationMatrix, deltaRotationVector);
    // User code should concatenate the delta rotation we computed with the current rotation
    // in order to get the updated rotation.
    // rotationCurrent=rotationCurrent * deltaRotationMatrix;
  }
}
```

9.4.4　线性加速度传感器

线性加速度传感器是传感器的一种。其获取实例的代码如下：

```
private SensorManager mSensorManager;
private Sensor mSensor;
...
mSensorManager=(SensorManager)getSystemService(Context.SENSOR_SERVICE);
mSensor=mSensorManager.getDefaultSensor(Sensor.TYPE_LINEAR_ACCELERATION);
```

9.4.5　旋转向量传感器

旋转向量传感器能反映出当前设备的状态，其返回值是旋转角度与旋转轴的集合。获取旋转向量传感器实例的相关代码如下：

```
private SensorManager mSensorManager;
private Sensor mSensor;
...
mSensorManager=(SensorManager)getSystemService(Context.SENSOR_SERVICE);
mSensor=mSensorManager.getDefaultSensor(Sensor.TYPE_ROTATION_VECTOR);
```

本节仅是对运动传感器的使用做简单介绍。要深入了解这些传感器，读者可参阅相关文档。

9.5　位置传感器

Android 平台支持的位置传感器主要有三种：

- TYPE_MAGNETIC_FIELD。
- TYPE_ORIENTATION。
- TYPE_PROXIMITY。

下面对这三种传感器做简单介绍。

9.5.1　磁场传感器

磁场传感器用于测量地球磁场的强度。获取磁场传感器实例的代码如下：

```
private SensorManager mSensorManager;
private Sensor mSensor;
...
mSensorManager=(SensorManager)getSystemService(Context.SENSOR_SERVICE);
mSensor=mSensorManager.getDefaultSensor(Sensor.TYPE_MAGNETIC_FIELD);
```

磁场传感器获取的原始数据记录的是在三个方向上地球磁场的强度。通常情况下，这些数据并不会直接使用，而是和旋转向量传感器、加速度传感器的数据一起用于计算设备的位置数据。

9.5.2 方位传感器

方位传感器用于监测设备相对于地球坐标系的位置。方位传感器从 Android 2.2（API Level 8）就被淘汰，在之后的设备上的访问传感器都是软件传感器。

获取方位传感器实例的代码如下：

```
private SensorManager mSensorManager;
private Sensor mSensor;
...
mSensorManager= (SensorManager) getSystemService (Context.SENSOR_SERVICE);
mSensor=mSensorManager.getDefaultSensor (Sensor.TYPE_ORIENTATION);
```

以下代码演示了从方位传感器获取数据的过程：

```
public class SensorActivity extends Activity implements SensorEventListener {

  private SensorManager mSensorManager;
  private Sensor mOrientation;

  @Override
  public void onCreate (Bundle savedInstanceState) {
    super.onCreate (savedInstanceState);
    setContentView (R.layout.main);

    mSensorManager= (SensorManager) getSystemService (Context.SENSOR_SERVICE);
    mOrientation=mSensorManager.getDefaultSensor (Sensor.TYPE_ORIENTATION);
  }

  @Override
  public void onAccuracyChanged (Sensor sensor, int accuracy) {
    // Do something here if sensor accuracy changes.
    // You must implement this callback in your code.
  }

  @Override
  protected void onResume(){
    super.onResume();
    mSensorManager.registerListener(this, mOrientation, SensorManager.SENSOR_DELAY_NORMAL);
  }

  @Override
  protected void onPause(){
    super.onPause();
    mSensorManager.unregisterListener (this);
  }

  @Override
  public void onSensorChanged (SensorEvent event) {
    float azimuth_angle=event.values[0];
    float pitch_angle=event.values[1];
    float roll_angle=event.values[2];
    // Do something with these orientation angles.
  }
}
```

9.5.3 距离传感器

距离传感器用于探测 Android 设备与其他物体的距离，例如手机与耳朵的距离。获取距离传感器实例的代码如下：

```
private SensorManager mSensorManager;
private Sensor mSensor;
...
mSensorManager= (SensorManager) getSystemService (Context.SENSOR_SERVICE);
mSensor=mSensorManager.getDefaultSensor (Sensor.TYPE_PROXIMITY);
```

下列代码演示了使用距离传感器的方法：

```
public class SensorActivity extends Activity implements SensorEventListener {
  private SensorManager mSensorManager;
  private Sensor mProximity;

  @Override
  public final void onCreate (Bundle savedInstanceState) {
    super.onCreate (savedInstanceState);
    setContentView (R.layout.main);

    // Get an instance of the sensor service, and use that to get an instance of
    // a particular sensor.
    mSensorManager= (SensorManager) getSystemService (Context.SENSOR_SERVICE);
    mProximity=mSensorManager.getDefaultSensor (Sensor.TYPE_PROXIMITY);
  }

  @Override
  public final void onAccuracyChanged (Sensor sensor, int accuracy) {
    // Do something here if sensor accuracy changes.
  }

  @Override
  public final void onSensorChanged (SensorEvent event) {
    float distance=event.values[0];
    // Do something with this sensor data.
  }

  @Override
  protected void onResume(){
    // Register a listener for the sensor.
    super.onResume();
    mSensorManager.registerListener (this, mProximity, SensorManager.SENSOR_DELAY_NORMAL);
  }

  @Override
  protected void onPause(){
    // Be sure to unregister the sensor when the activity pauses.
    super.onPause();
    mSensorManager.unregisterListener (this);
  }
}
```

9.6 环境传感器

Android 平台支持的环境传感器有如下几种：

- TYPE_AMBIENT_TEMPERATURE。
- TYPE_LIGHT。
- TYPE_PRESSURE。
- TYPE_RELATIVE_HUMIDITY。
- TYPE_TEMPERATURE。

下列示例代码演示了使用压力传感器测量大气气压的方法，其他环境传感器的使用方法相同，在此不再一一描述：

```java
public class SensorActivity extends Activity implements SensorEventListener {
  private SensorManager mSensorManager;
  private Sensor mPressure;

  @Override
  public final void onCreate (Bundle savedInstanceState) {
    super.onCreate (savedInstanceState) ;
    setContentView (R.layout.main) ;

    // Get an instance of the sensor service, and use that to get an instance of
    // a particular sensor.
    mSensorManager= (SensorManager) getSystemService (Context.SENSOR_SERVICE);
    mPressure=mSensorManager.getDefaultSensor (Sensor.TYPE_PRESSURE) ;
  }

  @Override
  public final void onAccuracyChanged (Sensor sensor, int accuracy) {
    // Do something here if sensor accuracy changes.
  }

  @Override
  public final void onSensorChanged (SensorEvent event) {
    float millibars_of_pressure=event.values[0];
    // Do something with this sensor data.
  }

  @Override
  protected void onResume (){
    // Register a listener for the sensor.
    super.onResume ();
    mSensorManager.registerListener (this, mPressure, SensorManager.SENSOR_DELAY_NORMAL) ;
  }

  @Override
  protected void onPause (){
    // Be sure to unregister the sensor when the activity pauses.
    super.onPause ();
```

```
    mSensorManager.unregisterListener (this);
  }
}
```

9.7　小　　结

本章主要讲解了位置服务的相关内容，介绍了和位置服务相关的类和接口的功能。

借助于 Google Map API，可以方便地实现位置服务应用程序。需要注意的是，Google Map API 并不是 Android SDK 自带的包，需要额外配置，其调试程序所使用的 AVD 和之前的不同，需要支持 Google APIs，其主 Activity 必须继承自 MapActivity，而不是 Activity。通过 MapView 类的对象可以从网络下载 Google Map 数据，供我们自己的应用程序使用，但是使用 MapView 组件必须指定其 apiKey 属性，否则不能正常运行。apiKey 必须与应用程序的签名密钥相匹配，本章也介绍了在 Google 网站使用 Debug 密钥申请对应的 apiKey 的方法。

本章的实例中进行定位时，为了便于使用 AVD 调试应用程序，使用的都是 GPS 定位方式。若要使用网络定位方式，则只需要将 LocationManager.GPS_PROVIDER 修改为 LocationManager.NETWORK_PROVIDER 即可，其他代码不需要改变。

位置服务应用程序是 Android 移动设备的特色服务，有很大的市场。希望本章的简单范例程序能将读者引入位置服务应用程序开发之路。

本章对传感器编程进行了简单的介绍。Android 平台支持多种传感器，通过传感器可以获取数据，各种传感器的编程方式基本相同，易于读者掌握。活用传感器可以开发出极具感染力的应用程序，传感器已被越来越多地应用于 Android 系统中手机游戏的开发。

9.8　习　　题

1. 练习 Overlay，在地图上使用图片标注一个地点。
2. 为 MapView 开发自己的地图缩放工具条。
3. 为 MapView 开发自己的地图浏览工具条。
4. 通过 Criteria 查找免费的、高精度的 LocationProvider。
5. 尝试开发一个自动调节屏幕亮度的应用程序。
6. 尝试开发一个无论手机是否颠倒，都可以使图片正向显示的图片查看程序。

第10章

绘　　图

Android 系统提供了非常强大的图形处理能力。Android 系统对于 2D 图形的处理采用自定义的一系列 2D 图形处理类，而没有使用 Java JDK 提供的图形处理类。这些自定义的类分别位于 android.graphics、android.graphics.drawable.shapes 和 android.view.animation 包中。而对 3D 图形进行处理的类分别位于 javax.microedition.khronos.opengles 和 android. opengl 包中。

Android 系统中的图形处理基本可以分为两类，一类是针对不经常变化的图像，即静态图形处理；另一类是针对经常变化的图像，即动态图形处理。

10.1　2D 绘图

Android API 提供一系列进行 2D 绘图的方法，被放置在 android.graphics.drawable 包下。通常有两种 2D 绘图的方法：

- 在布局文件定义的 View 组件中进行绘图。绘图工作由系统的绘制进程管理，开发者只需绘制图形即可。这种方式适合绘制不需要实时更新的静态图像。
- 在 Canvas 中绘图。这种方式需要由开发者自己调用 onDraw()方法来对图像进行绘制。当图像需要定时更新时最好使用这种方式，适合动画绘制和视频游戏开发。

10.1.1　获取 Canvas 对象

要在 Android 系统下绘制图形，需要 4 个基本组件，分别说明如下。

- Bitmap：相当于画布，用于管理像素。

- Canvas: 相当于在 Bitmap 上绘图的画家, 用于管理绘制过程, 提供绘图方法。
- Drawable: 绘制要素包括形状、路径、文本, 图像等, 用于将 Canvas 绘制的图像显示给用户。
- Paint: 相当于绘图用到的画笔, 可以设置画笔的颜色、类型等。

若在自定义的 View 组件上绘制图像, 只需重写 onDraw()方法即可。示例代码如下:

```
public class MyView extends View {
    @Override
    protected void onDraw (Canvas canvas){
        //使用 Canvas 绘图
    }
}
```

如果需要新建一个 Canvas, 则必须定义一个 Bitmap 对象用于绘图。获取 Bitmap 对象, 并且使用 Canvas 绘图的示例代码如下:

```
Bitmap b=Bitmap.createBitmap (100, 100, Bitmap.Config.ARGB_8888);
Canvas c=new Canvas (b);
//使用 Canvas 绘图
```

若使用 SurfaceView 对象绘制动态图像, 一般通过 SurfaceHolder.lockCanvas()方法获取 Canvas 对象, 然后通过 Canvas 进行绘图, 绘图结束后, 通过 surfaceHolder.unlockCanvasAndPost()方法释放 Canvas 对象。示例代码如下:

```
SurfaceHolder surfaceHolder=surfaceView. getHolder();
Canvas  canvas=surfaceHolder.lockCanvas();      //获得 canvas 对象
//使用 Canvas 绘图
…..
surfaceHolder.unlockCanvasAndPost (canvas);     //释放 canvas
```

10.1.2 使用自定义 View 绘图

实例 MyViewCanvasDemo 自定义一个名为 MyView 的 View 类, 并在其 onDraw()方法中绘制简单的图像, 运行效果如图 10.1 所示。

实例 MyViewCanvasDemo 没有使用布局文件, 而是将自定义的 MyView 对象显示出来。主 Activity MyViewCanvasDemoActivity 的代码如下:

```
package introduction.android.MyViewCanvas;

import android.app.Activity;
import android.os.Bundle;

public class MyViewCanvasDemoActivity extends Activity
{
    /** Called when the activity is first created. */
    @Override
    public void onCreate (Bundle savedInstanceState) {
        super.onCreate (savedInstanceState);
        setContentView (new MyView (this));
```

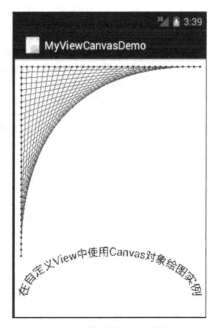

图 10.1 简单的 View 绘图

```
        }
    }
```

MyView 类的定义代码如下：

```java
package introduction.android.MyViewCanvas;

import android.content.Context;
import android.graphics.Canvas;
import android.graphics.Color;
import android.graphics.Paint;
import android.view.View;

public class MyView extends View {

    public MyView (Context context) {
        super (context);
        // TODO Auto-generated constructor stub
        buildPoints();
    }

    private float[] mPts;
    private static final float SIZE=300;
    private static final int SEGS=32;
    private static final int X=0;
    private static final int Y=1;
    @Override
    protected void onDraw (Canvas canvas) {
        // TODO Auto-generated method stub
        super.onDraw (canvas);
        //使用 Canvas 绘图
        //画布移动到（10,10）位置
        canvas.translate (10,10);
        //画布使用白色填充
        canvas.drawColor (Color.WHITE);
        //创建红色画笔，使用单像素宽度，绘制直线
        Paint paint=new Paint();
        paint.setColor (Color.RED);
        paint.setStrokeWidth (0);
        canvas.drawLines (mPts, paint);
        //创建蓝色画笔，宽度为 3，绘制相关点
        paint.setColor (Color.BLUE);
        paint.setStrokeWidth (3);
        canvas.drawPoints (mPts, paint);
//创建 Path，并沿着 path 显示文字信息
        RectF rect=new RectF (10,300,290,430);
        Path path=new Path();
        path.addArc (rect, -180, 180);
        paint.setTextSize (18);
        paint.setColor (Color.BLUE);
        canvas.drawTextOnPath ("在自定义 View 中使用 Canvas 对象绘图实例",path, 0, 0, paint);
    }

    private void buildPoints(){
        //生成一系列点
```

```
        final int ptCount= (SEGS+1) * 2;
        mPts=new float[ptCount * 2];

        float value=0;
        final float delta=SIZE / SEGS;
        for (int i=0; i<=SEGS; i++) {
            mPts[i*4+X]=SIZE - value;
            mPts[i*4+Y]=0;
            mPts[i*4+X+2]=0;
            mPts[i*4+Y+2]=value;
            value+=delta;
        }
    }

}
```

所有具体的绘图工作都由 Canvas 类来完成。Canvas 类提供了 drawXXX()方法来完成对特定形式的图形的绘制。

在 Canvas 绘图过程中，涉及以下几个类：

（1）Color

颜色类，其中以静态常量的方式定义常见的各种颜色，例如黑色 Color.BLACK，蓝色 Color.BLUE 等，同时也可以通过以下方法指定颜色的具体值来建立颜色对象。

- static int argb（int alpha, int red, int green, int blue）：构造一个包含透明要素的颜色对象。
- static int rgb（int red, int green, int blue）：构造一个由 RGB 三色组成的颜色对象。

（2）Paint

画笔类，通过该类的对象创建绘图时使用的画笔的样式。使用 Paint.setColor()方法设置画笔的颜色，使用 setStrokeWidth()方法设置画笔的宽度。

（3）Path

路径类，可用于自定义各种路径。本实例中使用 Path.addArc()方法定义了一个弧线路径，并沿着该路径显示了说明文字。

Android 提供各种各样的用于绘制图形的方法，在此不可能一一介绍，详细内容读者可以参考 Android SDK 文档。

10.1.3 使用 Bitmap 绘图

可以通过新建 Bitmap 对象并在其上使用 Canvas 绘图的方式创建图像。实例 BitmapDrawDemo 演示了 Canvas 使用 Bitmap 对象绘图的过程。该实例绘制的内容与 10.1.2 节实例绘制的内容完全相同，只不过不是直接绘制在 View 上，而是绘制在一个 Bitmap 对象上，绘制完成后，将 Bitmap 图像显示到视图上，其运行效果如图 10.2 所示。

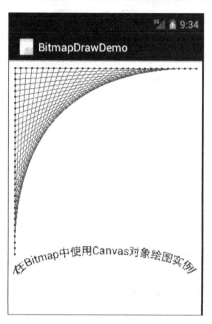

图 10.2　Bitmap 对象的绘图效果

　　该视图显示的是一幅 Bitmap 图像。实例 BitmapDrawDemo 的主 Activity 为 BitmapDraw-DemoActivity，其代码如下：

```
package introduction.android.bitmapDrawDemo;

import java.io.ByteArrayOutputStream;
import android.app.Activity;
import android.content.Context;
import android.graphics.Bitmap;
import android.graphics.BitmapFactory;
import android.graphics.Canvas;
import android.graphics.Color;
import android.graphics.Paint;
import android.graphics.Path;
import android.graphics.RectF;
import android.os.Bundle;
import android.view.View;

public class BitmapDrawDemoActivity extends Activity {
    private  static final int WIDTH=320 ;
    private  static final int HEIGHT=480 ;
    private static final int STRIDE=64;   // must be>=WIDTH

    /** Called when the activity is first created. */
    @Override
    public void onCreate (Bundle savedInstanceState){
        super.onCreate (savedInstanceState);
        setContentView (new MyBitmapView (this));
    }

    private static Bitmap codec (Bitmap src, Bitmap.CompressFormat format,int quality) {
        ByteArrayOutputStream os=new ByteArrayOutputStream();
```

```
                src.compress (format, quality, os);

                byte[] array=os.toByteArray();
                return BitmapFactory.decodeByteArray (array, 0, array.length);
        }

    private class MyBitmapView extends View {
        private Bitmap myBitmap;
        private float[] mPts;
        private static final float SIZE=300;
        private static final int SEGS=32;
        private static final int X=0;
        private static final int Y=1;

        @Override
        protected void onDraw (Canvas canvas) {
            // TODO Auto-generated method stub
            super.onDraw (canvas);
            canvas.drawBitmap (myBitmap, 0, 0,null);
        }

        public MyBitmapView (Context context) {
            super (context);
            // TODO Auto-generated constructor stub
            buildPoints();
            myBitmap=Bitmap.createBitmap (WIDTH,HEIGHT,Bitmap.Config.ARGB_8888);
            Canvas canvas=new Canvas (myBitmap);
            //使用 Canvas 绘图
            //画布移动到（10,10）位置
        canvas.translate (10,10);
        //画布使用白色填充
        canvas.drawColor (Color.WHITE);
        //创建红色画笔，使用单像素宽度，绘制直线
        Paint paint=new Paint();
        paint.setColor (Color.RED);
        paint.setStrokeWidth (0);
        canvas.drawLines (mPts, paint);
        //创建蓝色画笔，宽度为 3，绘制相关点
        paint.setColor (Color.BLUE);
        paint.setStrokeWidth (3);
        canvas.drawPoints (mPts, paint);
        //创建 Path，并沿着 path 显示文字信息
        RectF rect=new RectF (10,300,290,370);
        Path path=new Path();
        path.addArc (rect, -180, 180);
        paint.setTextSize (18);
        paint.setColor (Color.BLUE);
        canvas.drawTextOnPath ("在 Bitmap 中使用 Canvas 对象绘图实例",path, 0, 0, paint);
        myBitmap=codec (myBitmap, Bitmap.CompressFormat.JPEG, 80);
        }

    private void buildPoints(){
        //生成一系列点
        final int ptCount= (SEGS+1) * 2;
        mPts=new float[ptCount * 2];
```

```
            float value=0;
            final float delta=SIZE / SEGS;
            for (int i=0; i<=SEGS; i++) {
                mPts[i*4+X]=SIZE - value;
                mPts[i*4+Y]=0;
                mPts[i*4+X+2]=0;
                mPts[i*4+Y+2]=value;
                value+=delta;
            }
        }
    }
}
```

该实例新建了一个名为 MyBitmapView 的 View 组件，在该组件的构造方法中创建了一个名为 myBitmap 的 Bitmap 对象，在该对象上新建了 Canvas 对象并绘制了图像。绘制完成后，通过 MyBitmapView 组件的 onDraw() 方法将 myBitmap 绘制到该 View 上，最后通过 BitmapDrawDemoActivity 将 MyBitmapView 显示到视图上。

10.1.4 使用 SurfaceView 绘制静态图像

使用 SurfaceView 绘图需要为 SurfaceView 对象添加 SurfaceHoloder.Callback 接口，并在该接口的 surfaceCreated() 方法中通过 lockCanvas() 方法获取 Canvas 对象，以此保证当获取 Canvas 时，SurfaceView 对象可用。当绘图工作完成后，通过 SurfaceHoloder. unlockCanvas- AndPost() 方法将绘制的图像显示出来，并释放 Canvas 对象。

实例 SurfaceViewDrawDemo 演示了使用 SurfaceView 组件绘制静态图像的过程，其绘制的内容与 10.1.2 节绘制的内容完全相同。通过该实例，读者可以清楚地认识到使用 SurfaceView 绘图与使用 View 绘图的不同之处，该实例运行效果如图 10.3 所示。

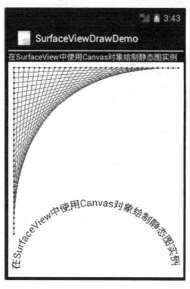

图 10.3　SurfaceView 绘图效果

实例 SurfaceViewDrawDemo 使用的布局文件 main.xml 内容如下：

```xml
<?xml version="1.0" encoding="utf-8"?>
<LinearLayout xmlns:android="http://schemas.android.com/apk/res/android"
    android:layout_width="fill_parent"
    android:layout_height="fill_parent"
    android:orientation="vertical">

  <TextView
      android:layout_width="fill_parent"
      android:layout_height="wrap_content"
      android:text="@string/hello" />

  <SurfaceView
      android:id="@+id/surfaceView1"
      android:layout_width="fill_parent"
      android:layout_height="fill_parent" />

</LinearLayout>
```

在 LinearLayout 布局中添加了一个 SurfaceView 组件，通过该组件进行绘图。

实例 SurfaceViewDrawDemo 的主 Activity 为 SurfaceDrawDemoActivity，其代码如下：

```java
package introduction.android.surfaceViewDrawDemo;

import android.app.Activity;
import android.graphics.Canvas;
import android.graphics.Color;
import android.graphics.Paint;
import android.graphics.Path;
import android.graphics.RectF;
import android.os.Bundle;
import android.view.SurfaceHolder;
import android.view.SurfaceView;

public class SurfaceDrawDemoActivity extends Activity {
    private SurfaceView mySurfaceView;
    private float[] mPts;
    private static final float SIZE=300;
    private static final int SEGS=32;
    private static final int X=0;
    private static final int Y=1;

    /** Called when the activity is first created. */
    @Override
    public void onCreate (Bundle savedInstanceState) {
        super.onCreate (savedInstanceState);
        setContentView (R.layout.main);
        buildPoints();
        mySurfaceView= (SurfaceView) findViewById (R.id.surfaceView1);
        SurfaceHolder surfaceHolder=mySurfaceView. getHolder();
        surfaceHolder.addCallback (new SurfaceHolder.Callback(){
                @Override
                public void surfaceChanged (SurfaceHolder holder, int format,
                        int width, int height) {
```

```
                         // TODO Auto-generated method stub
                     }

                     @Override
                     public void surfaceCreated (SurfaceHolder holder) {
                     // 必须在该方法中获取 Canvas 对象，才能保证 SurfaceView 可用
                         Canvas canvas=holder.lockCanvas();//获得 canvas 对象
                     //使用 Canvas 绘图
                         //画布移动到（10,10）位置
                     canvas.translate (10,10);
                     //画布使用白色填充
                     canvas.drawColor (Color.WHITE);
                     //创建红色画笔，使用单像素宽度，绘制直线
                     Paint paint=new Paint();
                     paint.setColor (Color.RED);
                     paint.setStrokeWidth (0);
                     canvas.drawLines (mPts, paint);
                     //创建蓝色画笔，宽度为 3，绘制相关点
                     paint.setColor (Color.BLUE);
                     paint.setStrokeWidth (3);
                     canvas.drawPoints (mPts, paint);
                     //创建 Path，并沿着 path 显示文字信息
                     RectF rect=new RectF (10,250,290,480);
                     Path path=new Path();
                     path.addArc (rect, -180, 180);
                     paint.setTextSize (18);
                     paint.setColor (Color.BLUE);
                     canvas.drawTextOnPath ("在 SurfaceView 中使用 Canvas 对象绘制静态图实例",path, 0,
0, paint);

                     holder.unlockCanvasAndPost (canvas);   //释放 canvas 对象并显示绘制内容
                     }

                     @Override
                     public void surfaceDestroyed (SurfaceHolder holder) {
                         // TODO Auto-generated method stub

                 }});

    }
    private void buildPoints(){
        //生成一系列点
        final int ptCount=(SEGS+1) * 2;
        mPts=new float[ptCount * 2];
        float value=0;
        final float delta=SIZE / SEGS;
        for (int i=0; i<=SEGS; i++) {
            mPts[i*4+X]=SIZE - value;
            mPts[i*4+Y]=0;
            mPts[i*4+X+2]=0;
            mPts[i*4+Y+2]=value;
            value+=delta;
        }
    }
}
```

10.1.5 使用 SurfaceView 绘制动态图像

实例 SurfaceViewDrawDemo 绘制的是一幅静态图像，而使用 SurfaceView 可以绘制动态图像。绘制动态图像的过程应该在一个单独的线程中完成，而不应该在主线程中进行。实例 SurfaceViewDynDrawDemo 演示了使用 SurfaceView 组件绘制动态图像的过程。该实例修改自 Android SDK 提供的实例，绘制的是类似于 Windows 中的变幻线屏保的效果，运行效果如图 10.4 所示。

实例 SurfaceViewDynDrawDemo 的布局文件 main.xml 内容如下：

图 10.4 实例 SurfaceViewDynDrawDemo 的运行效果

```xml
<?xml version="1.0" encoding="utf-8"?>
<LinearLayout xmlns:android="http://schemas.android.
com/apk/res/android"
    android:layout_width="fill_parent"
    android:layout_height="fill_parent"
    android:orientation="vertical">

    <TextView
        android:layout_width="fill_parent"
        android:layout_height="wrap_content"
        android:text="@string/hello" />

    <SurfaceView
        android:id="@+id/surfaceView1"
        android:layout_width="fill_parent"
        android:layout_height="fill_parent" />

</LinearLayout>
```

实例 SurfaceViewDynDrawDemo 的主 Activity 为 SurfaceViewDynDrawDemoActivity，其代码如下：

```java
package introduction.android.SurfaceViewDynDrawDemo;

import introduction.android.SurfaceViewDynDrawDemo.SurfaceViewDynDrawDemoActivity.DrawingThread;
import android.app.Activity;
import android.graphics.Canvas;
import android.graphics.Paint;
import android.os.Bundle;
import android.util.Log;
import android.view.SurfaceHolder;
import android.view.SurfaceView;

public class SurfaceViewDynDrawDemoActivity extends Activity {
    private SurfaceView mySurfaceView;
    private DrawingThread mDrawingThread;
    SurfaceHolder surfaceHolder;
      /** Called when the activity is first created. */
    @Override
```

```java
public void onCreate (Bundle savedInstanceState) {
    super.onCreate (savedInstanceState) ;
    setContentView (R.layout.main) ;
    mySurfaceView= (SurfaceView) findViewById (R.id.surfaceView1) ;
    surfaceHolder=mySurfaceView. getHolder();
    surfaceHolder.addCallback (new SurfaceHolder.Callback(){

        @Override
        public void surfaceChanged (SurfaceHolder holder, int format,
                int width, int height) {
            // TODO Auto-generated method stub

        }

        @Override
        public void surfaceCreated (SurfaceHolder holder) {
            // TODO Auto-generated method stub
            mDrawingThread=new DrawingThread();
            mDrawingThread.mSurface=surfaceHolder;
            mDrawingThread.start ();
        }

        @Override
        public void surfaceDestroyed (SurfaceHolder holder) {
            // TODO Auto-generated method stub
            mDrawingThread.mQuit=true;
        }

    }) ;
}

static final class MovingPoint {
    float x, y, dx, dy;

    void init (int width, int height, float minStep) {
        x= (float)((width-1) *Math.random()) ;
        y= (float)((height-1) *Math.random()) ;
        dx= (float) (Math.random()*minStep*2) +1;
        dy= (float) (Math.random()*minStep*2) +1;
    }

    float adjDelta (float cur, float minStep, float maxStep) {
        cur+= (Math.random()*minStep) - (minStep/2) ;
        if (cur<0 && cur>-minStep) cur=-minStep;
        if (cur>=0 && cur<minStep) cur=minStep;
        if (cur>maxStep) cur=maxStep;
        if (cur<-maxStep) cur=-maxStep;
        return cur;
    }

    void step (int width, int height, float minStep, float maxStep) {
        x+=dx;
        if (x<=0 || x>= (width-1)) {
            if (x<=0) x=0;
            else if (x>= (width-1)) x=width-1;
```

```
                dx=adjDelta (-dx, minStep, maxStep) ;
            }
            y+=dy;
         if (y<=0 || y>= (height-1)) {
            if (y<=0) y=0;
            else if (y>= (height-1)) y=height-1;
            dy=adjDelta (-dy, minStep, maxStep) ;
         }
      }
   }
}

class DrawingThread extends Thread {
    // These are protected by the Thread's lock
    SurfaceHolder mSurface;
    boolean mRunning;
    boolean mActive;
    boolean mQuit;

    // Internal state
    int mLineWidth;
    float mMinStep;
    float mMaxStep;

    boolean mInitialized=false;
    final MovingPoint mPoint1=new MovingPoint();
    final MovingPoint mPoint2=new MovingPoint();

    static final int NUM_OLD=100;
    int mNumOld=0;
    final float[] mOld=new float[NUM_OLD*4];
    final int[] mOldColor=new int[NUM_OLD];
    int mBrightLine=0;

    // X is red, Y is blue
    final MovingPoint mColor=new MovingPoint();

    final Paint mBackground=new Paint();
    final Paint mForeground=new Paint();

    int makeGreen (int index) {
       int dist=Math.abs (mBrightLine-index) ;
       if (dist>10) return 0;
       return (255- (dist* (255/10))) <<8;
    }

    @Override
    public void run(){
       mLineWidth= (int) (getResources().getDisplayMetrics().density * 1.5) ;
       if (mLineWidth<1) mLineWidth=1;
       mMinStep=mLineWidth * 2;
       mMaxStep=mMinStep * 3;

       mBackground.setColor (0xff000000) ;
       mForeground.setColor (0xff00ffff) ;
       mForeground.setAntiAlias (false) ;
```

```
                mForeground.setStrokeWidth (mLineWidth) ;

        while (true) {
                if (mQuit) {
                return;
                }
// Lock the canvas for drawing
                Canvas canvas=mSurface.lockCanvas();
                if (canvas==null) {
                    Log.i ("WindowSurface", "Failure locking canvas") ;
                    continue;
                }

                // Update graphics
                if (!mInitialized) {
                    mInitialized=true;
                    mPoint1.init (canvas.getWidth(), canvas.getHeight(), mMinStep) ;
                    mPoint2.init (canvas.getWidth(), canvas.getHeight(), mMinStep) ;
                    mColor.init (127, 127, 1) ;
                } else {
                    mPoint1.step (canvas.getWidth(), canvas.getHeight(),
                            mMinStep, mMaxStep) ;
                    mPoint2.step (canvas.getWidth(), canvas.getHeight(),
                            mMinStep, mMaxStep) ;
                    mColor.step (127, 127, 1, 3) ;
                }
                mBrightLine+=2;
                if (mBrightLine> (NUM_OLD*2)) {
                    mBrightLine=-2;
                }

                // Clear background
                canvas.drawColor (mBackground.getColor()) ;

                // Draw old lines
                for (int i=mNumOld-1; i>=0; i--) {
                    mForeground.setColor (mOldColor[i] | makeGreen (i)) ;
                    mForeground.setAlpha (((NUM_OLD-i) * 255) / NUM_OLD) ;
                    int p=i*4;
                    canvas.drawLine (mOld[p], mOld[p+1], mOld[p+2], mOld[p+3], mForeground) ;
                }

                // Draw new line
                int red= (int) mColor.x+128;
                if (red>255) red=255;
                int blue= (int) mColor.y+128;
                if (blue>255) blue=255;
                int color=0xff000000 | (red<<16) | blue;
                mForeground.setColor (color | makeGreen (-2)) ;
                canvas.drawLine (mPoint1.x, mPoint1.y, mPoint2.x, mPoint2.y, mForeground) ;

                // Add in the new line
                if (mNumOld>1) {
                    System.arraycopy (mOld, 0, mOld, 4, (mNumOld-1) *4) ;
                    System.arraycopy (mOldColor, 0, mOldColor, 1, mNumOld-1) ;
```

```
            }
        if (mNumOld<NUM_OLD) mNumOld++;
        mOld[0]=mPoint1.x;
        mOld[1]=mPoint1.y;
        mOld[2]=mPoint2.x;
        mOld[3]=mPoint2.y;
        mOldColor[0]=color;


        // All done
        mSurface.unlockCanvasAndPost (canvas);


            }
        }
    }
}
```

需要注意的是，就像前面所提到的，绘制动态图像的过程必须在一个单独的线程中完成，而不能在主线程中进行。在该实例中，绘图过程是在 DrawingThread 中完成的。

10.2　Drawable

Drawable 是“可绘制的东西”的抽象类，被定义在 android.graphics.drawable 包下。该类继承了很多代表不同形状的子类，例如 BitmapDrawable、ShapeDrawable、PictureDrawable 等。开发者也可以定义自己的用于特定形状绘制的子类。

获取 Drawable 对象有三种方式：

- 使用工程资源文件中保存的图像资源。
- 使用 XML 文件定义的 Drawable 属性。
- 通过构造方法构建。

10.2.1　从资源文件中创建 Drawable 对象

添加图像到应用程序工程中最简单的方式是从资源文件中获取图像。资源文件中的图像资源会被放置在 res/drawable/文件夹下，常见的图像资源类型有 PNG、JPG 和 GIF，在允许的情况下，建议优先使用 PNG 格式的图像，其次是 JPG 格式的图像。系统会自动为每个 drawable 文件夹下的资源文件生成一个格式为 R.drawable.xxx 的 ID 号，在工程中可以通过该 ID 使用该资源。在之前的实例中，我们一直在使用这种方法。

例如，在 res/drawable/文件夹下有一个资源文件为 my_image.png，系统为其生成的资源 ID 为 R.drawable.my_image，在 ImageView 组件中使用该图像的代码如下：

```
ImageView i=new ImageView (this);
i.setImageResource (R.drawable.my_image);
```

如果要获得该资源的 Drawable 对象，可使用如下代码：

```
Resources res=mContext.getResources();
```

```
Drawable myImage=res.getDrawable (R.drawable.my_image);
```

10.2.2 从 XML 文件中创建 Drawable 对象

以 TransitionDrawable 对象为例，假设 XML 文件中的描述如下：

```
<transition xmlns:android="http://schemas.android.com/apk/res/android">
  <item android:drawable="@drawable/image_expand">
  <item android:drawable="@drawable/image_collapse">
</transition>
```

从该 XML 文件中获取 TransitionDrawable 对象的代码如下：

```
Resources res=mContext.getResources();
TransitionDrawable transition=(TransitionDrawable)
res.getDrawable (R.drawable.expand_collapse);
ImageView image=(ImageView) findViewById (R.id.toggle_image);
image.setImageDrawable (transition);
```

获取到 TransitionDrawable 对象后，便可以操作该对象，例如：

```
transition.startTransition (1000);
```

10.2.3 使用构造方法创建 Drawable 对象

以 ShapeDrawable 为例，ShapeDrawable 是 Drawable 的子类，ShapeDrawable 对象适合动态绘制二维图形。以下代码演示了使用 ShapeDrawable 对象在自定义 View 组件上绘制一个椭圆的过程：

```
public class CustomDrawableView extends View {
    private ShapeDrawable mDrawable;

    public CustomDrawableView (Context context){
        super (context);

        int x=10;
        int y=10;
        int width=300;
        int height=50;

        mDrawable=new ShapeDrawable (new OvalShape());
        mDrawable.getPaint().setColor (0xff74AC23);
        mDrawable.setBounds (x, y, x+width, y+height);
    }

    protected void onDraw (Canvas canvas){
        mDrawable.draw (canvas);
    }
}
```

绘制完成后，可通过以下代码将自定义的 View 组件设置为 Activity 的视图：

```
CustomDrawableView mCustomDrawableView;
```

```
                    one,   one,  -one,
                   -one,   one,  -one,
                   -one,  -one,   one,
                    one,  -one,   one,
                    one,   one,   one,
                   -one,   one,   one
        };

        int colors[]={
                    0,     0,     0,    one,
                    one,   0,     0,    one,
                    one,   one,   0,    one,
                    0,     one,   0,    one,
                    0,     0,     one,  one,
                    one,   0,     one,  one,
                    one,   one,   one,  one,
                    0,     one,   one,  one
        };

        byte index[]={
                    0, 4, 5,    0, 5, 1,
                    1, 5, 6,    1, 6, 2,
                    2, 6, 7,    2, 7, 3,
                    3, 7, 4,    3, 4, 0,
                    4, 7, 6,    4, 6, 5,
                    3, 0, 1,    3, 1, 2
        };

        ByteBuffer vbb=ByteBuffer.allocateDirect(vertex.length*4);
        vbb.order(ByteOrder.nativeOrder());
        vertexBuffer=vbb.asIntBuffer();
        vertexBuffer.put(vertex);
        vertexBuffer.position(0);

        ByteBuffer cbb=ByteBuffer.allocateDirect(colors.length*4);
        cbb.order(ByteOrder.nativeOrder());
        colorBuffer=cbb.asIntBuffer();
        colorBuffer.put(colors);
        colorBuffer.position(0);

        indexBuffer=ByteBuffer.allocateDirect(index.length);
        indexBuffer.put(index);
        indexBuffer.position(0);
    }

public void draw(GL10 gl)
{
    gl.glFrontFace(GL10.GL_CW);
    gl.glVertexPointer(3, GL10.GL_FIXED, 0, vertexBuffer);
    gl.glColorPointer(4, GL10.GL_FIXED, 0, colorBuffer);
    gl.glDrawElements(GL10.GL_TRIANGLES, 36, GL10.GL_UNSIGNED_BYTE, indexBuffer);
    }
}
```

该立方体被显示在 GLSurfaceView 对象中，由 GLSurfaceView.Renderer 接口绘制。

GLSurfaceView 在主 Activity 的 onCreate()方法中被创建，相关代码如下：

```java
package introduction.android.openglDemo;
import android.app.Activity;
import android.opengl.GLSurfaceView;
import android.os.Bundle;
public class OpenGLDemoActivity extends Activity {
    private GLSurfaceView myGLSurfaceView;
    /** Called when the activity is first created. */
    @Override
    protected void onCreate (Bundle savedInstanceState) {
        super.onCreate (savedInstanceState);
        myGLSurfaceView=new GLSurfaceView (this);
        myGLSurfaceView.setRenderer (new CubeRenderer());
        setContentView (myGLSurfaceView);
    }
    @Override
    protected void onResume(){
        super.onResume();
        myGLSurfaceView.onResume();
    }
    @Override
    protected void onPause(){
        super.onPause();
        myGLSurfaceView.onPause();
    }
}
```

其中：

```java
myGLSurfaceView.setRenderer (new CubeRenderer());
```

指定了 GLSurfaceView 的渲染器为 CubeRenderer，由该渲染器控制图像绘制过程。渲染器被定义在 CubeRenderer.java 中，具体代码如下：

```java
package introduction.android.openglDemo;
import android.opengl.GLSurfaceView;
import javax.microedition.khronos.egl.EGLConfig;
import javax.microedition.khronos.opengles.GL10;
class CubeRenderer implements GLSurfaceView.Renderer {
    private MyCube myCube;
    private float roate;
    public CubeRenderer(){
        myCube=new MyCube();
    }
    public void onDrawFrame (GL10 gl) {
        //填充屏幕
        gl.glClear (GL10.GL_COLOR_BUFFER_BIT | GL10.GL_DEPTH_BUFFER_BIT);
        //设置模型视景矩阵为当前操作矩阵
        gl.glMatrixMode (GL10.GL_MODELVIEW);
        //将坐标原点移动到屏幕中心
        gl.glLoadIdentity();
        //移动坐标系
        gl.glTranslatef (0, 0, -3.0f);
        //在 Y 轴方向旋转坐标系
        gl.glRotatef (roate,      0, 1, 0);
```

```
        //在X轴方向旋转坐标系
        gl.glRotatef (roate*0.25f, 1, 0, 0);
        //开启顶点坐标
        gl.glEnableClientState (GL10.GL_VERTEX_ARRAY);
        //开启颜色
        gl.glEnableClientState (GL10.GL_COLOR_ARRAY);
        //绘制图形
        myCube.draw (gl);
        roate+=1.0f;
    }
    public void onSurfaceChanged (GL10 gl, int width, int height) {
        gl.glViewport (0, 0, width, height);
        float ratio= (float) width / height;
        gl.glMatrixMode (GL10.GL_PROJECTION);
        gl.glLoadIdentity();
        gl.glFrustumf (-ratio, ratio, -1, 1, 1, 10);
    }
    public void onSurfaceCreated (GL10 gl, EGLConfig config) {
        gl.glEnable (GL10.GL_CULL_FACE);
        gl.glClearColor (0.5F,0.5F,0.5F,1.0F);
    }

}
```

10.4　硬　件　加　速

从 Android 3.0（API Level 11）开始，Android 2D 渲染管线被设计为能更好地支持硬件加速功能。硬件加速功能将所有在 View 组件的 Canvas 上执行的绘制操作都交由 GPU 来完成。由于硬件加速功能需要更多的资源，因此启用硬件加速功能的应用程序会耗费更多的内存资源。

10.4.1　启用硬件加速

启用硬件加速最简单的方法是在总体上为整个应用程序打开硬件加速功能。如果应用程序中仅仅使用了标准的 View 和 Drawable 对象进行图像绘制，那么在总体上打开硬件加速功能不会出现任何不良影响。但是，由于硬件加速功能并不是被所有的 2D 绘制操作所支持的，因此对于一些自定义的 View 组件和 Drawable 对象的绘制，可能会出现无法显示、异常或者错误渲染的点等问题。为了避免这类问题的发生，Android 平台提供了以下 4 个应用层次的硬件加速开关设置。

- Application，应用程序级。
- Activity，视图级。
- Window，窗口级。
- View，组件级。

若在 Application 等级打开硬件加速功能，则整个应用程序中所有的绘图工作都使用硬件加速。打开方法是在应用程序的配置文件 AndroidManifest.xml 的\<application\>中添加如下代码：

```
<application android:hardwareAccelerated="true" ...>
```

若在整个应用程序等级下使用硬件加速功能导致了某些问题，则可以针对某个 Activity 具体设置是否打开硬件加速功能。以下代码表示在应用程序等级启用硬件加速功能，但是对某个 Activity 不使用硬件加速功能：

```
<application android:hardwareAccelerated="true">
  <activity ... />
  <activity android:hardwareAccelerated="false" />
</application>
```

如果需要更细粒度的控制，可以通过以下代码使某个窗口获得硬件加速功能。

```
getWindow().setFlags (
    WindowManager.LayoutParams.FLAG_HARDWARE_ACCELERATED,
    WindowManager.LayoutParams.FLAG_HARDWARE_ACCELERATED);
```

就目前的 API 控制来讲，仅支持打开某个窗口的硬件加速功能，而不支持关闭某个窗口的硬件加速功能。

在 View 等级，可以在运行时关闭某个 View 组件的硬件加速功能，但是在这个等级，只能关闭硬件加速功能，不能启用硬件加速功能。

在某些情况下，能够知道当前应用程序或者某个自定义 View 是否被正确地硬件加速是很有用的，尤其是当不是所有的自定义绘图操作都被渲染管线很好地支持的时候。

有两种方式可以确认当前应用程序是否被硬件加速。

- View.isHardwareAccelerated()：当 View 被附加到硬件加速的窗口时，返回 true。
- Canvas.isHardwareAccelerated()：当 Canvas 被硬件加速时，返回 true。

如果必须要做这样的检查，尽量使用 Canvas.isHardwareAccelerated()方法代替 View.isHardwareAccelerated()方法。因为当 View 被附加到硬件加速的窗口时，它仍有可能使用非硬件加速的 Canvas 进行绘制。这种情况在因为缓存原因将 View 绘制到位图中时经常发生。

10.4.2　Android 绘图模型

1. 基于软件的绘图模型

当应用程序需要更新 UI 的某一个部分时，会通过更改内容的 View 组件调用 invalidate()方法将当前组件无效化。该方法触发一个重绘消息，该消息会沿着视图的层次一直向上传递，以计算需要重绘的区域。然后 Android 系统会重绘在视图层次中与要重绘区域有交叉的所有组件。

基于软件的绘图模式主要完成如下两个工作：

- 无效化绘图层次。
- 重绘绘图层次。

这种绘图模型有以下两个缺点。

第一个缺点是，这个模型会导致在消息传递过程中多执行大量无效的绘图代码。例如，一个按钮位于一个 View 上，当该按钮被单击时，虽然该 View 没有发生任何改变，但是在这种绘图模型下，该 View 也会被重绘。

第二个缺点是，这种绘图模型可能隐藏应用程序中的 Bug。由于 Android 系统会重绘所有与需重绘区域有交叉的 View 组件，一个被用户改变了内容的 View 组件可能会被重绘，即使该组件没有调用 invalidate()方法。当这种情况发生的时候，用户只能依靠另一个组件的重绘操作来获取自己想要的效果，而这种效果可能会不断改变。因此，开发者应该在自定义的组件上不断调用 invalidate()方法以保证内容显示正确，无论该组件的内容是否被改变。

当 Android 组件的内容发生改变，如背景色改变或者文本改变时，该组件会自动调用 invalidate()方法。

2. 硬件加速绘制模型

在硬件加速绘制模型下，Android 系统依然使用 invalidate()方法和 draw()方法来对屏幕进行更新并绘制图形，但是具体处理的方法有所不同。这种模式下，Android 系统并没有马上执行绘图命令，而是记录了当前视图的显示列表。显示列表中包含视图层次中所有绘图代码的输出。Android 系统只需要录制并且更新需要重绘组件的显示列表即可。那些没有被无效化的组件可以简单通过重新使用之前记录的显示列表的方式来重绘图形。

硬件加速绘图模型主要完成如下三个工作：

- 无效化视图的绘图层次。
- 记录并更新显示列表。
- 绘制显示列表。

在这种模式下，通过需要更新的组件的 draw()方法来更新图像，而是应该调用 invalidate()方法来使 Android 系统记录组件的显示列表。如果没有这样做，该组件的更新将不会显示出来。

使用显示列表方式绘制图像对动画绘制也有很大好处。因为设置特定属性，例如透明度、旋转灯，不需要重新绘制整个视图，而只需对特定属性进行更改即可。例如，假如有一个 LinearLayout，该 LinearLayout 中包含一个 ListView 组件和一个 Button 组件，ListView 组件被放置在 Button 组件的上面。该 LinearLayout 组件的显示列表如下：

- DrawDisplayList（ListeView）
- DrawDisplayList（Button）

如果开发者需要更改 ListView 的透明度，那么通过 ListView 对象调用 setAlpha（0.5f）方法后，LinearLayout 的显示列表如下：

- SaveLayerAlpha（0.5）
- DrawDisplayList（ListeView）
- Restore
- DrawDisplayList（Button）

由此可见，绘图 ListView 的复杂代码并没有被执行，系统只是简单更新了 LinearLayout 的显示列表。对于一个没有被硬件加速的应用程序，该过程中的每一行代码都会被重新执行一次。

10.5　RenderScript

RenderScript 基于 C99 标准提供了一个平台独立的运行在底层的计算引擎,用于加速需要大量计算的应用程序,常用于 3D 图像渲染。

RenderScript 的主要优点如下。

- 可移植性: RenderScript 被设计为在各种具有不同 CPU 和 CPU 架构的设备上运行。由于其代码是在运行设备上进行编译和缓存的,因此 RenderScript 可以支持所有架构而不需要针对某种架构具体编程。
- 性能:RenderScript 能够提供与 OpenGL 相似的性能,同时提供与 Android 框架提供的 OpenGL API(android.opengl)相同的移植性。另外,RenderScript 提供 OpenGL 所没有的高性能计算 API。
- 可用性: RenderScript 尽可能简化了开发过程。

当然,RenderScript 也有缺点,主要表现在以下方面。

- 开发复杂: RenderScript 提供资金的 API 集合,开发者需要重新学习。RenderScript 处理内存的方式与 OpenGL 不同。
- 调试可见: RenderScript 可以在其他处理器上被执行,而不是主 CPU 上。在这种情况下,调试变得很困难。
- 特性较少: RenderScript 不像 OpenGL 那样提供很多特性,例如压缩纹理格式或者 GL 扩展。

10.5.1　RenderScript 综述

RenderScript 采用的是主从结构。底层的本地化代码被高层的运行的虚拟机中的 Android 系统控制。Android 虚拟机保有内存和声明周期的控制权,在需要的时候调用本地的 RenderScript 代码。本地化代码被编译为中间的字节码,并且被打包到应用程序的.apk 文件中。当应用程序在设备上运行的时候,字节码被编译为针对当前机器优化的机器码。编译的字节码被缓存起来,因此之后需要使用 RenderScript 代码时不需要重新编译。RenderScript 有三个层次的代码,允许本地化代码和 Android 框架之间进行通信。

- 本地 RenderScript 层: 该层负责密集运算或者图像渲染,相关代码被保存在.rs 或者.rsh 文件中。
- 反射层: 该层由一系列类组成,这些类由本地代码反射而来。基本上是对本地代码的包装,以允许 Android 框架与本地 RenderScript 代码进行交互。Android Build 工具自动生成该层的相关类。
- Android 框架层: 该层由 Android 框架 API 组成,包括 android.renderscript 包。该层用于给反射层发出高级命令,如"旋转视图"或者"过滤位图",然后反射层将命令传送给本地层执行。

(1)本地 RenderScript 层的关键特性包括:

- 大量针对标量和向量计算的数学函数，包含加、乘、加乘、点乘等。
- 原始数据与向量的转换例程，如矩阵例程、日期和时间例程、图像例程等。
- 日志函数。
- 图形渲染函数。
- 内存分配请求特性。
- 支持 RenderScript 系统的数据类型和结构，例如二维向量、三维向量、四维向量等。

RenderScript 库相关头文件被放置在<Androidsdk_root>/platform-tools/renderscript/include 目录下。该目录下的头文件会被自动保存进.rs 文件中，除了 RenderScript 的图像处理头文件。因此，需要使用下面的代码手工导入：

```
#include "rs_graphics.rsh"
```

（2）反射层是一组由 Android Build 工具生成的类，可以从 Android 虚拟机访问本地的 RenderScript 代码。反射层定义了 RenderScript 函数和变量的访问点，也提供了构造方法，用于为定义在 RenderScript 代码中的指针分配内存。

下面简单介绍被反射的主要组件。

每个.rs 文件都生成一个类，被存放在名为 ScriptC_renderscript_filename 的 ScriptC 类型的文件中，它相当于.rs 文件的.java 版本，可以被 Android 框架调用。该类包含下列反射：

- .rs 文件中的非静态方法。
- 非静态的全局的 RenderScript 变量。
- 全局指针。

（3）Android 框架层通常由 Android 框架 API 组成，包含 android.renderscript 包。该层管理 Activity 的声明周期以及应用程序的内存分配。它通过反射层发送命令给本地 RenderScript 代码，并接收用户事件，按需传递给 RenderScript 代码。

10.5.2　使用动态分配的内存

涉及 RenderScript 内存分配 API 的类有三个，分别说明如下。

- Element：内存分配的基本单位，可以是基本的数据类型或者复合类型。
- Type：表示要分配的元素个数。
- Allocation：用于执行分配内存操作。

RenderScript 支持指针，但是必须在 Android 框架代码中为它分配内存。当开发者在.rs 文件中声明一个全局的指针时，需要通过合适的反射层类来分配内存，并将其绑定到本地的 RenderScript 层。开发者可以通过 Android 框架层和 RenderScript 层读写该内存。

1. 定义指针

由于 RenderScript 是使用 C99 开发的，声明指针的方式也和 C99 语法很相似。以下代码声明了一个 Struct 结构，并为其定义了指针，另外还定义了一个指向 int32_t 类型的指针。

```
#pragma version (1)
#pragma rs java_package_name (com.example.renderscript)

...

typedef struct Point {
    float2 point;
} Point_t;

Point_t *touchPoints;
int32_t *intPointer;

...
```

这些代码需要被定义在.rs 文件中。

2. 反射指针

全局变量会有对应的 get 和 set 方法生成。一个全局指针会生成一个 bind_pointerName()方法以代替 set 方法。该方法允许将 Android 虚拟机分配的内存绑定到本地的 RenderScript。以下代码是为前面代码定义的两个指针生成存取方法的代码：

```
private ScriptField_Point mExportVar_touchPoints;
    public void bind_touchPoints (ScriptField_Point v) {
        mExportVar_touchPoints=v;
        if (v==null) bindAllocation (null, mExportVarIdx_touchPoints);
        else bindAllocation (v.getAllocation(), mExportVarIdx_touchPoints);
    }

    public ScriptField_Point get_touchPoints(){
        return mExportVar_touchPoints;
    }

    private Allocation mExportVar_intPointer;
    public void bind_intPointer (Allocation v) {
        mExportVar_intPointer=v;
        if (v==null) bindAllocation (null, mExportVarIdx_intPointer);
        else bindAllocation (v, mExportVarIdx_intPointer);
    }

    public Allocation get_intPointer(){
        return mExportVar_intPointer;
    }
```

这些代码应该被定义在 ScriptC_rs_filename 文件中。

3. 分配并绑定内存到 RenderScript

当 Build 工具生成反射层类后，就可以使用合适的反射层为指针分配内存。以下代码演示了为 intPointer 和 touchPoints 两个指针分配内存并绑定到 RenderScript 的方法：

```
private RenderScriptGL glRenderer;
private ScriptC_example script;
private Resources resources;
```

```
public void init (RenderScriptGL rs, Resources res) {
    //get the rendering context and resources from the calling method
    glRenderer=rs;
    resources=res;

    //allocate memory for the struct pointer, calling the constructor
    ScriptField_Point touchPoints=new ScriptField_Point (glRenderer, 2);

    //Create an element manually and allocate memory for the int pointer
    intPointer=Allocation.createSized (glRenderer, Element.I32 (glRenderer), 2);

    //create an instance of the RenderScript, pointing it to the bytecode resource
    mScript=new ScriptC_example (glRenderer, resources, R.raw.example);

    // bind the struct and int pointers to the RenderScript
    mScript.bind_touchPoints (touchPoints);
    script.bind_intPointer (intPointer);

    //bind the RenderScript to the rendering context
    glRenderer.bindRootScript (script);
}
```

4. 读写内存

虽然内存是由 Android 虚拟机分配的，但是在本地的 RenderScript 代码和 Android 代码中都可以对内存进行读写。一旦内存被绑定，本地 RenderScript 代码就可以直接访问内存，反射层类也可以通过读写方法访问内存。若在 Android 框架层中修改了内存内容，则会自动同步到本地层。若在.rs 文件中修改了内存内容，则这些改变不会传递回 Android 框架层。以下代码演示了在 Android 代码中修改 Struct 的方法：

```
int index=0;
boolean copyNow=true;
Float2 point=new Float2 (0.0f, 0.0f);
touchPoints.set_point (index, point, copyNow);
```

在本地 RenderScript 代码中读取该内存的代码如下：

```
rsDebug ("Printing out a Point", touchPoints[0].point.x, touchPoints[0].point.y);
```

10.5.3　使用静态分配的内存

在 RenderScript 中声明的非静态全局原始数据类型和结构体很容易使用，因为这些内存是静态分配的。Android Build 工具在生成反射层类时会自动为这些变量生成存取方法，开发者可以通过这些方法来使用静态分配的内存。

例如，在 RenderScript 代码中声明如下变量：

```
uint32_t unsignedInteger=1;
```

以下代码会在 ScriptC_script_name.java 文件中被生成：

```
private final static int mExportVarIdx_unsignedInteger=9;
    private long mExportVar_unsignedInteger;
```

```
    public void set_unsignedInteger (long v) {
        mExportVar_unsignedInteger=v;
        setVar (mExportVarIdx_unsignedInteger, v);
    }

    public long get_unsignedInteger() {
        return mExportVar_unsignedInteger;
    }
```

以下代码来自 ScriptField_Point.java，显示的是从 Point 结构体生成的反射层的类：

```
package com.example.renderscript;

import android.renderscript.*;
import android.content.res.Resources;


public class ScriptField_Point extends android.renderscript.Script.FieldBase {
    static public class Item {
        public static final int sizeof=8;

        Float2 point;

        Item() {
            point=new Float2();
        }

    }

    private Item mItemArray[];
    private FieldPacker mIOBuffer;
    public static Element createElement (RenderScript rs) {
        Element.Builder eb=new Element.Builder (rs);
        eb.add (Element.F32_2 (rs), "point");
        return eb.create();
    }

    public  ScriptField_Point (RenderScript rs, int count) {
        mItemArray=null;
        mIOBuffer=null;
        mElement=createElement (rs);
        init (rs, count);
    }

    public  ScriptField_Point (RenderScript rs, int count, int usages) {
        mItemArray=null;
        mIOBuffer=null;
        mElement=createElement (rs);
        init (rs, count, usages);
    }

    private void copyToArray (Item i, int index) {
        if (mIOBuffer==null) mIOBuffer=new FieldPacker (Item.sizeof * getType().getX()/* count
*/);

        mIOBuffer.reset (index * Item.sizeof);
```

```
        mIOBuffer.addF32 (i.point);
    }

    public void set (Item i, int index, boolean copyNow) {
        if (mItemArray==null) mItemArray=new Item[getType().getX()/* count */];
        mItemArray[index]=i;
        if (copyNow) {
            copyToArray (i, index);
            mAllocation.setFromFieldPacker (index, mIOBuffer);
        }

    }

    public Item get (int index) {
        if (mItemArray==null) return null;
        return mItemArray[index];
    }

    public void set_point (int index, Float2 v, boolean copyNow) {
        if (mIOBuffer==null) mIOBuffer=new FieldPacker (Item.sizeof * getType().getX()/* count
*/) fnati;
        if (mItemArray==null) mItemArray=new Item[getType().getX()/* count */];
        if (mItemArray[index]==null) mItemArray[index]=new Item();
        mItemArray[index].point=v;
        if (copyNow) {
            mIOBuffer.reset (index * Item.sizeof);
            mIOBuffer.addF32 (v);
            FieldPacker fp=new FieldPacker (8);
            fp.addF32 (v);
            mAllocation.setFromFieldPacker (index, 0, fp);
        }

    }

    public Float2 get_point (int index) {
        if (mItemArray==null) return null;
        return mItemArray[index].point;
    }

    public void copyAll(){
        for (int ct=0; ct<mItemArray.length; ct++) copyToArray (mItemArray[ct], ct);
        mAllocation.setFromFieldPacker (0, mIOBuffer);
    }

    public void resize (int newSize) {
        if (mItemArray !=null) {
            int oldSize=mItemArray.length;
            int copySize=Math.min (oldSize, newSize);
            if (newSize==oldSize) return;
            Item ni[]=new Item[newSize];
            System.arraycopy (mItemArray, 0, ni, 0, copySize);
            mItemArray=ni;
        }

        mAllocation.resize (newSize);
```

```
        if(mIOBuffer !=null) mIOBuffer=new FieldPacker (Item.sizeof * getType().getX()/* count
*/);
    }

}
```

10.6 小　　结

本章简单介绍了 Android 系统下绘图的相关方法。Android 系统提供了一系列方法可供开发者绘制自己所需要的 2D 或者 3D 图像。

2D 图像的绘制使用的是 Canvas 类对象，开发者可以通过该对象在自定义的 View 组件中、在新建的 Bitmap 对象中或者 SurfaceView 对象中绘图。通常情况下，View 组件和 Bitmap 对象适合绘制静态图像，SurfaceView 适合绘制动态图像。利用这一点，可以使用 SurfaceView 进行动画或者游戏界面的绘制。

3D 图像的绘制使用的是 OpenGL ES。OpenGL ES 是 OpenGL 技术在嵌入式平台上的移植版本，借助于 OpenGL ES 提供的相关 API 可以轻松进行 3D 图像的绘制。在 Android 平台上，绘制 3D 图像使用的是 GLSurfaceView 组件和 GLSurfaceView.Renderer 渲染器。实际上，3D 图像的绘制是一个技术含量很高的工作，大范围地应用于 3D 游戏的开发中。本章篇幅有限，不可能详细描述 3D 图像绘制的内容，仅希望能够作为将读者带入 3D 绘图技术大门的引路石。

此外，由于图形绘制过程中需要大量的浮点数运算，而 Android 设备本身计算能力有所欠缺，因此 Android 平台提供了硬件加速功能和 RenderScript 技术用于处理计算。对于硬件加速功能，应该学会在各个等级开关相应功能以提高设备的绘图能力。RenderScript 技术非常有利于图形计算，但是由于其运行在底层，使用方式和正常的 Android 框架下的应用程序有所不同。RenderScript 技术是仍处在发展期的技术，不同 Android SDK 版本针对该技术的变换比较大。例如，在 Android 4.0 版本中的 RenderScriptGL 类在 Android 4.1 版本中就被弃用了。在目前阶段，建议读者对该技术以了解为主。

10.7 习　　题

1. 怎样使用自定义 View 绘图？
2. 怎样使用 Bitmap 绘图？
3. 怎样使用 SurfaceView 绘制静态图像和动态图像？
4. 练习分别使用资源文件、XML 和构造方法创建 Drawable 对象。

第11章

App 的本地化

11.1　国际化与本地化

国际化与本地化（Internationalization and localization）是指调整软件，使之能适用于不同的语言和地区。

国际化是指在设计软件的过程中将软件与特定语言及地区脱钩的过程。当软件被移植到不同的语言及地区时，软件本身不需要做任何的改变或修正。本地化则是指当移植软件到不同的语言及地区时，在软件内部加上与特定区域有关的资讯和特色的过程。国际化意味着产品有适用于任何区域和语言的能力；本地化则是为了更适合特定区域用户使用，而另外增添特色。在软件开发过程中，国际化只需做一次，但本地化要针对每个不同的区域分别做一次。对于软件开发人员来说，他们实现的是软件的国际化，而对于不同地区的用户来说，他们感受到的是软件的本地化。

Internationalization（国际化）简称"I18n"，因为在 i 和 n 之间有 18 个字符，Localization（本地化）简称"L10n"。一般说明一个地区的语言时，用"语言_地区"的形式表示，如"zh_CN"表示"汉语_中国大陆地区"，即简体中文；而"zh_TW"表示"汉语_中国台湾地区"，即繁体中文。

Android 系统框架对"I18n"和"L10n"提供了非常好的支持。Android SDK 并没有提供专门的 API 来实现国际化，而是通过对不同的资源 resource 文件进行不同的命名来达到国际化的目的。同时，这种命名方法还可用于对硬件的区分，例如 res/drawable 目录下的三个文件夹 drawable-hdipi、drawable-ldpi 和 drawable-mdpi 就是为了适应不同的屏幕分辨率而设立的。

11.2　手机区域设置

可以通过手机的区域设置获得手机的本地化功能。在主菜单目录下，有一个 Custom Locale 应用程序，如图 11.1 所示。该应用程序用于对手机的区域进行设置。单击启动该应用程序，运行效果如图 11.2 所示。可以看到，默认情况下，当前 AVD 的区域设置为"en_US"，即语言为英语，区域，为 United States。

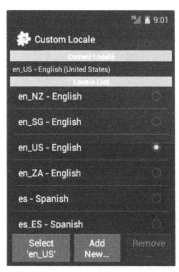

图 11.1　主菜单

图 11.2　Custom Locale 应用程序

若更改当前区域为"zh_CN"，并单击 Select 'zh_CN' 按钮，则当前手机被设置为汉语，地区为中国大陆地区，运行效果如图 11.3 所示，可以看到列表中的部分语言变为了中文。按"回退"键回到主菜单，发现很多应用程序的语言都变为了中文，如图 11.4 所示。

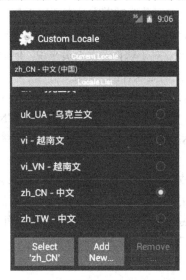

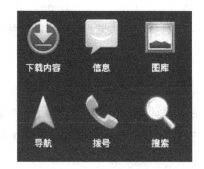

图 11.3　区域设置为"zh_CN"

图 11.4　中文效果

若在 Custom Locale 列表中未发现想要的区域设置，则可以自己添加。单击 Add New 按钮，弹出如图 11.5 所示的对话框，在其中可以添加自己想要的区域设置选项。

图 11.5　添加设置对话框

Android 7 平台支持的"语言_地区"列表如表 11.1 所示，凡是出现在该列表中的"语言_地区"代码都可以被 Android 7 系统直接识别。

表 11.1　Android 7 平台支持的"语言_地区"列表

语言_地区	语言_地区	语言_地区
Arabic, Egypt（ar_EG）	Arabic, Israel（ar_IL）	Bulgarian, Bulgaria（bg_BG）
Catalan, Spain（ca_ES）	Czech, Czech Republic（cs_CZ）	Danish, Denmark（da_DK）
German, Austria（de_AT）	German, Switzerland（de_CH）	German, Germany（de_DE）
German, Liechtenstein（de_LI）	Greek, Greece（el_GR）	English, Australia（en_AU）
English, Canada（en_CA）	English, Britain（en_GB）	English, Ireland（en_IE）
English, India（en_IN）	English, New Zealand（en_NZ）	English, Singapore（en_SG）
English, US（en_US）	English, Zimbabwe（en_ZA）	Spanish（es_ES）
Spanish, US（es_US）	Finnish, Finland（fi_FI）	French, Belgium（fr_BE）
French, Canada（fr_CA）	French, Switzerland（fr_CH）	French, France（fr_FR）
Hebrew, Israel（he_IL）	Hindi, India（hi_IN）	Croatian, Croatia（hr_HR）
Hungarian, Hungary（hu_HU）	Indonesian, Indonesia（id_ID）	Italian, Switzerland（it_CH）
Italian, Italy（it_IT）	Japanese（ja_JP）	Korean（ko_KR）
Lithuanian, Lithuania（lt_LT）	Latvian, Latvia（lv_LV）	Norway（nb_NO）
Dutch, Belgium（nl_BE）	Dutch, Netherlands（nl_NL）	Polish（pl_PL）
Portuguese, Brazil（pt_BR）	Portuguese, Portugal（pt_PT）	Romanian, Romania（ro_RO）
Russian（ru_RU）	Slovak, Slovakia（sk_SK）	Slovenian, Slovenia（sl_SI）
Serbian（sr_RS）	Swedish, Sweden（sv_SE）	Thai, Thailand（th_TH）
Tagalog, Philippines（tl_PH）	Turkish, Turkey（tr_TR）	Ukrainian, Ukraine（uk_UA）
Vietnamese, Vietnam（vi_VN）	Chinese, PRC（zh_CN）	Chinese, Taiwan（zh_TW）

11.3　未本地化的应用程序

在本书之前章节的实例中均未涉及本地化的问题，在此我们先看一下未本地化的应用程序在更改了手机的区域设置后运行效果会有什么不同。首先将手机区域设置为"zh_CN"。

新建一个 Eclipse Android Project，名为"L10NDemo"，全部使用默认设置，不修改任何代码。创建完成后，在 main.xml 文件中添加如下代码：

```xml
<?xml version="1.0" encoding="utf-8"?>
<LinearLayout xmlns:android="http://schemas.android.com/apk/res/android"
    android:orientation="vertical"
    android:layout_width="fill_parent"
    android:layout_height="fill_parent"
    >
<TextView
    android:layout_width="fill_parent"
    android:layout_height="wrap_content"
    android:gravity="center_horizontal"
    android:text="@string/text_a"
    />
<TextView
    android:layout_width="fill_parent"
    android:layout_height="wrap_content"
    android:gravity="center_horizontal"
    android:text="@string/text_b"
    />
<Button
    android:id="@+id/flag_button"
    android:layout_width="wrap_content"
    android:layout_height="wrap_content"
    android:layout_gravity="center"
    />
</LinearLayout>
```

Main.xml 采用 LinearLayout 布局，分别放置了两个 TextView 和一个 Button，如图 11.6 所示。

图 11.6 默认设置的运行效果

Main.xml 所使用的资源文件 res/values/strings.xml 的代码如下：

```xml
<?xml version="1.0" encoding="utf-8"?>
<resources>
    <string name="app_name">L10NDemo</string>
    <string name="text_a">这是默认的 strings.xml 资源文件</string>
    <string name="text_b">这是中国国旗</string>
    <string name="dialog_title">未本地化</string>
    <string name="dialog_text">本对话框中的内容没有本地化，相关资源来自 values/strings.xml。</string>
</resources>
```

"L10NDemo"的主 Activity 为 L10NDemoActivity，L10NDemoActivity.java 的代码如下：

```java
package introduction.android.l10nDemo;

import android.app.Activity;
import android.app.AlertDialog;
import android.content.DialogInterface;
import android.os.Bundle;
import android.view.View;
import android.widget.Button;

public class L10NDemoActivity extends Activity {
    /** Called when the activity is first created. */
    @Override
    public void onCreate (Bundle savedInstanceState) {
        super.onCreate (savedInstanceState);
        setContentView (R.layout.main);
        Button b;
        (b= (Button) findViewById (R.id.flag_button)).setBackgroundDrawable
(this.getResources().getDrawable (R.drawable.flag));
        // build dialog box to display when user clicks the flag
        AlertDialog.Builder builder=new AlertDialog.Builder (this);
        builder.setMessage (R.string.dialog_text)
            .setCancelable (false)
            .setTitle (R.string.dialog_title)
            .setPositiveButton ("Done", new DialogInterface.OnClickListener(){
                public void onClick (DialogInterface dialog, int id) {
                dialog.dismiss();
                }
            });
        final AlertDialog alert=builder.create();
        // set click listener on the flag to show the dialog box
        b.setOnClickListener (new View.OnClickListener(){
        public void onClick (View v) {
            alert.show();
        }
        });
    }
}
```

L10NDemoActivity 为 main.xml 中的 Button 设置了一幅图像，是 R.drawable.flag 指向的图像文件。当用户单击 Button 时，即可弹出一个有 Done 按钮的 AlertDialog，显示 R.string.dialog_text 指向的内容，运行效果如图 11.7 所示。

图 11.7　按钮修改的运行效果

然后将手机区域设置修改为"en_US"，即美式英语。再次运行该实例，运行效果如图 11.8 所示。再将手机区域设置为其他区域，运行效果不变。

图 11.8　区域修改的运行效果

可见实例"L10NDemo"在不同的区域设置下，运行效果完全相同。这是因为 Android 系统对于未实现本地化的应用程序，均使用默认的资源文件，无论当前手机设备被设置为任何地区，应用程序的运行效果都相同。

11.4　本地化的应用程序

本节我们尝试将 L10NDemo 实例本地化。为 L10NDemo 工程添加汉语、德语、日语、英语支持。语言_国家和为其所建立的资源文件夹的对应关系如表 11.2 所示。

表 11.2　语言_国家和资源文件夹的对应关系表

Locale Code	Language / Country	Location of strings.xml	Location of flag.png
Default	Chinese / china	res/values/	res/drawable/
zh-rCN	Chinese / china	res/values-zh-rCN	res/drawable/
fr	French / France	res/values-fr/	res/drawable-fr/
ja	Japanese / Japan	res/values-ja/	res/drawable-ja-rJP/
en-rUS	English / United States	（res/values/）	res/drawable-en-rUS/

步骤 01　在 res 目录上右击，选择 New | Android XML File，如图 11.9 所示。在弹出的对话框中设置 Resource Type 为 Values、Project 为 "L10NDemo"、文件名为 "strings.xml"，然后单击 Next 按钮。

图 11.9　New Android XML File 对话框

出现文件夹配置对话框，如图 11.10 所示。

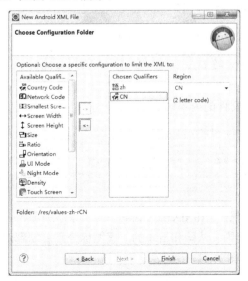

图 11.10　文件夹配置对话框

步骤 02 从左侧列表中选择 語Language，然后单击"->"按钮，为语言填写两个字符的代码 zh，从左侧列表选择 Region，单击"->"按钮，为地区填写两个字符的代码 CN，单击 Finish 按钮。Eclipse 即可在 res 目录下建立 values-zh-rCN 文件夹，该文件夹下的 strings.xml 用以存放区域设置为"zh_CN"的相关资源文件。

res/values-zh-rCN/strings.xml 文件的内容如下：

```
<?xml version="1.0" encoding="utf-8"?>
<resources>
  <string name="app_name">L10NDemo</string>
  <string name="text_a">这是 values-zh-rCN 的 strings.xml 资源文件</string>
  <string name="text_b">这是中国国旗</string>
  <string name="dialog_title">已经本地化</string>
  <string name="dialog_text">对话框中的字符串已经本地化，所使用资源来自 values-zh-rCN/strings.xml 资源文
件。</string>
</resources>
```

步骤 03 依照同样的步骤为 res 文件添加文件夹 values-en-rUS、values-fr 和 values-ja，并创建对应的 string.xml 文件。

res/values-en-rUS/strings.xml 文件的内容如下：

```
<?xml version="1.0" encoding="utf-8"?>
<resources>
  <string name="app_name">L10NDemo</string>
  <string name="text_a">local values from values-en-rUS/strings.xml</string>
  <string name="text_b">This is the flag of America.</string>
  <string name="dialog_title">Localised</string>
  <string name="dialog_text">This dialog box"'"s strings are localised. For every locale, the text
here will come from values-en-rUS/strings.xml.</string>
</resources>
```

res/values-fr /strings.xml 文件的内容如下：

```
<?xml version="1.0" encoding="utf-8"?>
<resources>
  <string name="app_name">Bonjour, Localisation</string>
  <string name="text_a">Irai-je te comparer au jour</string>
  <string name="text_b">Tu es plus tendre et bien plus tempéré.</string>
</resources>
```

res/values-ja/strings.xml 文件的内容如下：

```
<?xml version="1.0" encoding="utf-8"?>
<resources>
  <string name="text_a">あなたをなにかにたとえるとしたら夏の一日でしょうか？</string>
  <string name="text_b">だがあなたはもっと美しく、もっとおだやかです。</string>
</resources>
```

步骤 04 依照同样的步骤在 L10NDemo 工程的 res 目录下添加 drawable-en-rUS、drawable-fr、drawable-ja-rJP 目录，并将美国、法国和日本的国旗图标分别复制到对应文件夹下。此时，工程 L10NDemo 的 res 目录结构如图 11.11 所示。

图 11.11　L10NDemo 的 res 目录结构

至此，实例 L10NDemo 的开发过程结束。下面更改手机的区域配置，运行应用程序，查看运行效果。

将区域配置修改为"en_US"，运行效果如图 11.12 所示。

图 11.12　设置"en_US"区域的运行效果

由运行效果可见，视图中的两个 TextView 以及对话框内的字符串都已经本地化，来自 values-en-rUS/strings.xml 文件，按钮上的美国国旗图标来自 drawable-en-rUS/flag.png 文件。

将区域修改为"zh_CN"，运行效果如图 11.13 所示。

图 11.13　设置"zh_CN"区域的运行效果

由运行效果可见，视图中的两个 TextView 以及对话框内的字符串都已经本地化。实例 L10NDemo 中并没有建立 drawable-zh-rCN 文件夹，按钮上的中国国旗图标来自默认资源 drawable 文件夹。

将区域修改为 fr，运行效果如图 11.14 所示。

图 11.14　设置 fr 区域的运行效果

由运行效果可见，视图中的两个 TextView 以及应用程序的标题都已经本地化。由于 values-fr/strings.xml 文件中未包含 dialog_text 变量，因此文本框内的内容未被本地化，而是使用了 values/strings.xml 文件中的 dialog_text 变量。按钮上的法国国旗图标来自 drawable-fr/flag.png 文件。

将区域修改为 ja，运行效果如图 11.15 所示。

 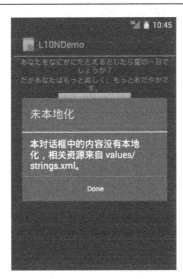

图 11.15　设置"ja"区域的运行效果

　　由运行效果可见，视图中的两个 TextView 已经本地化。由于 values-ja/strings.xml 文件中未包含 app_name 和 dialog_text 变量，因此文本框内的内容和应用程序标题都未被本地化，而是使用了 values/strings.xml 文件中的 dialog_text 变量。虽然实例 L10NDemo 中建立了 drawable-ja-rJP 文件夹，并提供了 flag.png 文件，但是由于"-ja-rJP"后缀与"-ja"后缀不一致，因此未能载入日本国旗图标，而是使用了默认的 drawable/flag.png 文件。

　　将区域修改为"ja-JP"，可以和 drawable-ja-rJP 目录项匹配，日本国旗图标被载入应用程序中。而字符串资源"values-ja"虽然和当前区域不在同一个地区，但也被正常载入。这是因为"values-ja"仅指定了语言，而没有指定地区，因此该目录下的资源文件可以被所有语言为日语的区域所使用。运行效果如图 11.16 所示。

　　Android 系统根据资源文件的后缀名来实现应用程序的国际化。当手机被指定为某个特定区域后，应用程序自动读取对应后缀的文件夹下的资源文件，更新应用程序界面，达到本地化的目的。当某资源目录仅指定了语言而没有指定地区时，该资源可以被所有使用该语言的地区使用。

图 11.16　设置"ja-JP"区域的运行效果

　　在每个区域的本地化资源文件中，不需要包含所有的本地化资源，而只需定义与默认资源不同的本地化资源即可。当在特定区域的资源文件中找不到对应的本地化资源时，Android 系统会自动使用默认的资源文件。

　　因此，Android 系统要求工程运行所需的所有默认的资源都必须存在。若应用程序中缺少某个默认资源，则当手机设备被设置为不支持的语言区域时，应用程序将不能运行。例如，res/values/strings.xml 中缺少了应用程序运行所需的某一个字符串变量，当应用程序被设置为不支持的地区，尝试载入该默认资源时，会出现致命错误。用户会看到提示应用程序错误的信息和强制关闭应用程序的按钮。这种错误不会被 Eclipse 检查出来，并且当应用程序运行于支持的地区时，该错误也不会被发现。这就要求程序开发人员在进行应用程序国际化开发时格外小心，避免这种错误。

11.5　小　结

国际化与本地化是应用程序开发过程中很重要的一部分。借助于国际化，可以让我们开发的应用程序无须做任何修改即可在各种语言环境中运行。Android 框架对国际化和本地化提供了很好的支持，通过资源文件夹后缀的匹配来完成应用程序的本地化工作，该匹配过程无须开发人员参与，由 Android 系统自动完成。

Android 系统的本地化工作步骤简单，易于完成，但其中有很多技巧需要读者在学习过程中慢慢积累。

11.6　习　题

1. 如果仅使用默认的资源文件，当手机区域设置改变时，应用程序会怎样？

2. 如果不使用资源文件，而直接将视图中的字符串写在布局文件里，当手机切换区域设置时，应用程序会怎样？

3. 在本地化过程中，若缺少了某个默认资源，应用程序会怎样？

4. 当手机的区域设置为"fr_CA"，某资源目录为"values-fr"时，该资源在什么情况下会被载入？

5. 手机的区域设置为"fr_CA"，资源目录为"values-fr-rFR"，该目录下的资源能否被载入？

第12章

文本与输入

Android 7.0 提供的文本服务可以为应用程序添加诸如复制/粘贴、检查拼写等功能。用户也可以开发自己的文本服务，像其他应用程序一样分发给其他用户，文本服务具有自定义的输入法编辑器（IME）、字典和拼写检查器。

本章仅对文本的复制和粘贴服务进行介绍。

Android 为复制和粘贴提供了强大的、基于剪贴板的框架。它支持多种数据类型，包括文本字符串、复杂的数据结构、文本和二进制数据流，甚至其他复杂的应用类型。简单的文本数据被保存在剪贴板中，而复杂的数据会保存成一个引用，粘贴应用程序会使用 Content Provider 解析该引用。复制和粘贴工作可以在应用程序内部进行，也可以在实现该框架的两个应用程序之间进行。

12.1　剪贴板框架

使用剪贴板框架（Clipboard Framework）时，把数据放在一个剪切对象（clip object）中，这个对象会自动放在系统的剪贴板中。

剪切对象有以下三种形式。

（1）Text

这种形式下，字符串被直接放在剪切对象中，然后放在剪贴板里。粘贴这个字符串的时候，直接从剪贴板取出这个对象，把字符串放入应用存储中。

（2）URI

可以表示任何形式的 URI。这种形式主要用于从一个 Content Provider 中复制复杂的数据。复制的时候把一个 URI 对象放在一个剪切对象中，再放在剪贴板里。粘贴的时候取出这个剪切对象，得到 URI，把它解析为一个数据资源，比如 Content Provider，然后从资源中复制数据到应用存储中。

（3）Intent

它支持复制应用程序的快捷方式。要复制这种数据，就要创建一个 Intent 对象，把它放到一个剪切对象中，并将这个剪切对象放到系统剪贴板上。粘贴数据时，要从剪贴板上获取这个剪切对象，然后把这个 Intent 对象放到应用程序的内存中。

系统剪贴板每次仅有一个剪切对象，当一个应用程序把一个剪切对象放到剪贴板上时，前一个剪切对象就会消失。

如果允许用户把数据粘贴到应用程序中，可以在粘贴之前检查剪贴板上的数据，而不必处理所有的数据类型。剪切对象包含 MIME 类型或可用类型的元数据，这个元数据会帮助我们判断应用程序是否可以使用剪贴板上的数据。例如，如果想要处理文本，可以忽略包含 URI 或 Intent 对象的剪切对象。如果让用户粘贴文本，而不管剪贴板上的数据格式，可以强制把剪贴板数据转换成文本形式，然后粘贴这个文本。

12.2　剪　贴　板　类

本节主要描述剪贴板框架中所使用的类。

1. 剪贴板管理器

在 Android 系统中，系统剪贴板由全局 ClipboardManager（剪贴板管理器）类表示。此类不需要直接初始化创建对象，而是通过 getSystemService(CLIPBOARD_SERVICE)方法获取一个引用。

2. ClipData、ClipData.Item 和 ClipDescription

要把数据加入剪贴板，可以创建一个 ClipData 对象，它包含数据描述信息和数据本身。剪贴板每次只保存一个 ClipData 对象，一个 ClipData 对象包含一个 ClipDescription 对象和一个以上的 ClipData.Item 对象。

（1）ClipDescription

ClipDescription 对象包含 clip 相关的元数据信息。需要特别指出的是，它包含一个 clip 数据所对应 MIME 类型的数组。把 clip 放入剪贴板后，粘贴应用程序时可以利用此数组，程序可以检查该数组，以确定其对这些 MIME 类型的处理能力。

（2）ClipData.Item

clipdata.Item 对象包含 Text、URI 和 Intent 数据。

① Text

文本，就是一个字符序列。

② URI

虽然可以取任何 URI 值，但通常包含一个 Content Provider URI。提供数据的应用程序把 URI 放入剪贴板，需要粘贴数据的应用程序从剪贴板中获取 URI，并将它用于访问 Content Provider（或者其他数据源）并取回数据。

③ Intent

本数据类型允许把应用程序的快捷方式复制到剪贴板中，用户可以在后续的使用中把快捷方式粘贴到其他应用程序中。

在一个 clip 中可以包含一个或多个 Item 对象。这使得用户可以把多个选中的值复制到同一个 clip 中。比如，有一个列表允许用户一次选择多个选项，可以把所有选中的项一次复制到剪贴板中。要实现这一点，先为列表每一项创建一个 ClipData.Item 对象，再把这些 ClipData.Item 对象加入 ClipData 对象即可。

（3）ClipData 的简便方法

ClipData 类为创建具有一个简单的 Clipdata.item 和 ClipDescription 对象的 ClipData 对象提供一些简便的静态方法。

① newPlainText(label, text)

该方法返回包含单个 ClipData.Item 对象的 ClipData 对象，该 item 对象内含一个文本字符串，ClipDescription 对象的标签设置为 label 时，ClipDescription 的 MIME 类型是 MIMETYPE_TEXT_PLAIN。

newPlainText()可用于创建一个文本字符串 clip。

② newUri(resolver, label, URI)

该方法也返回一个包含单个 ClipData.Item 的 ClipData 对象，该 item 对象内含一个 URI。其中，ClipDescription 对象的标签设置为 label。若 URI 是 content 类型（Uri.getScheme()返回 content:），则该方法将用 resolver 的 ContentResolver 对象从 Content Provider 中获取可用的 MIME 类型，并把这些类型保存到 ClipDescription 中。对于不是 content 的 URI，该方法把 MIME 类型设置为 MIMETYPE_TEXT_URILIST。

newUri()用于创建一个 URI 的 clip，特别是 content: URI。

③ newIntent(label, intent)

该方法也返回一个包含单个 ClipData.Item 的 ClipData 对象，该 item 对象内含一个 Intent。其中，ClipDescription 对象的标签设置为 label，MIME 类型置为 MIMETYPE_TEXT_INTENT。

newIntent()用于创建一个 Intent 对象的剪贴对象。

12.3　将剪贴板内的数据强制转换为文本

如果应用程序只能处理文本，可用 ClipData.Item.coerceToText()方法进行转换，就可以从剪贴板上复制非文本数据。

这种方法将把 ClipData.Item 中的数据转换为文本，并且返回一个 CharSequence 对象。ClipData.Item.coerceToText()的返回值依据 ClipData.Item 中的数据格式来确定。

（1）Text

若 ClipData.Item 是文本（getText()不为 null），则 coerceToText()返回文本。

（2）URI

若 ClipData.Item 是一个 URI(getUri()不为 null)，则 coerceToText()会尝试将其视为 Content URI。

① 若 URI 是一个 Content URI 且 Provider 能返回文本流，则 coerceToText()返回文本流。

② 若 URI 是一个 Content URI 但 Provider 无法提供文本流，则 coerceToText()返回 URI 的字

符串表示形式，该字符串表示形式与 Uri.toString()的返回值一致。

③ 若 URI 不是一个 Content URI，则 coerceToText()返回 URI 的字符串表示形式，该字符串表示形式与 Uri.toString()的返回值一致。

（3）Intent

如果 ClipData.Item 是一个 Intent（getIntent()不为 null），则 coerceToText()将其转换为 Intent URI 后返回。该字符串表示形式与 Intent.toUri(URI_INTENT_SCHEME)的返回值一致。

剪贴板的整体框架如图 12.1 所示。

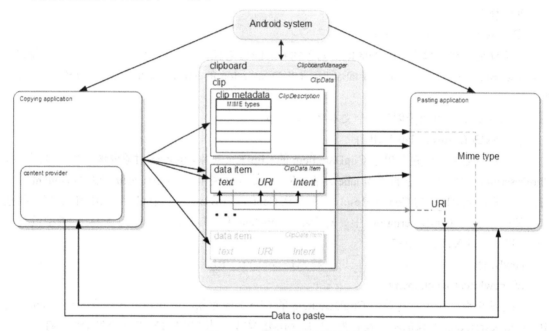

图 12.1　Android 剪贴板框架

复制数据时，应用程序将 ClipData 对象放入全局的 ClipboardManager 剪贴板中。ClipData 内含一个或多个 ClipData.Item 对象以及一个 ClipDescription 对象。粘贴数据时，应用程序先获取 ClipData，从 ClipDescription 中读取 MIME 类型信息，再从 ClipData.Item 中或 ClipData.Item 指向的 Content Provider 中读取数据。

12.4　复制到剪贴板

如前面所述，如果要把数据复制到剪贴板（剪贴板句柄指向全局的 ClipboardManager 对象）上，需要创建一个 ClipData 对象，再把一个 ClipDescription 和一个以上的 ClipData.Item 对象加入其中，最后把这个 ClipData 添加到 ClipboardManager 对象中去。

具体的实现过程如下：

要复制 Content URI 类型的数据，先要建立一个 Content Provider。

NotePad 是一个使用 Content Provider 复制粘贴数据的示例。NotePadProvider 类实现了 Content

Provider。NotePad 类定义了该 Provider 和其他应用程序的交互方式，包括支持所用的 MIME 类型。

（1）获取系统剪贴板。

其代码如下：

```
    ...

// if the user selects copy
case R.id.menu_copy:

// Gets a handle to the clipboard service.
ClipboardManager clipboard = (ClipboardManager)
        getSystemService(Context.CLIPBOARD_SERVICE);
```

（2）复制数据给一个 ClipData 对象。

① 文本

如果数据是一个文本，代码如下：

```
// Creates a new text clip to put on the clipboard
ClipData clip = ClipData.newPlainText("simple text","Hello, World!");
```

② URI

如果数据是一个 URI 对象，把记录 ID 编入 Provider 用到的 Content URI 中的代码如下：

```
    // Creates a Uri based on a base Uri and a record ID based on the contact's last name
// Declares the base URI string
private static final String CONTACTS = "content://com.example.contacts";

// Declares a path string for URIs that you use to copy data
private static final String COPY_PATH = "/copy";

// Declares the Uri to paste to the clipboard
Uri copyUri = Uri.parse(CONTACTS + COPY_PATH + "/" + lastName);

    ...

// Creates a new URI clip object. The system uses the anonymous getContentResolver() object to
// get MIME types from provider. The clip object's label is "URI", and its data is
// the Uri previously created.
ClipData clip = ClipData.newUri(getContentResolver(),"URI",copyUri);
```

③ Intent

如果数据是一个 Intent 对象，将其放入 clip 对象中的代码如下：

```
    // Creates the Intent
Intent appIntent = new Intent(this, com.example.demo.myapplication.class);

    ...

// Creates a clip object with the Intent in it. Its label is "Intent" and its data is
// the Intent object created previously
ClipData clip = ClipData.newIntent("Intent",appIntent);
```

把新建的 clip 对象放入剪贴板的代码如下：

```
    // Set the clipboard's primary clip.
clipboard.setPrimaryClip(clip);
```

12.5 从剪贴板中粘贴

如前面所述，要从剪贴板粘贴数据，需先获得全局剪贴板对象，再获取 clip 对象，查找其中的数据，最后从 clip 对象中把数据复制到自己的存储中。本节将详细描述如何针对三种剪贴板数据的格式进行这些操作。

1．粘贴普通文本

要粘贴普通文本，首先获得全局剪贴板，并确认能否返回普通文本，然后获取 clip 对象，用 getText()把其中的文本复制到自己的存储中。实现步骤如下：

步骤 01 用 getSystemService(CLIPBOARD_SERVICE)获得全局 ClipboardManager 对象，并声明一个全局变量，用来存放粘贴到的文本。

```
ClipboardManager clipboard = (ClipboardManager) getSystemService(Context.CLIPBOARD_SERVICE);

String pasteData = "";
```

步骤 02 确定启用或禁用当前 Activity 的"粘贴"选项，并验证剪贴板中是否包含 clip，且程序是否有能力处理其数据类型。

```
    // Gets the ID of the "paste" menu item
MenuItem mPasteItem = menu.findItem(R.id.menu_paste);

// If the clipboard doesn't contain data, disable the paste menu item.
// If it does contain data, decide if you can handle the data.
if (!(clipboard.hasPrimaryClip())) {

    mPasteItem.setEnabled(false);

    } else if (!(clipboard.getPrimaryClipDescription().hasMimeType(MIMETYPE_TEXT_PLAIN))) {

        // This disables the paste menu item, since the clipboard has data but it is not plain text
        mPasteItem.setEnabled(false);
    } else {

        // This enables the paste menu item, since the clipboard contains plain text.
        mPasteItem.setEnabled(true);
    }
}
```

步骤 03 从剪贴板中复制数据。只有"粘贴"菜单项启用时，程序才会运行至此，所以这时可以假定剪贴板已经包含普通文本，不过还不清楚里面包含文本字符串还是指向普通文本的 URI。测试处理普通文本的部分代码如下：

```
    // Responds to the user selecting "paste"
```

```
case R.id.menu_paste:

// Examines the item on the clipboard. If getText() does not return null, the clip item contains the
// text. Assumes that this application can only handle one item at a time.
 ClipData.Item item = clipboard.getPrimaryClip().getItemAt(0);

// Gets the clipboard as text.
pasteData = item.getText();

// If the string contains data, then the paste operation is done
if (pasteData != null) {
    return;

// The clipboard does not contain text. If it contains a URI, attempts to get data from it
} else {
    Uri pasteUri = item.getUri();

    // If the URI contains something, try to get text from it
    if (pasteUri != null) {

        // calls a routine to resolve the URI and get data from it. This routine is not
        // presented here.
        pasteData = resolveUri(Uri);
        return;
    } else {

    // Something is wrong. The MIME type was plain text, but the clipboard does not contain either
    // text or a Uri. Report an error.
    Log.e("Clipboard contains an invalid data type");
    return;
    }
}
```

2. 从 Content URI 粘贴数据

如果 ClipData.Item 对象包含一个 Content URI，程序也能处理其中的 MIME 类型，可创建一个 ContentResolver 对象，并调用 Content Provider 的相关方法来获取数据。

以下过程描述了如何根据剪贴板中的 Content URI 从 Content Provider 获取数据。

（1）声明全局变量，用于存放 MIME 类型。

程序先检查 MIME 类型，确认能够使用 Provider 提供的数据。

```
// Declares a MIME type constant to match against the MIME types offered by the provider
public static final String MIME_TYPE_CONTACT = "vnd.android.cursor.item/vnd.example.contact"
```

（2）获取全局剪贴板，创建一个用于访问 Content Provider 的 Content Resolver 对象。

```
// Gets a handle to the Clipboard Manager
ClipboardManager clipboard = (ClipboardManager) getSystemService(Context.CLIPBOARD_SERVICE);

// Gets a content resolver instance
ContentResolver cr = getContentResolver();
```

（3）从剪贴板获取主 clip，并把内容解析为 URI。

```
    // Gets the clipboard data from the clipboard
ClipData clip = clipboard.getPrimaryClip();

if (clip != null) {

    // Gets the first item from the clipboard data
    ClipData.Item item = clip.getItemAt(0);

    // Tries to get the item's contents as a URI
    Uri pasteUri = item.getUri();
```

（4）通过调用 getType(Uri)，判断 URI 是否为 Content URI。如果 URI 未指向合法的 Content Provider，该方法返回 null。

```
        // If the clipboard contains a URI reference
    if (pasteUri != null) {

        // Is this a content URI?
        String uriMimeType = cr.getType(pasteUri);
```

（5）判断 Content Provider 是否支持应用程序识别的 MIME 类型。若支持，则调用 ContentResolver.query()来获取数据，返回值是一个 Cursor 对象。

```
        // If the return value is not null, the Uri is a content Uri
        if (uriMimeType != null) {

        // Does the content provider offer a MIME type that the current application can use?
        if (uriMimeType.equals(MIME_TYPE_CONTACT)) {

            // Get the data from the content provider.
            Cursor pasteCursor = cr.query(uri, null, null, null, null);

            // If the Cursor contains data, move to the first record
            if (pasteCursor != null) {
                if (pasteCursor.moveToFirst()) {

                // get the data from the Cursor here. The code will vary according to the
                // format of the data model.
                }
            }

            // close the Cursor
            pasteCursor.close();
        }
    }
}
}
```

3. 粘贴 Intent

要粘贴一个 Intent，首先获取全局剪贴板，再检查 ClipData.Item 对象是否包含 Intent。最后调用 getIntent()把 Intent 复制到程序的存储中。

实现代码如下：

```
// Gets a handle to the Clipboard Manager
```

```
ClipboardManager clipboard = (ClipboardManager) getSystemService(Context.CLIPBOARD_SERVICE);

// Checks to see if the clip item contains an Intent, by testing to see if getIntent() returns null
Intent pasteIntent = clipboard.getPrimaryClip().getItemAt(0).getIntent();

if (pasteIntent != null) {

    // handle the Intent

} else {

    // ignore the clipboard, or issue an error if your application was expecting an Intent to be
    // on the clipboard
}
```

12.6　利用 Content Provider 复制复杂数据

Content Provider 支持对复杂数据的复制，比如数据库记录或文件流等。在复制数据时，把一个 Content URI 放入剪贴板中，然后粘贴应用程序，从剪贴板中获取该 URI，并用它读取数据库数据或者文件流的描述符。

粘贴应用程序只是将 Content URI 作为数据读取，并不清楚应该获取数据的哪部分，要实现其功能，可以把所需数据的 ID 编入 URI 本身，或者让 URI 精确返回所需复制部分的数据，而采用哪种方式取决于数据的组织形式。

1. 将 ID 置入 URI 编码

利用 URI 把数据复制到剪贴板时，可以把数据的 ID 置入 URI 编码本身，Content Provider 得到该 ID，利用 ID 读取数据。粘贴应用程序无须判断 ID 是否存在，只需从剪贴板获取"引用"（URI 加 ID）交给 Content Provider，然后读取数据。

通常的编码方式是把 ID 附在 Content URI 后面。假设定义的 Provider URI 字符串如下：

```
"content://com.example.contacts"
```

如果需要把名称置入 URI，使用如下代码：

```
String uriString = "content://com.example.contacts" + "/" + "Smith"

// uriString now contains content://com.example.contacts/Smith.

// Generates a uri object from the string representation
Uri copyUri = Uri.parse(uriString);
```

如果程序中已经使用了 Content Provider，只需新增一个指示复制数据的 URI 路径。假设已存在以下 URI 路径：

```
    "content://com.example.contacts"/people
"content://com.example.contacts"/people/detail
"content://com.example.contacts"/people/images
```

下面加入一个用于复制的 URI：

```
"content://com.example.contacts/copying"
```

可以利用模式匹配来检测"copy" URI，并用代码进行复制和粘贴处理。

如果是用 Content Provider、内部数据库、内部表来组织数据，通常可以使用以上编码技术。这种情况下会有多块数据需要复制，很可能每块数据都会有一个唯一的 ID。当粘贴应用程序查询时，可以用此 ID 查找并返回数据。如果没有多块数据需要复制，就不必把 ID 进行编码，简单地使用能够唯一标识 Provider 的 URI 即可。查询时，Provider 会返回包含的数据。

Note Pad 示例中就用 ID 获取了单条记录，以便从 note 列表中打开一条 note。此示例使用了 SQL 数据库中的_id 字段，也可以根据需要使用任何数字或字符 ID。

2．复制数据结构

为了复制和粘贴复杂数据，需要创建一个 ContentProvider 组件的子类 Content Provider，将编码后的 URI 放入剪贴板，该 URI 指向需提供的正确记录。此外，还必须考虑应用程序的现状：

- 如果已有一个 Content Provider，只需要扩展它的功能，修改 query()方法，使得它能处理粘贴程序所需的 URI 即可，也可以修改方法来对 URI 中的"copy"进行模式匹配。
- 如果应用程序拥有内部数据库，为了复制数据，需要将此数据库移入 Content Provider。
- 如果没有用到数据库，可以实现一个简单的 Content Provider，其为程序提供来自剪贴板数据的粘贴功能。

在 Content Provider 中，需要重写 query()和 getType()两个方法。

（1）query()

假设粘贴应用程序通过该方法获取剪贴板中 URI 指定的数据，为了支持复制功能，应该在本方法中对包含指定"copy"路径的 URI 进行检测。然后，程序可以创建一个"copy" URI，并放入剪贴板中，此 URI 包含复制路径和指向实际复制记录的指针。

（2）getType()

本方法返回 MIME 类型或者需复制数据的类型。为了把 MIME 类型放入新建的 ClipData 对象中，newUri()方法将会调用 getType()方法。

注　意

insert()或 update()等其他的 Content Provider 方法不需要实现。粘贴应用程序只需要获取所用的 MIME 类型并从 Provider 复制数据。如果已经实现了这些方法，它们也不会影响复制操作。

下面演示如何实现复制复杂数据的应用程序。

① 声明全局常量，定义基本 URI 字符串和路径，用于指明复制数据的 URI 字符串。同时，声明复制数据的 MIME 类型。

```
    // Declares the base URI string
private static final String CONTACTS = "content://com.example.contacts";

// Declares a path string for URIs that you use to copy data
```

```
private static final String COPY_PATH = "/copy";

// Declares a MIME type for the copied data
public static final String MIME_TYPE_CONTACT = "vnd.android.cursor.item/vnd.example.contact"
```

② 在用户复制数据的 Activity 中，把数据复制到剪贴板，在响应复制请求时，将 URI 放入剪贴板中的代码如下。

```
    public class MyCopyActivity extends Activity {

    ...

// The user has selected a name and is requesting a copy.
case R.id.menu_copy:

    // Appends the last name to the base URI
    // The name is stored in "lastName"
    uriString = CONTACTS + COPY_PATH + "/" + lastName;

    // Parses the string into a URI
    Uri copyUri = Uri.parse(uriString);

    // Gets a handle to the clipboard service.
    ClipboardManager clipboard = (ClipboardManager)
        getSystemService(Context.CLIPBOARD_SERVICE);

    ClipData clip = ClipData.newUri(getContentResolver(), "URI", copyUri);

    // Set the clipboard's primary clip.
    clipboard.setPrimaryClip(clip);
```

③ 在 Content Provider 的全局部分（global scope），创建一个 URI 匹配器，并加入与剪贴板 URI 相匹配的 URI 模式，代码如下：

```
    public class MyCopyProvider extends ContentProvider {

    ...

// A Uri Match object that simplifies matching content URIs to patterns.
private static final UriMatcher sURIMatcher = new UriMatcher(UriMatcher.NO_MATCH);

// An integer to use in switching based on the incoming URI pattern
private static final int GET_SINGLE_CONTACT = 0;

...

// Adds a matcher for the content URI. It matches
// "content://com.example.contacts/copy/*"
sUriMatcher.addURI(CONTACTS, "names/*", GET_SINGLE_CONTACT);
```

④ 实现 query()方法。在本方法中可用不同的代码处理各种 URI 模式，下面的代码仅列出了剪贴板复制操作所用到的模式。

```
    // Sets up your provider's query() method.
public Cursor query(Uri uri, String[] projection, String selection, String[] selectionArgs,
```

```
    String sortOrder) {

    ...

    // Switch based on the incoming content URI
    switch (sUriMatcher.match(uri)) {

    case GET_SINGLE_CONTACT:

        // query and return the contact for the requested name. Here you would decode
        // the incoming URI, query the data model based on the last name, and return the result
        // as a Cursor.

    ...

}
```

⑤ 实现 getType()方法，返回复制数据的 MIME 类型。

```
    // Sets up your provider's getType() method.
public String getType(Uri uri) {

    ...

    switch (sUriMatcher.match(uri)) {

    case GET_SINGLE_CONTACT:

        return (MIME_TYPE_CONTACT);
```

本部分描述了如何从剪贴板获取数据的 URI，并通过 URI 进行数据的读取和粘贴。

3. 复制数据流

大量的文本和二进制数据可以以流的形式进行复制和粘贴。这样的数据具有如下特性：

- 保存在物理设备上的文件。
- 来自 Socket 的流。
- 保存在 Provider 底层数据库系统中的大量数据。

数据流的 Content Provider 用诸如 AssetFileDescriptor 的文件描述符对象代替 Cursor 对象，粘贴应用程序利用该文件描述符来读取数据流。

要创建 Provider 复制数据流的应用程序，遵循以下步骤：

步骤 01 为放入剪贴板的数据流建立 Content URI。可以通过以下三种方式实现。

① 将数据流的 ID 编入 URI，如上将 ID 编入 URI 所述，然后在 Provider 中保存一张表，其中包含 ID 和相关的流名称。

② 将流名称直接编入 URI。

③ 使用从 Provider 返回到当前流的唯一 URI。若选用该方式，则每次通过 URI 把流复制到剪贴板时，必须更新 Provider，使它指向新的流。

步骤 02 为每类提供的数据流指定一个 MIME 类型。粘贴应用程序需要此信息来确定能否粘贴剪贴板中的数据。

步骤 03　实现 ContentProvider 中的一个方法，返回流的文件描述符。若 ID 已编入 Content URI，则用此方法来确定需要打开的流。

步骤 04　数据复制到剪贴板时，构造 Content URI 并放入剪贴板中。

粘贴数据流时，应用程序先从剪贴板获取 clip，读取 URI，然后调用 ContentResolver 文件描述符方法打开流。ContentResolver 方法将调用相应的 ContentProvider 方法，把 Content URI 传入其中。Provider 把文件描述符返回给 ContentResolver 方法，这时粘贴程序就能读取流中的数据了。

以下给出了 Content Provider 中重要的文件描述符方法。每个方法名末端都增加字符串 Descriptor 的 ContentResolver 方法与之相对应。比如，模拟 openAssetFile() 的 ContentResolver 方法是 openAssetFileDescriptor()。

① openTypedAssetFile()

仅当给出的 MIME 类型能被 Provider 支持时，本方法返回一个 asset 文件描述符。调用方（执行粘贴的应用）提供 MIME 类型模式。如果能提供此类型 MIME，Content Provider（把 URI 复制到剪贴板的应用）将返回一个 AssetFileDescriptor 文件句柄，不能提供则抛出异常。

本方法用于处理文件的片段，可以用它读取 Content Provider 复制到剪贴板的 asset。

② openAssetFile()

本方法是比 openTypedAssetFile() 更通用的方法。它不对支持的 MIME 类型进行判断过滤，但可用于读取文件的片段。

③ openFile()

这是比 openAssetFile() 更加通用的格式，但它不能读取文件片段。

④ openPipeHelper()

可以选用 openPipeHelper() 方法作为文件描述符方法，让粘贴应用可以利用管道在后台读取流数据。使用此方法需要实现 ContentProvider.PipeDataWriter 接口。在 Note Pad 示例程序中有相关用法，其使用位于 NotePadProvider.java 中的 openTypedAssetFile() 方法。

12.7　设计有效的复制/粘贴功能

要为应用程序设计高效的复制与粘贴功能，需要注意以下几点：

- 任何时候剪贴板中都只有一个 clip。系统中任何应用程序执行了新的复制操作，都会覆盖之前的 clip。由于用户可能会跳离应用程序，并在返回前执行复制，因此不能确定剪贴板中包含前一次在该程序中复制的内容。

- 设计 clip ClipData.Item 对象的初衷是为了支持一次复制/粘贴多个选项，而不是为了单个选项能包含多种不同的格式。通常一个 clip 中的所有 ClipData.Item 对象都应该具有相同的格式，也就是说，所有对象要么是简单文本，要么是 Content URI 或者 Intent，而不能混在一起使用。

- 提供数据时，可以提交各种不同的 MIME 描述。把所支持的 MIME 给 ClipDescription

对象，然后在 Content Provider 中实现这些 MIME 类型。

- 从剪贴板读取数据时，应用程序对可用的 MIME 类型进行检查，然后决定要使用哪些类型。即使剪贴板中存在 clip，用户也请求了粘贴，应用程序不一定要执行粘贴，而是在 MIME 类型能够兼容时才执行粘贴，可以选用 coerceToText() 把剪贴板数据强制转换成文本。如果应用程序能支持多种 MIME 类型，用户先选择其中一种使用。

12.8　综　合　实　例

实例 ClipBoardDemo 修改自 Android SDK 中的 Demo，演示了 Android 的剪贴板对于带格式文本、无格式文本、HTML 文本、Intent 和 URI 的粘贴效果，并可以将这几种数据格式进行相互转化。该实例的运行效果如图 12.2 所示。

图 12.2　ClipBoardDemo 的运行效果

该实例的布局文件 clipboard.xml 的内容如下：

```xml
<?xml version="1.0" encoding="utf-8"?>
<ScrollView xmlns:android="http://schemas.android.com/apk/res/android"
    android:layout_width="match_parent"
    android:layout_height="match_parent"
    android:orientation="vertical">
    <LinearLayout android:layout_width="match_parent"
        android:layout_height="wrap_content"
        android:orientation="vertical">

        <LinearLayout
            android:layout_width="match_parent"
            android:layout_height="wrap_content"
```

```
    android:orientation="horizontal">

    <Button
        android:id="@+id/copy_styled_text"
        android:layout_width="wrap_content"
        android:layout_height="wrap_content"
        android:onClick="pasteStyledText"
        android:text="复制" />

    <TextView
        android:id="@+id/styled_text"
        android:layout_width="wrap_content"
        android:layout_height="wrap_content"
        android:textStyle="normal" />

</LinearLayout>

<LinearLayout
    android:layout_width="match_parent"
    android:layout_height="wrap_content"
    android:orientation="horizontal">

    <Button
        android:id="@+id/copy_plain_text"
        android:layout_width="wrap_content"
        android:layout_height="wrap_content"
        android:onClick="pastePlainText"
        android:text="复制" />

    <TextView
        android:id="@+id/plain_text"
        android:layout_width="wrap_content"
        android:layout_height="wrap_content"
        android:textStyle="normal" />

</LinearLayout>

<LinearLayout
    android:layout_width="match_parent"
    android:layout_height="wrap_content"
    android:orientation="horizontal">

    <Button
        android:id="@+id/copy_html_text"
        android:layout_width="wrap_content"
        android:layout_height="wrap_content"
        android:onClick="pasteHtmlText"
        android:text="复制文本" />

    <TextView
        android:id="@+id/html_text"
        android:layout_width="wrap_content"
        android:layout_height="wrap_content"
        android:textStyle="normal" />
```

```xml
    </LinearLayout>

    <LinearLayout
        android:layout_width="match_parent"
        android:layout_height="wrap_content"
        android:orientation="horizontal">

        <Button
            android:id="@+id/copy_intent"
            android:layout_width="wrap_content"
            android:layout_height="wrap_content"
            android:onClick="pasteIntent"
            android:text="复制 intent" />

    </LinearLayout>

    <LinearLayout
        android:layout_width="match_parent"
        android:layout_height="wrap_content" >

        <Button
            android:id="@+id/copy_uri"
            android:layout_width="wrap_content"
            android:layout_height="wrap_content"
            android:onClick="pasteUri"
            android:text="复制 URI" />

    </LinearLayout>

    <LinearLayout
        android:layout_width="match_parent"
        android:layout_height="wrap_content"
        android:layout_marginTop="8dp"
        android:orientation="horizontal">

        <TextView
            android:layout_width="wrap_content"
            android:layout_height="wrap_content"
            android:textAppearance="?android:attr/textAppearanceMedium"
            android:text="Data type: " />

        <Spinner
            android:id="@+id/clip_type"
            android:layout_width="wrap_content"
            android:layout_height="wrap_content"
            android:drawSelectorOnTop="true" />

    </LinearLayout>

    <LinearLayout
        android:layout_width="match_parent"
        android:layout_height="wrap_content"
        android:layout_marginTop="4dp"
        android:orientation="horizontal">
```

```
        <TextView
            android:layout_width="wrap_content"
            android:layout_height="wrap_content"
            android:textAppearance="?android:attr/textAppearanceMedium"
            android:text="MIME types: " />

        <TextView
            android:id="@+id/clip_mime_types"
            android:layout_width="0dp"
            android:layout_weight="1"
            android:layout_height="wrap_content"
            android:background="#ff303030"
            android:padding="4dp"
            android:textAppearance="?android:attr/textAppearanceMedium"
            />

    </LinearLayout>

    <TextView
        android:layout_width="wrap_content"
        android:layout_height="wrap_content"
        android:layout_marginTop="4dp"
        android:textAppearance="?android:attr/textAppearanceMedium"
        android:text="Data content:" />

    <TextView
        android:id="@+id/clip_text"
        android:layout_width="match_parent"
        android:layout_height="wrap_content"
        android:background="#ff303030"
        android:padding="4dp"
        android:textAppearance="?android:attr/textAppearanceMedium"
        />

    </LinearLayout>
</ScrollView>
```

该实例在定义 Button 的同时直接指定其响应函数，例如：

```
<Button
        android:id="@+id/copy_styled_text"
        android:layout_width="wrap_content"
        android:layout_height="wrap_content"
        android:onClick="pasteStyledText"
        android:text="复制格式文本" />
```

其中的 android:onClick="pasteStyledText"字段表示该按钮被点击时，直接调用 pasteStyledTest 方法进行处理，这样就省去了在 Java 文件中编写响应方法的代码。

该实例在复制过程中用到了一个名为 styled_text 的字符串，用 HTML 标识了文字的加粗、斜体等效果。因此，在工程的 values/strings.xml 文件中加入该变量名对应的字符串如下：

```
<string name="styled_text">Plain, <b>bold</b>, <i>italic</i>,
<b><i>bold-italic</i></b></string>
```

布局中的下拉列表在填充数据的过程中使用了数组进行填充，因此在工程的 values 文件夹下新建 Arrays.xml 文件，并新建数组数据如下：

```xml
<?xml version="1.0" encoding="utf-8"?>
<resources>
  <string-array name="clip_data_types">
      <item>No data in clipboard</item>
      <item>Text clip</item>
      <item>HTML Text clip</item>
      <item>Intent clip</item>
      <item>Uri clip</item>
      <item>Coerce to text</item>
      <item>Coerce to styled text</item>
      <item>Coerce to HTML text</item>
  </string-array>
</resources>
```

实例 ClipBoardDemo 的 MainActivity.java 文件代码如下：

```java
package introduction.android.clipboard;

import android.app.Activity;
import android.content.ClipboardManager;
import android.content.ClipData;
import android.content.Context;
import android.content.Intent;
import android.content.res.Resources;
import android.net.Uri;
import android.os.Bundle;
import android.text.method.LinkMovementMethod;
import android.view.View;
import android.widget.AdapterView;
import android.widget.ArrayAdapter;
import android.widget.Spinner;
import android.widget.TextView;
import android.widget.AdapterView.OnItemSelectedListener;

public class MainActivity extends Activity {
    ClipboardManager mClipboard;

    Spinner mSpinner;
    TextView mMimeTypes;
    TextView mDataText;

    CharSequence mStyledText;
    String mPlainText;
    String mHtmlText;
    String mHtmlPlainText;

    ClipboardManager.OnPrimaryClipChangedListener mPrimaryChangeListener = new
ClipboardManager.OnPrimaryClipChangedListener() {
        public void onPrimaryClipChanged() {
            updateClipData(true);
        }
    };
```

```java
    @Override
    protected void onCreate(Bundle savedInstanceState) {
        super.onCreate(savedInstanceState);

        mClipboard = (ClipboardManager) getSystemService(CLIPBOARD_SERVICE);

        setContentView(R.layout.clipboard);

        TextView tv;

        mStyledText = getText(R.string.styled_text);
        tv = (TextView) findViewById(R.id.styled_text);
        tv.setText(mStyledText);

        mPlainText = mStyledText.toString();
        tv = (TextView) findViewById(R.id.plain_text);
        tv.setText(mPlainText);

        mHtmlText = "<b>Link:</b> <a href=\"http://www.android.com\">Android</a>";
        mHtmlPlainText = "Link: http://www.android.com";
        tv = (TextView) findViewById(R.id.html_text);
        tv.setText(mHtmlText);

        mSpinner = (Spinner) findViewById(R.id.clip_type);
        ArrayAdapter<CharSequence> adapter = ArrayAdapter.createFromResource(this,
R.array.clip_data_types,
                    android.R.layout.simple_spinner_item);
        adapter.setDropDownViewResource(android.R.layout.simple_spinner_dropdown_item);
        mSpinner.setAdapter(adapter);
        mSpinner.setOnItemSelectedListener(new OnItemSelectedListener() {
            public void onItemSelected(AdapterView<?> parent, View view, int position, long
id) {
                updateClipData(false);
            }

            public void onNothingSelected(AdapterView<?> parent) {
            }
        });

        mMimeTypes = (TextView) findViewById(R.id.clip_mime_types);
        mDataText = (TextView) findViewById(R.id.clip_text);

        mClipboard.addPrimaryClipChangedListener(mPrimaryChangeListener);
        updateClipData(true);
    }

    @Override
    protected void onDestroy() {
        super.onDestroy();
        mClipboard.removePrimaryClipChangedListener(mPrimaryChangeListener);
    }

    public void pasteStyledText(View button) {
        mClipboard.setPrimaryClip(ClipData.newPlainText("Styled Text", mStyledText));
    }
```

```java
        public void pastePlainText(View button) {
            mClipboard.setPrimaryClip(ClipData.newPlainText("Styled Text", mPlainText));
        }

        public void pasteHtmlText(View button) {
            mClipboard.setPrimaryClip(ClipData.newHtmlText("HTML Text", mHtmlPlainText,
mHtmlText));
        }

        public void pasteIntent(View button) {
            Intent intent = new Intent(Intent.ACTION_VIEW,
Uri.parse("http://www.android.com/"));
            mClipboard.setPrimaryClip(ClipData.newIntent("VIEW intent", intent));
        }

        public void pasteUri(View button) {
            mClipboard.setPrimaryClip(ClipData.newRawUri("URI",
Uri.parse("http://www.android.com/")));
        }

        void updateClipData(boolean updateType) {
            ClipData clip = mClipboard.getPrimaryClip();
            String[] mimeTypes = clip != null ? clip.getDescription().filterMimeTypes("*/*") :
null;

            if (mimeTypes != null) {
                mMimeTypes.setText("");
                for (int i = 0; i < mimeTypes.length; i++) {
                    if (i > 0) {
                        mMimeTypes.append("\n");
                    }
                    mMimeTypes.append(mimeTypes[i]);
                }
            } else {
                mMimeTypes.setText("NULL");
            }

            if (updateType) {
                if (clip != null) {
                    ClipData.Item item = clip.getItemAt(0);
                    if (item.getHtmlText() != null) {
                        mSpinner.setSelection(2);
                    } else if (item.getText() != null) {
                        mSpinner.setSelection(1);
                    } else if (item.getIntent() != null) {
                        mSpinner.setSelection(3);
                    } else if (item.getUri() != null) {
                        mSpinner.setSelection(4);
                    } else {
                        mSpinner.setSelection(0);
                    }
                } else {
                    mSpinner.setSelection(0);
                }
            }
```

```
            if (clip != null) {
                ClipData.Item item = clip.getItemAt(0);
                switch (mSpinner.getSelectedItemPosition()) {
                case 0:
                    mDataText.setText("(No data)");
                    break;
                case 1:
                    mDataText.setText(item.getText());
                    break;
                case 2:
                    mDataText.setText(item.getHtmlText());
                    break;
                case 3:
                    mDataText.setText(item.getIntent().toUri(0));
                    break;
                case 4:
                    mDataText.setText(item.getUri().toString());
                    break;
                case 5:
                    mDataText.setText(item.coerceToText(this));
                    break;
                case 6:
                    mDataText.setText(item.coerceToStyledText(this));
                    break;
                case 7:
                    mDataText.setText(item.coerceToHtmlText(this));
                    break;
                default:
                    mDataText.setText("Unknown option: " +
mSpinner.getSelectedItemPosition());
                    break;
                }
            } else {
                mDataText.setText("(NULL clip)");
            }
            mDataText.setMovementMethod(LinkMovementMethod.getInstance());
        }
    }
```

其中代码段：

```
    if (clip != null) {
                ClipData.Item item = clip.getItemAt(0);
                if (item.getHtmlText() != null) {
                    mSpinner.setSelection(2);
                } else if (item.getText() != null) {
                    mSpinner.setSelection(1);
                } else if (item.getIntent() != null) {
                    mSpinner.setSelection(3);
                } else if (item.getUri() != null) {
                    mSpinner.setSelection(4);
                } else {
                    mSpinner.setSelection(0);
                }
```

```
        } else {
            mSpinner.setSelection(0);
        }
```

是根据粘贴内容来确定下拉列表的显示项的。

代码段：

```
ClipData.Item item = clip.getItemAt(0);
            switch (mSpinner.getSelectedItemPosition()) {
            case 0:
                mDataText.setText("(No data)");
                break;
            case 1:
                mDataText.setText(item.getText());
                break;
            case 2:
                mDataText.setText(item.getHtmlText());
                break;
            case 3:
                mDataText.setText(item.getIntent().toUri(0));
                break;
            case 4:
                mDataText.setText(item.getUri().toString());
                break;
            case 5:
                mDataText.setText(item.coerceToText(this));
                break;
            case 6:
                mDataText.setText(item.coerceToStyledText(this));
                break;
            case 7:
                mDataText.setText(item.coerceToHtmlText(this));
                break;
            default:
                mDataText.setText("Unknown option: " +
mSpinner.getSelectedItemPosition());
                break;
            }
```

是根据用户选择的下拉列表项将粘贴内容转化为相应字符串并显示出来的。

12.9 小　　结

　　本章主要介绍了 Android 7.0 提供的文本输入和粘贴服务，对剪贴板服务框架和剪贴板类进行了介绍，并详细介绍了将数据复制到剪贴板和从剪贴板获取数据的方法，以及从 Content Provider 中获取数据的方法。

　　通过系统提供的剪贴板可以轻松实现对纯文本、格式文本、HTML 文本、Intent 和 URI 的复制和粘贴，并且可以实现这几种格式的文本之间的字符串转化。本章最后通过实例演示了这些功能。

第13章

企业应用开发

13.1 设备管理 API 概述

如果 Android 设备的某个硬件出现故障，Android 设备会提示用户相关信息；如果丢了与自己的 Google 账户相关联的 Android 设备，也可以帮你找到、锁定并清空该设备。这些功能都是依靠 Android 设备管理实现的。

其实，Android 从 2.2 版本开始就提供了一套设备管理 API 来进行 Android 设备的管理工作，其中包含设备锁屏、禁用启用摄像头（4.0 开始提供）、擦除用户数据等一系列设备管理策略。这些 API 在安全设置中都是非常有用的。例如，Android 内置的电子邮件充分利用了新的 API，以提高 Exchange 的支持，通过电子邮件应用程序，管理员借助 Exchange 可以强制执行跨设备密码策略，包括字母数字密码或数字的 PIN。管理员还可以远程擦除（恢复出厂设置）丢失或被盗的手机。Exchange 用户可以同步自己的电子邮件、日历数据等。

使用设备管理常见的应用有电子邮件客户端、远程数据擦除、设备管理服务等。

本章主要介绍 Android 设备管理的工作过程、管理策略及开发设备管理应用的过程。

13.1.1 设备管理工作过程

可以使用设备管理 API 来编写设备管理应用、用户对设备的安装以及设备管理应用执行所需的策略。

设备管理的工作过程分为以下 4 个步骤：

步骤01 系统管理员写入一个设备管理应用，执行远程/本地设备安全策略。这些策略以硬编码的形式进入应用，或者可以从第三方服务器上动态获取。

步骤 02 在用户的设备上安装应用程序。安卓目前还没有一个自动配置的解决方案，但可以采用如下方式将应用程序分发到用户设备。

- 谷歌商店。
- 从其他存储上启用安装。
- 通过其他手段分配应用，比如电子邮件或者网站。

步骤 03 系统将提示用户使用设备管理应用程序。这种情况取决于应用程序是如何实现的。

步骤 04 一旦用户允许设备来管理应用程序，他们就要遵守其规定，除了被约束外，遵守规定也是有好处的，如可以访问敏感系统和数据。

即使用户没有开启设备管理应用，但在设备上它仍然存在，只不过处于非活动状态。当然，用户不会被它管理，也不会被任何应用程序管理。例如，用户可能无法同步数据。

如果一个用户不遵守规定（比如用户设置的密码违反规则），它将由应用程序处理。然而，通常会导致用户无法同步数据。

如果一个设备试图连接到服务器，但请求设备管理 API 不支持其规定，则不允许连接。设备管理 API 当前不允许部分配置，换句话说，如果一个设备（如一个遗留的设备）不支持所有规定，那么没办法连接设备。

如果一个设备包含多种功能的管理应用，它们会按照严格的策略进行管理，而不存在特殊情况。如果要卸载一个设备管理应用程序，用户可以管理员身份先注销该应用程序。

13.1.2 设备管理策略

在企业级应用的设置中，设备管理 API 依据一套必须严格遵守的规范来管理设备。设备管理 API 支持的规范如表 13.1 所示，需要注意的是，设备管理 API 目前只支持密码锁屏。

表 13.1 设备管理 API 支持的策略

策略	说明
Password enabled 启用密码	设备询问 pin 或者密码的请求
Minimum password length 最小密码长度	设置密码字符需要的数目。比如，可以请求最少 6 位字符的 pin 或者密码
Alphanumeric password required 字母数字密码请求	由数字和字母组成的密码请求，可能包括符号字符
Complex password required 复杂密码请求	密码必须包含至少一个字母、一个数字和一个特殊符号，参看 3.0
Minimum letters required in password 密码最小字母请求	所有管理权限或者特殊部分密码请求的最小字母数，参看 3.0
Minimum lowercase letters required in password 密码中的最小小写字母请求	所有管理权限或者特殊部分密码请求的最小小写字母数，参看 3.0

（续表）

策略	说明
Minimum non-letter characters required in password 密码中的最小非字母型字符请求	所有管理权限或特殊部分密码中，请求的非字母型字符的最小数，参看 3.0
Minimum numerical digits required in password 密码中最小数字请求	所有管理权限或特殊部分的密码中，请求的数字字符的最小数，参看 3.0
Minimum symbols required in password 密码需求的最小符号	所有管理权限和特殊部分的密码中，请求的符号的最小数，参看 3.0
Minimum uppercase letters required in password 密码的最小大写字母需求	所有管理权限和特殊部分的密码中，请求的大写字母的最小数，参看 3.0
Password expiration timeout 密码过期超时问题	当设备管理设置过期超时时，一个即将过期的密码表现为毫秒中的变量增量，参看 3.0
Password history restriction 密码历史限制	防止用户重用过去的 n 唯一密码。结合 setPasswordExpirationTimeout() 使用，使用户定期更新密码，参看 3.0
Maximum failed password attempts 最大密码尝试失败	在设备擦拭数据之前指定用户输入错误的密码次数。设备管理 API 也允许管理员远程重置设备（默认出厂设置），可以在设备丢失或者被盗之后保证数据安全
Maximum inactivity time lock 最大闲置时间锁定	设置用户最后触摸屏幕或者按键后锁屏的时间。当触发后，再次使用设备并访问数据之前，用户需要再次输入 pin 或者密码，值在 1~60 分
Require storage encryption 存储加密需求	如果设备支持，指定应该加密的存储范围，参看 3.0
Disable camera 禁用相机	指定应该禁用的相机（并非永久性的禁用），相机可以基于语境、时间等来动态开启/禁用，参看 4.0

依据表 13.1 的策略，设备管理 API 可以实现诸多功能，例如：

- 提示用户设置新密码。
- 立刻锁住设备。
- 擦拭设备数据（恢复设备到其出厂默认设置）。

为了更好地理解和实现设备管理，这里我们通过一个案例进行介绍。

13.2　开发设备管理 API 应用

本节通过 SDK 中的一个实例来讲解设备管理 API 的使用方法，运行效果如图 13.1 所示。

该范例程序提供了一个使用设备管理 API 进行设备管理的模板，它展示了设备管理 API 的用户交互方法。其功能如下：

- 设置密码级别。

- 用户密码的特殊需求。比如，最小的密码长度，密码中必须包含数字、字符型数据的最小数量等。
- 设置密码。如果密码不符合指定的策略，系统返回一个错误。
- 设置错误密码的尝试次数，可以在设备删除之前出现（恢复到出厂设置）。
- 设置密码将要过期的时间长度。
- 设置密码历史长度（长度是关于旧密码保存的历史数量）。提供用户重新使用之前使用过的最后 n 个密码中的一个。
- 如果设备支持，指定应该被加密的存储数据。
- 设置闲置时间的最大值，即在设备自动锁定前的等待时间。
- 使设备立刻锁住。
- 擦拭设备数据（恢复出厂设置）。
- 禁用相机。

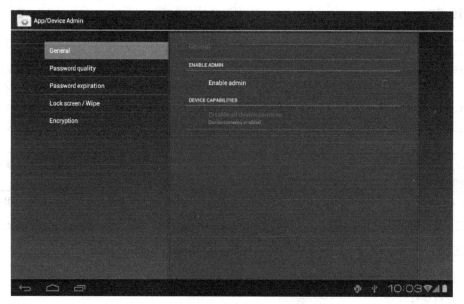

图 13.1 设备管理应用程序

系统管理员可以使用设备管理 API 来编写一个应用，强制执行远程/本地设备安全政策。这部分给出了创建一个设备管理应用的实现步骤。

13.2.1 创建程序代码

对于使用设备管理 API 的应用程序，其 AndroidManifest.xml 代码必须包含如下信息。

（1）DeviceAdminReceiver 的一个子类，包括：

- BIND_DEVICE_ADMIN 权限。
- 响应 ACTION_DEVICE_ADMIN_ENABLED 类型 Intent 的能力，在声明中作为一个 Intent Filter 表达。

（2）元数据中使用的安全政策的声明。

设备管理范例程序的 AndroidManifest.xml 代码如下：

```
    <activity android:name=".app.DeviceAdminSample"
            android:label="@string/activity_sample_device_admin">
    <intent-filter>
        <action android:name="android.intent.action.MAIN" />
        <category android:name="android.intent.category.SAMPLE_CODE" />
    </intent-filter>
</activity>
<receiver android:name=".app.DeviceAdminSample$DeviceAdminSampleReceiver"
        android:label="@string/sample_device_admin"
        android:description="@string/sample_device_admin_description"
        android:permission="android.permission.BIND_DEVICE_ADMIN">
    <meta-data android:name="android.app.device_admin"
            android:resource="@xml/device_admin_sample" />
    <intent-filter>
        <action android:name="android.app.action.DEVICE_ADMIN_ENABLED" />
    </intent-filter>
</receiver>
```

注意：

（1）在项目的 ApiDemos/res/values/strings.xml 中设置以下属性值。

- android:label="@string/activity_sample_device_admin"　用户可读库。
- android:label="@string/sample_device_admin"　用户可读库的权限。
- android:description="@string/sample_device_admin_description"　用户可读的权限描述，一个描述通常是更长和更丰富的内容。

关于更多资源的相关信息，请参看 Application Resources。

（2）android:permission="android.permission.BIND_DEVICE_ADMIN"是 DeviceAdminReceiver 子类具备的权限，保证系统的应用权限（其他应用都不会拥有该权限），对滥用设备管理的其他应用提供防御。

（3）android:name="android.app.action.DEVICE_ADMIN_ENABLED"是 DeviceAdminReceiver 的子类的 Action 类型，用于对设备进行管理。当用户开启设备管理应用时，它被设置为接收者。代码通常在 onEnabled()中处理。为了得到支持，接收者也必须得到 BIND_DEVICE_ADMIN 权限以便其他应用程序无法拒绝。

（4）当用户开启设备管理应用时，给接收者权限去执行，回应给系统特定的接收事件的广播。当出现匹配的事件时，应用就可以强加一个规范。比如，如果用户尝试设置一个新的但不符合规范的密码，应用可以提示用户选择一个不同的符合规范的密码。

（5）android:resource="@xml/device_admin_sample" 声明使用在元数据中的安全规范。元数据为指定设备管理员提供了更多被 DeviceAdminInfo 类所解析的信息。

以下是 device_admin_sample.xml 的代码。

```
    <device-admin xmlns:android="http://schemas.android.com/apk/res/android">
  <uses-policies>
    <limit-password />
    <watch-login />
```

```
    <reset-password />
    <force-lock />
    <wipe-data />
    <expire-password />
    <encrypted-storage />
    <disable-camera />
  </uses-policies>
</device-admin>
```

在设备管理应用设计中，不需要包括所有的策略，只要有和应用相关的策略就可以。

设备管理 API 包含以下几个类。

（1）DeviceAdminReceiver

该类是完成设备管理组件的基类。这个类提供了一个解释系统发送的原始 Intent 动作的方便途径。设备管理程序必须包含一个它的子类。

（2）DevicePolicyManager

该类负责管理在设备上执行的安全策略。大多数客户端要发布一个已经被当前用户启用的 DeviceAdminReceiver。DevicePolicyManager 为至少一个 DeviceAdminReceiver 实例管理安全策略。

（3）DeviceAdminInfo

该类是用来为系统管理组件指定元数据的。

这些类提供一个设备管理应用实现的基础。接下来将描述如何使用 DeviceAdminReceiver 和 DevicePolicyManager API 来编写一个设备管理应用。

13.2.2 DeviceAdminReceiver 的子类

要创建一个设备管理应用程序，必须实现一个 DeviceAdminReceiver 的子类。

DeviceAdminReceiver 包含一系列回调函数，这些回调函数会在具体的事件发生时被调用。

以下代码只在 DeviceAdminReceiver 子类中简单地显示了 Toast，作为对相应事件的应答。

```java
    public class DeviceAdminSample extends DeviceAdminReceiver {

    void showToast(Context context, String msg) {
        String status = context.getString(R.string.admin_receiver_status, msg);
        Toast.makeText(context, status, Toast.LENGTH_SHORT).show();
    }

    @Override
    public void onEnabled(Context context, Intent intent) {
        showToast(context, context.getString(R.string.admin_receiver_status_enabled));
    }

    @Override
    public CharSequence onDisableRequested(Context context, Intent intent) {
        return context.getString(R.string.admin_receiver_status_disable_warning);
    }

    @Override
    public void onDisabled(Context context, Intent intent) {
        showToast(context, context.getString(R.string.admin_receiver_status_disabled));
```

```
    }

    @Override
    public void onPasswordChanged(Context context, Intent intent) {
        showToast(context, context.getString(R.string.admin_receiver_status_pw_changed));
    }
...
}
```

13.2.3　启用程序

用户启用程序是设备管理程序要处理的最重要的事件之一。用户必须明确启用设备管理程序才能使安全策略在设备上得以执行。如果用户选择不启用，那么安全策略就不会被执行，用户也就无法使用设备管理程序。

只要用户发出了 ACTION_ADD_DEVICE_ADMIN 的 Intent 动作，应用程序即可被启用。在以下示例中，用户点击"Enable Admin"选择框，设备就会提示用户已经启用了设备管理程序，如图 13.2 所示。

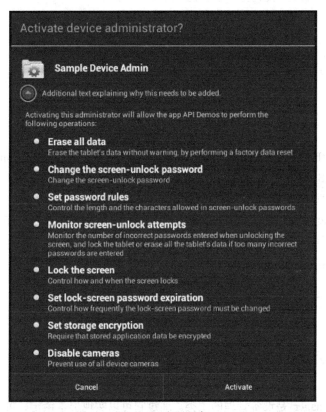

图 13.2　启用程序

下面是当用户点击"Enable Admin"选择框时要执行的代码，结果触发了 onPreferenceChange() 回调函数。当用户改变 Preference 的值时，就会调用这个回调函数。如果用户启用程序，界面就会提示用户正在启用程序，如图 13.2 所示，否则就是禁止程序。

```
    @Override
    public boolean onPreferenceChange(Preference preference, Object newValue) {
        if (super.onPreferenceChange(preference, newValue)) {
            return true;
        }
        boolean value = (Boolean) newValue;
        if (preference == mEnableCheckbox) {
            if (value != mAdminActive) {
                if (value) {
                    // Launch the activity to have the user enable our admin.
                    Intent intent = new Intent(DevicePolicyManager.ACTION_ADD_DEVICE_ADMIN);
                    intent.putExtra(DevicePolicyManager.EXTRA_DEVICE_ADMIN,
mDeviceAdminSample);
                    intent.putExtra(DevicePolicyManager.EXTRA_ADD_EXPLANATION,
                            mActivity.getString(R.string.add_admin_extra_app_text));
                    startActivityForResult(intent, REQUEST_CODE_ENABLE_ADMIN);
                    // return false - don't update checkbox until we're really active
                    return false;
                } else {
                    mDPM.removeActiveAdmin(mDeviceAdminSample);
                    enableDeviceCapabilitiesArea(false);
                    mAdminActive = false;
                }
            }
        } else if (preference == mDisableCameraCheckbox) {
            mDPM.setCameraDisabled(mDeviceAdminSample, value);
            ...
        }
        return true;
    }
```

其中，intent.putExtra(DevicePolicyManager.EXTRA_DEVICE_ADMIN, mDeviceAdminSample)
说明 mDeviceAdminSample 是目标策略（DeviceAdminReceiver 是一个组件）。这些代码会调用图
13.2 的界面，让用户选择是否添加系统管理员。

使用 DevicePolicyManager 的 isAdminActive()方法可以实现确定管理程序是否已经被启用。需
要注意的是，该方法需要一个 DeviceAdminReceiver 类型的参数。

```
    DevicePolicyManager mDPM;
...
private boolean isActiveAdmin() {
    return mDPM.isAdminActive(mDeviceAdminSample);
}
```

13.2.4　管理策略

DevicePolicyManager 是设备管理的主类。通过它可以实现屏幕锁定、屏幕亮度调节、出厂设
置等功能。DevicePolicyManager 为一个或多个 DeviceAdminReceiver 类的实例管理策略。

获得 DevicePolicyManager 实例的方法可以通过以下代码实现：

```
    DevicePolicyManager mDPM =
    (DevicePolicyManager)getSystemService(Context.DEVICE_POLICY_SERVICE);
```

本小节主要描述如何使用 DevicePolicyManager 执行设置密码策略、设备解锁策略和指定数据擦除功能等。

（1）设置密码策略

DevicePolicyManager 包括许多用来设置和执行设备密码策略的 API。在设备管理 API 中，密码只是用来解锁屏幕的。本小节描述了密码相关的任务。

（2）设置设备密码

以下代码用于显示一个用户界面提醒用户设置密码：

```
Intent intent = new Intent(DevicePolicyManager.ACTION_SET_NEW_PASSWORD);
startActivity(intent);
```

（3）设置密码组成策略

解锁策略可以由 DevicePolicyManager 的常量来设置。

- PASSWORD_QUALITY_ALPHABETIC　用户输入的密码必须要有字母（或者其他字符）。
- PASSWORD_QUALITY_ALPHANUMERIC　用户输入的密码必须要有字母和数字。
- PASSWORD_QUALITY_NUMERIC　用户输入的密码必须要有数字。
- PASSWORD_QUALITY_COMPLEX　用户输入的密码必须要有至少一个数字、字母和特殊字符。
- PASSWORD_QUALITY_SOMETHING　由设计人员决定。
- PASSWORD_QUALITY_UNSPECIFIED　对密码没有要求。

例如，按需求设置数字密码，其设置策略如下：

```
DevicePolicyManager mDPM;
ComponentName mDeviceAdminSample;
...
mDPM.setPasswordQuality(mDeviceAdminSample, DevicePolicyManager.PASSWORD_QUALITY_ALPHANUMERIC);
```

（4）设置对密码内容的具体要求

从 Android 3.0 开始，DevicePolicyManager 就提供了一些能很好地调节密码内容的方法。例如，可以要求密码必须有 n 个大写字母。下面这些就是提供功能的方法：

- setPasswordMinimumLetters()
- setPasswordMinimumLowerCase()
- setPasswordMinimumUpperCase()
- setPasswordMinimumNonLetter()
- setPasswordMinimumNumeric()
- setPasswordMinimumSymbols()

设置最少两个大写字母的密码，其代码如下：

```
DevicePolicyManager mDPM;
ComponentName mDeviceAdminSample;
int pwMinUppercase = 2;
...
mDPM.setPasswordMinimumUpperCase(mDeviceAdminSample, pwMinUppercase);
```

（5）设置密码最小长度

可以指定密码的最小长度，例如：

```
    DevicePolicyManager mDPM;
ComponentName mDeviceAdminSample;
int pwLength;
...
mDPM.setPasswordMinimumLength(mDeviceAdminSample, pwLength);
```

（6）设置密码最多错误输入次数

可以设置允许密码输入错误的最大次数，超过这个次数设备就要擦除数据（恢复出厂设置），例如：

```
    DevicePolicyManager mDPM;
ComponentName mDeviceAdminSample;
int maxFailedPw;
...
mDPM.setMaximumFailedPasswordsForWipe(mDeviceAdminSample, maxFailedPw);
```

（7）设置密码过期时间

从 Android 3.0 开始，可以使用 setPasswordExpirationTimeout()方法设置密码何时失效，系统会以毫秒为单位倒计时，例如：

```
    DevicePolicyManager mDPM;
ComponentName mDeviceAdminSample;
long pwExpiration;
...
mDPM.setPasswordExpirationTimeout(mDeviceAdminSample, pwExpiration);
```

（8）对密码的历史记录进行限制

从 Android 3.0 开始，可以使用 setPasswordHistoryLength()限制用户使用的密码要多久不能重复，这个方法中包含 length 参数，该参数用来设置要记录密码的个数。当该策略被激活时，用户就不能使用所设定范围内的旧密码当作新密码使用，防止用户一直使用同一个密码。这个策略通常与 setPasswordExpirationTimeout()一起使用，迫使用户每过一段时间就得换一个新的密码。

例如，下面的代码可以防止用户使用近期用过的 5 个密码：

```
    DevicePolicyManager mDPM;
ComponentName mDeviceAdminSample;
int pwHistoryLength = 5;
...
mDPM.setPasswordHistoryLength(mDeviceAdminSample, pwHistoryLength);
```

（9）设置锁屏

在设定的时间内没有使用设备，就把设备锁屏，例如：

```
    DevicePolicyManager mDPM;
ComponentName mDeviceAdminSample;
...
long timeMs = 1000L*Long.parseLong(mTimeout.getText().toString());
mDPM.setMaximumTimeToLock(mDeviceAdminSample, timeMs);
```

还可以使设备立即锁屏：

```
      DevicePolicyManager mDPM;
mDPM.lockNow();
```

（10）数据擦除

可以使用 DevicePolicyManager 的 wipeData()方法使设备恢复出厂设置。在设备被偷或者丢失的情况下非常有用。当然，恢复出厂设置要慎用。例如，在用户输入错误密码达到固定次数之后，可以使用 setMaximumFailedPasswordsForWipe()来擦除设备数据，代码如下：

```
      DevicePolicyManager mDPM;
mDPM.wipeData(0);
```

wipeData()方法的参数是一个整数，这里暂时必须为 0。

（11）禁用摄像头

Android N 系统可以禁用摄像头，但不是永久禁用。摄像头可以动态地禁用/启用在不同的上下文、时间等。

使用 setCameraDisabled()来设置摄像头是否被禁用。例如，下面的代码就根据选择框的状态来决定摄像头是否被禁用：

```
      private CheckBoxPreference mDisableCameraCheckbox;
DevicePolicyManager mDPM;
ComponentName mDeviceAdminSample;
...
mDPM.setCameraDisabled(mDeviceAdminSample, mDisableCameraCheckbox.isChecked());
```

（12）加密存储

从 Android 3.0 开始，可以使用 setStorageEncryption()方法来设置加密存储，前提是设备必须支持，例如：

```
      DevicePolicyManager mDPM;
ComponentName mDeviceAdminSample;
...
mDPM.setStorageEncryption(mDeviceAdminSample, true);
```

13.3 文本语音 API

Android 7.0 提供了 TextToSpeech API，可以方便地实现将文本转化为语音的功能。借助于 TextToSpeech API，企业可以很容易地开发出自己的基于文本的语音播放应用程序。

TextToSpeechDemo 是一个使用 TextToSpeech API 进行文本语音播放的实例，修改自 Android SDK 自带的 Demo 实例，其运行效果如图 13.3 所示。点击 speak 按钮就可以将按钮下方显示的文本内容以语音方式播放出来。

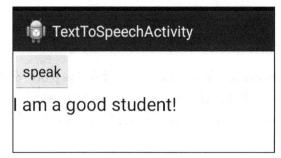

图 13.3　文本语音播放

其布局文件 text_to_speech.xml 的内容如下：

```xml
<?xml version="1.0" encoding="utf-8"?>

<LinearLayout xmlns:android="http://schemas.android.com/apk/res/android"
    android:orientation="vertical"
    android:layout_width="match_parent"
    android:layout_height="match_parent"
    >

    <Button
        android:id="@+id/again_button"
        android:layout_width="wrap_content"
        android:layout_height="wrap_content"
        android:enabled="false"
        android:text="speak" />

    <TextView
        android:id="@+id/textView1"
        android:layout_width="wrap_content"
        android:layout_height="wrap_content"
        android:text="Large Text"
        android:textAppearance="?android:attr/textAppearanceLarge" />

</LinearLayout>
```

实例 TextToSpeechDemo 中 TextToSpeechActivity.java 的代码如下：

```java
package introduction.Android.text;

import java.util.Locale;
import java.util.Random;
import android.app.Activity;
import android.os.Bundle;
import android.speech.tts.TextToSpeech;
import android.util.Log;
import android.view.View;
import android.widget.Button;
import android.widget.TextView;

public class TextToSpeechActivity extends Activity implements TextToSpeech.OnInitListener {

    private static final String TAG = "TextToSpeechDemo";
```

```
private TextToSpeech mTts;
private Button mAgainButton;
private TextView tv;

@Override
public void onCreate(Bundle savedInstanceState) {
    super.onCreate(savedInstanceState);
    setContentView(R.layout.text_to_speech);

    // Initialize text-to-speech. This is an asynchronous operation.
    // The OnInitListener (second argument) is called after initialization completes.
    mTts = new TextToSpeech(this,
        this // TextToSpeech.OnInitListener
        );
    tv=(TextView) this.findViewById(R.id.textView1);

    // The button is disabled in the layout.
    // It will be enabled upon initialization of the TTS engine.
    mAgainButton = (Button) findViewById(R.id.again_button);

    mAgainButton.setOnClickListener(new View.OnClickListener() {
        public void onClick(View v) {
            sayHello();
        }
    });
}

@Override
public void onDestroy() {
    // Don't forget to shutdown!
    if (mTts != null) {
        mTts.stop();
        mTts.shutdown();
    }

    super.onDestroy();
}

// Implements TextToSpeech.OnInitListener.
public void onInit(int status) {
    // status can be either TextToSpeech.SUCCESS or TextToSpeech.ERROR.
    if (status == TextToSpeech.SUCCESS) {
        // Set preferred language to US english.
        // Note that a language may not be available, and the result will indicate this.
        int result = mTts.setLanguage(Locale.US);
        // Try this someday for some interesting results.
        // int result mTts.setLanguage(Locale.FRANCE);
        if (result == TextToSpeech.LANG_MISSING_DATA ||
            result == TextToSpeech.LANG_NOT_SUPPORTED) {
            // Lanuage data is missing or the language is not supported.
            Log.e(TAG, "Language is not available.");
        } else {
            // Check the documentation for other possible result codes.
            // For example, the language may be available for the locale,
```

```
                    // but not for the specified country and variant.

                    // The TTS engine has been successfully initialized.
                    // Allow the user to press the button for the app to speak again.
                    mAgainButton.setEnabled(true);
                    // Greet the user.
                    sayHello();
                }
            } else {
                // Initialization failed.
                Log.e(TAG, "Could not initialize TextToSpeech.");
            }
        }

    private static final Random RANDOM = new Random();
    private static final String[] HELLOS = {
      "Hello",
      "Congratulation",
      "Greetings",
      "How are you!",
      "What's your name?",
      "I am a good student!",
      "Oh My God!"
    };

    private void sayHello() {
        // Select a random hello.
        int helloLength = HELLOS.length;
        String hello = HELLOS[RANDOM.nextInt(helloLength)];
        mTts.speak(hello,
            TextToSpeech.QUEUE_FLUSH,  // Drop all pending entries in the playback queue.
            null);
        tv.setText(hello);
    }

}
```

在这段内码中：

```
private static final String[] HELLOS = {
    "Hello",
    "Congratulation",
    "Greetings",
    "How are you!",
    "What's your name?",
    "I am a good student!",
    "Oh My God!"
  };
```

HELLOS 数组中存放了用于播放的文本，读者如果想播放自己的文本，只需要替换该数组内的字符串即可。

```
mTts = new TextToSpeech(this,this );
```

创建了 TextToSpeech 实例 mTts，该构造方法的第一个参数表示容纳该对象的容器，第二个参数表示实现文本语音回调接口 TextToSpeech.OnInitListener 的类，该接口提供一个 public void onInit(int status)方法，用于对文本语音 API 进行初始化。TextToSpeech 实例通过 speak 方法即可进行语音播放。本实例是以随机顺序播放 HELLOS 中的字符串的。

目前，该功能对英文支持较好，暂不支持中文文本播放。

13.4　TV 应用

电视应用和手机、平板使用相同的结构，这意味着调整已有的应用程序就可以运行在电视设备或安卓应用上。但是需要注意的是，已有的应用程序必须满足一些要求，才能够获得在谷歌应用商店上架的权利。

本节主要描述创建电视应用的开发环境以及如何将现有的应用程序进行最小的修改，使得该应用能够在电视应用上运行。

13.4.1　创建电视应用项目

要建立电视版应用，需要满足以下几点：

- 更新 SDK 工具到 24.0.0 及以上版本。
- 更新 SDK 工具包，启动、创建并测试可穿戴应用。
- 更新安卓 SDK 到安卓 7.0（API 24）及以上版本。
- 更新平台版本，为电视应用提供新的 API。
- 拥有创建或者更新的应用项目。

创建一个能够在电视设备上运行的应用，还需要使用以下元素：

（1）应用于电视的活动（Activity for TV）

该元素是必须使用的，需要在应用程序清单上声明一个能够在电视设备上运行的活动。

（2）电视支持库（TV Support Libraries）

该元素是可选的，支持库为电视设备建立用户接口的小部件提供支持。

为了能够使用新的电视设备的 API，必须针对 Android N（API 等级 24）及以上版本创建一个新的项目或者修改一个已有的项目。

（1）声明一个 TV Activity

运行在电视设备上的应用必须在 Manifest 中为 Activity 匹配 android.intent.category. LEANBACK_LAUNCHER 意图过滤器（Intent Filter）。添加过滤器的目的主要是为了 Google Play 的识别，没有添加相应过滤器的应用，Google Play 是不允许上架的。

以下代码段用于实现如何使用这个过滤器：

```
<application
  android:banner="@drawable/banner" >
  ...
  <activity
```

```
  android:name="com.example.android.MainActivity"
  android:label="@string/app_name" >

  <intent-filter>
    <action android:name="android.intent.action.MAIN" />
    <category android:name="android.intent.category.LAUNCHER" />
  </intent-filter>
</activity>

<activity
  android:name="com.example.android.TvActivity"
  android:label="@string/app_name"
  android:theme="@style/Theme.Leanback">

  <intent-filter>
    <action android:name="android.intent.action.MAIN" />
    <category android:name="android.intent.category.LEANBACK_LAUNCHER" />
  </intent-filter>
</activity>
</application>
```

本例中第二个<activity>活动应用清单入口声明能够打开一个电视设备的活动。

需要注意的是，如果应用的过滤器中不包括 CATEGORY_LEANBACK_LAUNCHER，那么用户在电视设备上运行谷歌应用商店时是看不到该应用的，同时使用开发者工具加载一个电视设备时，如果该应用没有这个过滤器，这个应用也不会出现在电视用户接口中。

如果修改一个已有的应用在电视应用中使用，电视应用上的布局不同于手机或平板电脑。电视应用的用户接口（或者是已存在的电视应用的一部分）应当提供一个简单的接口，这个接口可以非常简单地使用遥控器进行遥控。

关于设计一个电视应用的指导，请查看 TV Design。关于电视布局最低运行要求的相关信息，请查看 Building TV Layouts。

（2）声明 Leanback 技术支持

安卓电视要求应用声明 Leanback 接口。如果开发的应用打算应用在各个移动设备（如手机、可穿戴设备、平板电脑等）上，那么要将 Leanback 的 required 的属性值设置为 false。如果将 required 的属性值设置为 true，应用将只能运行在使用 Leanback 的设备上。其代码如下：

```
<manifest>
  <uses-feature android:name="android.software.leanback"
    android:required="false" />
  ...
</manifest>
```

（3）声明触摸屏的值为 false

电视设备上的应用不依赖于触摸屏进行输入。为了让大家更加清楚这一点，在电视应用的应用程序清单上，android.hardware.touchscreen 的值设为 false。这个赋值说明应用能够运行在电视设备上，在谷歌的应用商店才会被视为一个电视应用。以下代码给出了 android.hardware.touchscreen 的用法。

```
<manifest>
  <uses-feature android:name="android.hardware.touchscreen"
        android:required="false" />
```

```
    ...
</manifest>
```

<table>
<tr><td colspan="1" align="center">注　意</td></tr>
</table>

在应用程序清单中必须像上面的代码中那样，声明应用不需要使用触摸屏，否则应用将不会出现在谷歌应用商店里。

（4）提供一个主屏幕 banner

应用必须为每个包含 Leanback 桌面过滤器的本地化提供一个主屏幕 banner。

banner 指出应用运行时将会出现的应用主屏幕和游戏行。在 Manifest 中，banner 的代码如下：

```
<application
    ...
    android:banner="@drawable/banner" >

    ...
</application>
```

<application> 标签中的 android:banner 属性设置了所有应用活动的默认 banner，也可以在 <activity> 标签中应用一个特定活动的 banner。

更多 banners 信息可以在 UI Patterns for TV design guide 中查找。

13.4.2　添加 TV 支持库

为了在电视上使用，安卓 SDK 包括 TV Support Libraries，这些 Support Libraries 提供 API 和用户接口组件，它们被放在 <sdk>/extras/android/support/ 文件夹下。以下是主要的库及其功能。

① v17 leanback library

该库为电视版应用提供接口组件，尤其为那些媒体回放的应用。

② v7 recyclerview library

该库提供管理内存中存放的长列表的高效方式的类。在 v17 leanback 库中的类依赖于该库中的类。

③ v7 cardview library

该库为展示信息卡提供用户接口的小部件，比如媒体缩略图和描述等。

<table>
<tr><td colspan="1" align="center">注　意</td></tr>
</table>

电视应用中不是必须使用这些支持库，只是建议大家使用，特别是为提供媒体素材库浏览接口的应用使用。

使用 v17 leanback 库时，需要注意的是，它依赖于 v4 支持库。这意味着使用 leanback 支持库的应用应该包含以下所有的支持库：

- v4 support library
- v7 recyclerview support library
- v17 leanback support library

v17 leanback 包含应用项目中需要特定步骤的资源。

13.4.3 建立 TV 应用

完成前两步之后，就可以开始为大屏幕建立应用了。电视应用分为以下几种：

- 建立电视回放应用

电视是用来娱乐的，所以安卓提供了一系列用户接口工具和小部件，使建立的电视版应用能够欣赏影片和音乐，使用户能够浏览到想要的内容。

- 帮助用户查找内容

因为所有的内容都在用户的手指间，所以帮助他们选择喜欢的内容和提供给他们内容一样重要。这里就是讨论如何在电视设备上找到喜欢的内容。

- 电视游戏

电视设备是非常好的游戏平台。基于 Android TV 的电视游戏具有广阔的发展空间。

13.4.4 运行 TV 应用

运行应用在开发过程中是一个非常重要的过程。

Android SDK 中的 AVD 管理器提供了设备定义，它允许创建虚拟电视设备、运行和测试应用程序。

创建虚拟电视设备需要以下 4 个步骤：

- **步骤 01** 打开安卓虚拟设备管理器。
- **步骤 02** 在安卓虚拟设备管理器对话框中，点击"设备定义（Device Definitions）"标签。
- **步骤 03** 选择一个安卓电视类型，点击"创建安卓虚拟设备（Create AVD）"。
- **步骤 04** 选择模拟器选项，点击 OK 按钮创建安卓虚拟机。

创建电视 AVD 的界面如图 13.4 所示。注意：为了使电视模拟器设备达到最好的效果，最好能够使用主机的 GPU 选项，这样可以为虚拟设备加速。创建的 TV AVD 如图 13.5 所示。

要测试虚拟设备上的应用，需要两个步骤：

- **步骤 01** 在开发环境中编译电视应用。
- **步骤 02** 在开发环境中运行应用，选择电视虚拟设备作为目标设备。

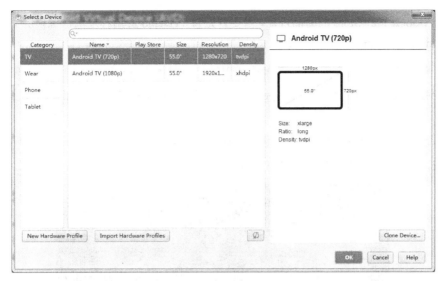

图 13.4　创建 TV AVD

图 13.5　TV AVD

13.4.5　TV 应用实例

实例 TvDemo 演示了开发电视应用的基本过程。该实例完成了在电视上对三个 ImageButton 的导航效果，当图像按键获得焦点时会变大，其运行效果如图 13.6 所示。

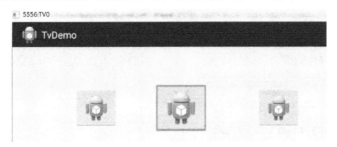

图 13.6　TvDemo 的运行效果

为符合 Google Play Store 的商品规范，需要首先为 TvDemo 应用程序取消触摸屏支持。在该工程的 AndroidManifest.xml 文件中加入：

```
<uses-feature android:required="false" android:name="android.hardware.touchscreen"/>
```

为了能够将该应用显示到电视的 App 列表中，需要在该工程的启动 Activity 的过滤器中添加如下代码：

```
<category android:name="android.intent.category.LEANBACK_LAUNCHER" />
```

添加后，TvDemo 就会出现在电视的 App 列表中，如图 13.7 所示。

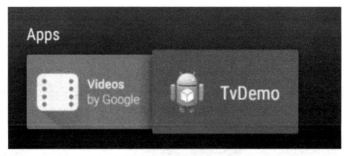

图 13.7　电视的 App 列表

该工程的 Manifest 文件内容如下：

```
<?xml version="1.0" encoding="utf-8"?>
<manifest xmlns:android="http://schemas.android.com/apk/res/android"
    package="introduction.android.tvdemo"
    android:versionCode="1"
    android:versionName="1.0" >
    <uses-sdk
        android:minSdkVersion="22"
        android:targetSdkVersion="22" />
    <uses-feature android:required="false" android:name="android.hardware.touchscreen"/>
    <application
        android:allowBackup="true"
        android:icon="@drawable/ic_launcher"
        android:label="@string/app_name"
        android:theme="@style/AppTheme" >
        <activity
            android:name=".MainActivity"
            android:label="@string/app_name" >
            <intent-filter>
                <action android:name="android.intent.action.MAIN" />
                <category android:name="android.intent.category.LEANBACK_LAUNCHER" />
            </intent-filter>
        </activity>
    </application>

</manifest>
```

其布局文件 activity_main.xml 的代码如下：

```
<RelativeLayout xmlns:android="http://schemas.android.com/apk/res/android"
    xmlns:tools="http://schemas.android.com/tools"
```

```
        android:layout_width="match_parent"
        android:layout_height="match_parent"
        android:paddingBottom="@dimen/activity_vertical_margin"
        android:paddingLeft="@dimen/activity_horizontal_margin"
        android:paddingRight="@dimen/activity_horizontal_margin"
        android:paddingTop="@dimen/activity_vertical_margin"
        tools:context="introduction.android.tvdemo.MainActivity" >

        <ImageButton
            android:id="@+id/imageButton3"
            android:layout_width="wrap_content"
            android:layout_height="wrap_content"
            android:layout_alignTop="@+id/imageButton2"
            android:layout_marginLeft="90dp"
            android:layout_toRightOf="@+id/imageButton2"
            android:nextFocusDown="@+id/imageButton1"
            android:src="@drawable/ic_launcher" />

        <ImageButton
            android:id="@+id/imageButton1"
            android:layout_width="wrap_content"
            android:layout_height="wrap_content"
            android:layout_alignParentLeft="true"
            android:layout_alignParentTop="true"
            android:layout_marginLeft="39dp"
            android:layout_marginTop="51dp"
            android:nextFocusDown="@+id/imageButton2"
            android:src="@drawable/ic_launcher" />

        <ImageButton
            android:id="@+id/imageButton2"
            android:layout_width="wrap_content"
            android:layout_height="wrap_content"
            android:layout_alignTop="@+id/imageButton1"
            android:layout_marginLeft="69dp"
            android:layout_toRightOf="@+id/imageButton1"
            android:nextFocusDown="@+id/imageButton3"
            android:src="@drawable/ic_launcher" />

</RelativeLayout>
```

布局中的三个 ImageButton 默认情况下可以通过电视的方向键进行焦点的转换。本实例中通过"android:nextFocusDown"属性为三个图像按键添加按下按键焦点循环改变的功能。读者可以通过相关属性直接改变应用程序中的导航效果。

其主 Activity 的 Java 类代码如下：

```
package introduction.android.tvdemo;

import android.app.Activity;
import android.os.Bundle;
import android.view.Menu;
import android.view.MenuItem;
import android.view.View;
import android.view.View.OnFocusChangeListener;
```

```java
import android.widget.ImageButton;
import android.widget.ImageView.ScaleType;

public class MainActivity extends Activity {
    ImageButton iv1,iv2,iv3;
    private String tag="TV";
    @Override
    protected void onCreate(Bundle savedInstanceState) {
        super.onCreate(savedInstanceState);
        setContentView(R.layout.activity_main);
        iv1=(ImageButton) this.findViewById(R.id.imageButton1);
        iv2=(ImageButton) this.findViewById(R.id.imageButton2);
        iv3=(ImageButton) this.findViewById(R.id.imageButton3);
        iv1.setOnFocusChangeListener(new OnFocusChangeListener() {
            @Override
            public void onFocusChange(View v, boolean hasFocus) {
                // TODO Auto-generated method stub
                iv1.setScaleType(ScaleType.CENTER);
                if(hasFocus){
                    iv1.setScaleX(1.3f);
                    iv1.setScaleY(1.3f);
                }else{
                    iv1.setScaleX(1.0f);
                    iv1.setScaleY(1.0f);
                }
            }
        });
        iv2.setOnFocusChangeListener(new OnFocusChangeListener() {
            @Override
            public void onFocusChange(View v, boolean hasFocus) {
                // TODO Auto-generated method stub
                iv2.setScaleType(ScaleType.CENTER);
                if(hasFocus){
                    iv2.setScaleX(1.3f);
                    iv2.setScaleY(1.3f);
                }else{
                    iv2.setScaleX(1.0f);
                    iv2.setScaleY(1.0f);
                }
            }
        });
        iv3.setOnFocusChangeListener(new OnFocusChangeListener() {
            @Override
            public void onFocusChange(View v, boolean hasFocus) {
                // TODO Auto-generated method stub
                iv2.setScaleType(ScaleType.CENTER);
                if(hasFocus){
                    iv3.setScaleX(1.3f);
                    iv3.setScaleY(1.3f);
                }else{
                    iv3.setScaleX(1.0f);
                    iv3.setScaleY(1.0f);
                }
            }
        });
```

```
    }

    @Override
    public boolean onCreateOptionsMenu(Menu menu) {
        // Inflate the menu; this adds items to the action bar if it is present.
        getMenuInflater().inflate(R.menu.main, menu);
        return true;
    }

    @Override
    public boolean onOptionsItemSelected(MenuItem item) {
        // Handle action bar item clicks here. The action bar will
        // automatically handle clicks on the Home/Up button, so long
        // as you specify a parent activity in AndroidManifest.xml.
        int id = item.getItemId();
        if (id == R.id.action_settings) {
            return true;
        }
        return super.onOptionsItemSelected(item);
    }
}
```

其中的代码段：

```
iv1.setOnFocusChangeListener(new OnFocusChangeListener() {
            @Override
            public void onFocusChange(View v, boolean hasFocus) {
                // TODO Auto-generated method stub
                iv1.setScaleType(ScaleType.CENTER);
                if(hasFocus){
                    iv1.setScaleX(1.3f);
                    iv1.setScaleY(1.3f);
                }else{
                    iv1.setScaleX(1.0f);
                    iv1.setScaleY(1.0f);
                }
            }
        });
```

表示图像按键 1 获得焦点后即调用 onFocusChange 方法进行处理。具体的处理方法为改变按键的显示范围为原来的 1.3 倍，即增大显示。

13.5 可穿戴设备应用

13.5.1 可穿戴设备应用简介

穿戴式智能设备是应用穿戴式技术对日常穿戴进行智能化设计、开发可穿戴设备的总称，如眼镜、手套、手表、服饰及鞋等。

广义的穿戴式智能设备不仅包括功能全、尺寸大、可不依赖智能手机实现完整或者部分功能的设备，如智能手表或智能眼镜等，也包括只专注于某一类应用功能，需要和其他设备（如智能手机）配合使用的设备，如各类进行体征监测的智能手环、智能首饰等。随着技术的进步以及用户需求的变迁，可穿戴式智能设备的形态与应用热点也在不断变化。

穿戴式技术在国际计算机学术界和工业界一直备受关注，只不过由于造价成本高和技术复杂，很多相关设备仅仅停留在概念领域。随着移动互联网的发展、技术进步和高性能低功耗处理芯片的推出等，部分穿戴式设备已经从概念化走向商用化，新式穿戴式设备不断传出，谷歌、苹果、微软、索尼、奥林巴斯、摩托罗拉等诸多科技公司也都开始在这个全新的领域深入探索。

谷歌的 Android 系统在全球的智能手机市场已经占据统治地位。然而，谷歌并不满足于此，其将新的发展目标锁定在可穿戴式设备。

Android studio 0.8.12 和 Gradle 0.12+的可穿戴应用程序可以在可穿戴设备上直接运行，可以直接对传感器等低级别硬件、Activity、网络服务器进行访问。

可穿戴应用必须有一个智能手机或者手持设备配合应用，才可以提交到 Google Play 市场上。用户下载手机应用，自动把可穿戴应用推送到可穿戴设备上，同时手机应用伴侣能承担更重的计算任务、网络操作等，并发送结果给可穿戴应用。

13.5.2　Android Wear 项目搭建

Android Wear 是连接安卓手机和可穿戴产品的一个平台。自发布以来，Android Wear 获得了大量关注，既有来自消费者的关注，也有来自开发商的关注。Android Wear 旨在为用户在对的时间提供数量合适的信息。据此，谷歌已经发布了设计原则以帮助开发商集中思考 Android Wear 应用程序。

使用 Android Wear 需要完成以下三步：

步骤01　搭建 Android 开发环境，更新 SDK。
步骤02　安装来自谷歌应用程序市场的 Android Wear 应用。
步骤03　匹配安卓手机设备与 Android Wear 设备。

下面简单介绍如何建立一个设备或模拟器创建一个项目。

1．搭建 Android 开发环境，更新 SDK

由于 Android Wear 要求 Android SDK 的版本至少是 4.3，因此在开始创建可穿戴应用之前，必须完成以下几项：

（1）更新 SDK 工具到 23.0.0 或者更高版本。

① 更新 SDK 工具包，启动、创建并测试可穿戴应用。

② 更新安卓 SDK 到 7.0 （API 24）或者更高版本。

（2）更新平台版本，为可穿戴应用提供新的 API，如图 13.8 所示。其中，"Android Wear ARM EABI v7a System Image" 和 "Android Wear Intel x86 Atom System Image" 必须下载，否则无法完成对虚拟设备的仿真。

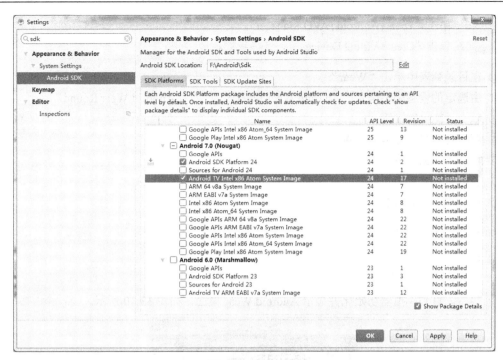

图 13.8　更新 SDK

2. 创建 Android Wear 模拟器

建议用户使用真实设备，这样可以更好地实现用户体验测试。但模拟器可以测试多种设备，使用方便，在开发调试中也是必不可少的。

创建 Android Wear 模拟器，如图 13.9 所示，步骤如下：

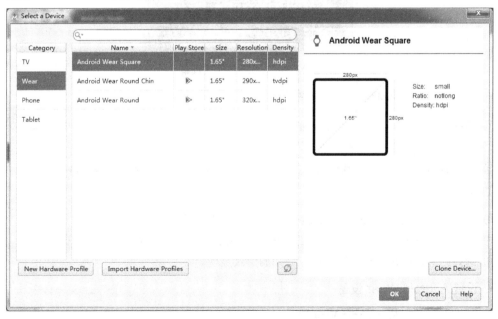

图 13.9　创建 AVD

步骤01 单击 "Tools | Android | AVD Manager"。

步骤02 单击 "Create Virtual Device...."，选择参数。

① 在目录列表中单击 "Wear"。
② 由选定的设备类型确定 "Android Wear Square" 或者 "Android Wear Round"。
③ 单击 "Next" 按钮。
④ 选择发布名（如 Kitkat Wear）。
⑤ 单击 "Next" 按钮。
⑥ 根据需要修改虚拟设备（可选项）。
⑦ 单击 "Finish" 按钮完成。

步骤03 开启模拟器。

① 选择刚刚创建的虚拟设备。
② 单击 "Play" 按钮。
③ 等待，直到模拟器初始化并显示 Android Wear 桌面，如图 13.10 所示。

图 13.10　虚拟智能手表设备

步骤04 匹配手持设备和连接模拟器。

① 手持从谷歌 Play 上安装 Android Wear 应用。
② 通过 USB 连接手持设备和机器。
③ 转发 AVD 的通信端口到连接的手机（或手持设备），在命令行中输入如下命令：

```
adb -d forward tcp:5601 tcp:5601
```

④ 在手持设备上启动 Android Wear 应用后连接到模拟器。
⑤ 点击 Android Wear 应用右上角的菜单，选择演示卡（Demo Cards）。
⑥ 选择的卡片将在模拟器的桌面以通知的形式显现。

3. 设置 Android Wear 设备

（1）在手机上安装 Android Wear 应用。
（2）遵循该应用的指南为可穿戴设备配对手持设备，测试设备通知同步。

（3）保持手机上的 Android Wear 应用处于打开状态。

（4）在安卓可穿戴设备上开启 ADB 调试。

① "settings" 中选择 "about"。

② 单击 "Build Number" 7 下。

③ 返回上一界面。

④ 屏幕底部找到 "Developer Options" 开发者选项。

⑤ 选择 "ADB Debugging"，开启 ADB。

（5）通过 USB 连接可穿戴设备到机器，开发时可直接把应用安装到设备中，在可穿戴设备和安装穿戴应用上会出现一条信息，指示允许调试。

注　意
如果无法通过 USB 连接可穿戴设备到机器，请参看 Debugging over Bluetooth。

（6）在 Android Wear 应用上选择 "Always allow from this computer" 后点击 "OK" 按钮。

Android Studio 上的安卓工具窗口显示可穿戴设备上的系统日志。当运行 "adb devices " 命令时，可穿戴设备会被列出。

4. 在 Android Studio 上创建 Android Wear 项目

在开发前，首先创建一个包含可穿戴和手持应用模块的项目。在 Android Studio 中，点击 "File | New Project"， 然后遵照 Project Wizard 的指导，进行以下操作：

步骤 01 在 "Configure your Project " 窗口输入应用名和软件包名称。

步骤 02 在 "Form Factors" 窗口进行操作，如图 13.11 所示。

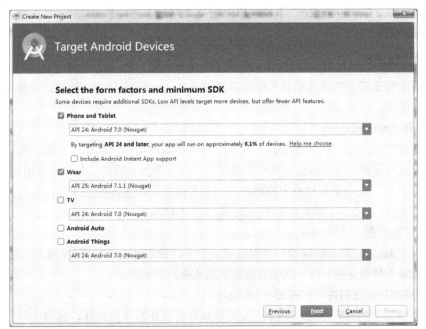

图 13.11　Form Factors

① 选中"Phone and Tablet"并选择"API 24: Android 7.0 (Nougat)"。

② 选中"Wear",并选择"API 25: Android 7.1.1 (Nougat)"。

步骤 03 在第一个"Add an Activity"窗口,为 Mobile 添加一个空白活动界面应用(blank activity)。

步骤 04 在第二个"Add an Activity"窗口,也为 Wear 添加一个空白活动界面应用。

当向导程序结束时,Android Studio 创建了一个新项目,包含 Mobile 和 Wear 两个模块。这样就已经有了一个同时支持可穿戴设备和手持设备的项目,接下来可以创建活动(activities)、服务(services)、自定义布局(custom layouts)等。在手机端已经完成了大部分工作,比如网络通信、高强度计算以及那些需要复杂交互的功能,但完成这些工作的时候,通常需要同步通知可穿戴设备处理结果。

> **注　意**
>
> Wear 模块还包含一个"Hello World"活动,根据屏幕圆形还是方形来构建布局,这时可以使用 WatchViewStub(可穿戴支持库的一个界面组件)实现。

5. 安装 Android Wear 应用

在开发时,可以使用 ADB Install 或者 Android Studio 上的"Play" 按钮,像一般移动应用一样,直接把应用安装到可穿戴设备中。

发布时,需要把可穿戴应用嵌入一个手机应用中。当用户从 Google Play 安装手机应用时,一个连接好的可穿戴设备将自动接收这个可穿戴应用。但需要注意的是,自动安装只工作于 App 使用了发布密钥(Release Key)进行签名,而不是调试密钥(Debug Key)。

从"Run/Debug Configuration"下拉菜单中选择"Wear",并单击"Play"按钮,程序运行并打印出"Hello World!"字样。

6. 包含正确的库

项目向导会将正确的依赖关系导入相应模块的 build.gradle 文件中。然而,这些导入的依赖关系并不都是必需的。

(1)通知(Notifications)

用户可以在手机应用上创建通知,自动同步到可穿戴应用。只构建一次通知就可以呈现于多种设备(不只是可穿戴设备,还包括汽车和电视),而不用为不同的设备参数分别进行设计。

对于那些只出现在可穿戴设备上的通知(由可穿戴应用所发出的通知),我们只需要使用标准框架 APIs(API Level 20)即可移除 Mobile 模块的依赖库。

(2)可穿戴数据层(Wearable Data Layer)

要通过可穿戴式数据层 APIs 来同步发送设备和手持设备之间的数据,需要最新版本的 Google Play 服务,如果不使用这些 API,这些依赖关系就从模块中被移除。

(3)可穿戴界面支持库(Wearable UI Support Library)

这是一个非官方的库,包括一些专门为可穿戴设备设计的界面组件,这些组件具有很好的实践效果,建议在应用中使用。

这些库只对可穿戴设备 App 可用,尽管以后可能会升级更新,但不会影响应用的使用,因为这些库是被静态编译进应用程序的。使用最新的静态库并重新编译链接就可以使用最新的特性。

13.6　小　　结

　　本章对与企业应用开发相关的部分内容进行了简单介绍，主要涉及设备管理 API、文本语音 API、TV 应用开发和可穿戴设备几部分。通过设备管理 API，企业可以对智能设备进行较为严格的管理，可以制定企业对于设备针对性的管理策略，对手机进行定位、锁屏、恢复出厂设置等操作。通过文本语音 API，企业可以轻松地开发出将文本转化为声音的应用程序，该功能对于企业应用程序开发的多样化有积极作用。借助 TV 应用开发框架，企业可以方便地将自己的产品推广到 TV 上。而借助可穿戴设备应用开发，可在目前常见的智能手表、智能手环等可穿戴设备上开发自己的应用。

第**14**章

应用程序发布

在完成对 Android 应用程序的开发和测试工作后，就可以将应用程序发布出去，供用户使用了。

Android 应用程序在发布之前，需要完成一系列工作。本章以第 9 章的实例 GPSLocationInMap 为例，简单介绍 Android 应用程序发布过程中相关的一系列工作，包括应用程序发布的步骤、应用程序的签名、版本定义等。

14.1 应用程序发布的步骤

一个 Android 应用程序从开发到发布的过程一般要经过下列步骤。

- 步骤 01 完成开发工作，在模拟器上测试运行。
- 步骤 02 将应用程序开发过程中的调试信息移除。
- 步骤 03 考虑为应用程序添加 EULA（End User License Agreement）。
- 步骤 04 为应用程序添加自己的图标，取代默认的 Android 图标。
- 步骤 05 定义应用程序的版本。
- 步骤 06 为应用程序进行签名。
- 步骤 07 如果应用程序使用了 Google Map API，需要申请 Map API 密钥。
- 步骤 08 在真机上测试运行。
- 步骤 09 测试完成后，发布到 Google Play Store 或者其他应用程序网站。

其中，应用程序的版本由 AndroidManifest.xml 文件中的<Manifest>标签指定，例如：

```
<manifest xmlns:android="http://schemas.android.com/apk/res/android"
    package="introduction.android.gpsLocationInMapDemo"
    android:versionCode="1"
```

```
android:versionName="1.0">
......
</manifest>
```

其中，android:versionCode 为一个整数值，代表应用程序代码的相对版本，也就是版本更新过多少次。该值每次更新的值都应该比前一次大，以便于检查应用程序是否需要升级，此处表示第一次更新。android:versionName 为一个字符串值，代表应用程序的版本信息，需要显示给用户，此处表示 1.0 版本。

14.2　为什么要为应用程序签名

Android 系统要求签名机制，所有安装在 Android 系统上的软件都必须经过签名。与 Symbian 系统要求对安装软件进行签名的目的不同，Android 系统要求对软件进行签名不是为了获得软件在 Android 系统上安装的权限，而是为了用签名辨别软件的开发者。

Android 系统不会安装没有经过签名的应用程序，所有的 Android 应用程序都要求开发者使用一个证书来进行签名。该证书的私钥由应用程序的开发者所拥有，Android 系统通过该证书来识别应用程序的开发者。只有使用同一个证书签名的应用程序，才能被 Android 系统允许进行升级、覆盖安装等操作。使用不同签名的两个应用程序，即使其包名和类名完全相同，Android 系统也不会允许其安装在同一个目录下。

之前的章节中提到过，之前开发的应用程序，没有经过签名，却可以在模拟器上安装并且运行，是因为在开发模式下编译应用程序的 ADT 工具会自动使用默认的证书来对应用程序进行签名，以便其可以在模拟器上运行。单击 Eclipse 菜单中的 Window | Preferences | Android | Build，显示的是系统默认的调试用的签名数字证书（为 debug.keystore），如图 14.1 所示。

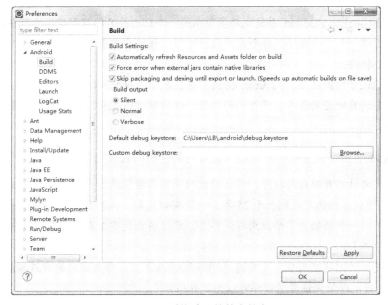

图 14.1　系统默认的数字签名

需要注意的是，使用 debug.keystore 进行签名的应用程序只能在模拟器上运行，而不能在真机上运行。在真机上运行的应用程序必须使用正式的证书进行签名。

用于给应用程序签名的证书不需要是权威机构发布的证书，开发者可以生成自己的签名证书。Android 建议的签名证书的有效期一般要长于 25 年。Android 系统只有在应用程序安装时才会检查证书的过期时间。若安装时证书已经过期，则应用程序不能安装。若在应用程序安装后证书过期，则不会影响应用程序的正常运行，但是会导致该应用程序再也不能升级。

为应用程序进行数字签名的过程如下：

- 导出未签名的应用程序。
- 获取签名文件。
- 为应用程序签名。

下面具体讲解数字签名的实现过程。

14.3 Android 的签名策略

通常情况下，Android 为所有的应用程序开发者推荐的签名策略是，所有的应用程序都应该使用同一个证书进行签名，并且证书的有效期应该长于应用程序的生命周期。这样做的原因有以下三点：

- 应用程序升级。若开发者希望某应用程序可以无缝升级到新版本，则新旧版本应用程序必须使用同一个证书进行签名，否则不能升级。如果使用的不是同一个证书签名，则新的应用程序会被安装到一个完全不同的目录下，相当于安装了一个新的应用程序，而旧的应用程序不能升级。
- 应用程序模块化。Android 系统允许多个以同一个证书签名的应用程序运行在同一个进程中，并将其看作一个应用程序。每个应用程序可以以模块化部署，在升级时可以独立地升级其中的某一个模块。
- 允许代码或者数据共享。Android 提供了以签名为基础的权限机制，应用程序可以为以相同证书签名的其他应用程序公开自己的功能，这样就可以在相同签名的应用程序之间共享代码和数据。

另一个决定签名策略的重要因素是如何设置签名密钥的有效期。

- 如果开发者计划升级应用程序，那么应该确保签名密钥的有效期超过应用程序的生命周期。Android 建议密钥的有效期长于 25 年。一旦密钥过期，其签名的应用程序将再也无法升级。
- 如果使用同一个密钥为多个应用程序签名，那么密钥的有效期应该长于其中任何一个应用程序的生命周期。
- 如果开发者计划将应用程序发布到 Android Market 上，那么密钥的有效期应该超过 2033 年 10 月 22 日，以便保证应用程序可以无缝升级。

14.4　导出未签名应用程序

使用 Eclipse+ADT 的方式开发应用程序，会使得整个签名过程变得简单。借助于 ADT，导出未签名的应用程序仅需单击一下即可。

以实例 GPSLocationInMap 为例，在工程上右击，选择 Android Tools ｜ Export Unsigned Application Package 选项，如图 14.2 所示。

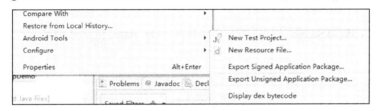

图 14.2　Android Tools 子菜单

在弹出的对话框中选择路径，单击"保存"按钮，即可将未经过 debug.keystore 文件签名的 GPSLocationInMap.apk 保存起来，如图 14.3 所示。

图 14.3　保存数字签名

文件保存后，会弹出一个提示对话框，如图 14.4 所示。

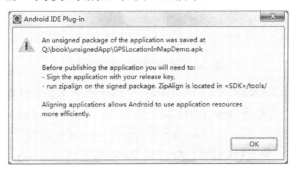

图 14.4　提示对话框

14.5 生成签名文件

生成 Android 签名证书的方式有两种：一种是使用 ADT 工具来生成签名证书；另一种是使用命令行方式生成签名证书。

14.5.1 使用 Android Studio

步骤 01 在 Android Studio 工程界面，选择 Build | Generated Signed APK 菜单选项，如图 14.5 所示。

图 14.5 选择导出项目

步骤 02 在 Generate Signed APK 对话框中，单击 Create new…按钮，如图 14.6 所示。

图 14.6 生成秘钥文件对话框

步骤 03 在 New Key Store 对话框中确定要保存的 key store 文件的位置和名字，并确定对应的 key store 文件的密码。此处将 key store 文件保存为"H:\Android\mykeystore.jks"，密码为"123456"，如图 14.7 所示。其中，Alias 为密钥的别名；Validity 为密钥的有效期，建议大于 25 年。所有内容填写完毕后，单击 OK 按钮，Android Studio 会在指定的 Key store path 路径下生成秘钥文件 mykeystore.jks，如图 14.8 所示。

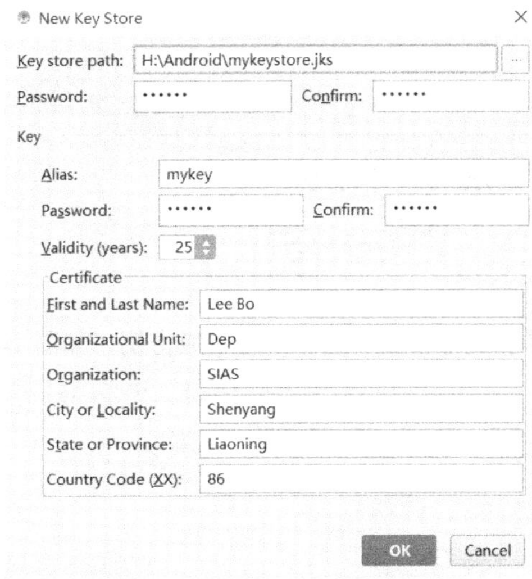

图 14.7　创建密钥对话框　　　　　　　图 14.8　生成的签名文件

14.5.2　使用 keytool 命令

使用命令方式生成签名文件的过程稍微复杂一点。使用的是 keytool 命令，该命令位于<JDK 安装目录>/bin 文件夹下。

运行 cmd 命令，输入"keytool –help"命令后按回车键，会显示 keytool 命令的一系列参数的用法，如图 14.9 所示。

图 14.9　keytool 命令

读者可以自己查阅帮助文档，在此就不一一介绍了。

keytool.exe 命令用于生成密钥，并且把密钥信息存放到 keystore 文件中。

运行命令行"keytool -v -genkey -keystore e:\AndroidKey\mykeystore.keystore –alias mykey -validity 20000"。

其中，参数的意义如下：

- -v 为显示详细输出信息。
- -genkey 为产生密钥。
- -keystore<keystorefilename>.keystore 指定生成 keystore 文件的文件名。
- -alias<keyfilename>指定密钥的别名。
- -validity<days>指定该密钥的有效期限，单位是天。

该命令运行后出现密钥生成向导，开发者根据要求填写相应信息，即可生成密钥，如图 14.10 所示。具体步骤说明如下：

```
输入 keystore 密码：（输入密码"123456"，未回显）
再次输入新密码：（输入密码"123456"，未回显）
您的名字与姓氏是什么？
  [Unknown]:  Lee Bo
您的组织单位名称是什么？
  [Unknown]:  SIAS
您的组织名称是什么？
  [Unknown]:  DEP
您所在的城市或区域名称是什么？
  [Unknown]:  Shenyang
您所在的州或省份名称是什么？
  [Unknown]:  Liaoning
该单位的两字母国家代码是什么？
  [Unknown]:  cn
CN=Lee Bo, OU=SIAS, O=DEP, L=Shenyang, ST=Liaoning, C=cn 正确吗？
  [否]:  y
正在为以下对象生成 1,024 位 DSA 密钥对和自签名证书（SHA1withDSA）（有效期为 20,000 天）：
 CN=Lee Bo, OU=SIAS, O=DEP, L=Shenyang, ST=Liaoning, C=cn
输入<mykey>的主密码（如果和 keystore 密码相同，按回车键）：
再次输入新密码：（输入密码，未回显）
[正在存储 e:\AndroidKey\mykeystore.keystore]
```

图 14.10　密钥生成向导

至此，已生成开发者签名证书，存储在 E:\AndroidKey\mykeystore.keystore 文件中。开发者可以使用该密钥对应用程序进行签名。

14.6　为应用程序签名

有了签名文件后，就可以为应用程序签名了。签名的方式也分为 ADT 方式和命令方式两种。

14.6.1　使用 Android Studio

通过 Android Studio 方式对应用程序进行签名的过程非常简单。

在 Android Studio 工程中，选择 Build | Generated Signed APK 菜单选项，在弹出的对话框中选择签名要使用的秘钥文件，然后单击 Next 按钮。此处在弹出的 key store 文件选择对话框中单击 Choose existing …按钮，使用 14.5.1 节中生成的 mykeystore.jks 文件，如图 14.11 所示，并输入密码 "123456"。

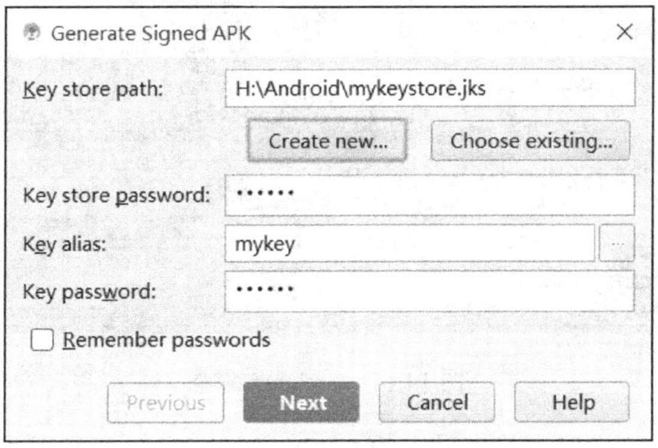

图 14.11　key store 文件选择对话框

在出现的对话框中选择要存放签名 APK 的目标文件夹，并设置生成 APK 的方式是 debug 还是 release。此处选择 release 模式，并单击 Finish 按钮，如图 14.12 所示。

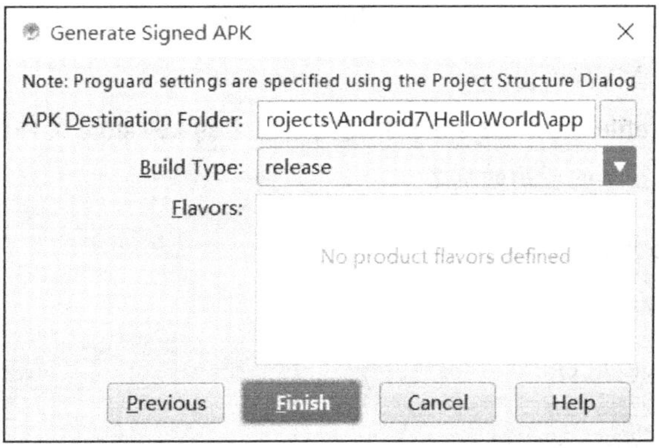

图 14.12　设置生成 APK 的方式

Gradle 会依据之前设置的内容在目标文件夹下生成签名的 APK 文件，如图 14.13 所示，签名过程完成。

14.6.2 使用 jarsigner 命令

使用命令方式进行签名，使用的是 jarsigner 命令，该命令和 keytool 命令一样，被放置在<JDK 的安装目录>\bin 文件夹下。

在 cmd 窗口中运行"jarsigner –help"命令，显示该命令的各个参数的具体用法，如图 14.14 所示（在此不一一介绍）。

图 14.13　生成的 APK 文件

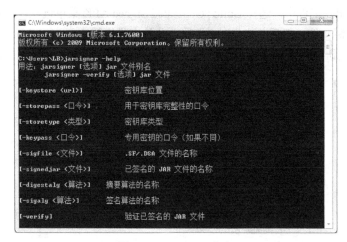

图 14.14　jarsigner 命令

未签名的 APK 文件使用 14.4 节中导出的 GPSLocationInMap.apk 文件。运行 cmd 命令，将命令路径设置到未签名 APK 文件所在的目录，此处为"Q:\book\unsignedApp"。签名的证书文件使用 14.5.2 节中生成的签名文件，保存路径为"E:/Androidkey/mykeystore.keystore"。

使用 jarsigner 为 GPSLocationInMap.apk 文件签名的命令为"jarsigner -verbose -keystore e:/Androidkey/mykeystore.keystore GPSLocationInMapDemo.apk mykey"，其中：

- -verbose 表示开启详细输出。
- -keystore<keystorefilename>.keystore 指定用于签名的 key store 文件的文件名。
- mykey 表示用于签名的密钥的别名。

运行结果如图 14.15 所示。

```
输入密钥库的口令短语：(输入"123456")
    正在添加：  META-INF/MANIFEST.MF
    正在添加：  META-INF/MYKEY.SF
    正在添加：  META-INF/MYKEY.DSA
    正在签名：  res/layout/main.xml
    正在签名：  AndroidManifest.xml
```

```
正在签名： resources.arsc
正在签名： res/drawable-hdpi/ic_launcher.png
正在签名： res/drawable-ldpi/ic_launcher.png
正在签名： res/drawable-mdpi/ic_launcher.png
正在签名： classes.dex
```

至此，完成了对 GPSLocationInMap.apk 的签名工作。

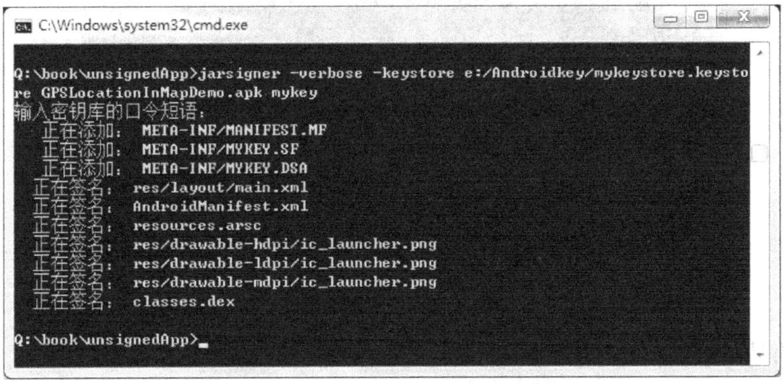

图 14.15　使用 jarsigner 为 GPSLocationInMap.apk 文件签名的运行结果

14.7　使用 zipalign 工具优化应用程序

Android SDK 包含一个名为 zipalign 的工具，存放在 tools 文件夹下。该工具能够对打包的 APK 应用程序进行优化，将资源文件对齐到 4 字节边界，以加快资源的读取速度。使用 zipalign 工具优化过的应用程序，在运行时可以使 Android 与应用程序间的交互更加有效率，让应用程序和整个系统运行得更快。因此，签名的应用程序在发布之前应该使用 zipalign 工具得到优化后的版本。

使用 ADT 插件签名的应用程序，Eclipse 会自动使用 zipalign 工具进行优化，因此不需要我们人工干预。

使用命令方式签名的应用程序，需要使用 zipalign 工具优化。优化方法如下：

运行 cmd，切换到签名的 APK 应用程序所在目录，以 14.6.2 小节签名的 Q:\book\unsignedApp\GPSLocationInMapDemo.apk 文件为例，对其优化需运行如下命令：

```
zipalign -v 4 GPSLocationInMapDemo.apk GPSLocationInMapDemo_aligned.apk
```

其中，-v 表示开启详细输出，4 表示对齐字节的个数，必须为 4 才能起到优化效果。该命令运行结果如下：

```
Verifying alignment of GPSLocationInMapDemo_aligned.apk(4)...
    50 META-INF/MANIFEST.MF (OK - compressed)
   464 META-INF/MYKEY.SF (OK - compressed)
   946 META-INF/MYKEY.DSA (OK - compressed)
  1784 res/layout/main.xml (OK - compressed)
  2275 AndroidManifest.xml (OK - compressed)
  3076 resources.arsc (OK)
  4476 res/drawable-hdpi/ic_launcher.png (OK)
  8508 res/drawable-ldpi/ic_launcher.png (OK)
```

```
10108 res/drawable-mdpi/ic_launcher.png (OK)
12349 classes.dex (OK - compressed)
Verification successful
```

运行效果如图 14.16 所示。

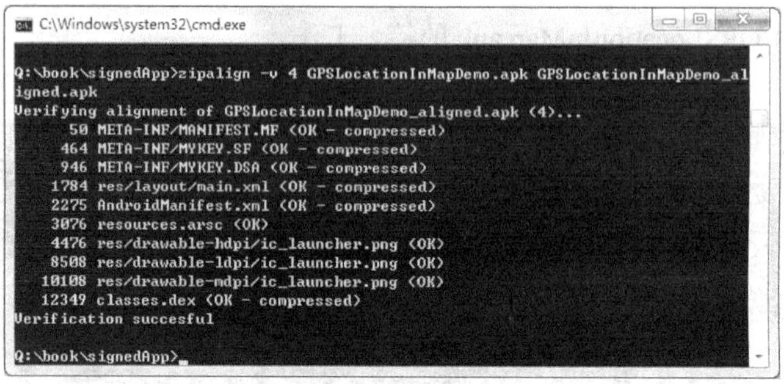

图 14.16　zipalign 优化

需要注意的是，该优化必须在签名之后进行。若先进行优化再对 APK 文件进行签名，会失去优化效果。

14.8　发布到 Google Play Store

完成对 APK 文件的签名后，就可以将应用程序发布到 Google 公司提供的网络发布平台 Google Play Store 中了，如图 14.17 所示。

图 14.17　发布到 Google Play Store

Google Play Store 的网址为 http://www.androidcentral.com/google-play-store。

Google Play Store 原名 Android Market（Android 市场）。Android Market 是 Google 为 Android 设备开发的在线应用程序商店。Android 手机在出厂时已经预装了 Android Market，Android 用户可以通过 Android Market 浏览和下载第三方开发者发布的 Android 应用程序，同时也可以将自己开发

的应用程序发布到 Android Market 上供其他用户下载和使用。Google 通过 Android Market 将全球的 Android 用户联系在了一起，同时也为 Android 用户提供了创业的平台。

随着 Android 系统本身地位不断攀升，占领全球大部分智能手机市场的同时，Android Market 却在被快速边缘化，于是 Google 在 Android Market 中加入了电影、电子书和音乐（部分服务仅限于美国地区作用）等服务，丰富其功能，想让其成为一个超级市场。

北京时间 2012 年 3 月 7 日凌晨，Google 公司将 Android Market 正式更名为 Google Play Store。此举旨在让消费者更加清楚地认识到 Google 提供的一系列广泛内容，而不只是提供用于 Android 智能手机和平板电脑的应用，以便提升自身在电子内容销售市场上的形象以及更好地与苹果和亚马逊竞争。

对于 Android 开发者来说，在 Google Play Store 中注册后，只要一次性支付 25 美元，便可成为 Google Play Store 的会员，进而可以在该平台上发布自己的软件，并可以通过 Google Play Store 提供的信息统计平台查看到该软件被下载、安装、评级等相关信息。

14.9　小　　结

本章简单介绍了 Android 应用程序发布过程中涉及的方法和步骤，讲解了对 Android 应用程序进行签名的重要性。对 Android 应用程序进行签名之前需要先生成签名文件。Android 的签名文件不需要向权威机构申请，可以由开发者自己生成。生成数字签名有两种方式，第一种方式为使用 Android Studio 内嵌的签名工具，第二种方式是使用 keytool 命令。为应用程序签名也有两种方式，分别为 Android Studio 工具和 jarsigner 命令。

Android 应用程序经过签名后，就可以发布了。目前来讲，最大的 Android 应用程序发布平台为 Google Play Store，可以被全世界的用户直接访问。

希望读者能通过 Google Play Store 赚到自己的第一桶金。

14.10　习　　题

1. Android 应用程序发布的步骤是什么？
2. Android 系统为什么要求应用程序在安装前必须被签名？
3. 怎样才能生成自己的签名文件？
4. 怎样为应用程序签名？